최상위 수학 S를 위한 특별 학습 서비스

문제풀이 동영상

MATH MASTER 전 문항

상위권 학습 자료

상위권 단원평가+경시 기출문제(디딤돌 홈페이지 www.didimdol.co.kr)

최상위 수학 S 5-2

펴낸날 [개정판 1쇄] 2022년 11월 15일 [개정판 5쇄] 2024년 7월 15일
펴낸이 이기열
펴낸곳 (주)디딤돌 교육
주소 (03972) 서울특별시 마포구 월드컵북로 122 청원선와이즈타워
대표전화 02-3142-9000
구입문의 02-322-8451
내용문의 02-323-9166
팩시밀리 02-338-3231
홈페이지 www.didimdol.co.kr
등록번호 제10-718호

최상위 수학S 5·2 학습 스케줄

짧은 기간에 집중력 있게 한 학기 과정을 학습할 수 있도록 설계하였습니다.
방학 때 미리 공부하고 싶다면 8주 완성 과정을 이용하세요.

공부한 날짜를 쓰고 하루 분량 학습을 마친 후, 부모님께 확인 check☑를 받으세요.

주					
1주	월 일	월 일	월 일	월 일	월 일
	1. 수의 범위와 어림하기				
	8~11쪽 ☐	12~15쪽 ☐	16~19쪽 ☐	20~23쪽 ☐	24~27쪽 ☐
2주	월 일	월 일	월 일	월 일	월 일
	1. 수의 범위와 어림하기	2. 분수의 곱셈			
	28~30쪽 ☐	32~35쪽 ☐	36~39쪽 ☐	40~43쪽 ☐	44~47쪽 ☐
3주	월 일	월 일	월 일	월 일	월 일
	2. 분수의 곱셈			3. 합동과 대칭	
	48~51쪽 ☐	52~53쪽 ☐	54~56쪽 ☐	58~61쪽 ☐	62~65쪽 ☐
4주	월 일	월 일	월 일	월 일	월 일
	3. 합동과 대칭				
	66~69쪽 ☐	70~73쪽 ☐	74~77쪽 ☐	78~79쪽 ☐	80~83쪽 ☐

공부를 잘 하는 학생들의 좋은 습관 8가지

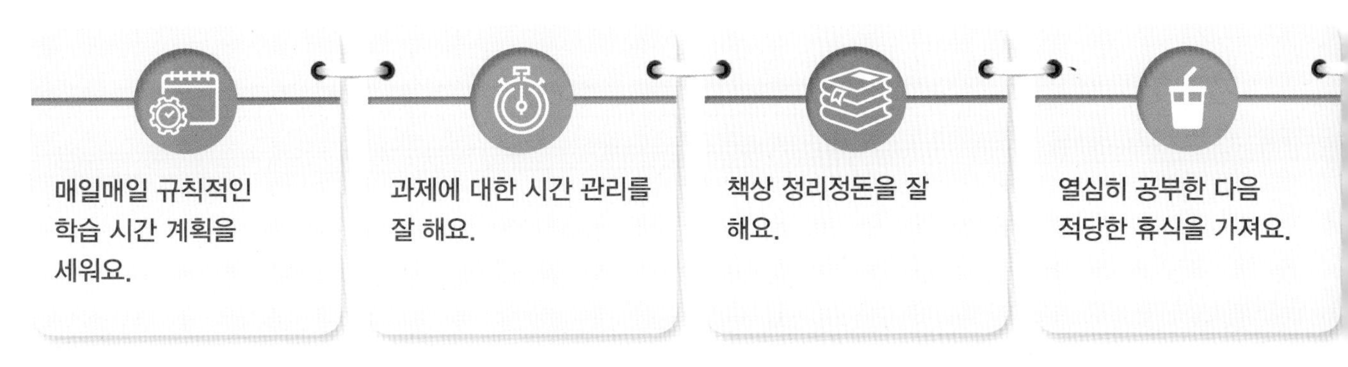

자르는 선 ✂

주	월 일	월 일	월 일	월 일	월 일
7주	4. 소수의 곱셈				
	86~89쪽 ☐	90~91쪽 ☐	92~93쪽 ☐	94~95쪽 ☐	96~97쪽 ☐
8주	4. 소수의 곱셈				
	98~99쪽 ☐	100~101쪽 ☐	102~103쪽 ☐	104~105쪽 ☐	106~108쪽 ☐
9주	5. 직육면체				
	110~113쪽 ☐	114~117쪽 ☐	118~119쪽 ☐	120~121쪽 ☐	122~123쪽 ☐
10주	5. 직육면체				
	124~125쪽 ☐	126~127쪽 ☐	128~129쪽 ☐	130~131쪽 ☐	132~133쪽 ☐
11주	5. 직육면체	6. 평균과 가능성			
	134~135쪽 ☐	138~141쪽 ☐	142~143쪽 ☐	144~145쪽 ☐	146~147쪽 ☐
12주	6. 평균과 가능성				
	148~149쪽 ☐	150~151쪽 ☐	152~153쪽 ☐	154~155쪽 ☐	156~158쪽 ☐

자르는 선 ✂

최상위 수학S 5·2 학습 스케줄표

부담되지 않는 학습량으로 공부 습관을 기를 수 있도록 설계하였습니다.
학기 중 교과서와 함께 공부하고 싶다면 12주 완성 과정을 이용하세요.

공부한 날짜를 쓰고 하루 분량 학습을 마친 후, 부모님께 확인 check☑를 받으세요.

주					
1주	월 일 1. 수의 범위와 어림하기 8~11쪽 ☐	월 일 12~15쪽 ☐	월 일 16~17쪽 ☐	월 일 18~19쪽 ☐	월 일 20~21쪽 ☐
2주	월 일 1. 수의 범위와 어림하기 22~23쪽 ☐	월 일 24~25쪽 ☐	월 일 26~27쪽 ☐	월 일 28~30쪽 ☐	월 일 2. 분수의 곱셈 32~35쪽 ☐
3주	월 일 2. 분수의 곱셈 36~39쪽 ☐	월 일 40~41쪽 ☐	월 일 42~43쪽 ☐	월 일 44~45쪽 ☐	월 일 46~47쪽 ☐
4주	월 일 2. 분수의 곱셈 48~49쪽 ☐	월 일 50~51쪽 ☐	월 일 52~53쪽 ☐	월 일 54~56쪽 ☐	월 일 3. 합동과 대칭 58~61쪽 ☐
5주	월 일 3. 합동과 대칭 62~65쪽 ☐	월 일 66~67쪽 ☐	월 일 68~69쪽 ☐	월 일 70~71쪽 ☐	월 일 72~73쪽 ☐
6주	월 일 3. 합동과 대칭 74~75쪽 ☐	월 일 76~77쪽 ☐	월 일 78~79쪽 ☐	월 일 80~81쪽 ☐	월 일 82~83쪽 ☐

표

5주	월 일	월 일	월 일	월 일	월 일
	4. 소수의 곱셈				
	86~89쪽 □	90~93쪽 □	94~97쪽 □	98~101쪽 □	102~103쪽 □

6주	월 일	월 일	월 일	월 일	월 일
	4. 소수의 곱셈		5. 직육면체		
	104~105쪽 □	106~108쪽 □	110~113쪽 □	114~117쪽 □	118~121쪽 □

7주	월 일	월 일	월 일	월 일	월 일
	5. 직육면체				6. 평균과 가능성
	122~125쪽 □	126~129쪽 □	130~131쪽 □	132~135쪽 □	138~141쪽 □

8주	월 일	월 일	월 일	월 일	월 일
	6. 평균과 가능성				
	142~145쪽 □	146~149쪽 □	150~153쪽 □	154~155쪽 □	156~158쪽 □

등, 하교 때 자신이 한 공부를 다시 기억하며 상기해 봐요.

모르는 부분에 대한 질문을 잘 해요.

수학 문제를 푼 다음 틀린 문제는 반드시 오답 노트를 만들어요.

자신만의 노트 필기법이 있어요.

초등 5·2

상위권의 기준

최상위 수학 S

디딤돌

상위권의 힘, 느낌!

처음 자전거를 배울 때, 설명만 듣고 탈 수는 없습니다.
하지만, 직접 자전거를 타고 넘어져 가며
방법을 몸으로 느끼고 나면
나는 이제 '자전거를 탈 수 있는 사람'이 됩니다.
그리고 평생 자전거를 탈 수 있습니다.

수학을 배우는 것도 꼭 이와 같습니다.
자세한 설명, 반복학습 모두 필요하지만
가장 중요한 것은 "느꼈는가"입니다.
느껴야 이해할 수 있고,
이해해야 평생 '수학을 할 수 있는 사람'이 됩니다.

"최상위 수학 S는
수학에 대한 느낌과 이해를 통해
중고등까지 상위권이 될 수 있는 힘을 길러줍니다."

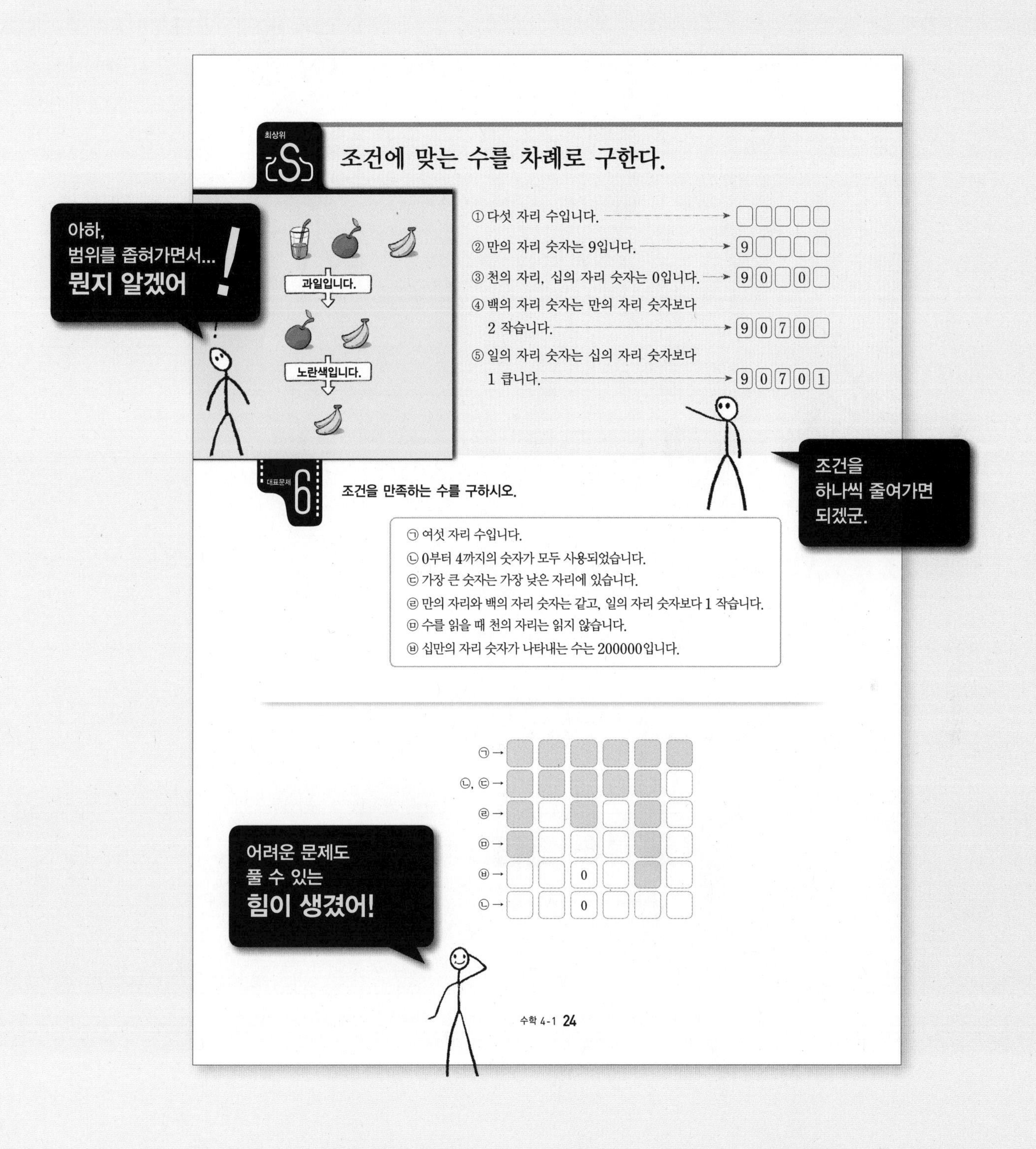

최상위 S

조건에 맞는 수를 차례로 구한다.

① 다섯 자리 수입니다. → □□□□□

② 만의 자리 숫자는 9입니다. → 9□□□□

③ 천의 자리, 십의 자리 숫자는 0입니다. → 9 0 □ 0 □

④ 백의 자리 숫자는 만의 자리 숫자보다 2 작습니다. → 9 0 7 0 □

⑤ 일의 자리 숫자는 십의 자리 숫자보다 1 큽니다. → 9 0 7 0 1

대표문제 6

조건을 만족하는 수를 구하시오.

㉠ 여섯 자리 수입니다.
㉡ 0부터 4까지의 숫자가 모두 사용되었습니다.
㉢ 가장 큰 숫자는 가장 낮은 자리에 있습니다.
㉣ 만의 자리와 백의 자리 숫자는 같고, 일의 자리 숫자보다 1 작습니다.
㉤ 수를 읽을 때 천의 자리는 읽지 않습니다.
㉥ 십만의 자리 숫자가 나타내는 수는 200000입니다.

㉠ →						
㉡, ㉢ →						
㉣ →						
㉤ →						
㉥ →			0			
㉡ →			0			

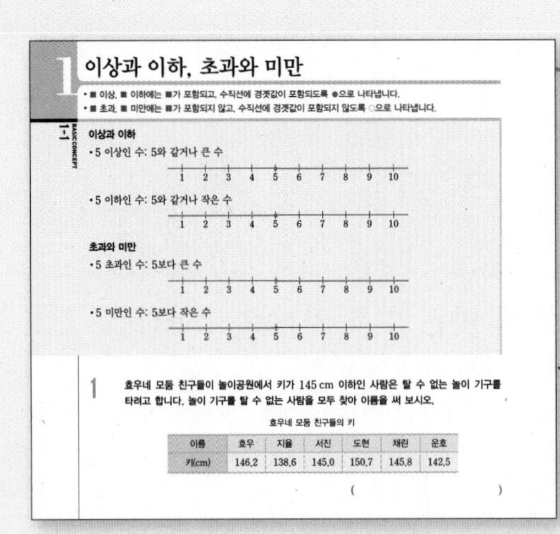

1 이상과 이하, 초과와 미만

- ■ 이상, ■ 이하에는 ■가 포함되고, 수직선에 경곗값이 포함되도록 ●으로 나타냅니다.
- ■ 초과, ■ 미만에는 ■가 포함되지 않고, 수직선에 경곗값이 포함되지 않도록 ○으로 나타냅니다.

1-1 BASIC CONCEPT

이상과 이하

- 5 이상인 수: 5와 같거나 큰 수
- 5 이하인 수: 5와 같거나 작은 수

초과와 미만

- 5 초과인 수: 5보다 큰 수
- 5 미만인 수: 5보다 작은 수

1 효우네 모둠 친구들이 놀이공원에서 키가 145 cm 이하인 사람은 탈 수 없는 놀이 기구를 타려고 합니다. 놀이 기구를 탈 수 없는 사람을 모두 찾아 이름을 써 보시오.

효우네 모둠 친구들의 키

이름	효우	지율	서진	도현	채린	운호
키(cm)	146.2	138.6	145.0	150.7	145.8	142.5

( )

교과서 개념부터
심화 · 중등개념까지!

수학을 느껴야
이해할 수 있고

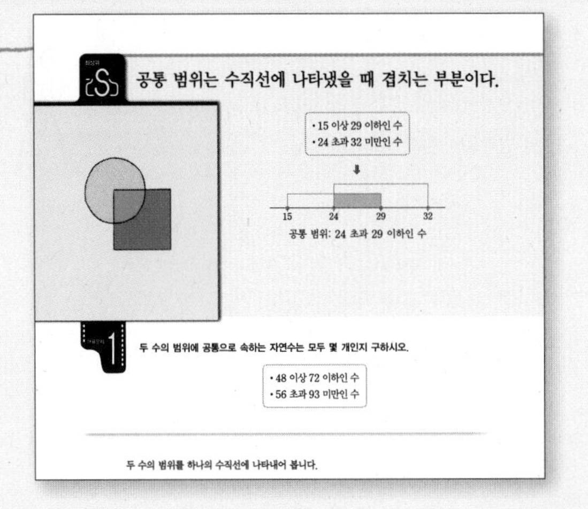

공통 범위는 수직선에 나타냈을 때 겹치는 부분이다.

- 15 이상 29 이하인 수
- 24 초과 32 미만인 수

공통 범위: 24 초과 29 이하인 수

1 두 수의 범위에 공통으로 속하는 자연수는 모두 몇 개인지 구하시오.

- 48 이상 72 이하인 수
- 56 초과 93 미만인 수

두 수의 범위를 하나의 수직선에 나타내어 봅니다.

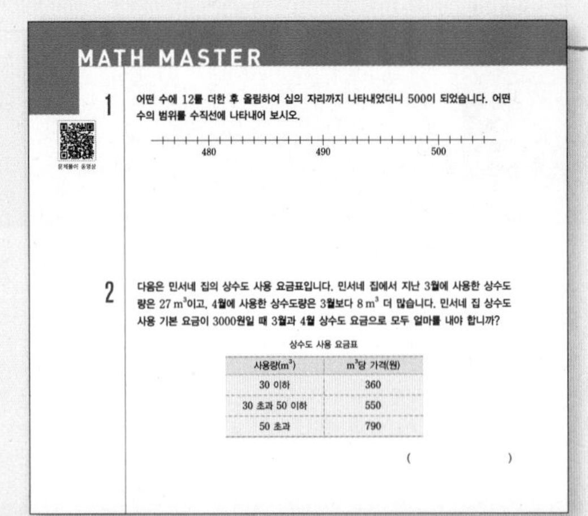

MATH MASTER

1 어떤 수에 12를 더한 후 올림하여 십의 자리까지 나타내었더니 500이 되었습니다. 어떤 수의 범위를 수직선에 나타내어 보시오.

2 다음은 민서네 집의 상수도 사용 요금표입니다. 민서네 집에서 지난 3월에 사용한 상수도량은 27 m^3이고, 4월에 사용한 상수도량은 3월보다 8 m^3 더 많습니다. 민서네 집 상수도 사용 기본 요금이 3000원일 때 3월과 4월 상수도 요금으로 모두 얼마를 내야 합니까?

상수도 사용 요금표

사용량(m^3)	m^3당 가격(원)
30 이하	360
30 초과 50 이하	550
50 초과	790

( )

이해해야
어떤 문제라도
풀 수 있습니다.

CONTENTS

1

수의 범위와 어림하기

1 이상과 이하, 초과와 미만

- ■ 이상, ■ 이하에는 ■가 포함되고, 수직선에 경곗값이 포함되도록 ●으로 나타냅니다.
- ■ 초과, ■ 미만에는 ■가 포함되지 않고, 수직선에 경곗값이 포함되지 않도록 ○으로 나타냅니다.

1-1 BASIC CONCEPT

이상과 이하

- 5 이상인 수: 5와 같거나 큰 수

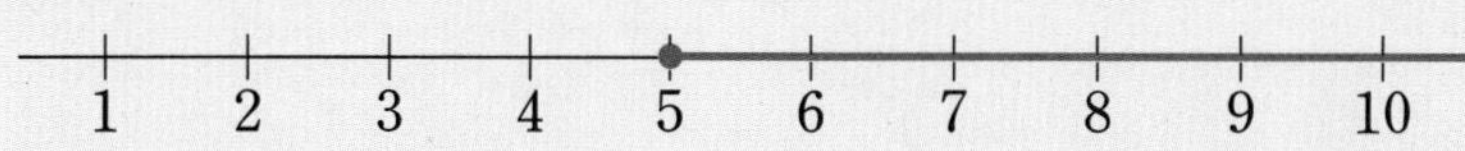

- 5 이하인 수: 5와 같거나 작은 수

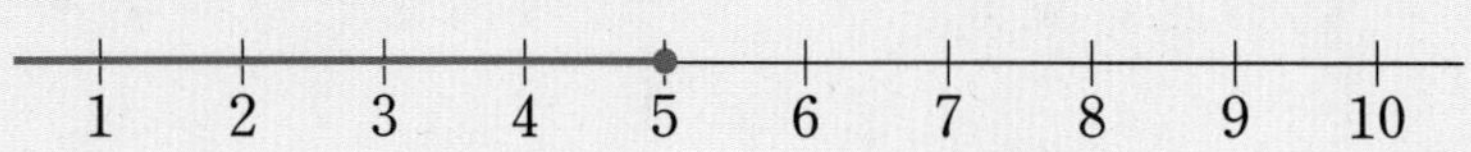

초과와 미만

- 5 초과인 수: 5보다 큰 수

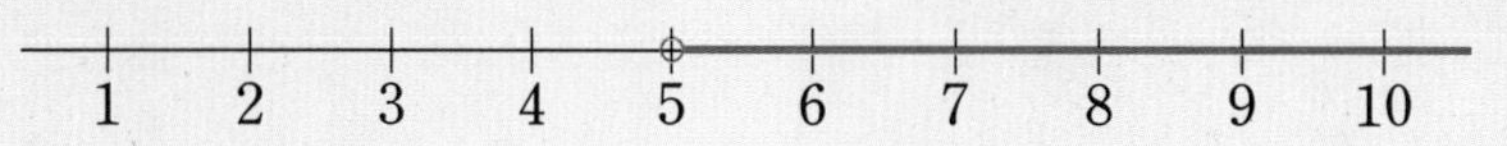

- 5 미만인 수: 5보다 작은 수

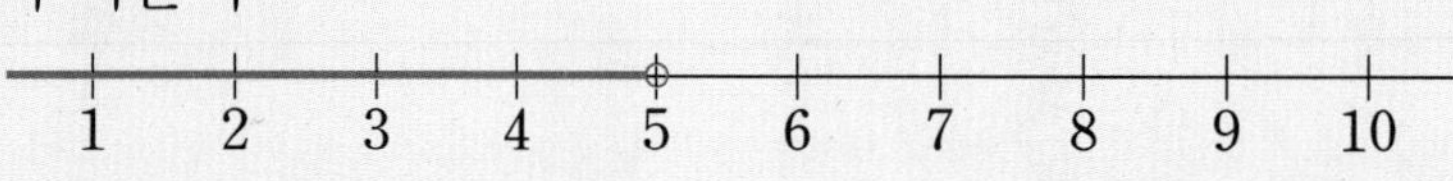

1 효우네 모둠 친구들이 놀이공원에서 키가 145 cm 이하인 사람은 탈 수 없는 놀이 기구를 타려고 합니다. 놀이 기구를 탈 수 없는 사람을 모두 찾아 이름을 써 보시오.

효우네 모둠 친구들의 키

이름	효우	지율	서진	도현	채린	운호
키(cm)	146.2	138.6	145.0	150.7	145.8	142.5

(   )

2 높이가 5.3 m 미만인 자동차만 통과할 수 있는 육교가 있습니다. 육교 아래를 통과할 수 있는 자동차를 모두 찾아 기호를 써 보시오.

자동차의 높이

자동차	가	나	다	라	마	바
높이(cm)	560	530	490	460	570	508

(   )

수의 범위

- 3 이상 8 이하인 수: 2 3 4 5 6 7 8 9
- 3 이상 8 미만인 수: 2 3 4 5 6 7 8 9
- 3 초과 8 이하인 수: 2 3 4 5 6 7 8 9
- 3 초과 8 미만인 수: 2 3 4 5 6 7 8 9

3 32 이상 35 미만인 수는 모두 몇 개입니까?

31.8　32　33.6　34　35　36.5　37

(　　　　　　　　)

4 12 초과 16 이하인 수를 수직선에 나타내어 보시오.

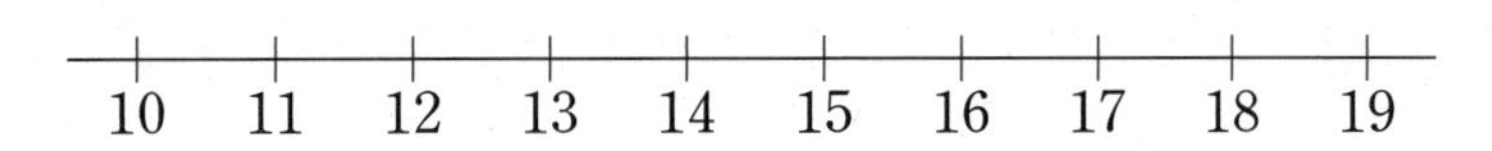

5 64를 포함하는 수의 범위를 모두 찾아 기호를 써 보시오.

㉠ 64 이상 67 미만인 수　㉡ 64 초과 68 이하인 수
㉢ 63 초과 66 미만인 수　㉣ 62 이상 63 이하인 수

(　　　　　　　　)

6 우리나라 여러 도시의 5월 평균 기온을 조사하여 나타낸 표입니다. 기온이 18 ℃ 초과 20 ℃ 이하인 도시를 모두 써 보시오.

도시별 5월 평균 기온

도시	서울	대전	부산	강릉	광주	제주
기온(℃)	20.4	21.5	18.3	15.0	19.7	20.7

(　　　　　　　　)

2 어림하기

• 올림과 버림은 구하려는 자리 아래 수를 모두 생각합니다.
• 반올림은 구하려는 자리 바로 아래 자리의 숫자만 생각합니다.

2-1 BASIC CONCEPT

올림

구하려는 자리 아래 수를 올려서 나타내는 방법

㉠ 160을 올림하여 십의 자리까지 나타내기: 160 ➡ 160
   160을 올림하여 백의 자리까지 나타내기: 160 ➡ 200

버림

구하려는 자리 아래 수를 버려서 나타내는 방법

㉠ 587을 버림하여 십의 자리까지 나타내기: 587 ➡ 580
   587을 버림하여 백의 자리까지 나타내기: 587 ➡ 500

반올림

구하려는 자리 바로 아래 자리의 숫자가 0, 1, 2, 3, 4이면 버리고,
5, 6, 7, 8, 9이면 올리는 방법

㉠ 2794를 반올림하여 십의 자리까지 나타내기: 2794 ➡ 2790
   2794를 반올림하여 백의 자리까지 나타내기: 2794 ➡ 2800

1 지아의 자물쇠 비밀번호는 □□29이고 올림하여 백의 자리까지 나타내면 1500입니다. 지아의 자물쇠 비밀번호를 구하시오.

( )

2 버림하여 백의 자리까지 나타내면 3700이 되는 자연수 중에서 가장 큰 수를 구하시오.

( )

3 수 카드 4장을 한 번씩만 사용하여 가장 큰 네 자리 수를 만들었습니다. 만든 네 자리 수를 반올림하여 백의 자리까지 나타내어 보시오.

5 2 4 7

( )

정답과 풀이 9쪽

4 민채는 서점에서 8500원짜리 문제집 한 권과 6900원짜리 동화책 한 권을 샀습니다. 1000원짜리 지폐로만 책값을 낸다면 최소 얼마를 내야 합니까?

( )

5 공장에서 사탕을 3716봉지 만들었습니다. 사탕을 한 상자에 10봉지씩 담아서 판다면 팔 수 있는 사탕은 최대 몇 상자입니까?

( )

6 어느 마을에 사는 사람은 5987명입니다. 이 사람 수를 어림하였더니 6000명이 되었습니다. 어떻게 어림하였는지 보기 의 어림을 이용하여 2가지 방법으로 설명해 보시오.

보기

올림 버림 반올림

방법1 ....

방법2 ....

BASIC CONCEPT 2-2

어림한 수의 범위 구하기

• 올림하여 십의 자리까지 나타낸 수가 40이 되는 수의 범위

30 31 32 33 34 35 36 37 38 39 40 ➡ 30 초과 40 이하인 수

• 버림하여 십의 자리까지 나타낸 수가 40이 되는 수의 범위

40 41 42 43 44 45 46 47 48 49 50 ➡ 40 이상 50 미만인 수

• 반올림하여 십의 자리까지 나타낸 수가 40이 되는 수의 범위

35 36 37 38 39 40 41 42 43 44 45 ➡ 35 이상 45 미만인 수

7 어떤 수를 반올림하여 십의 자리까지 나타내었더니 270이 되었습니다. 어떤 수가 될 수 있는 수의 범위를 수직선에 나타내어 보시오.

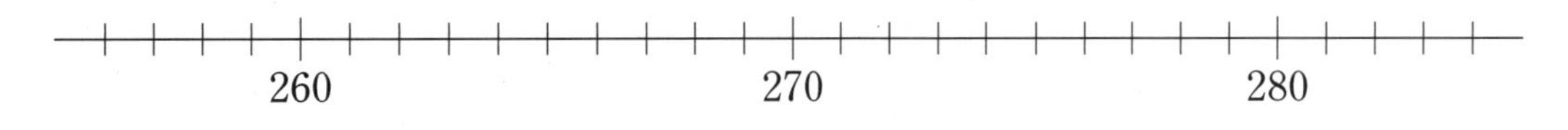

공통 범위는 수직선에 나타냈을 때 겹치는 부분이다.

- 15 이상 29 이하인 수
- 24 초과 32 미만인 수

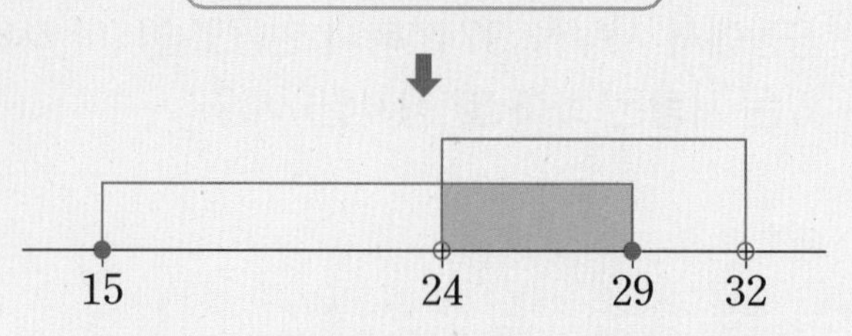

공통 범위: 24 초과 29 이하인 수

두 수의 범위에 공통으로 속하는 자연수는 모두 몇 개인지 구하시오.

- 48 이상 72 이하인 수
- 56 초과 93 미만인 수

두 수의 범위를 하나의 수직선에 나타내어 봅니다.

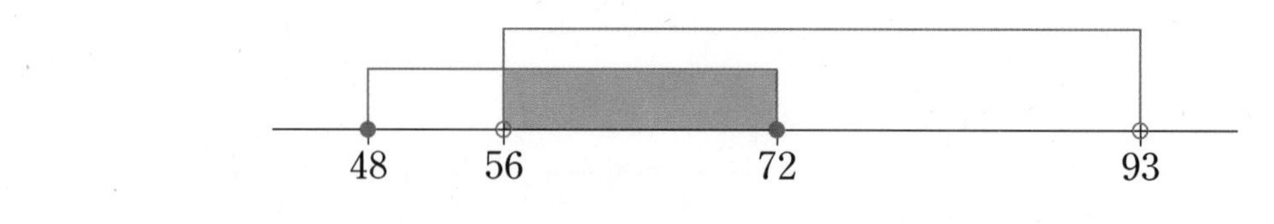

두 수의 범위의 공통 범위는 [ ] 초과 [ ] 이하인 수입니다.

두 수의 범위에 공통으로 속하는 자연수는 [ ]부터 [ ]까지이므로

모두 [ ]개입니다.

1-1 두 수의 범위에 공통으로 속하는 자연수를 모두 구하시오.

- 23 이상 56 미만인 수
- 49 초과 87 이하인 수

( )

1-2 두 수직선에 나타낸 수의 범위에 공통으로 속하는 자연수는 모두 몇 개입니까?

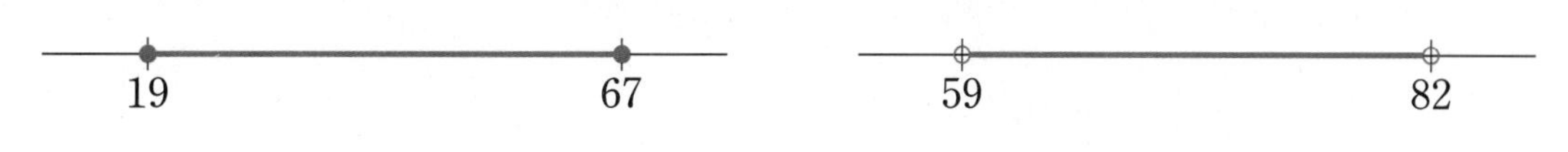

( )

1-3 현아와 친구들이 함께 모은 폐종이의 무게를 다음과 같이 설명하였습니다. 폐종이의 무게의 범위를 구하시오.

- 현아: 113 kg 미만이야.
- 승훈: 75 kg 초과 92 kg 이하야.
- 수지: 84 kg 이상이야.

( )

1-4 세 수의 범위에 공통으로 속하는 자연수는 모두 몇 개입니까?

- 20 이상인 수
- 54 미만인 수
- 36 초과 79 이하인 수

( )

최솟값, 최댓값으로 수의 범위를 구한다.

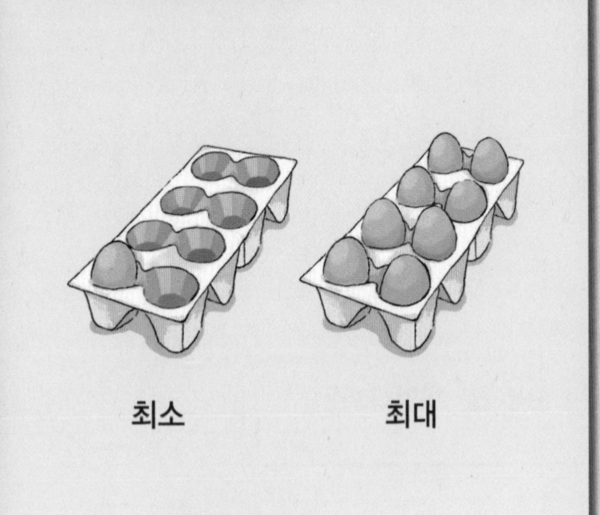

정원이 12명인 승합차가 적어도 5대 필요합니다.

• 사람 수가 가장 적은 경우:
승합차 4대에 12명씩 타고 1대에 1명만 탔을 때
(사람 수)$=12\times4+1=49$(명)

• 사람 수가 가장 많은 경우:
승합차 5대에 12명씩 탔을 때
(사람 수)$=12\times5=60$(명)

운호네 학교 5학년 학생들이 체험 학습을 가려면 정원이 36명인 버스가 적어도 8대 필요합니다. 운호네 학교 5학년 학생은 몇 명 이상 몇 명 이하인지 구하시오.

• 학생 수가 가장 적은 경우:
버스 7대에 □명씩 타고 버스 1대에 □명이 탔을 때
(학생 수)$=\square\times7+\square=\square+\square=\square$(명)

• 학생 수가 가장 많은 경우:
버스 8대에 □명씩 탔을 때
(학생 수)$=\square\times8=\square$(명)

따라서 운호네 학교 5학년 학생은 □명 이상 □명 이하입니다.

2-1 채린이네 학교 5학년 학생들이 모두 놀이 기구를 타려면 정원이 42명인 놀이 기구를 적어도 6번 운행해야 합니다. 채린이네 학교 5학년 학생은 몇 명 이상 몇 명 이하입니까?

( )

서술형 **2-2** 효우네 과수원에서 수확한 사과를 모두 상자에 담으려면 25개까지 담을 수 있는 상자가 적어도 8개 필요하다고 합니다. 효우네 과수원에서 수확한 사과는 몇 개 이상 몇 개 이하인지 풀이 과정을 쓰고 답을 구하시오.

풀이

답

2-3 한 번에 700 kg까지 실어 나를 수 있는 화물 승강기가 있습니다. 이 화물 승강기로 적어도 5번 실어 날라야 하는 화물의 무게의 범위를 수직선에 나타내어 보시오.

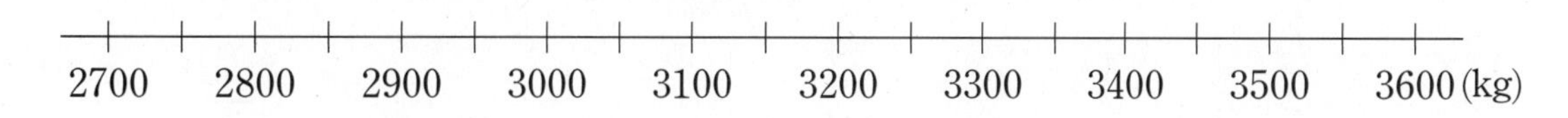

2-4 윤찬이네 학교 5학년 학생들이 한 대에 24명씩 탈 수 있는 버스를 타고 역사 탐방을 가려고 합니다. 5학년 학생들이 모두 타려면 버스가 적어도 7대 필요합니다. 5학년은 1반부터 6반까지 있고, 각 반의 학생 수가 모두 같을 때 윤찬이네 반 학생은 몇 명 이상 몇 명 이하입니까?

( )

두 자리 수는 십의 자리와 일의 자리가 있다.

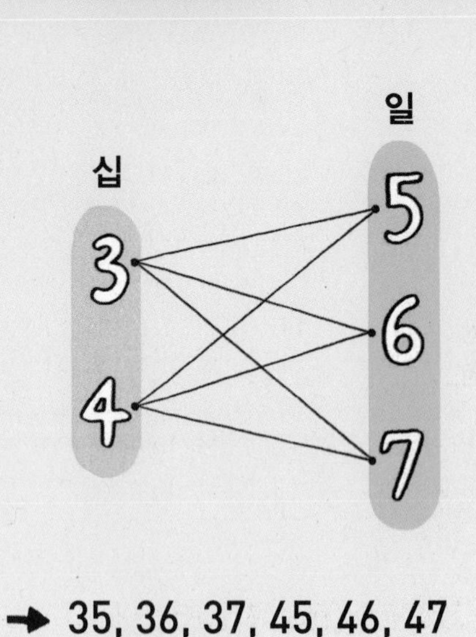

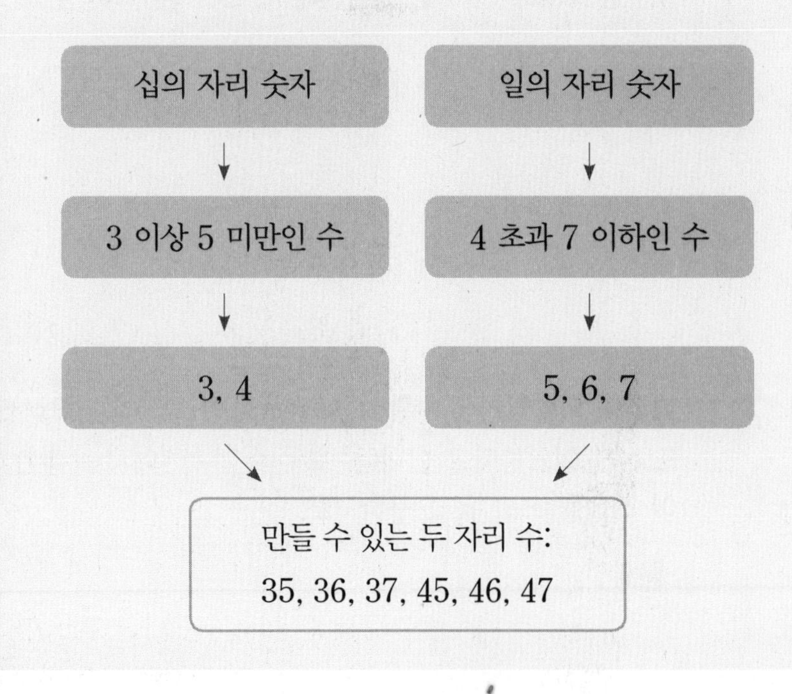

십의 자리 숫자는 2 이상 4 미만이고, 일의 자리 숫자는 6 초과 9 이하인 자연수를 만들려고 합니다. 만들 수 있는 두 자리 수는 모두 몇 개인지 구하시오.

- 십의 자리 숫자가 될 수 있는 수: 2 이상 4 미만인 수
  ➡ 2, 3
- 일의 자리 숫자가 될 수 있는 수: 6 초과 9 이하인 수
  ➡ □, □, □

십의 자리 숫자가 2인 두 자리 수를 만들면 □, □, □이고

십의 자리 숫자가 3인 두 자리 수를 만들면 □, □, □입니다.

따라서 만들 수 있는 두 자리 수는 모두 □개입니다.

3-1 자연수 부분은 4 이상 7 미만이고, 소수 첫째 자리 숫자는 2 초과 4 이하인 소수 한 자리 수를 만들려고 합니다. 만들 수 있는 소수 한 자리 수는 모두 몇 개입니까?

( )

3-2 백의 자리 숫자는 3 초과 6 미만, 십의 자리 숫자는 8 이상, 일의 자리 숫자는 1 이하인 자연수를 만들려고 합니다. 만들 수 있는 세 자리 수는 모두 몇 개입니까?

( )

3-3 소수 첫째 자리 숫자는 4 미만이고, 소수 둘째 자리 숫자는 7 이상 8 이하인 소수 두 자리 수 중 1보다 작은 수를 만들려고 합니다. 만들 수 있는 가장 큰 수와 가장 작은 수의 차를 구하시오.

( )

3-4 백의 자리 숫자는 6 이상 9 이하이고, 일의 자리 숫자는 3 미만인 세 자리 수를 만들려고 합니다. 만들 수 있는 세 자리 수 중 가장 큰 수와 가장 작은 수의 차를 구하시오.

( )

구하려는 자리의 아래 수를 보고 어림한다.

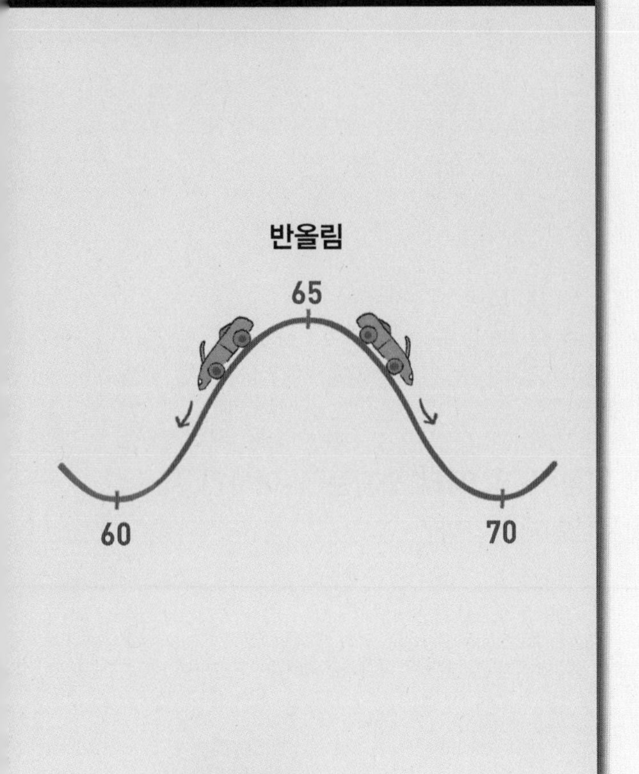

■의 값에 따라 어림하여 백의 자리까지 나타낸 수를 비교합니다.

■	6■0	올림	반올림	버림
0	600	600	600	600
1	610	700	600	600
2	620	700	600	600
3	630	700	600	600
4	640	700	600	600
5	650	700	700	600
6	660	700	700	600
7	670	700	700	600
8	680	700	700	600
9	690	700	700	600

다음 네 자리 수를 올림하여 백의 자리까지 나타낸 수와 반올림하여 백의 자리까지 나타낸 수는 같습니다. ■에 알맞은 수의 합을 구하시오.

35■0

35■0을 올림과 반올림하여 백의 자리까지 나타낸 수를 각각 구해 봅니다.

■	0	1	2	3	4	5	6	7	8	9
올림	3500	3600	3600	3600	3600	3600	3600	3600	3600	3600
반올림	3500	3500	3500	3500	3500	3600	3600	3600	3600	3600

35■0을 올림하여 백의 자리까지 나타낸 수와 반올림하여 백의 자리까지 나타낸 수가 같을 때

■는 □, □, □, □, □, □입니다.

➡ (■에 알맞은 수의 합)=□+□+□+□+□+□=□

4-1 다음 네 자리 수를 올림하여 백의 자리까지 나타낸 수와 반올림하여 백의 자리까지 나타낸 수는 같습니다. □ 안에 들어갈 수 있는 수를 모두 구하시오.

76□3

( )

4-2 다음 네 자리 수를 버림하여 십의 자리까지 나타낸 수와 반올림하여 십의 자리까지 나타낸 수는 같습니다. □ 안에 들어갈 수 있는 수의 합을 구하시오.

425□

( )

4-3 다음 다섯 자리 수를 올림하여 천의 자리까지 나타낸 수와 반올림하여 천의 자리까지 나타낸 수는 같습니다. 어림하기 전의 수가 될 수 있는 다섯 자리 수 중 가장 큰 수와 가장 작은 수를 구하시오.

18■▲0

가장 큰 수 ( )
가장 작은 수 ( )

최상위 S

경곗값은

이상, 이하에 포함되고, 초과, 미만에 포함되지 않는다.

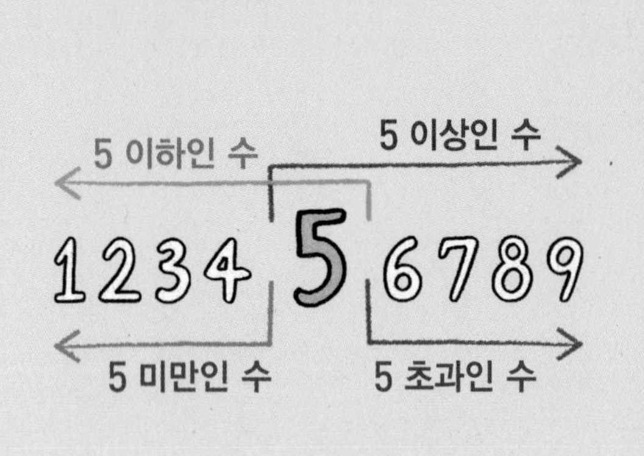

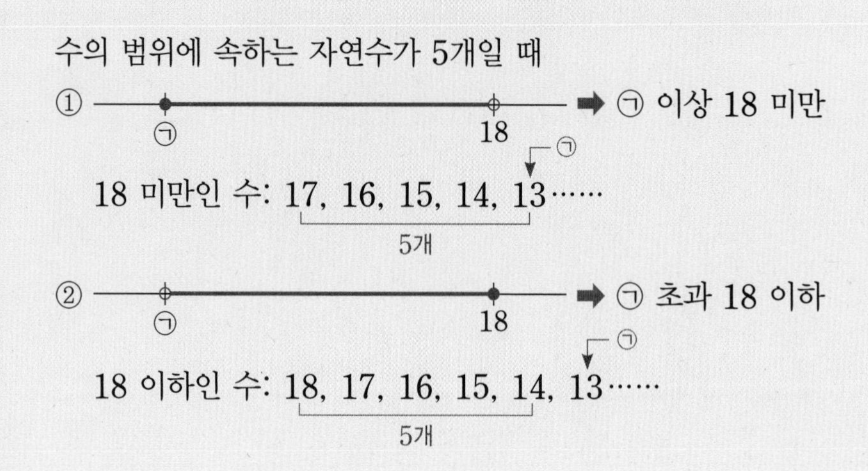

수직선에 나타낸 수의 범위에 속하는 자연수가 9개일 때 ㉠에 알맞은 자연수를 구하시오.

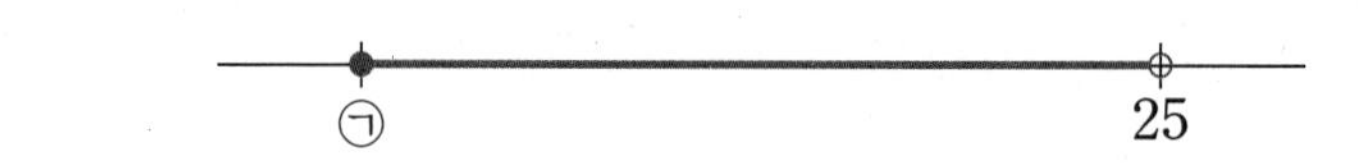

수직선에 나타낸 수의 범위는 ㉠ 이상 25 미만입니다.

㉠ 이상인 수에는 ㉠이 (포함되고 , 포함되지 않고),

25 미만인 수에는 25가 (포함됩니다 , 포함되지 않습니다).

25 미만인 자연수를 큰 수부터 차례로 9개 써 보면

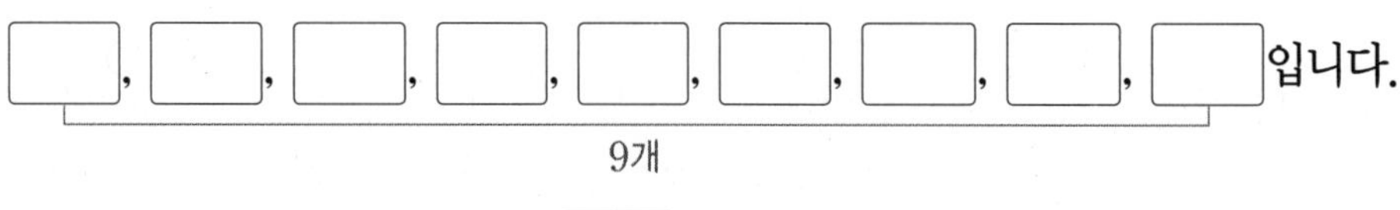

따라서 ㉠에 알맞은 자연수는 ☐ 입니다.

5-1 수직선에 나타낸 수의 범위에 속하는 자연수가 8개일 때 ㉠에 알맞은 자연수를 구하시오.

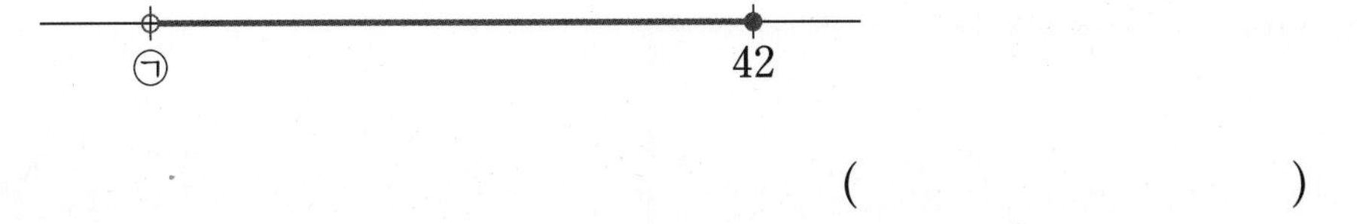

( )

5-2 수직선에 나타낸 수의 범위에 속하는 소수 한 자리 수가 7개일 때 ㉠에 알맞은 소수 한 자리 수를 구하시오.

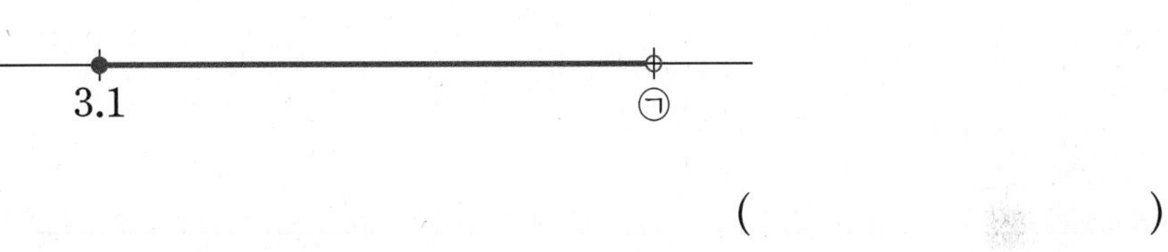

( )

5-3 □ 안에 들어갈 수 있는 자연수를 모두 구하시오.

54 이상 □ 미만인 짝수는 모두 10개입니다.

( )

5-4 수직선에 나타낸 수의 범위에 속하는 자연수 중에서 3의 배수가 6개일 때 □ 안에 들어갈 수 있는 자연수를 모두 구하시오.

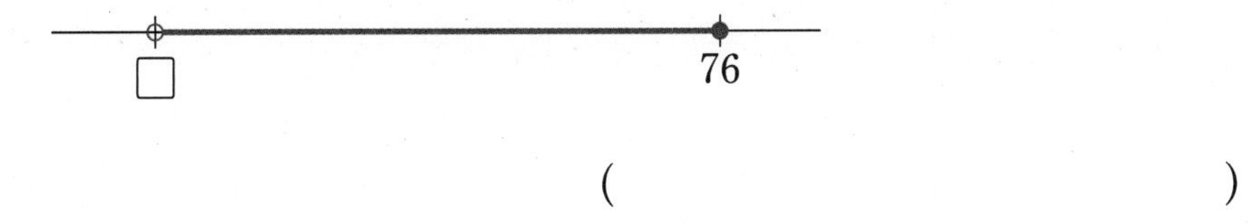

( )

최상위 S

올림과 버림 중 알맞은 어림 방법을 선택한다.

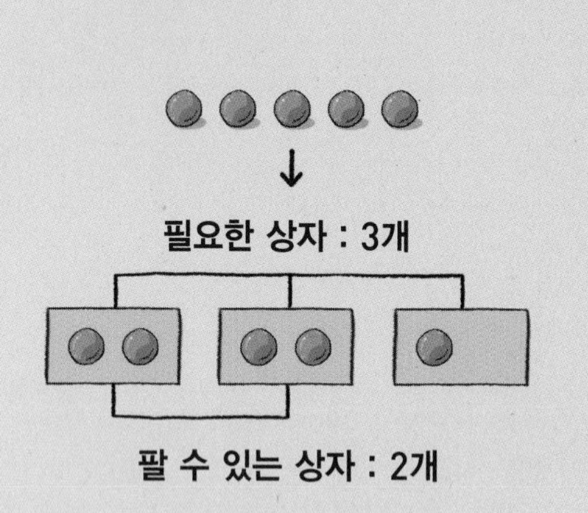

사과 34개를 한 상자에 10개씩 담을 때

① 사과를 상자에 모두 담으려면
➡ 3상자에 담고 4개가 남으므로 올림합니다.
➡ 상자는 최소 4개가 필요합니다.

② 사과를 상자로 팔려면
➡ 3상자를 팔고 4개가 남으므로 버림합니다.
➡ 팔 수 있는 사과는 최대 3상자입니다.

성우네 학교 남학생은 423명, 여학생은 418명입니다. 운동회 날 선물로 전체 학생들에게 공책을 2권씩 나누어 주려고 합니다. 문구점에서 공책을 10권씩 묶음으로만 판다면 공책을 최소 몇 권 사야 하는지 구하시오.

(전체 학생 수)=(남학생 수)+(여학생 수)

=☐+☐

=☐(명)

(학생들에게 나누어 줄 공책 수)=(전체 학생 수)×(한 명에게 줄 공책 수)

=☐×☐

=☐(권)

공책을 10권씩 묶음으로 사야 하므로 사야 할 공책 수는 (올림 , 버림)으로 나타냅니다.

따라서 공책을 최소 ☐ 권 사야 합니다.

6-1 민서네 학교 남학생은 356명, 여학생은 347명입니다. 전체 학생들이 불우이웃 돕기 성금으로 100원짜리 동전을 5개씩 냈습니다. 학생들이 모은 성금을 10000원짜리 지폐로 바꾼다면 최대 얼마까지 바꿀 수 있습니까?

(　　　　　　　　)

6-2 예본이네 반 친구들 27명이 피자를 먹으려고 합니다. 피자 한 판은 8조각으로 나누어져 있고 한 판에 16000원입니다. 피자를 한 판으로만 살 수 있을 때 예본이네 반 친구들이 모두 피자를 2조각씩 먹으려면 피자값으로 최소 얼마가 필요합니까?

(　　　　　　　　)

서술형 **6-3** 서우네 밭에서 고구마를 1368 kg 캤습니다. 이 고구마를 한 상자에 20 kg씩 담아서 30000원을 받고 팔려고 합니다. 고구마를 팔아서 받을 수 있는 돈은 최대 얼마인지 풀이 과정을 쓰고 답을 구하시오.

풀이 ....

....

....

답 ....

6-4 식빵 한 개를 만드는 데 밀가루 240 g이 필요합니다. 마트에서 한 봉지에 1 kg씩 들어 있는 밀가루를 1800원에 팔고 있습니다. 이 밀가루를 사서 똑같은 식빵 32개를 만들려면 밀가루값으로 최소 얼마가 필요합니까?

(　　　　　　　　)

■에 가장 가까운 수는 ■보다 클 수도, 작을 수도 있다.

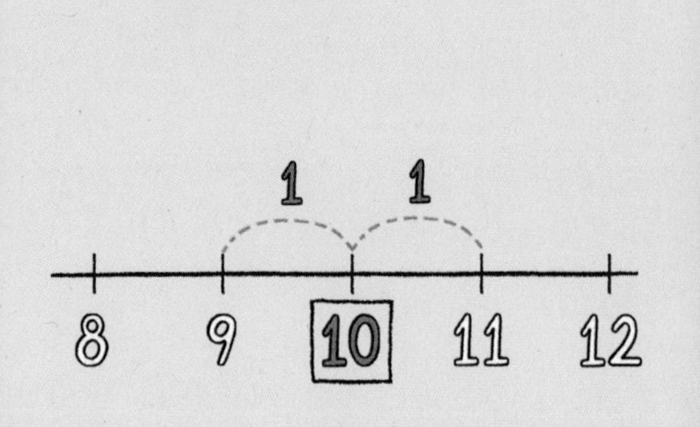

수 카드 1, 4, 8, 5를 한 번씩만 사용하여
5000에 가장 가까운 네 자리 수를 만들 때

• 5000보다 크고 5000에 가장 가까운 수: 5148
5148－5000＝148

• 5000보다 작고 5000에 가장 가까운 수: 4851
5000－4851＝149

➡ 5000에 가장 가까운 네 자리 수: 5148

수 카드 5장을 한 번씩만 사용하여 30000에 가장 가까운 다섯 자리 수를 만들었습니다. 만든 다섯 자리 수를 반올림하여 백의 자리까지 나타내어 보시오.

0 2 7 3 9

• 30000보다 크고 30000에 가장 가까운 다섯 자리 수를 만들면 □이고
30000과의 차는 □－30000＝□입니다.

• 30000보다 작고 30000에 가장 가까운 다섯 자리 수를 만들면 □이고
30000과의 차는 30000－□＝□입니다.

따라서 30000에 가장 가까운 다섯 자리 수는 □이고
이 수를 반올림하여 백의 자리까지 나타내면 □입니다.

7-1 수 카드 4장을 한 번씩만 사용하여 7000에 가장 가까운 네 자리 수를 만들었습니다. 만든 네 자리 수를 반올림하여 십의 자리까지 나타내어 보시오.

0 6 8 7

( )

7-2 수 카드 5장을 한 번씩만 사용하여 60000에 가장 가까운 다섯 자리 수를 만들었습니다. 만든 다섯 자리 수를 반올림하여 백의 자리까지 나타내어 보시오.

2 6 5 1 9

( )

7-3 수 카드 6장을 한 번씩만 사용하여 30만에 두 번째로 가까운 여섯 자리 수를 만들었습니다. 만든 여섯 자리 수를 반올림하여 천의 자리까지 나타내어 보시오.

0 2 4 7 3 8

( )

7-4 수 카드 4장을 두 번씩 사용하여 9000만에 세 번째로 가까운 여덟 자리 수를 만들었습니다. 만든 여덟 자리 수를 반올림하여 만의 자리까지 나타내어 보시오.

3 5 8 9

( )

최댓값과 최솟값의 차가 가장 큰 차이다.

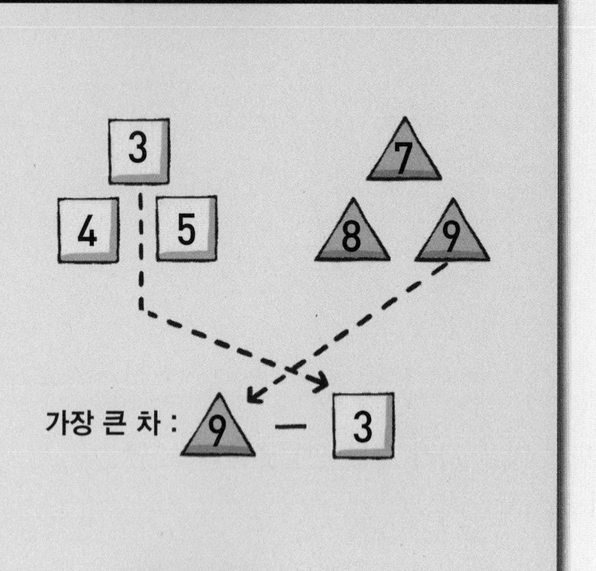

• (반올림하여 백의 자리까지 나타내면 100이 되는 자연수)
=(50부터 149까지의 자연수)
=(50 이상 149 이하인 자연수)

• (반올림하여 백의 자리까지 나타내면 200이 되는 자연수)
=(150부터 249까지의 자연수)
=(150 이상 249 이하인 자연수)

➡ (가장 큰 차)=(가장 큰 수)−(가장 작은 수)
=249−50=199

민채가 저금한 돈을 반올림하여 백의 자리까지 나타내면 35000원이고, 준호가 저금한 돈을 반올림하여 천의 자리까지 나타내면 28000원입니다. 두 사람이 저금한 돈의 차가 가장 클 때의 차는 얼마인지 구하시오.

• 민채가 저금한 돈의 범위: 반올림하여 백의 자리까지 나타내면 35000원이 되는 자연수

➡ ☐원 이상 ☐원 이하

• 준호가 저금한 돈의 범위: 반올림하여 천의 자리까지 나타내면 28000원이 되는 자연수

➡ ☐원 이상 ☐원 이하

두 사람이 저금한 돈의 차가 가장 클 때는

민채가 저금한 돈이 가장 클 때와 준호가 저금한 돈이 가장 작을 때의 차이므로

☐−☐=☐(원)입니다.

8-1 지율이네 아파트에 사는 남자 수를 올림하여 백의 자리까지 나타내면 13200명이고, 여자 수를 버림하여 십의 자리까지 나타내면 12900명입니다. 지율이네 아파트에 사는 남자 수와 여자 수의 차가 가장 클 때의 차는 몇 명입니까?

( )

서술형 **8-2** 어느 상점의 지난해 휴대폰 판매량을 반올림하여 천의 자리까지 나타내면 574000대이고, 올해 휴대폰 판매량을 반올림하여 만의 자리까지 나타내면 620000대입니다. 지난해와 올해의 휴대폰 판매량의 차가 가장 클 때의 차는 몇 대인지 풀이 과정을 쓰고 답을 구하시오.

풀이

답

8-3 도현이네 학교 남학생 수를 올림하여 십의 자리까지 나타내면 740명이고, 여학생 수를 버림하여 십의 자리까지 나타내면 680명입니다. 도현이네 학교 전체 학생들에게 연필을 3자루씩 나누어 주려면, 연필을 최소 몇 자루 준비해야 합니까?

( )

1 어떤 수에 12를 더한 후 올림하여 십의 자리까지 나타내었더니 500이 되었습니다. 어떤 수의 범위를 수직선에 나타내어 보시오.

문제풀이 동영상

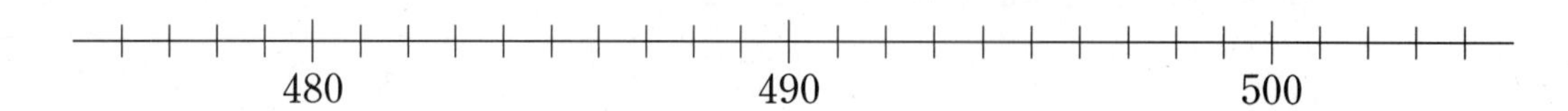

2 다음은 민서네 집의 상수도 사용 요금표입니다. 민서네 집에서 지난 3월에 사용한 상수도량은 27 m^3이고, 4월에 사용한 상수도량은 3월보다 8 m^3 더 많습니다. 민서네 집 상수도 사용 기본 요금이 3000원일 때 3월과 4월 상수도 요금으로 모두 얼마를 내야 합니까? (단, 상수도 사용량이 40 m^3이면 40 m^3의 범위에 속하는 가격으로 계산합니다.)

상수도 사용 요금표

사용량(m^3)	m^3당 가격(원)
30 이하	360
30 초과 50 이하	550
50 초과	790

( )

3 다음 조건을 모두 만족하는 자연수를 구하시오.

- 60000 이상 70000 미만인 수입니다.
- 천의 자리 숫자는 2 초과 4 미만인 수입니다.
- 백의 자리 숫자는 가장 작은 수입니다.
- 5의 배수 중 가장 큰 수입니다.

( )

서술형 **4** 어떤 자연수 가와 나가 있습니다. 가를 올림하여 천의 자리까지 나타내면 68000, 나를 버림하여 천의 자리까지 나타내면 73000입니다. 가와 나의 차가 가장 클 때의 차는 얼마인지 풀이 과정을 쓰고 답을 구하시오.

풀이 ....

....

....

답 ....

5 가 택시 요금은 2 km 이하까지는 2900원이고 2 km를 초과하면 200 m에 500원씩 추가됩니다. 나 택시 요금은 3 km 이하까지는 4200원이고 3 km를 초과하면 300 m에 700원씩 추가됩니다. 택시를 타고 4 km 800 m를 가려고 할 때 어느 택시의 요금이 얼마나 더 적습니까?

( ), ( )

6 정도네 학교 5학년 학생들이 현장학습을 가려고 합니다. 한 대에 36명이 탈 수 있는 버스를 빌리면 적어도 8대를 빌려야 하고, 한 대에 40명이 탈 수 있는 버스를 빌리면 적어도 7대를 빌려야 합니다. 정도네 학교 5학년 학생 수의 범위를 초과와 미만을 사용하여 나타내시오.

( )

7 다음 조건을 모두 만족하는 자연수는 몇 개입니까?

> ㉠ 버림하여 백의 자리까지 나타내면 2500입니다.
> ㉡ 올림하여 백의 자리까지 나타내면 2600입니다.
> ㉢ 반올림하여 백의 자리까지 나타내면 2500입니다.

( )

8 수 카드 4장을 한 번씩만 사용하여 네 자리 수를 만들려고 합니다. 만들 수 있는 네 자리 수 중 반올림하여 천의 자리까지 나타내면 5000이 되는 수는 모두 몇 개입니까?

5 2 4 7

( )

9 우주, 행성, 은하 초등학교 학생들이 야구 경기를 응원하기 위해 모두 모였습니다. 우주 초등학교 학생 수를 올림하여 백의 자리까지 나타내면 1500명이고, 행성 초등학교 학생 수를 버림하여 백의 자리까지 나타내면 1600명이며, 은하 초등학교 학생 수를 반올림하여 백의 자리까지 나타내면 1400명입니다. 응원하는 학생들에게 야광봉을 한 개씩 나누어 주려면 한 상자에 25개씩 들어 있는 야광봉을 최소 몇 상자 준비해야 합니까?

( )

10 어떤 자연수를 주혁, 도현, 효우 세 사람이 올림, 버림, 반올림 중 각각 서로 다른 방법으로 주어진 자리까지 어림하여 나타낸 것입니다. 어떤 수가 될 수 있는 수 중에서 가장 큰 수와 가장 작은 수를 각각 구하시오.

	주혁	도현	효우
천의 자리	36000	37000	36000
백의 자리	36400	36500	36500

가장 큰 수 ( )

가장 작은 수 ( )

2
분수의 곱셈

1 진분수의 곱셈

• 분자는 분자끼리, 분모는 분모끼리 곱합니다.

1-1 BASIC CONCEPT

(진분수)×(자연수)

방법1 곱한 후 약분하기

$\frac{3}{8}\times4=\frac{3}{8}\times\frac{4}{1}=\frac{\cancel{12}^{3}}{\cancel{8}_{2}}=\frac{3}{2}=1\frac{1}{2}$

방법2 곱하는 과정에서 약분하기

$\frac{3}{\cancel{8}_{2}}\times\cancel{4}^{1}=\frac{3}{2}\times1=\frac{3}{2}=1\frac{1}{2}$

(단위분수)×(단위분수)

$\frac{1}{6}\times\frac{1}{4}=\frac{1}{6\times4}=\frac{1}{24}$

단위분수끼리의 곱은 곱하기 전의 분수보다 작아집니다.

진분수의 곱셈

$\frac{\cancel{5}^{1}}{9}\times\frac{8}{\cancel{15}_{3}}=\frac{1\times8}{9\times3}=\frac{8}{27}$

약분이 되면 계산 과정에서 약분하는 것이 더 편리합니다.

1 다음 중 계산 결과가 가장 큰 것은 어느 것입니까? (　　　)

① $\frac{2}{5}\times\frac{3}{4}$　② $\frac{2}{5}\times\frac{1}{2}$　③ $\frac{2}{5}\times3$

④ $\frac{2}{5}\times\frac{9}{10}$　⑤ $\frac{2}{5}\times2$

2 $\frac{3}{4}$ km는 몇 m인지 구하시오.

(　　　　　　)

3 밧줄을 8등분 한 하나의 길이가 $\frac{4}{7}$ m일 때, 전체 밧줄의 길이는 몇 m입니까?

(　　　　　　)

1-2 BASIC CONCEPT

부분의 곱 구하기

① (전체의 $\frac{1}{2}$)의 $\frac{1}{3}$ ➡ $\frac{1}{2}\times\frac{1}{3}=\frac{1}{6}$

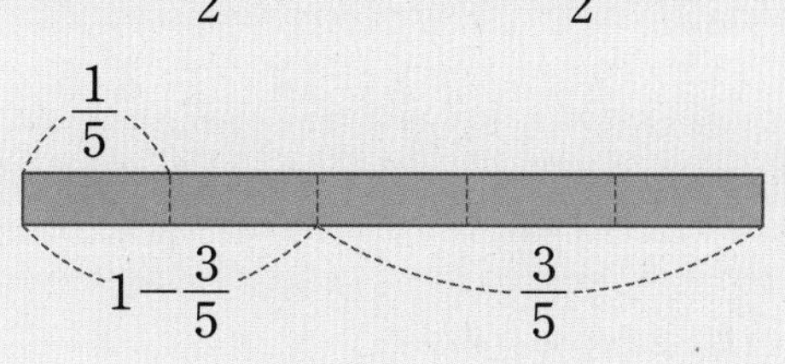

② (전체의 $\frac{3}{5}$을 뺀 나머지)의 $\frac{1}{2}$ ➡ $(1-\frac{3}{5})\times\frac{1}{2}=\frac{1}{5}$

4 꽃밭의 $\frac{1}{5}$에 장미를 심었는데 그중 $\frac{3}{4}$에 꽃이 피었습니다. 장미꽃이 핀 부분은 전체의 몇 분의 몇입니까?

( )

5 승호는 피자의 $\frac{3}{8}$을 먹고, 나머지의 $\frac{2}{5}$를 동생에게 주었습니다. 동생에게 준 피자는 전체의 몇 분의 몇입니까?

( )

1-3 BASIC CONCEPT

역수

중등연계

두 수의 곱이 1이 될 때, 한 수를 다른 수의 역수라고 합니다.

$a\times\frac{1}{a}=1$ ➡ a의 역수: $\frac{1}{a}$

$\frac{b}{a}\times\frac{a}{b}=1$ ➡ $\frac{b}{a}$의 역수: $\frac{a}{b}$

6 역수를 이용하여 ★을 구하려고 합니다. □ 안에 알맞은 수를 써넣으시오.

$$\frac{2}{3}\times★=\frac{1}{6} \Rightarrow \frac{2}{3}\times\frac{3}{2}\times★=\frac{1}{6}\times\frac{\square}{2} \Rightarrow ★=\frac{\square}{\square}$$

2 대분수의 곱셈

• 대분수는 (자연수)+(진분수)입니다.
• 대분수끼리의 곱셈을 할 때는 대분수를 가분수로 바꾸어 계산합니다.

BASIC CONCEPT 2-1

(대분수)×(자연수), (자연수)×(대분수)

$1\frac{3}{4}\times 8=\frac{7}{\cancel{4}_{1}}\times \cancel{8}^{2}=14$ (대분수를 가분수로)

$6\times 1\frac{1}{3}=\cancel{6}^{2}\times \frac{4}{\cancel{3}_{1}}=8$ (대분수를 가분수로)

두 수를 바꾸어 곱해도 결과가 같으므로 (대분수)×(자연수)와 (자연수)×(대분수)의 계산 방법은 같습니다.

(대분수)×(대분수)

$1\frac{3}{7}\times 3\frac{3}{4}=\frac{\cancel{10}^{5}}{7}\times \frac{15}{\cancel{4}_{2}}=\frac{5\times 15}{7\times 2}=\frac{75}{14}=5\frac{5}{14}$

대분수를 가분수로 / 분모끼리, 분자끼리 곱하기 / 가분수를 대분수로

1 잘못 계산한 부분을 찾아 바르게 계산해 보시오.

$$15\times 2\frac{2}{3}=15\times 2+\frac{2}{3}=30\frac{2}{3}$$

2 □ 안에 들어갈 수 있는 수를 모두 구하시오.

$$2\frac{1}{3}\times 1\frac{1}{5}>2\frac{\square}{5}$$

( )

3 □ 안에 알맞은 수를 써넣으시오.

$$\square\div 1\frac{7}{8}=\frac{2}{3}$$

BASIC CONCEPT 2-2

변의 길이를 늘리거나 줄인 도형의 넓이 구하기

정사각형의 가로를 $\frac{1}{5}$만큼 늘리고, 세로를 $\frac{1}{3}$만큼 줄이면

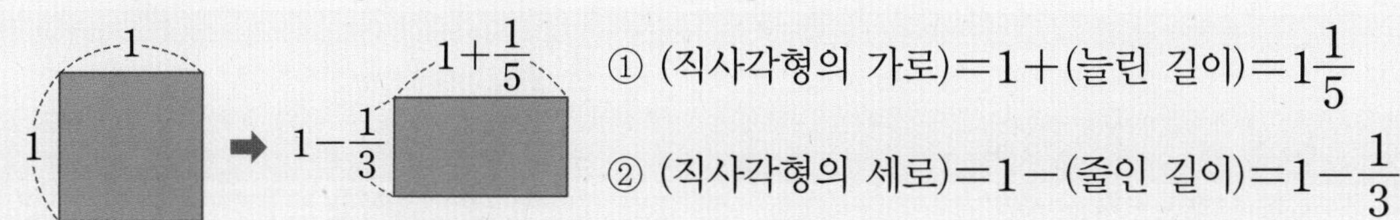

① (직사각형의 가로)$=1+$(늘린 길이)$=1\frac{1}{5}$

② (직사각형의 세로)$=1-$(줄인 길이)$=1-\frac{1}{3}$

➡ 직사각형의 넓이는 처음 정사각형 넓이의 $1\frac{1}{5}\times(1-\frac{1}{3})=\frac{\overset{2}{\cancel{6}}}{5}\times\frac{2}{\underset{1}{\cancel{3}}}=\frac{4}{5}$(배)가 됩니다.

4 어떤 정사각형의 가로를 $\frac{1}{5}$만큼 줄이고, 세로를 $\frac{1}{3}$만큼 늘려서 직사각형을 만들었습니다. 이 직사각형의 넓이는 처음 정사각형 넓이의 몇 배입니까?

( )

BASIC CONCEPT 2-3

곱셈의 분배법칙

중등 연계

두 수의 합에 어떤 수를 곱한 것은 더한 두 수에 각각 어떤 수를 곱하여 더한 것과 같습니다.

$$1\frac{3}{7}\times3\frac{3}{4}=1\frac{3}{7}\times(3+\frac{3}{4})=\underbrace{(1\frac{3}{7}\times3)}_{4\frac{2}{7}}+\underbrace{(1\frac{3}{7}\times\frac{3}{4})}_{1\frac{1}{14}}=5\frac{5}{14}$$

$$a\times(b+c)=(a\times b)+(a\times c)$$

5 □ 안에 알맞은 수를 써넣으시오.

(1)

$2\times10=\square$

$\frac{2}{5}\times10=\square$

(+)

$2\frac{2}{5}\times10=\square$

(2)

$3\frac{3}{5}\times1=\square$

$3\frac{3}{5}\times\frac{1}{3}=\square$

(+)

$3\frac{3}{5}\times1\frac{1}{3}=\square$

3 세 분수의 곱셈

• 세 수를 곱하는 것은 두 수를 연달아 곱하는 것입니다.
• 분모끼리, 분자끼리 곱하므로 세 분수를 한꺼번에 곱할 수 있습니다.

3-1 BASIC CONCEPT

세 진분수의 곱셈

방법1 두 수씩 차례로 곱하기

$$\frac{2}{3}\times\frac{4}{5}\times\frac{6}{7}=\frac{8}{15}\times\frac{6}{7}=\frac{16}{35}$$

① $\frac{2}{3}\times\frac{4}{5}$, ② 그 결과 $\times\frac{6}{7}$ (6과 15를 약분: 2, 5)

방법2 세 수를 한꺼번에 곱하기

$$\frac{2}{3}\times\frac{4}{5}\times\frac{6}{7}=\frac{2\times4\times\overset{2}{\cancel{6}}}{\underset{1}{\cancel{3}}\times5\times7}=\frac{16}{35}$$

분자는 분자끼리, 분모는 분모끼리 곱합니다.

대분수가 있는 세 분수의 곱셈

$$1\frac{4}{5}\times\frac{2}{3}\times4\frac{1}{2}=\frac{9}{5}\times\frac{2}{3}\times\frac{9}{2}=\frac{\overset{3}{\cancel{9}}\times\overset{1}{\cancel{2}}\times9}{5\times\underset{1}{\cancel{3}}\times\underset{1}{\cancel{2}}}=\frac{27}{5}=5\frac{2}{5}$$

대분수를 가분수로

분모끼리,
분자끼리 곱하기

가분수를 대분수로

1 세 수의 곱을 구하시오.

$\frac{5}{6}$	$\frac{3}{8}$	$\frac{9}{10}$

( )

2 계산 결과가 가장 큰 것의 기호를 쓰시오.

㉠ $1\frac{3}{4}\times\frac{6}{7}\times\frac{2}{3}$ ㉡ $\frac{3}{5}\times2\frac{1}{2}\times\frac{5}{6}$ ㉢ $\frac{3}{8}\times1\frac{1}{6}\times1\frac{5}{7}$

( )

BASIC CONCEPT 3-2

가장 큰 곱, 가장 작은 곱이 되는 세 단위분수의 곱셈식 만들기

2 3 4 5 6 7 8 9

① 가장 큰 곱: 분모가 작을수록 곱은 커집니다.

➡ $\frac{1}{(\text{가장 작은 수부터 세 수의 곱})}$ ➡ $\frac{1}{2}\times\frac{1}{3}\times\frac{1}{4}=\frac{1}{24}$

② 가장 작은 곱: 분모가 클수록 곱은 작아집니다.

➡ $\frac{1}{(\text{가장 큰 수부터 세 수의 곱})}$ ➡ $\frac{1}{9}\times\frac{1}{8}\times\frac{1}{7}=\frac{1}{504}$

3 수 카드 중 6장을 골라 한 번씩 사용하여 3개의 진분수를 만들어 곱하려고 합니다. 만든 세 진분수의 곱이 가장 작게 되는 경우를 찾아 식을 쓰고 계산한 값을 구하시오.

1 2 4 6 8 9 10 11 12

식 ....

답 ....

BASIC CONCEPT 3-3

곱셈의 계산 법칙

중등연계

① 교환법칙: 순서를 바꾸어 곱해도 결과는 같습니다. ➡ $a\times b=b\times a$

② 결합법칙: 세 수의 곱에서 어느 두 수를 먼저 곱해도 결과는 같습니다. ➡ $(a\times b)\times c=a\times(b\times c)$

4 □ 안에 알맞은 수를 써넣으시오.

$$\frac{1}{6}\times\frac{4}{\square}\times\frac{9}{10}=\frac{3}{25}$$

단위분수는 분모가 작을수록 크다.

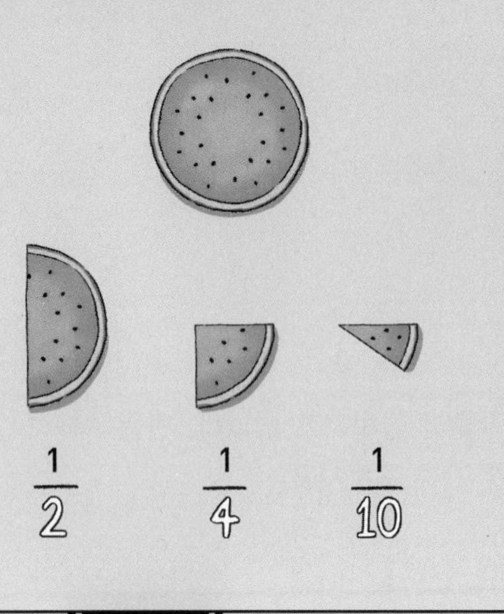

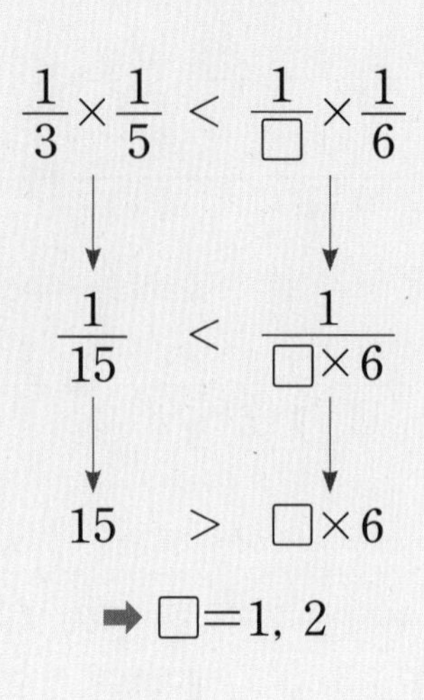

■에 들어갈 수 있는 자연수 중에서 가장 큰 수를 구하시오.

$$\frac{1}{5}\times\frac{1}{12} < \frac{1}{■}\times\frac{1}{8}$$

$$\frac{1}{5}\times\frac{1}{12} < \frac{1}{■}\times\frac{1}{8}$$

$$\downarrow \qquad \downarrow$$

$$\frac{1}{\square} < \frac{1}{■\times8}$$

단위분수는 분모가 작을수록 큰 수입니다.

➡ $■\times8 < \square$

■에 들어갈 수 있는 자연수는 .... 이므로

가장 큰 수는 $\square$ 입니다.

1-1

○ 안에 >, <를 알맞게 써넣으시오.

$$\frac{1}{2}\times\frac{1}{4} \bigcirc \frac{1}{3}\times\frac{1}{3}$$

1-2

□ 안에 들어갈 수 있는 자연수 중에서 가장 작은 수를 구하시오.

$$\frac{1}{4}\times\frac{1}{7}>\frac{1}{\square}\times\frac{1}{6}$$

(　　　　　　　　)

1-3

1보다 큰 자연수 중에서 ■에 들어갈 수 있는 자연수는 모두 몇 개입니까?

$$\frac{1}{5}\times\frac{1}{■}>\frac{1}{8}\times\frac{1}{9}$$

(　　　　　　　　)

1-4

□ 안에 들어갈 수 있는 자연수 중에서 가장 큰 수와 가장 작은 수를 구하시오.

$$\frac{1}{9}\times\frac{1}{4}<\frac{1}{\square}\times\frac{1}{3}<\frac{1}{2}\times\frac{1}{2}$$

가장 큰 수 (　　　　　　　　), 가장 작은 수 (　　　　　　　　)

분수만큼의 양은 전체 양에 분수를 곱한 값이다.

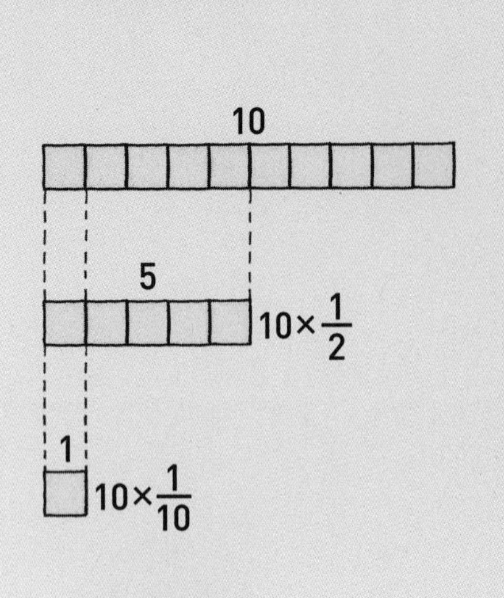

사과 수: 30개

참외 수: 사과보다 $\frac{5}{6}$만큼 더 많을 때

(참외 수)=(사과 수)+(사과 수의 $\frac{5}{6}$)

$=30+30\times\frac{5}{6}$

$=55$(개)

어느 과자 회사에서 과자의 가격을 이전 가격보다 $\frac{2}{9}$만큼 올렸습니다. 이전 가격이 450원인 과자의 현재 가격을 구하시오.

이전 가격	올린 금액

현재 가격

(올린 금액)=(이전 가격)$\times\frac{2}{9}$

$=\square\times\frac{2}{9}$

$=\square$(원)

(현재 가격)=(이전 가격)+(올린 금액)

$=450+\square$

$=\square$(원)

2-1 길이가 10 m인 철사의 $\frac{2}{5}$를 미술 시간에 사용했습니다. 미술 시간에 사용하고 남은 철사의 길이는 몇 m입니까?

( )

2-2 도서관의 책이 작년보다 $\frac{3}{8}$만큼 늘어났습니다. 작년에 있던 책이 1200권이었다면 올해 도서관의 책은 몇 권이 되었습니까?

( )

서술형 **2-3** 영호의 몸무게 변화를 보고, 현재 5학년인 영호의 몸무게는 몇 kg인지 풀이 과정을 쓰고 답을 구하시오.

- 3학년 때 몸무게는 32 kg이었어.
- 4학년 때 몸무게는 3학년 때보다 $\frac{3}{8}$만큼 늘었어.
- 5학년인 지금은 4학년 때보다 $\frac{1}{11}$만큼 줄었어.

풀이

답

2-4 퀴즈 대회에 60명이 참가했습니다. 첫 번째 문제에서 $\frac{1}{4}$이 탈락했고, 두 번째 문제에서 남아 있는 사람의 $\frac{2}{5}$가 탈락했습니다. 세 번째 문제를 풀 수 있는 사람은 몇 명입니까?

( )

실제 거리에 축척을 곱한 값이 지도에 그려진 길이이다.

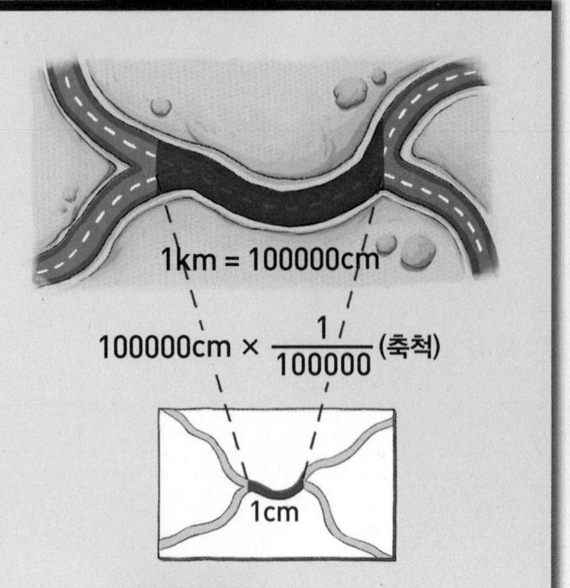

2 km의 거리를 축척이 $\frac{1}{50000}$인 지도에 나타낸다면

2 km=2000 m=200000 cm

(지도에 나타낸 길이)=(실제 거리)×(축척)

$=200000\times\frac{1}{50000}$

$=4$(cm)

한 시간에 60 km를 가는 자동차가 같은 빠르기로 45분 동안 달렸습니다. 자동차가 달린 거리를 축척이 $\frac{1}{500000}$인 지도에 나타내면 몇 cm가 되는지 구하시오.

축척: 실제 거리를 지도에 표시할 때의 축소 비율

45분=$\frac{\square}{60}$시간=$\frac{\square}{\square}$시간

(자동차가 45분 동안 달린 거리)=60×$\frac{\square}{\square}$=$\square$(km)

×1000 ➡ $\square$000 m

×100 ➡ $\square$00000 cm

(지도에 나타낸 길이)=(실제 거리)×(축척)

$=\square\times\frac{1}{500000}=\square$(cm)

3-1 집에서 공원까지의 거리는 $2\,\text{km}$입니다. 이 거리를 축척이 $\frac{1}{100000}$인 지도에 나타낸다면 몇 cm로 나타낼 수 있습니까?

( )

3-2 한 시간에 $90\,\text{km}$를 가는 자동차가 있습니다. 이 자동차가 같은 빠르기로 50분 동안 달린 거리를 축척이 $\frac{1}{2500000}$인 지도에 나타낸다면 몇 cm로 나타낼 수 있습니까?

( )

3-3 1분에 $1\frac{2}{3}\,\text{km}$를 가는 자동차가 같은 빠르기로 1시간 30분 동안 달린 거리를 축척이 $\frac{1}{3000000}$인 지도에 나타낸다면 몇 cm로 나타낼 수 있습니까?

( )

3-4 20분에 $32\frac{1}{3}\,\text{km}$를 가는 자동차가 같은 빠르기로 1시간 동안 달린 거리를 KTX는 30분 만에 갔습니다. KTX가 같은 빠르기로 2시간 동안 간 거리를 축척이 $\frac{1}{4000000}$인 지도에 나타낸다면 몇 cm로 나타낼 수 있습니까?

( )

양을 전체의 분수만큼으로 나타내면 전체는 1이다.

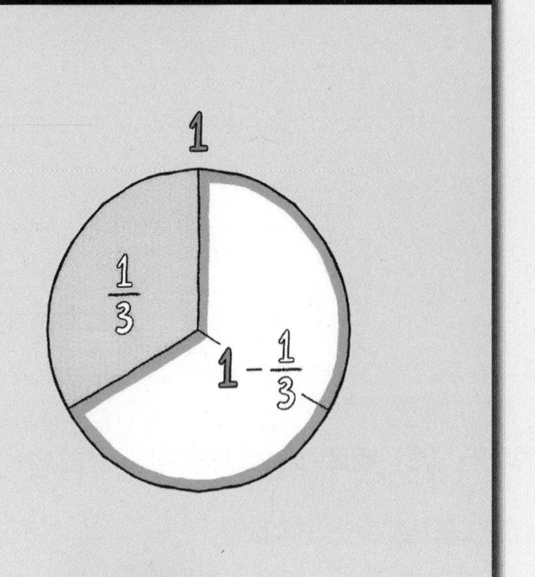

귤 80개 중 $\frac{1}{4}$은 (가) 상자에 담고
나머지의 $\frac{2}{3}$는 (나) 상자에 담았을 때

(가) 상자에 담고 남은 귤의 수: 80개의 $(1-\frac{1}{4})$

(나) 상자에 담고 남은 귤의 수: 80개의 $(1-\frac{1}{4})\times(1-\frac{2}{3})$

넓이가 $100\,m^2$인 밭의 $\frac{3}{5}$에 상추를 심고, 나머지 밭의 $\frac{2}{3}$에 고추를 심었습니다. 고추를 심고 남은 밭은 몇 m^2인지 구하시오.

전체 밭의 넓이를 1이라고 하면 다음과 같이 나타낼 수 있습니다.

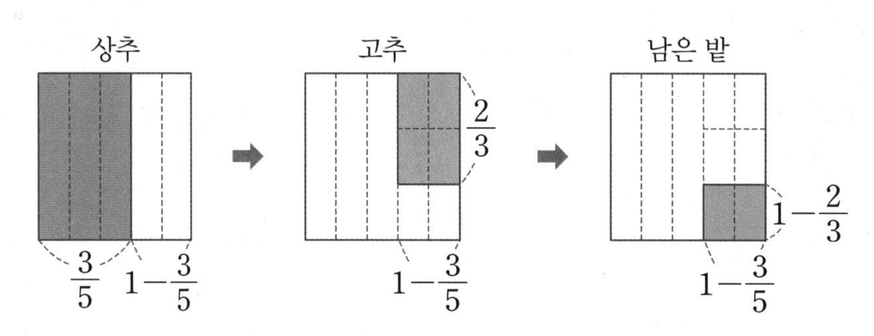

(상추를 심고 남은 밭의 넓이) $=1-\frac{3}{5}$

(고추를 심고 남은 밭의 넓이) $=(1-\frac{3}{5})\times(1-\frac{2}{3})$

(남은 밭의 넓이) $=100\times(1-\frac{3}{5})\times(1-\frac{2}{3})=100\times\frac{\square}{5}\times\frac{\square}{3}=\square\,(m^2)$

4-1 1L의 휘발유로 $15\frac{1}{2}$ km를 가는 자동차에 휘발유 10L를 넣고 150 km를 갔다면 더 갈 수 있는 거리는 몇 km입니까?

( )

4-2 밑변이 $1\frac{1}{5}$ m, 높이가 $1\frac{2}{3}$ m인 평행사변형의 $\frac{5}{6}$만큼 색칠하였습니다. 색칠하지 않은 부분의 넓이는 몇 m^2입니까?

( )

4-3 80명의 학생이 좋아하는 과목을 조사하였더니 전체의 $\frac{2}{5}$가 체육, 나머지의 $\frac{1}{4}$은 음악, 그 나머지의 $\frac{1}{2}$은 미술을 좋아했습니다. 미술을 좋아하는 학생은 몇 명입니까?

( )

4-4 설탕이 한 봉지에 $1\frac{3}{4}$ kg씩 모두 5봉지 있습니다. 이 중 식빵을 만드는 데 전체의 $\frac{2}{7}$를 사용하고, 나머지의 $\frac{5}{6}$는 케이크를 만드는 데 사용했습니다. 식빵과 케이크를 만들고 남은 설탕은 몇 kg입니까?

( )

최상위 S

부분의 값을 알면 전체의 값을 알 수 있다.

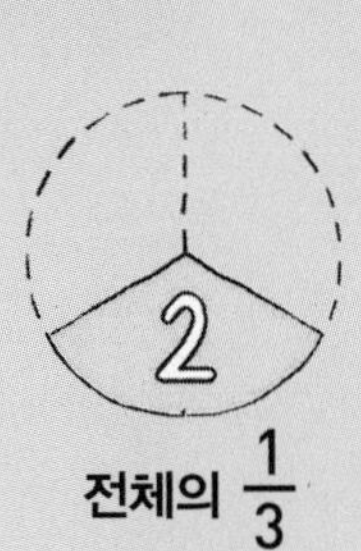

전체의 $\frac{1}{3}$

전체

물의 $\frac{2}{7}$를 사용한 후 나머지의 $\frac{4}{5}$를 덜어 내고 남은 물이 12 L이면

$(1-\frac{2}{7})$

$(1-\frac{2}{7})\times(1-\frac{4}{5})$

$$(\text{전체 물의 양})\times(1-\frac{2}{7})\times(1-\frac{4}{5})=12$$

$$(\text{전체 물의 양})\times\frac{1}{7}=12$$

$$(\text{전체 물의 양})=84(\text{L})$$

대표문제 5

창욱이는 저금통에 있던 돈의 $\frac{3}{4}$으로 책을 사고 나머지의 $\frac{3}{5}$으로 과자를 샀더니 1000원이 남았습니다. 처음 저금통에 있던 돈은 얼마인지 구하시오.

저금통에 있던 돈을 1이라고 하면 다음과 같이 나타낼 수 있습니다.

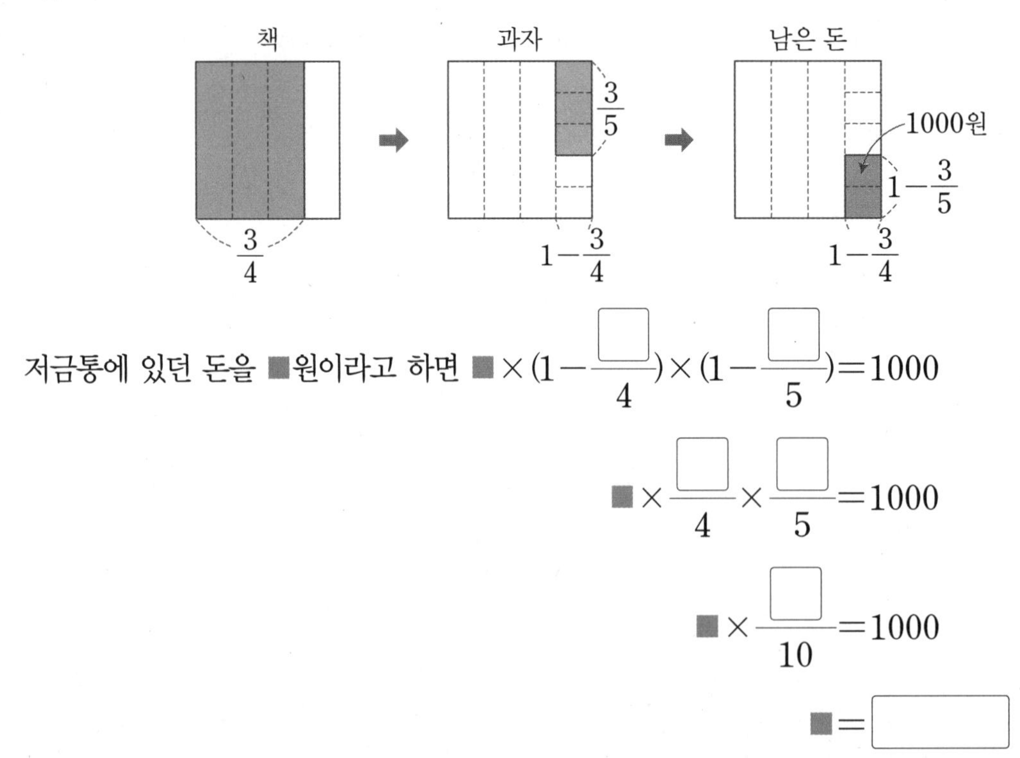

저금통에 있던 돈을 ■원이라고 하면 $■\times(1-\frac{\square}{4})\times(1-\frac{\square}{5})=1000$

$$■\times\frac{\square}{4}\times\frac{\square}{5}=1000$$

$$■\times\frac{\square}{10}=1000$$

$$■=\square$$

따라서 처음 저금통에 있던 돈은 $\square$원입니다.

5-1 지아는 가지고 있던 연필 중 $\frac{4}{5}$를 동생에게 주었더니 12자루가 남았습니다. 지아가 처음에 가지고 있던 연필은 몇 자루입니까?

(   )

서술형 **5-2** 서우는 책을 어제는 전체의 $\frac{1}{3}$만큼 읽었고, 오늘은 나머지의 $\frac{5}{6}$만큼 읽었습니다. 더 읽어야 하는 쪽수가 24쪽이라면 전체 쪽수는 몇 쪽인지 풀이 과정을 쓰고 답을 구하시오.

풀이

답

5-3 지후는 할머니 댁에 가려고 합니다. 걸린 시간 전체의 $\frac{4}{9}$는 기차를 타고, 나머지의 $\frac{4}{5}$는 버스를 타고, 그 나머지는 걸어갔습니다. 걸어간 시간이 15분일 때 지후가 할머니 댁까지 가는 데 걸린 시간은 몇 시간 몇 분입니까?

(   )

5-4 어느 초등학교 학생 중에서 여학생은 $\frac{3}{7}$이고, 남학생 중 $\frac{3}{4}$은 안경을 썼다고 합니다. 안경을 쓰지 않은 남학생이 90명일 때 전체 학생은 몇 명입니까?

(   )

공이 튀어 오르는 높이의 비율은 일정하다.

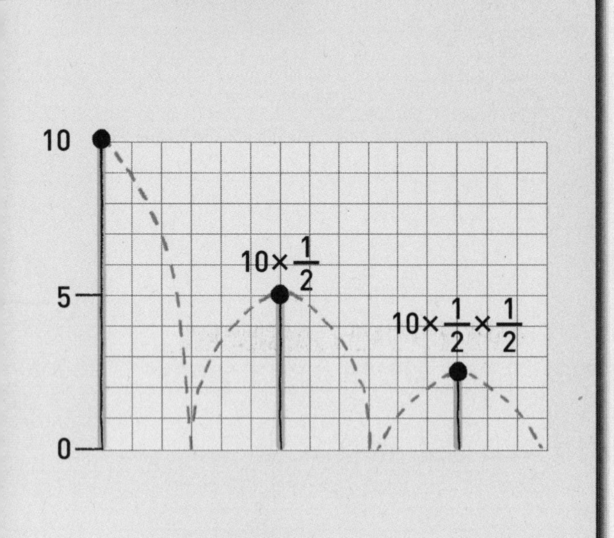

떨어진 높이의 $\frac{3}{5}$만큼 튀어 오르는 공

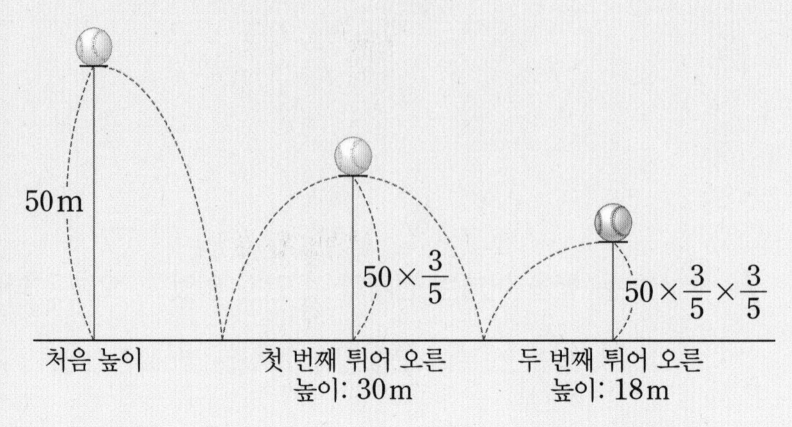

대표문제 6

떨어진 높이의 $\frac{5}{6}$만큼 튀어 오르는 공을 바닥에서 높이가 24 m인 곳에서 수직으로 떨어뜨렸습니다. 세 번째로 튀어 오르는 높이를 구하시오.

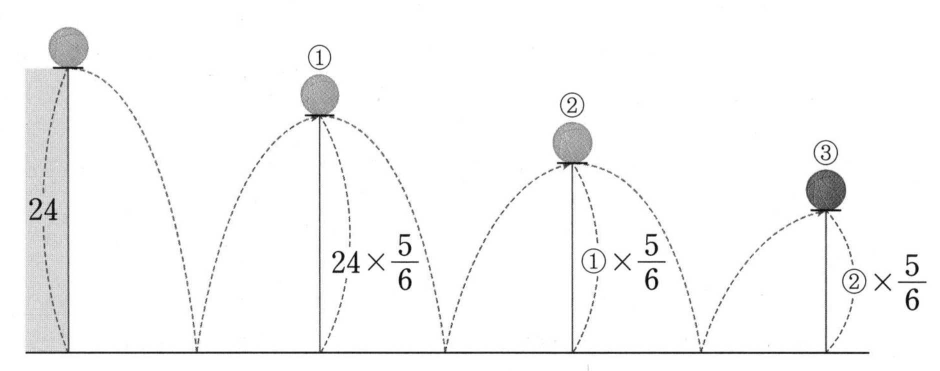

① (첫 번째 튀어 오르는 높이)=(떨어뜨린 높이)$\times\frac{5}{6}$=□(m)

② (두 번째 튀어 오르는 높이)=①$\times\frac{5}{6}$=□(m)

③ (세 번째 튀어 오르는 높이)=②$\times\frac{5}{6}$=□(m)

6-1 떨어진 높이의 $\frac{2}{3}$만큼 튀어 오르는 공을 높이가 $12\,\mathrm{m}$인 곳에서 수직으로 떨어뜨렸을 때 공이 첫 번째로 튀어 오르는 높이는 몇 m입니까?

( )

6-2 떨어진 높이의 $\frac{5}{7}$만큼 튀어 오르는 공을 높이가 $14\,\mathrm{m}$인 곳에서 수직으로 떨어뜨렸을 때 공이 세 번째로 튀어 오르는 높이는 몇 m입니까?

( )

6-3 떨어진 높이의 $\frac{3}{4}$만큼 튀어 오르는 공이 있습니다. 이 공을 높이가 $25\,\mathrm{m}$인 곳에서 수직으로 떨어뜨렸다면 공이 두 번째로 땅에 닿을 때까지 움직인 전체 거리는 몇 m입니까?

( )

6-4 떨어진 높이의 $\frac{5}{8}$만큼 튀어 오르는 공이 있습니다. 이 공을 높이가 $40\,\mathrm{m}$인 곳에서 수직으로 떨어뜨렸다면 공이 세 번째로 땅에 닿을 때까지 움직인 전체 거리는 몇 m입니까?

( )

분수를 사용하면 작은 단위를 큰 단위로 나타낼 수 있다.

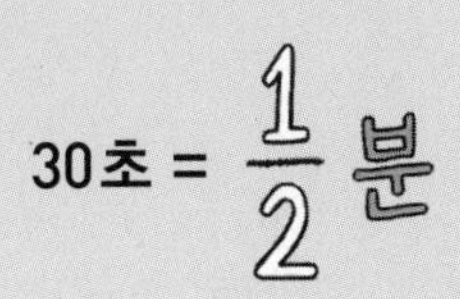

30분 = $\frac{1}{2}$ 시간

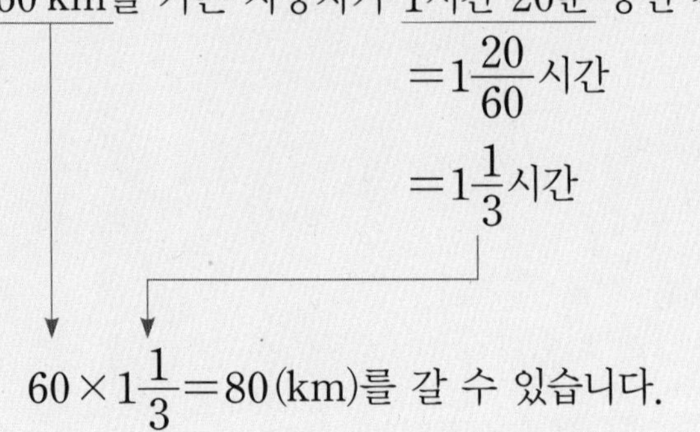

1분에 각각 $\frac{7}{8}$ L, $1\frac{3}{4}$ L의 물이 일정하게 나오는 2개의 수도꼭지가 있습니다. 두 수도꼭지를 동시에 틀어서 5분 20초 동안 물을 받는다면, 모두 몇 L의 물을 받을 수 있는지 구하시오.

---

① (2개의 수도꼭지에서 1분 동안 받을 수 있는 물의 양)

$=\frac{7}{8}+1\frac{3}{4}=\square\frac{\square}{\square}$(L)

② (물을 받는 시간)=5분 20초=$\square\frac{\square}{\square}$분 초를 분 단위로 고칩니다.

➡ (2개의 수도꼭지에서 5분 20초 동안 받을 수 있는 물의 양)

$=①\times②=\frac{\square}{8}\times\frac{\square}{3}=\square$(L)

7-1 현수는 한 시간에 4 km씩 걷는 빠르기로 1시간 40분 동안 걸었습니다. 현수가 걸은 거리는 몇 km입니까?

(　　　　　　　　)

7-2 1분에 각각 $1\frac{3}{5}$ L, $\frac{9}{10}$ L의 물이 일정하게 나오는 2개의 수도꼭지가 있습니다. 두 수도꼭지를 동시에 틀어서 3분 15초 동안 물을 받는다면, 모두 몇 L의 물을 받을 수 있습니까?

(　　　　　　　　)

서술형 **7-3** A와 B는 출발점에서 동시에 반대 방향으로 출발하였습니다. A는 한 시간에 $3\frac{3}{5}$ km를 가는 빠르기로, B는 한 시간에 $3\frac{1}{3}$ km를 가는 빠르기로 걸었습니다. 출발한 지 2시간 10분 후에 A와 B 사이의 거리는 몇 km인지 풀이 과정을 쓰고 답을 구하시오. (단, 두 사람이 걷는 빠르기는 각각 일정합니다.)

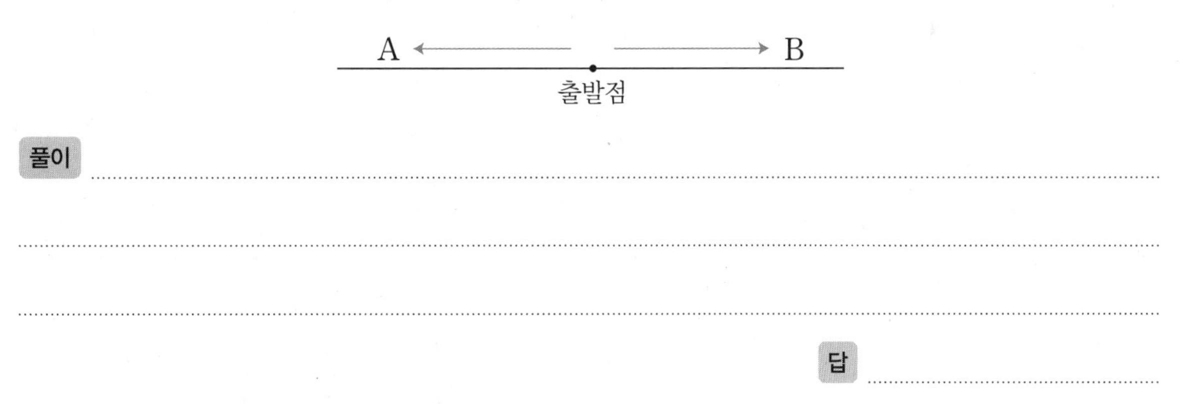

7-4 갑이 혼자서 하면 4시간이 걸리고, 을이 혼자서 하면 6시간이 걸리는 일이 있습니다. 이 일을 갑과 을이 함께 1시간 40분 동안 했다면 남은 일의 양은 전체의 몇 분의 몇입니까? (단, 두 사람이 1시간 동안 하는 일의 양은 각각 일정합니다.)

한 시간 동안 하는 일의 양을 분수로 나타내 봐.

(　　　　　　　　)

분수만큼의 양은 전체 양에 분수를 곱한 값이다.

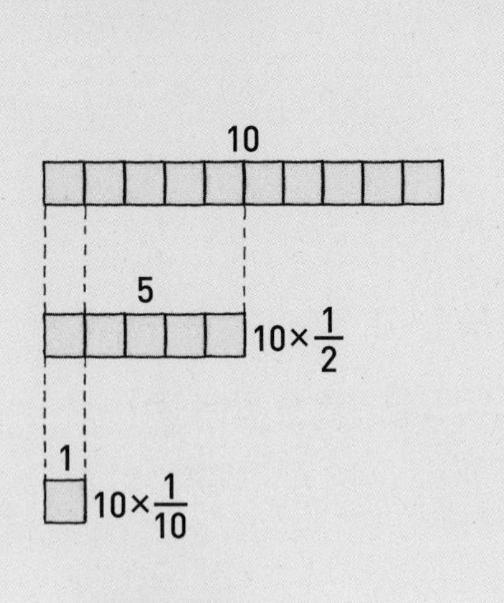

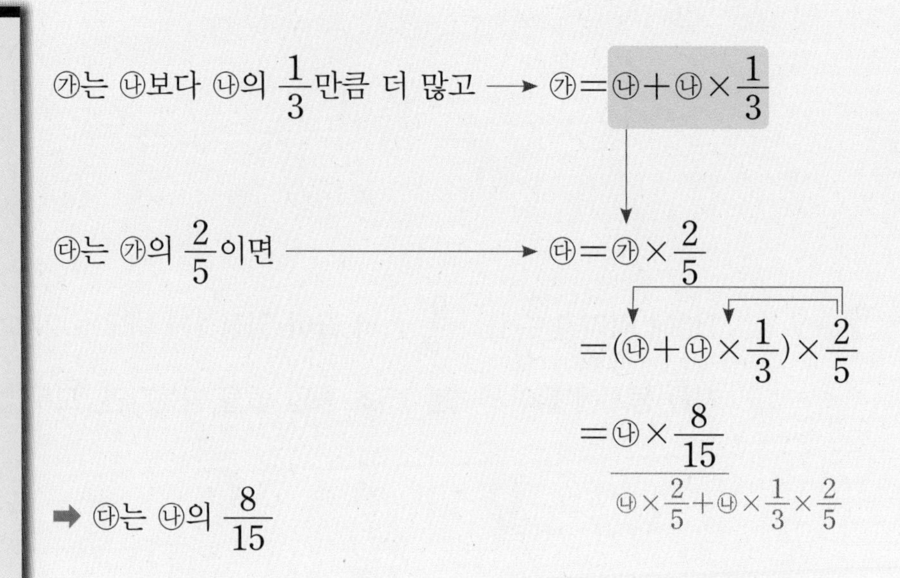

물이 들어 있는 그릇 (가), (나), (다)가 있습니다. (나)의 물의 양은 (가)보다 (가)의 $\frac{1}{5}$만큼 더 많고, (다)의 물의 양은 (나)의 $\frac{3}{4}$입니다. (다)의 물의 양은 (가)의 몇 배인지 구하시오.

(가)의 물의 양을 1이라고 하면

(가)

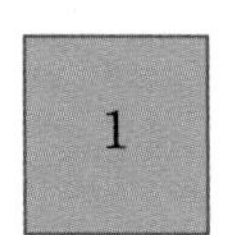

((가)의 물의 양)

$=1$

(나)

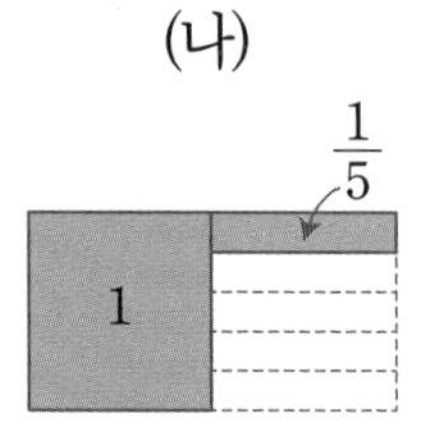

((나)의 물의 양)

$=1+\frac{1}{5}$

$=\square\frac{\square}{\square}$

(다)

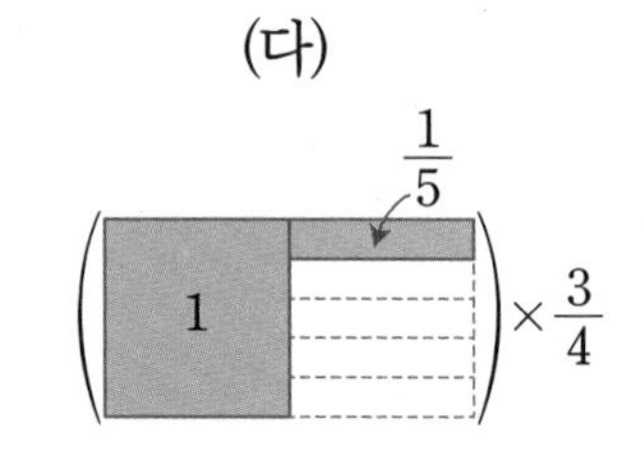

((다)의 물의 양)

$=$((나)의 물의 양)$\times\frac{3}{4}$

$=\frac{\square}{\square}$

➡ (다)의 물의 양은 (가)의 $\frac{\square}{\square}$배입니다.

8-1 물이 들어 있는 통 (가), (나)가 있습니다. (나)의 물의 양은 (가)보다 (가)의 $\frac{2}{3}$만큼 더 많습니다. (나)의 물의 양은 (가)의 몇 배입니까?

(　　　　　　)

8-2 A, B, C가 각각 물을 마셨습니다. B는 A보다 A가 마신 양의 $\frac{1}{5}$만큼 더 많이 마셨고, C는 B가 마신 양의 $\frac{8}{9}$만큼 마셨습니다. C가 마신 물의 양은 A의 몇 배입니까?

(　　　　　　)

8-3 ㉮, ㉯, ㉰의 땅이 있습니다. ㉮는 ㉰보다 ㉰의 $\frac{1}{6}$만큼 더 좁고, ㉯는 ㉮보다 ㉮의 $\frac{3}{7}$만큼 더 넓습니다. ㉯의 넓이는 ㉰의 몇 배입니까?

(　　　　　　)

8-4 다음을 보고 A의 키는 D의 몇 배인지 쓰시오.

- C는 D보다 D의 $\frac{1}{10}$만큼 더 작습니다.
- B는 C보다 C의 $\frac{1}{8}$만큼 더 큽니다.
- A는 B보다 B의 $\frac{2}{9}$만큼 더 큽니다.

(　　　　　　)

1 재민이가 집에서 학교에 가는 방법은 두 가지입니다. 항상 더 가까운 길로 걸어 다닌다고 할 때 재민이가 5일 동안 집에서 학교까지 가는 데 걸은 거리는 몇 km입니까?

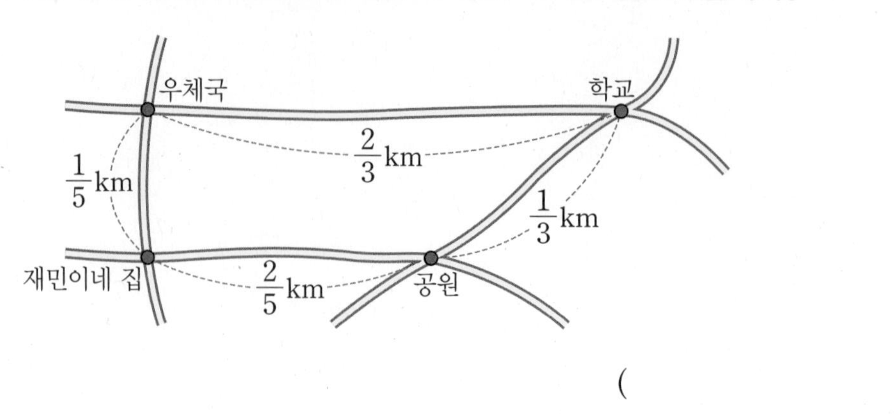

(　　　　　　　　)

2 정사각형 안에 수직인 선을 그어 모양을 만들었습니다. 전체에서 가장 넓은 부분을 차지하는 색은 무슨 색인지 쓰고, 그 넓이를 구하시오.

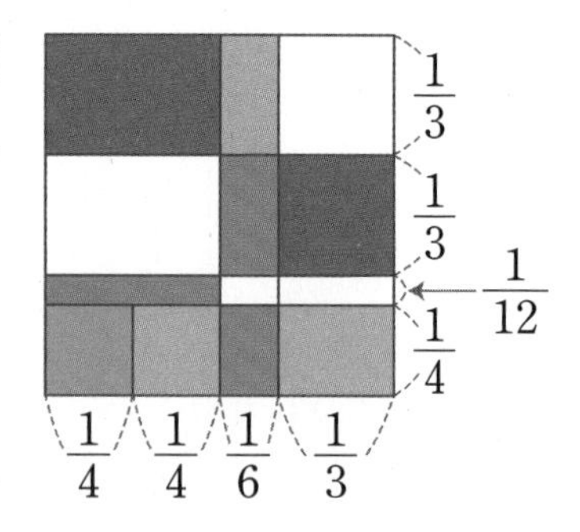

(　　　　　　　　), (　　　　　　　　)

서술형 **3** 두 분수 $\frac{4}{9}$, $\frac{16}{27}$에 각각 같은 기약분수를 곱하여 곱이 모두 자연수가 되게 하려고 합니다. 이와 같은 분수 중 가장 작은 가분수는 몇 분의 몇인지 풀이 과정을 쓰고 답을 구하시오.

풀이 ....

....

....

....

답 ....

4 수직선 위의 두 수 사이를 2등분한 것입니다. □ 안에 알맞은 대분수를 써넣으시오.

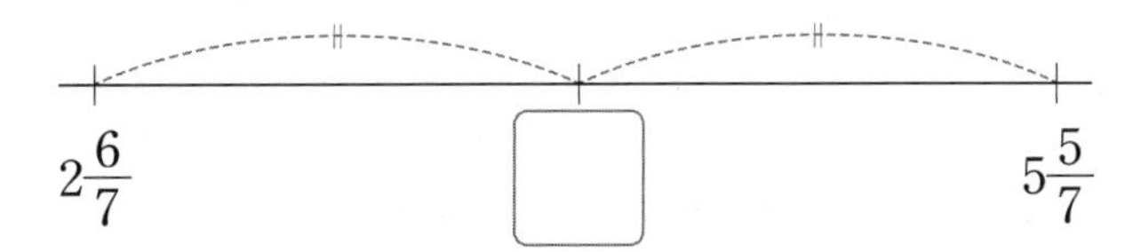

먼저 생각해 봐요!

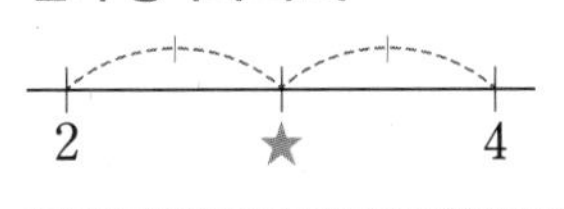

5 ●>0일 때 ■=●+1이면 $\frac{1}{●\times■}=\frac{1}{●}-\frac{1}{■}$로 나타낼 수 있습니다. 다음을 계산해 보시오.

$$\frac{1}{3\times4}+\frac{1}{4\times5}+\frac{1}{5\times6}+\frac{1}{6\times7}+\frac{1}{7\times8}+\frac{1}{8\times9}$$

(　　　　　　　　)

6 1분에 각각 $1\frac{3}{5}$ km, $1\frac{9}{10}$ km를 달리는 두 자동차가 같은 지점에서 같은 방향으로 출발했습니다. 2시간 20분 후에 두 자동차 사이의 거리는 몇 km입니까? (단, 두 자동차가 달리는 빠르기는 각각 일정합니다.

(　　　　　　　　)

먼저 생각해 봐요!

㉮ 1분에 3km

㉯ 1분에 2km

7 한 시간에 $1\frac{5}{12}$분씩 늦어지는 시계가 있습니다. 이 시계를 오늘 오전 9시에 정확하게 맞추어 놓았다면 다음 날 오후 3시에 이 시계가 가리키는 시각은 오후 몇 시 몇 분 몇 초입니까?

(　　　　　　　　)

먼저 생각해 봐요!

1시보다 10분 빠른 시각:
1시 10분
1시보다 10분 느린 시각:
12시 50분

8 분수를 규칙에 따라 늘어놓은 것입니다. 첫 번째 분수부터 50번째 분수까지 곱한 값을 구하시오.

$\frac{1}{3}, \frac{3}{5}, \frac{5}{7}, \frac{7}{9}, \frac{9}{11}, \frac{11}{13}$......

(　　　　　　　)

9 길이가 $\frac{1}{4}$ km인 기차가 한 시간에 360 km를 가는 빠르기로 터널을 완전히 통과하는 데 $3\frac{2}{3}$분이 걸렸습니다. 터널의 길이는 몇 km입니까?

(　　　　　　　)

먼저 생각해 봐요!

터널 기차
←움직인 거리→

10 연우와 정우는 사탕 한 봉지를 사서 남김없이 나누어 가졌습니다. 연우는 전체의 $\frac{7}{15}$보다 4개 더 많이 가졌고, 정우는 전체의 $\frac{1}{2}$보다 1개 더 적게 가졌습니다. 처음 사탕 한 봉지에 들어 있던 사탕은 몇 개입니까?

(　　　　　　　)

3

합동과 대칭

1 도형의 합동

• 완전히 겹치는 두 도형은 모양과 크기가 서로 같습니다.

1-1 BASIC CONCEPT

합동: 모양과 크기가 같아서 포개었을 때 완전히 겹치는 두 도형

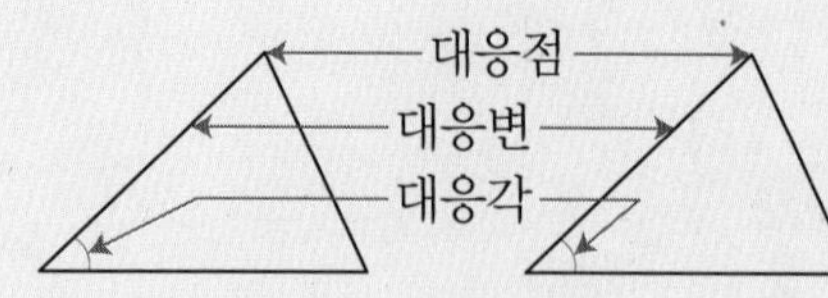

서로 합동인 두 도형을 똑같이 포개었을 때

• 대응점: 겹치는 점
• 대응변: 겹치는 변
• 대응각: 겹치는 각

합동인 도형의 성질

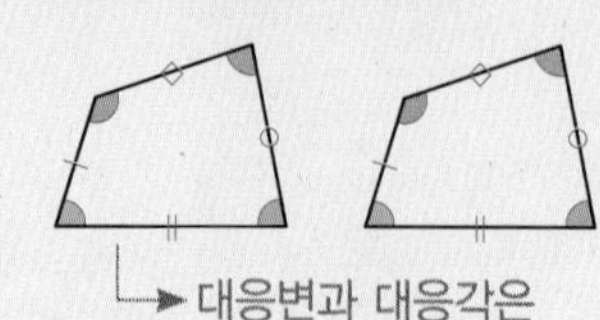

• 합동인 두 도형에서 대응변의 길이는 서로 같습니다.
• 합동인 두 도형에서 대응각의 크기는 서로 같습니다.

1 직각삼각형을 합동인 삼각형 4개가 되도록 선으로 나누어 보시오.

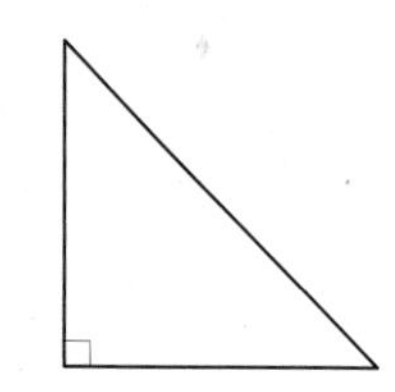

2 두 삼각형은 서로 합동입니다. 각 ㄹㅁㅂ은 몇 도입니까?

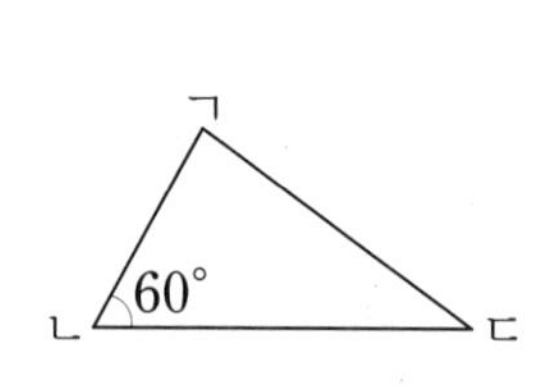

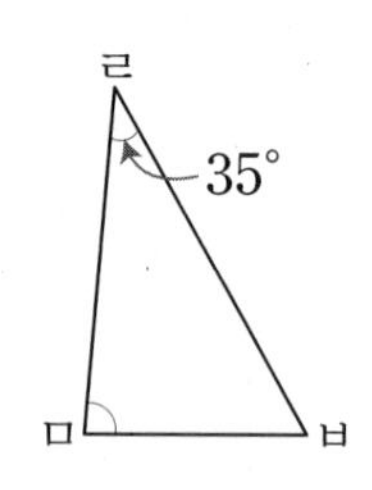

(　　　　　　　　)

3 두 사각형은 서로 합동입니다. 사각형 ㄱㄴㄷㄹ의 둘레가 41 cm일 때, 변 ㅇㅁ은 몇 cm입니까?

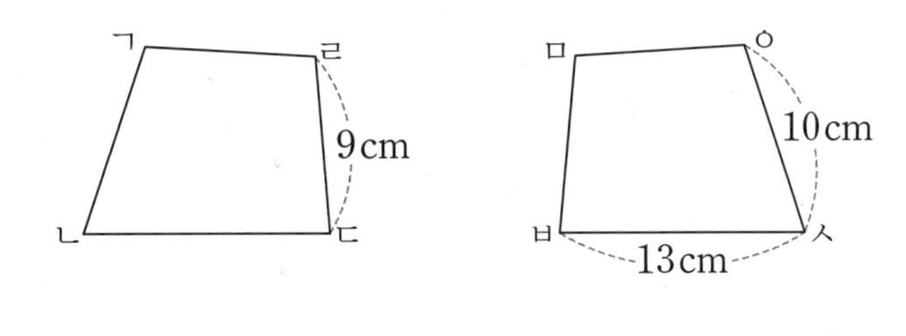

(　　　　　　　　　　)

4 합동인 두 삼각형을 한 선분 위에 붙여 놓은 것입니다. 각 ㄱㄷㅁ은 몇 도입니까?

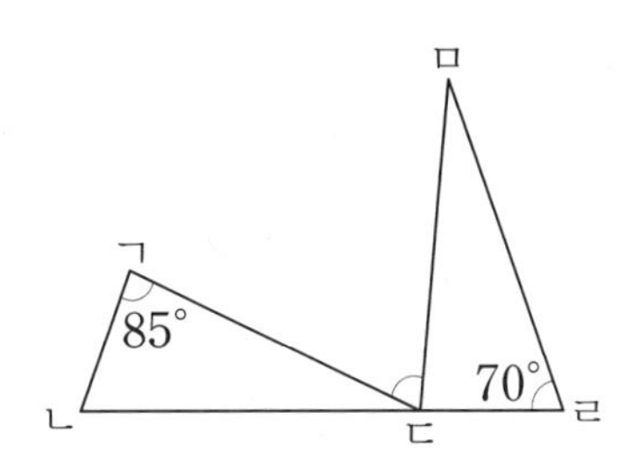

(　　　　　　　　　　)

BASIC CONCEPT 1-2

둘레나 넓이가 같은 두 도형의 관계

합동인 도형 → ○ → 둘레와 넓이가 같습니다.
합동인 도형 ← × ← 둘레와 넓이가 같습니다.

둘레가 같은 두 사각형: 5 cm, 5 cm / 2 cm, 8 cm — 합동이 아닙니다.

넓이가 같은 두 사각형: 4 cm, 6 cm / 3 cm, 3 cm, 13 cm — 합동이 아닙니다.

5 다음 중 항상 합동이라고 할 수 없는 것을 찾아 기호를 쓰시오.

㉠ 둘레가 같은 두 정오각형
㉡ 넓이가 같은 두 직사각형
㉢ 한 변의 길이가 같은 두 정삼각형

(　　　　　　　　　　)

2 선대칭도형

- 대칭은 기준이 되는 점, 선, 면을 사이에 두고 같은 거리에서 마주 보는 것입니다.
- 옆으로 뒤집은 도형과 처음 도형을 이어 붙이면 선대칭도형이 됩니다.

BASIC CONCEPT 2-1

선대칭도형: 한 직선을 따라 접어서 완전히 겹치는 도형

대칭축: 선대칭도형에서 도형이 완전히 겹치도록 접은 직선

→ 선대칭도형에서 대칭축은 여러 개 있을 수 있습니다.

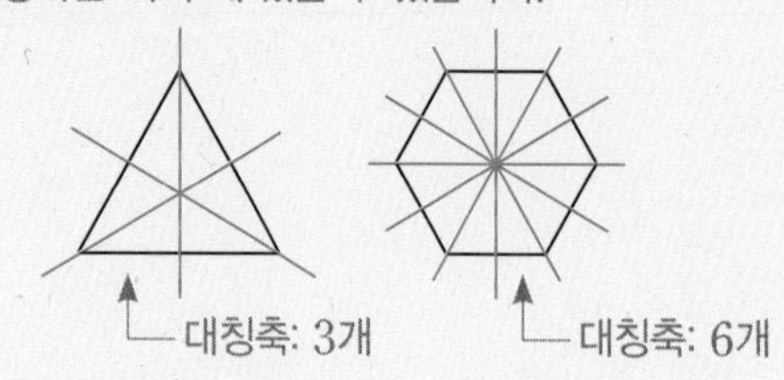

←대칭축

→ 선대칭도형에서 대칭축에 의해 나누어진 두 도형은 서로 합동입니다.

선대칭도형의 성질

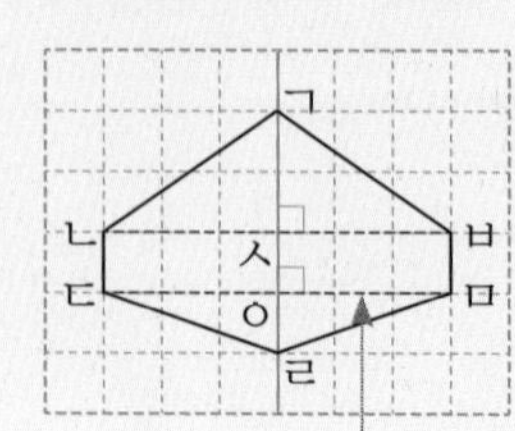

대응점을 이은 선분

- 대응변의 길이가 각각 같습니다.
  (변 ㄱㄴ)=(변 ㄱㅂ), (변 ㄴㄷ)=(변 ㅂㅁ), (변 ㄷㄹ)=(변 ㅁㄹ)
- 대응각의 크기가 각각 같습니다.
  (각 ㄱㄴㄷ)=(각 ㄱㅂㅁ), (각 ㄴㄷㄹ)=(각 ㅂㅁㄹ)
- 대응점끼리 이은 선분은 대칭축과 수직으로 만납니다.
- 대칭축은 대응점을 이은 선분을 이등분합니다. — 각각의 대응점에서 대칭축까지의 거리는 같습니다.
  (선분 ㄴㅅ)=(선분 ㅂㅅ), (선분 ㄷㅇ)=(선분 ㅁㅇ)

1 원의 대칭축은 몇 개입니까? ( )

① 0개 ② 1개 ③ 3개
④ 4개 ⑤ 셀 수 없이 많습니다.

2 직선 가를 대칭축으로 하는 선대칭도형입니다. 각 ㄱㄹㄷ은 몇 도입니까?

가 ㄱ ㄹ 115° ㄴ ㄷ

( )

정답과 풀이 32쪽

3 선분 ㄴㄹ을 대칭축으로 하는 선대칭도형입니다. 선분 ㄱㄹ의 길이와 각 ㄱㄴㄹ의 크기를 각각 구하시오.

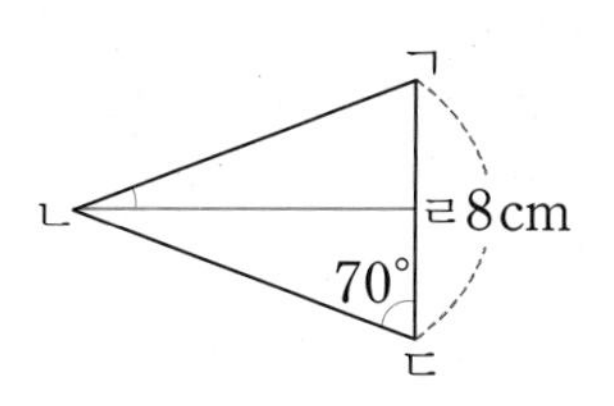

선분 ㄱㄹ의 길이 (　　　　　　　　)
각 ㄱㄴㄹ의 크기 (　　　　　　　　)

4 직선 ㅅㅇ을 대칭축으로 하는 선대칭도형입니다. 선대칭도형의 둘레는 몇 cm입니까?

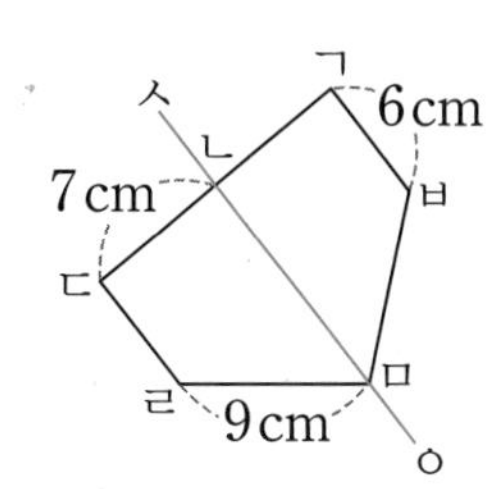

(　　　　　　　　)

BASIC CONCEPT 2-2

선대칭도형 그리기

① 대칭축을 중심으로 각 점의 대응점을 찾아 표시합니다.

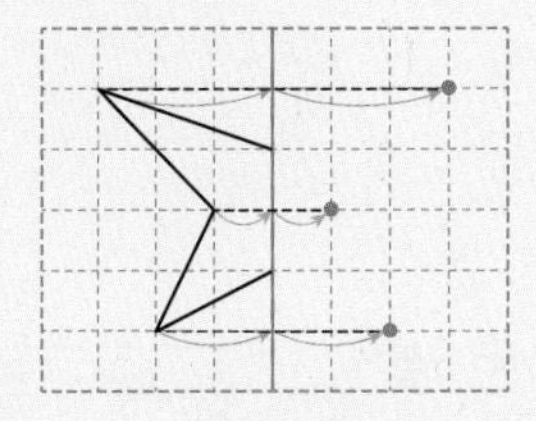

② 각 대응점을 차례로 이어 선대칭도형을 완성합니다.

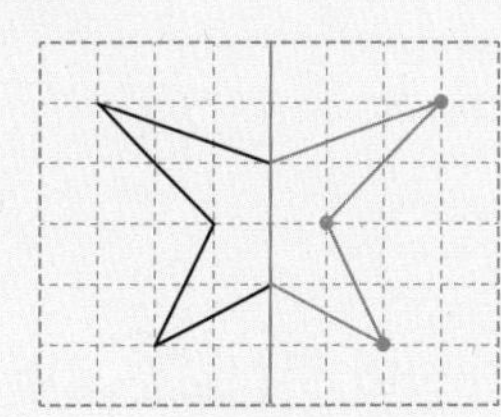

5 선대칭도형이 되도록 그림을 완성하시오.

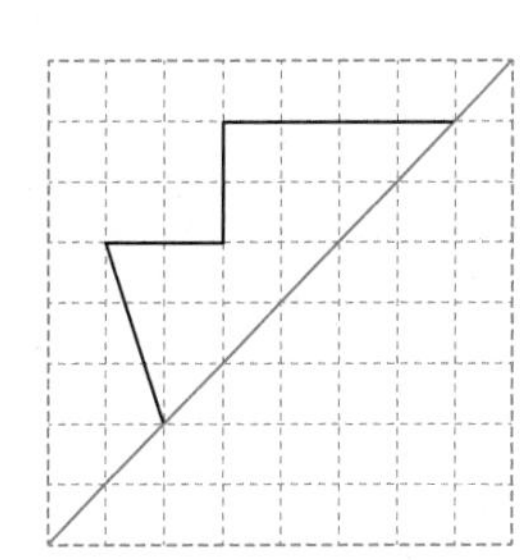

3 점대칭도형

• 대칭은 기준이 되는 점, 선, 면을 사이에 두고 같은 거리에서 마주 보는 것입니다.
• 반 바퀴 돌린 도형과 처음 도형을 이어 붙이면 점대칭도형이 됩니다.

3-1 BASIC CONCEPT

점대칭도형: 한 도형을 어떤 점을 중심으로 180° 돌렸을 때 처음 도형과 완전히 겹치는 도형

대칭의 중심: 점대칭도형에서 도형이 완전히 겹치도록 180° 돌렸을 때 중심이 되는 점 → 점대칭도형에서 대칭의 중심은 1개입니다.

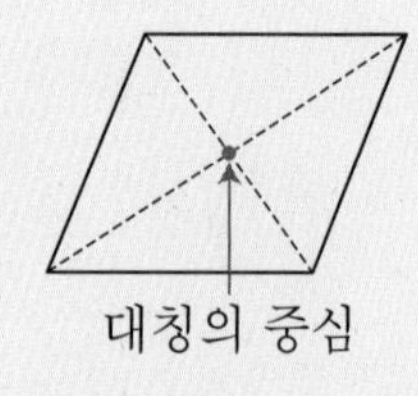

점대칭도형의 성질

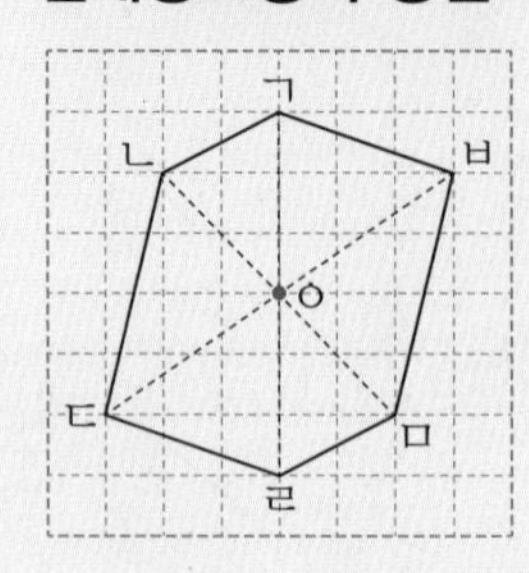

• 대응변의 길이가 각각 같습니다.
(변 ㄱㄴ)=(변 ㄹㅁ), (변 ㄴㄷ)=(변 ㅁㅂ), (변 ㄷㄹ)=(변 ㅂㄱ)
• 대응각의 크기가 각각 같습니다.
(각 ㄱㄴㄷ)=(각 ㄹㅁㅂ), (각 ㄴㄷㄹ)=(각 ㅁㅂㄱ)

• 대칭의 중심은 대응점끼리 이은 선분을 이등분합니다. — 각각의 대응점에서 대칭의 중심까지의 거리는 같습니다.
(선분 ㄱㅇ)=(선분 ㄹㅇ), (선분 ㄴㅇ)=(선분 ㅁㅇ), (선분 ㄷㅇ)=(선분 ㅂㅇ)

1 점대칭도형이 되는 것을 모두 찾아 기호를 쓰시오.

㉠ A ㉡ Z ㉢ F ㉣ I ㉤ K ㉥ H

( )

2 점 ㅇ을 대칭의 중심으로 하는 점대칭도형입니다. 각 ㄴㄷㄹ은 몇 도입니까?

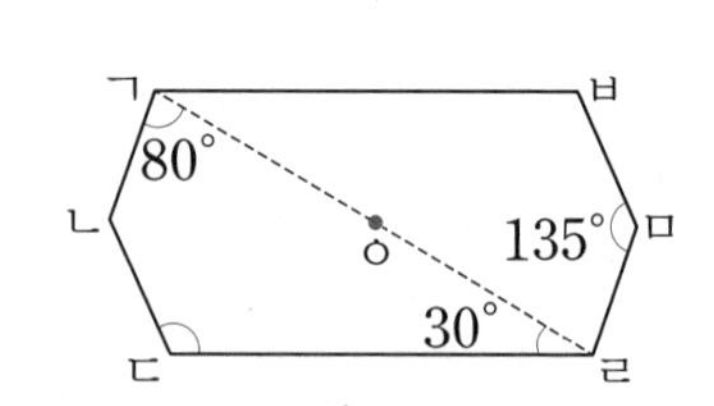

( )

3

점 ㅇ을 대칭의 중심으로 하는 점대칭도형입니다. 선분 ㅁㅇ은 몇 cm입니까?

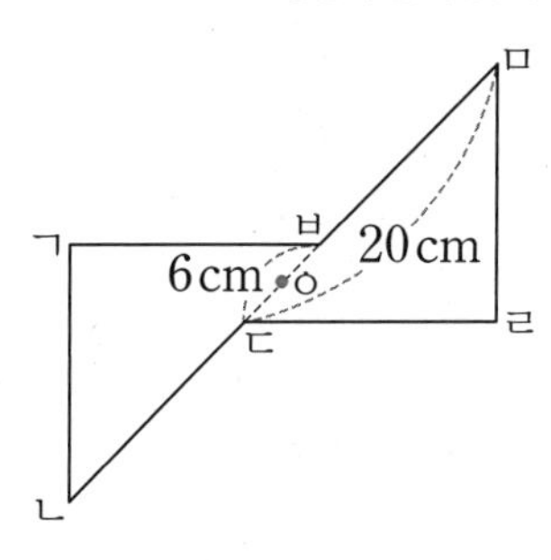

(　　　　　　　　)

4

점 ㅇ을 대칭의 중심으로 하는 점대칭도형입니다. 삼각형 ㄹㅇㄷ의 둘레는 몇 cm입니까?

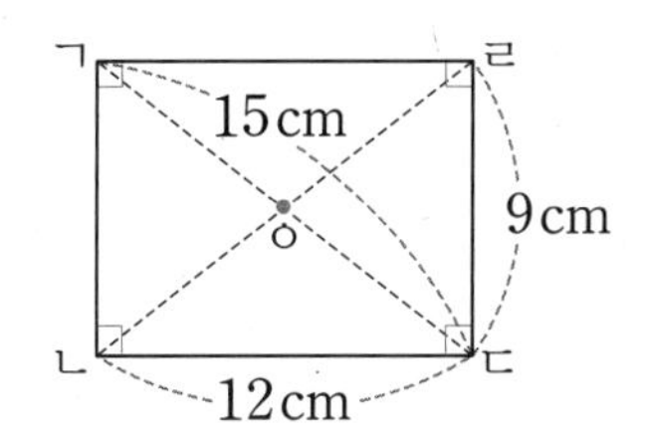

(　　　　　　　　)

3-2 BASIC CONCEPT

점대칭도형 그리기

① 각 점에서 대칭의 중심을 지나는 직선을 긋고, 각 점에서 대칭의 중심까지의 길이가 같은 대응점을 찾아 표시합니다.

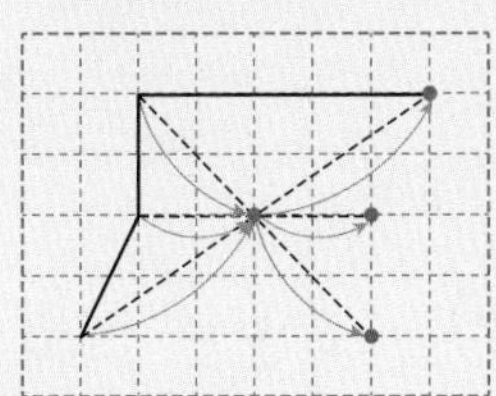

② 각 대응점을 차례로 이어 점대칭도형을 완성합니다.

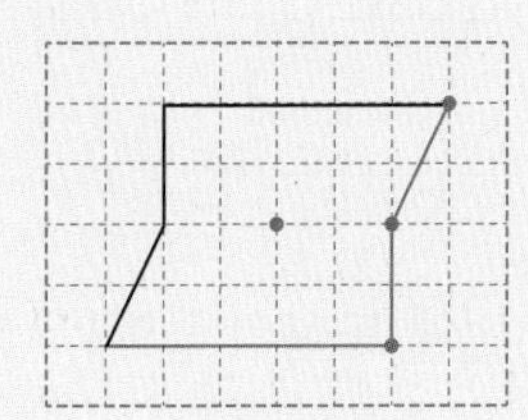

5

점 ㅇ을 대칭의 중심으로 하는 점대칭도형을 완성하시오.

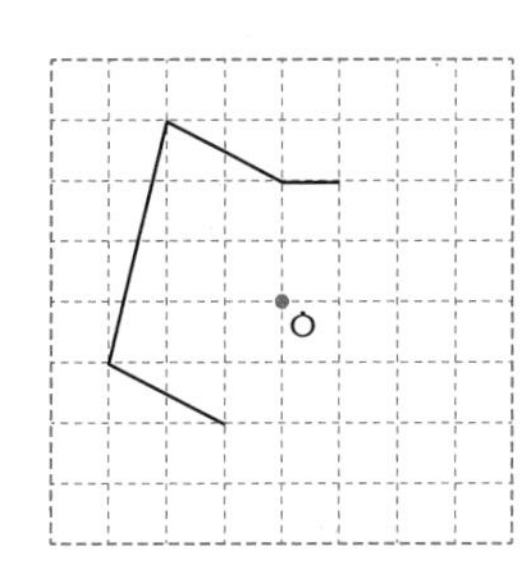

합동인 도형에서 대응변의 길이는 같다.

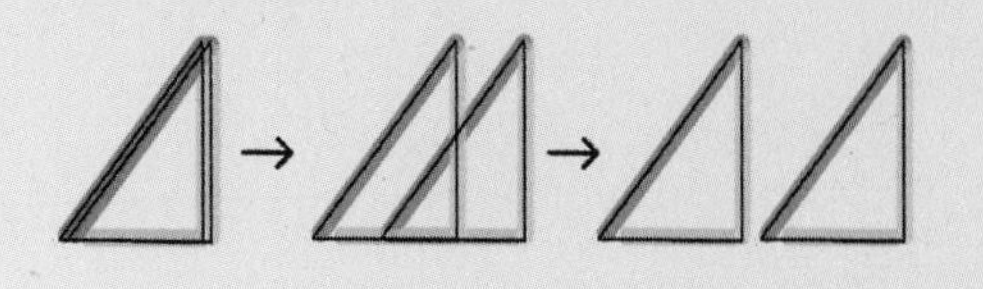

삼각형 ㄱㄴㄷ과 삼각형 ㄷㄹㅁ이 서로 합동이면

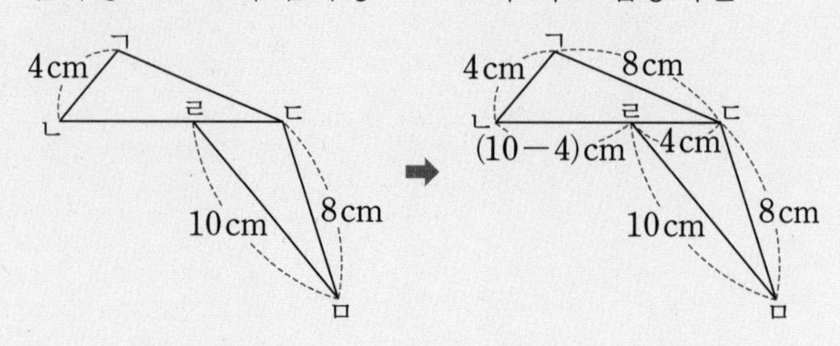

(전체 도형의 둘레)$=4+(10-4)+10+8+8$
$=36$(cm)

삼각형 ㄱㄴㄷ과 삼각형 ㄴㅁㄹ은 서로 합동입니다. 전체 도형의 둘레는 몇 cm인지 구하시오.

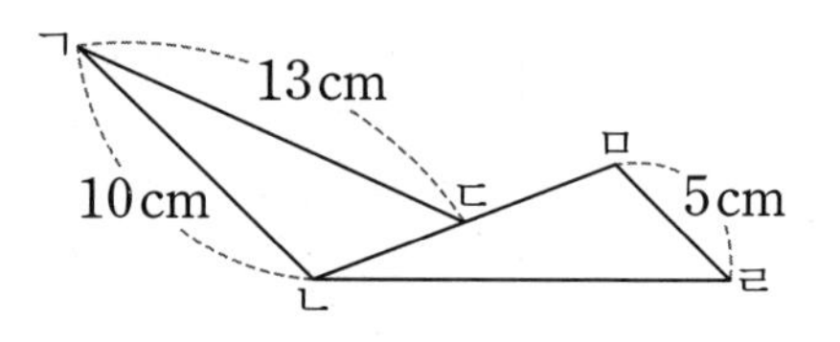

합동인 두 삼각형에서 대응변의 길이는 서로 같으므로

(변 ㄴㄷ)=(변 ㅁㄹ)=☐cm, (변 ㄴㄹ)=(변 ㄱㄷ)=☐cm,

(변 ㄴㅁ)=(변 ㄱㄴ)=☐cm입니다.

(선분 ㄷㅁ)=(변 ㄴㅁ)−(변 ㄴㄷ)=☐−☐=☐(cm)

➡ (전체 도형의 둘레)=(변 ㄱㄷ)+(선분 ㄷㅁ)+(변 ㅁㄹ)+(변 ㄴㄹ)+(변 ㄱㄴ)

겹치는 부분의 선분의 길이는 더하지 않습니다.

$=13+$☐$+5+$☐$+10$

=☐(cm)

1-1 오른쪽 그림에서 삼각형 ㄱㄴㄷ과 삼각형 ㄹㅁㄷ은 서로 합동입니다. 선분 ㄴㄷ은 몇 cm입니까?

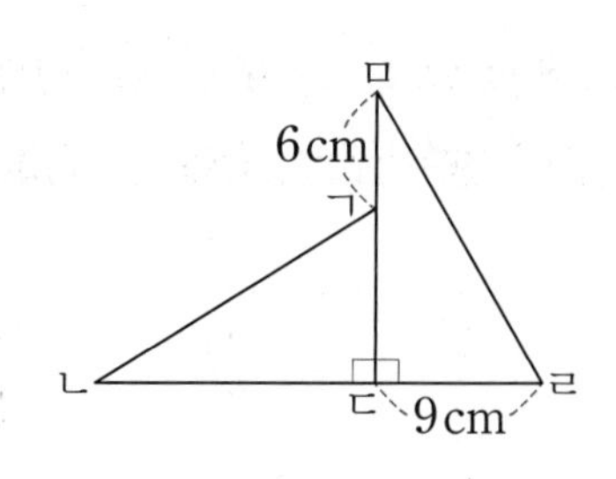

(　　　　　　　)

1-2 오른쪽 그림에서 사각형 ㄱㄴㄷㄹ과 사각형 ㅁㅂㅅㄹ은 서로 합동입니다. 전체 도형의 둘레는 몇 cm입니까?

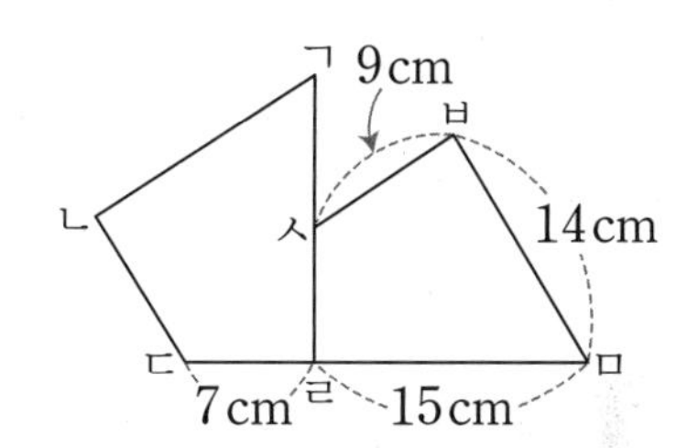

(　　　　　　　)

1-3 오른쪽 그림에서 삼각형 ㄱㄴㄷ과 삼각형 ㄹㄷㅁ은 서로 합동입니다. 삼각형 ㄱㄴㄷ의 둘레는 몇 cm입니까?

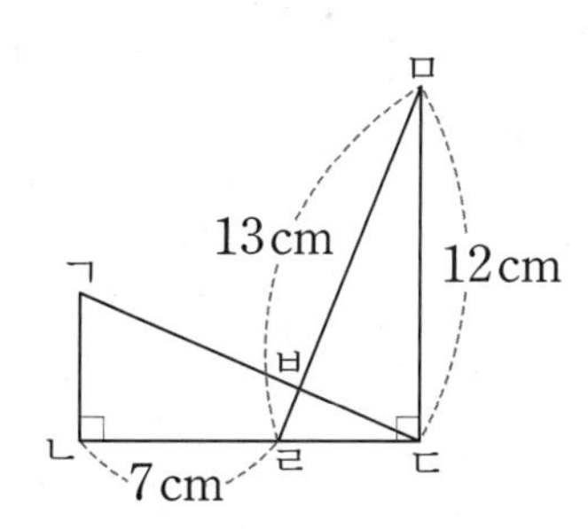

(　　　　　　　)

1-4 오른쪽 그림에서 삼각형 ㄱㄴㄷ과 삼각형 ㄹㅁㅂ은 서로 합동입니다. 선분 ㄴㄹ의 길이는 몇 cm입니까?

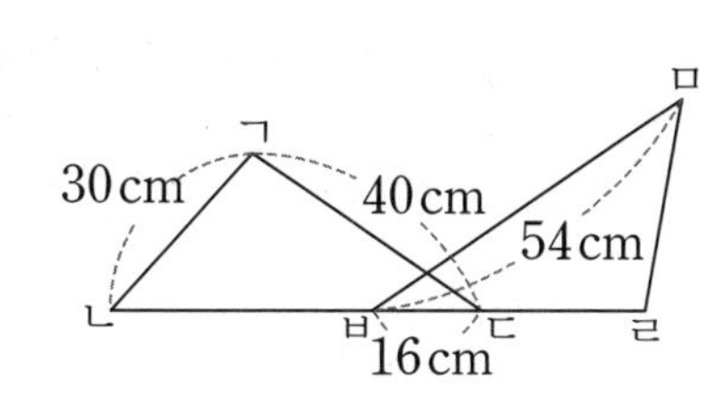

(　　　　　　　)

대칭축은 선대칭도형을 똑같은 모양 2개로 나눈다.

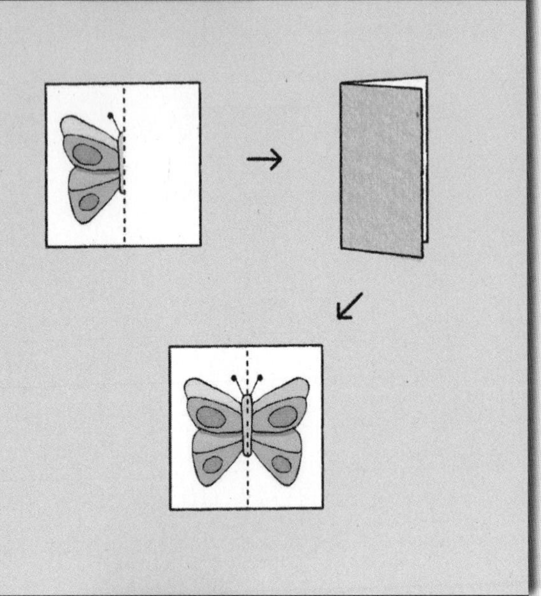

선대칭도형	대칭축	대칭축의 수
		3개
		4개

다음 정십각형의 대칭축은 모두 몇 개인지 구하시오.

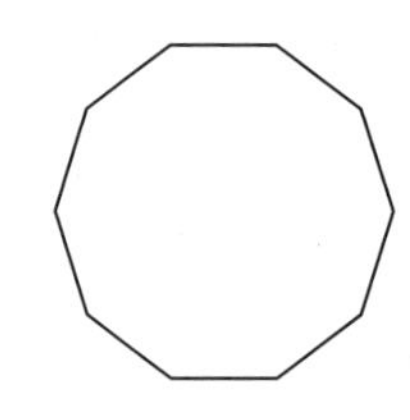

정십각형에서 마주 보는 꼭짓점끼리 연결한 대칭축과 마주 보는 변의 가운데 점끼리 연결한 대칭축을 각각 찾아 그려 봅니다.

• 마주 보는 꼭짓점끼리 연결한 대칭축:

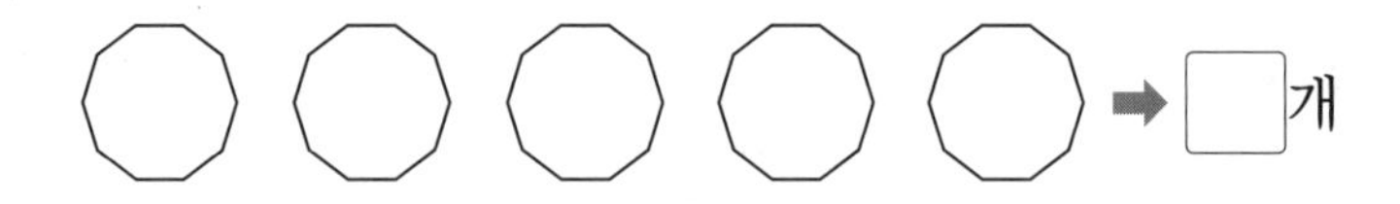
➡ ☐개

• 마주 보는 변의 가운데 점끼리 연결한 대칭축:

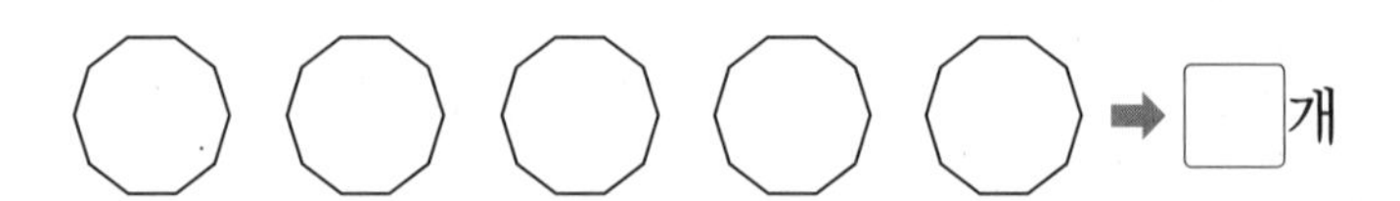
➡ ☐개

따라서 정십각형에서 대칭축은 모두 ☐개입니다.

2-1 정사각형과 정육각형입니다. 두 도형의 대칭축의 수의 차는 몇 개입니까?

(　　　　　　　　)

2-2 선대칭도형인 정십이각형에서 대칭축은 모두 몇 개입니까?

(　　　　　　　　)

서술형 **2-3** 오른쪽 선대칭도형에서 대칭축은 모두 몇 개인지 풀이 과정을 쓰고 답을 구하시오.

풀이

답

2-4 오른쪽 그림은 색칠된 부분이 정팔각형이 되도록 정사각형 2개를 겹쳐서 만든 것입니다. 만든 도형에서 대칭축은 모두 몇 개입니까?

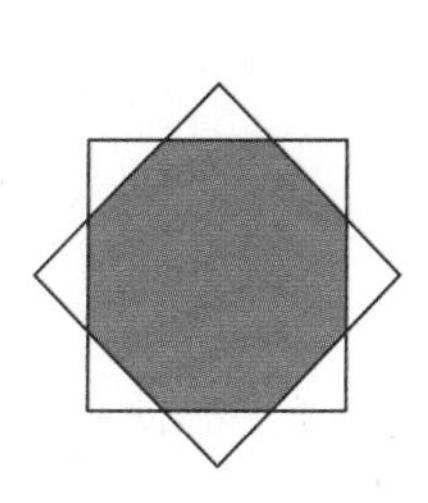

(　　　　　　　　)

넓이를 구하는 데 필요한 길이를 찾는다.

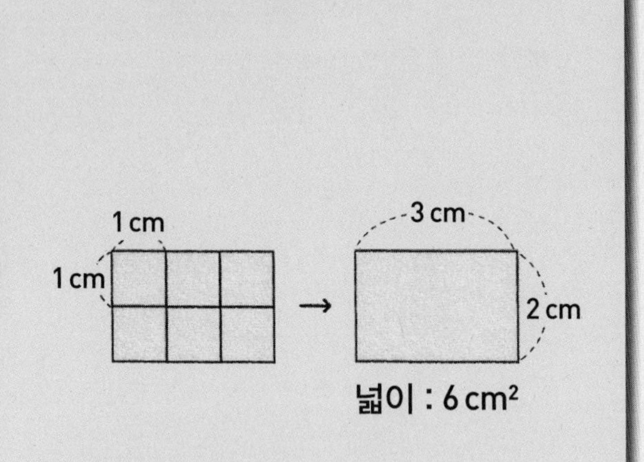

서로 합동인 삼각형 ㄱㄴㄷ과 삼각형 ㅁㄹㄷ에서

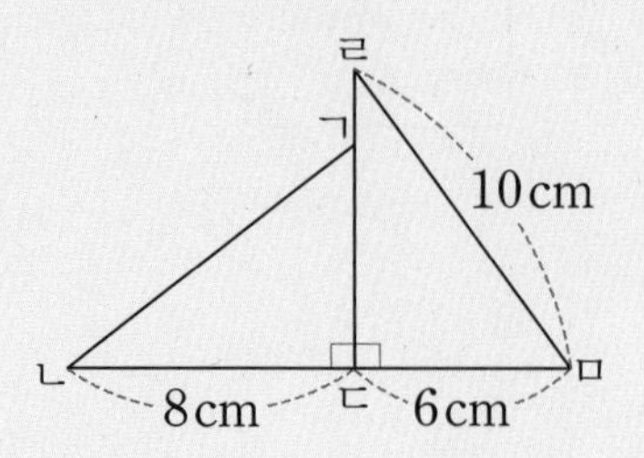

삼각형 ㄱㄴㄷ의 넓이를 구하기 위해 필요한 변의 길이: 변 ㄱㄷ

➡ 변 ㄱㄷ의 대응변은 변 ㅁㄷ이므로 6 cm입니다.
삼각형 ㄱㄴㄷ의 넓이: $8 \times 6 \div 2 = 24(\text{cm}^2)$

오른쪽 그림에서 사각형 ㄱㄴㄷㄹ과 사각형 ㅁㅂㅇㄷ은 서로 합동입니다. 사각형 ㄱㄴㄷㄹ의 넓이는 몇 cm^2인지 구하시오.

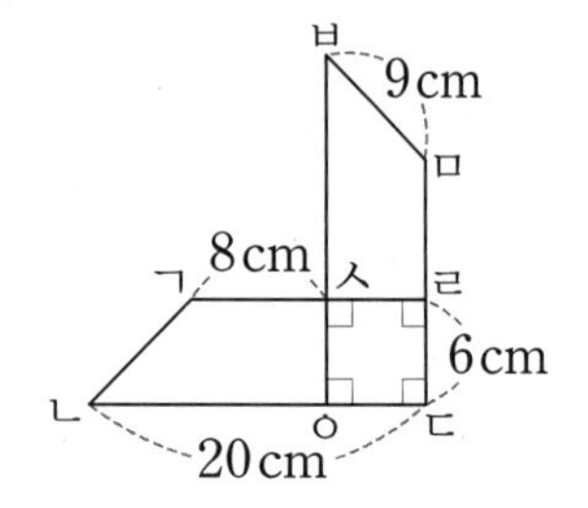

사각형 ㄱㄴㄷㄹ과 사각형 ㅁㅂㅇㄷ은 서로 합동이므로 (변 ㄹㄷ)=(변 ㄷㅇ)이고,

사각형 ㅅㅇㄷㄹ은 정사각형이므로 (변 ㄷㅇ)=(변 ㄹㅅ)입니다.

따라서 (변 ㄹㅅ)=(변 ㄹㄷ)=☐ cm이고 (변 ㄱㄹ)=8+☐=☐(cm)입니다.

➡ (사각형 ㄱㄴㄷㄹ의 넓이)=(☐+20)×☐÷2=☐(cm^2)

3-1

오른쪽 그림에서 삼각형 ㄱㄴㄷ과 삼각형 ㄹㄴㅁ은 서로 합동입니다. 삼각형 ㄹㄴㅁ의 넓이는 몇 cm^2입니까?

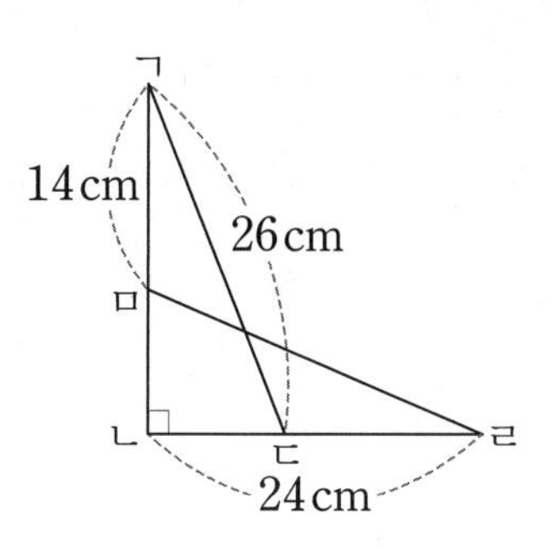

(　　　　　　　　)

3-2

오른쪽 그림에서 삼각형 ㄱㄴㄷ과 삼각형 ㄷㄹㅁ은 서로 합동입니다. 사각형 ㄱㄴㄹㅁ의 넓이는 몇 cm^2입니까?

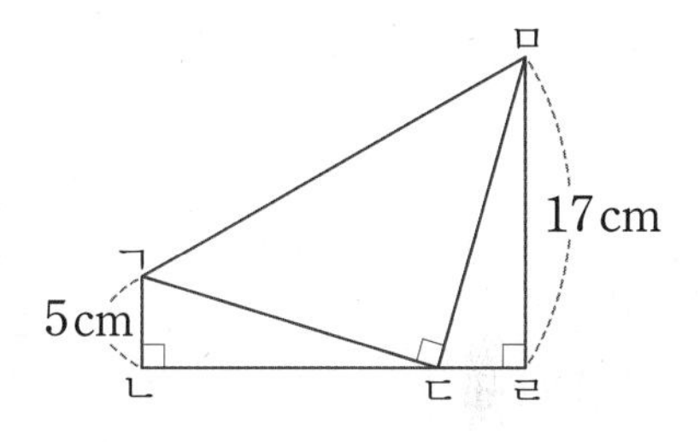

(　　　　　　　　)

3-3

오른쪽 그림에서 삼각형 ㄱㄴㄷ과 삼각형 ㄹㅁㄷ은 서로 합동입니다. 색칠한 부분의 넓이는 몇 cm^2입니까?

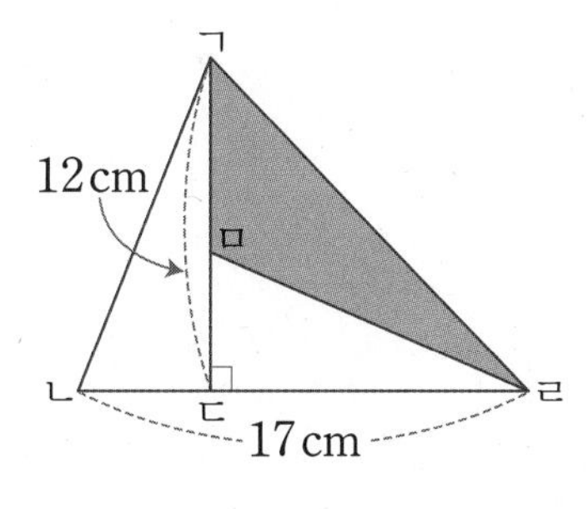

(　　　　　　　　)

3-4

오른쪽 그림에서 삼각형 ㄱㄴㄷ과 삼각형 ㄹㅁㅂ은 서로 합동입니다. 색칠한 부분의 넓이는 몇 cm^2입니까?

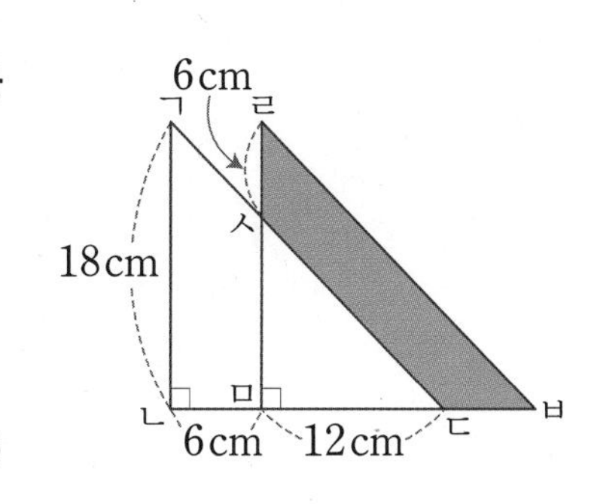

(　　　　　　　　)

대칭축을 그어 선대칭도형을 합동인 2개의 도형으로 만든다.

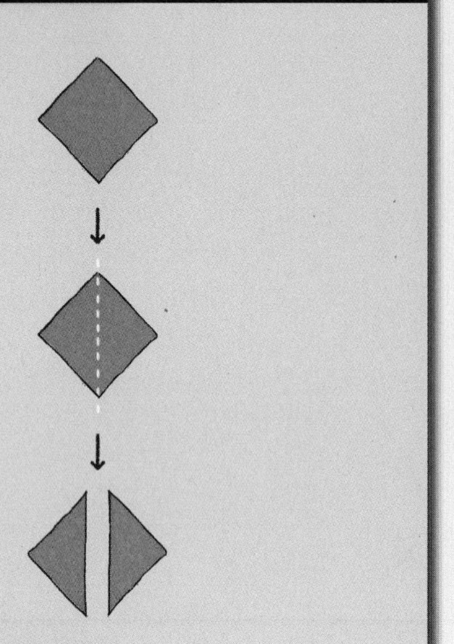

도형 ㄱㄴㄷㄹㅁㅂ이 선대칭도형일 때
대칭축을 찾아 그으면 합동인 두 개의 사각형을 만들 수 있습니다.

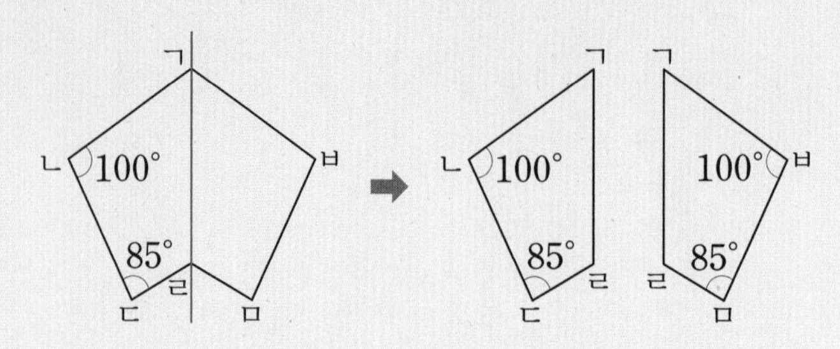

대표문제 4

오른쪽 도형은 선대칭도형입니다. 각 ㉠은 몇 도인지 구하시오.

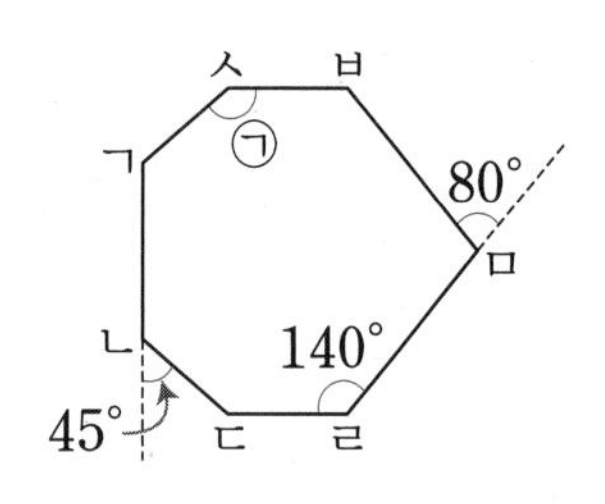

도형의 대칭축을 직선 ㅇㅁ이라 하고 그림 위에 그으면 다음과 같습니다.

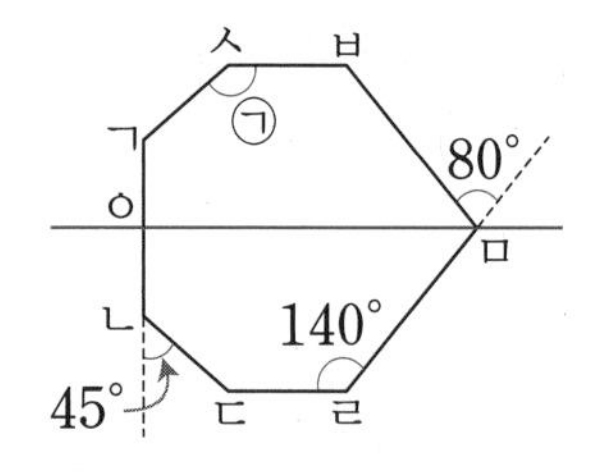

대응점을 이은 선분은 대칭축과 수직으로 만나므로 (각 ㄱㅇㅁ)=□°입니다.

대응각의 크기는 각각 같으므로 (각 ㅇㄱㅅ)=(각 ㅇㄴㄷ)=180°−□°=□°,

(각 ㅅㅂㅁ)=(각 ㄷㄹㅁ)=□°, (각 ㅂㅁㅇ)=(180°−□°)÷2=□°입니다.

(각 ㅂㅁㅇ)=(각 ㄹㅁㅇ)입니다.

오각형 ㄱㅇㅁㅂㅅ의 다섯 각의 크기의 합이 540°이므로

오각형은 삼각형 3개로 나눌 수 있으므로 (오각형의 다섯 각의 크기의 합)=180°×3=540°입니다.

㉠=540°−90°−□°−□°−□°=□°입니다.

4-1

오른쪽 도형에서 사각형 ㄱㄴㄹㅁ은 선대칭도형입니다. 각 ㉠은 몇 도입니까?

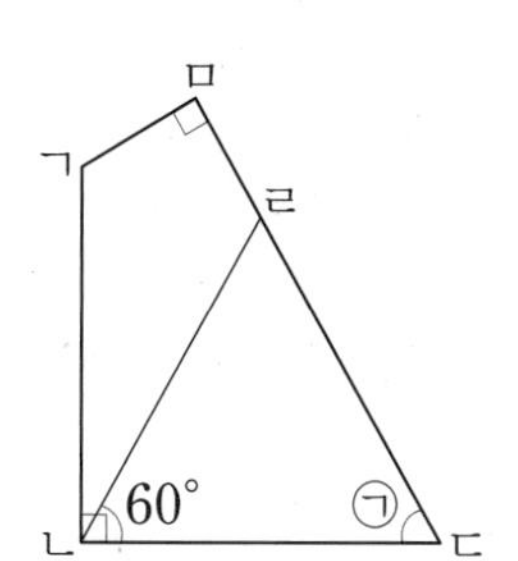

(   )

서술형 4-2

오른쪽 도형은 선대칭도형입니다. 각 ㉠은 몇 도인지 풀이 과정을 쓰고 답을 구하시오.

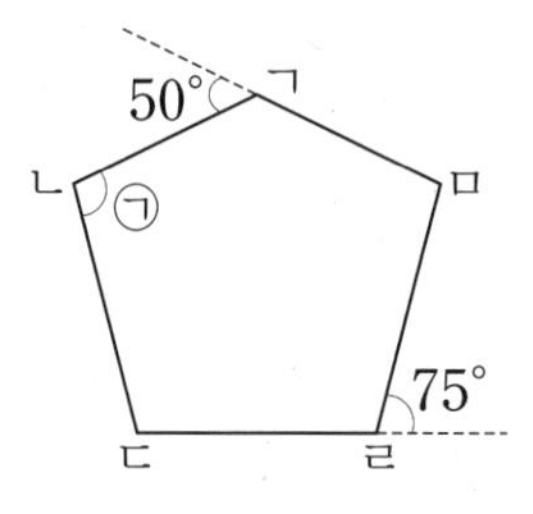

풀이

답

4-3

오른쪽 도형은 선대칭도형입니다. 각 ㉠은 몇 도입니까?

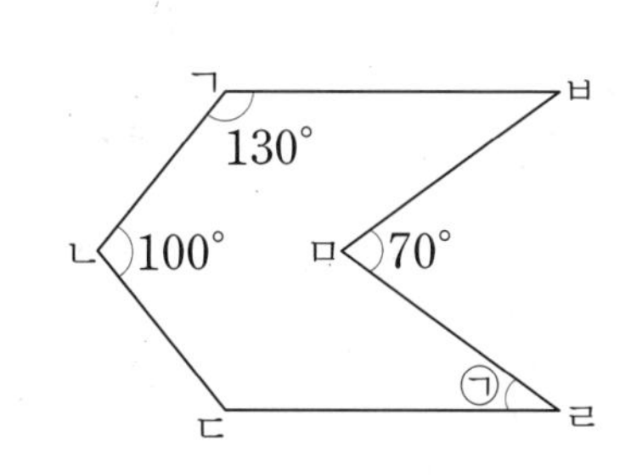

(   )

4-4

오른쪽 도형에서 삼각형 ㄱㄴㄹ과 사각형 ㄱㄷㄹㅁ은 각각 선분 ㄱㄷ, 선분 ㄱㄹ을 대칭축으로 하는 선대칭도형입니다. 각 ㅁㄱㄹ은 몇 도입니까?

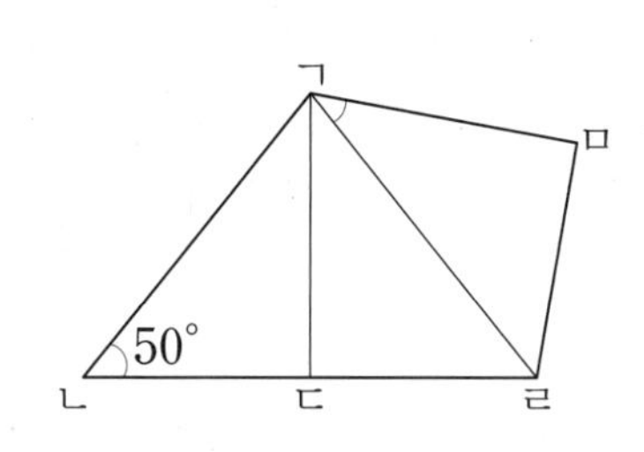

(   )

점대칭도형 전체를 그려 둘레를 구하는 식을 만든다.

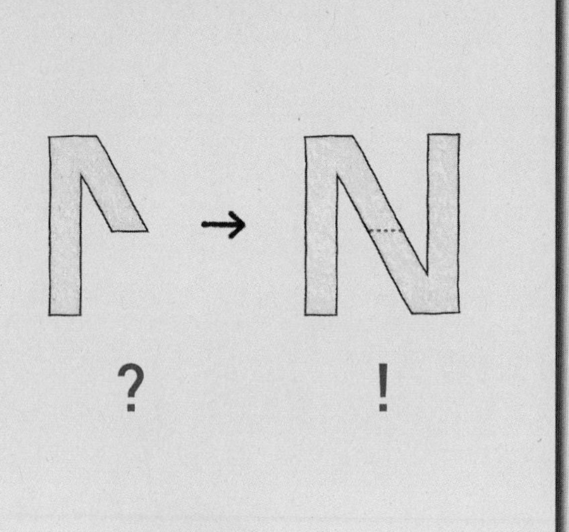

삼각형 ㄱㄴㄹ이 점 ㅇ을 대칭의 중심으로 하는 점대칭도형의 일부일 때
점대칭도형을 완성하면 오른쪽과 같습니다.

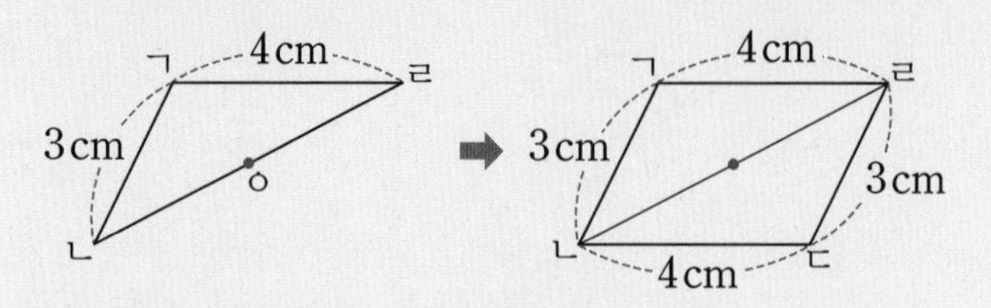

(점대칭도형의 둘레)$=(3+4)\times2=14$(cm)

직사각형 ㄱㄴㄷㄹ을 점 ㅇ을 대칭의 중심으로 180° 돌려서 점대칭도형을 완성하면 둘레가 84 cm가 됩니다. 선분 ㅇㄷ은 몇 cm인지 구하시오.

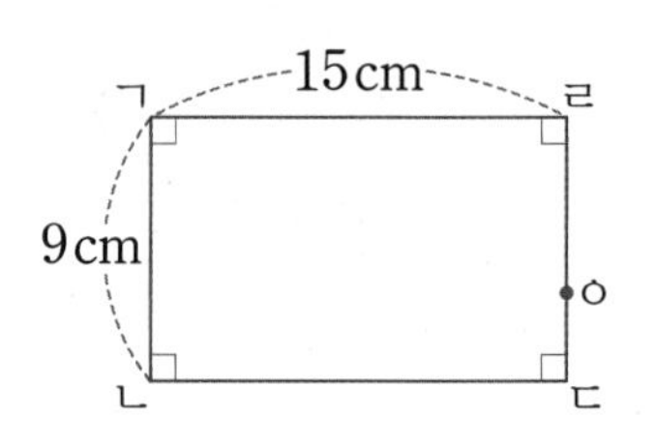

점 ㅇ을 대칭의 중심으로 180° 돌려서 점대칭도형을 그리면 다음과 같습니다.

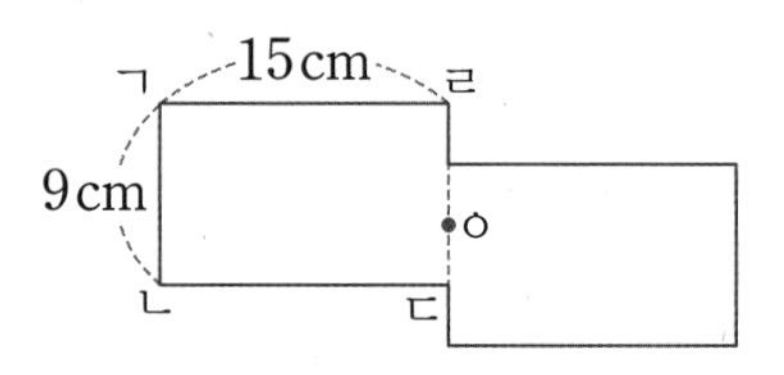

선분 ㅇㄷ의 길이를 ■ cm라 하면

(전체 도형의 둘레)=(직사각형 ㄱㄴㄷㄹ의 둘레)×□−(선분 ㅇㄷ)×□

대응점에서 대칭의 중심까지의 거리는 각 도형에 2번씩 있고, 그 길이는 같습니다.

84=(15+9+15+9)×□−■×□

84=48×□−■×4, ■×4=□−84=□, ■=□

따라서 선분 ㅇㄷ은 □cm입니다.

5-1 오른쪽 도형은 점 ㅈ을 대칭의 중심으로 하는 점대칭도형입니다. 이 점대칭도형의 둘레가 60 cm일 때 선분 ㄴㅈ은 몇 cm입니까?

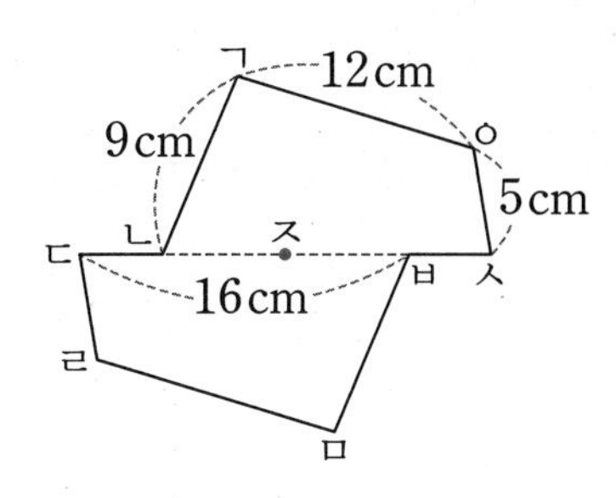

(　　　　　　)

5-2 삼각형 ㄱㄴㄷ을 점 ㅇ을 대칭의 중심으로 180° 돌려서 점대칭도형을 완성하면 둘레가 46 cm가 됩니다. 선분 ㅇㄷ은 몇 cm입니까?

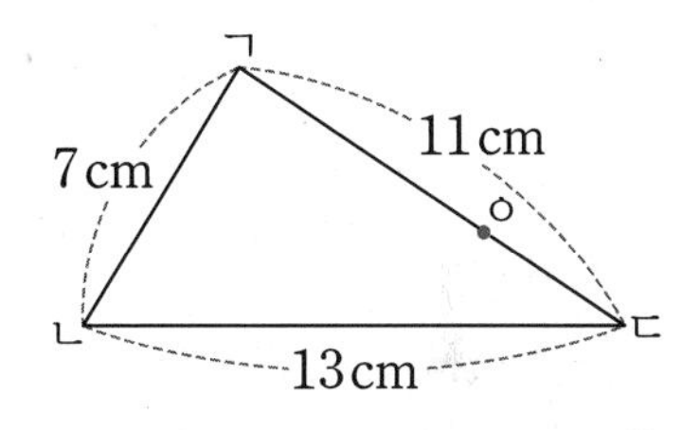

(　　　　　　)

5-3 직사각형 ㄱㄴㄷㄹ을 점 ㅇ을 대칭의 중심으로 180° 돌려서 점대칭도형을 완성하면 둘레가 56 cm가 됩니다. 점 ㅁ은 점 ㄹ의 대응점이고 선분 ㄱㄴ과 선분 ㄱㅁ의 길이가 같을 때 선분 ㄱㅁ은 몇 cm입니까?

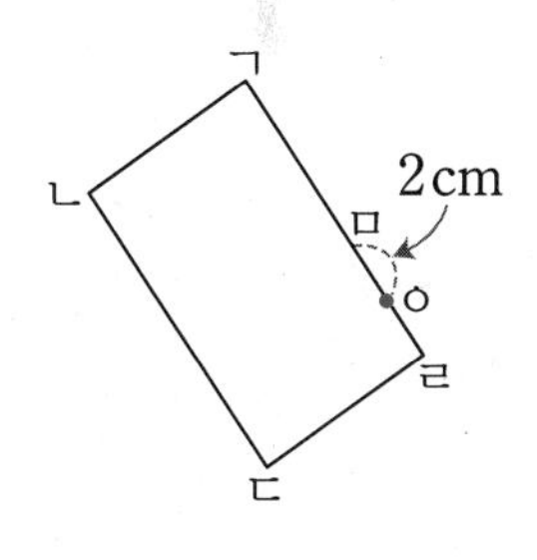

(　　　　　　)

5-4 오른쪽 도형은 크기가 같은 정사각형 2개를 겹쳐서 만든 점대칭도형입니다. 이 점대칭도형의 넓이가 146 cm^2이고 점 ㅇ이 대칭의 중심일 때 선분 ㄱㅇ은 몇 cm입니까?

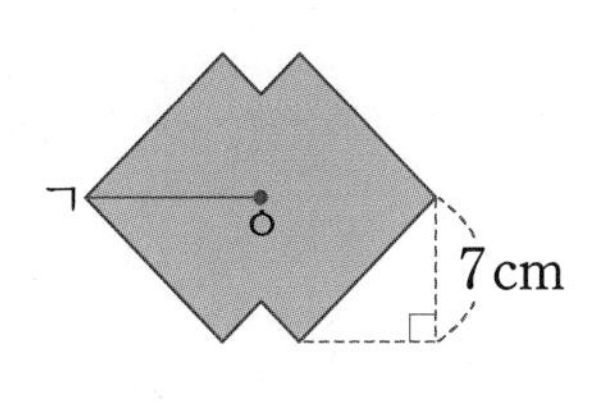

(　　　　　　)

겹쳐진 두 도형이 합동이면 겹치지 않은 부분도 합동이다.

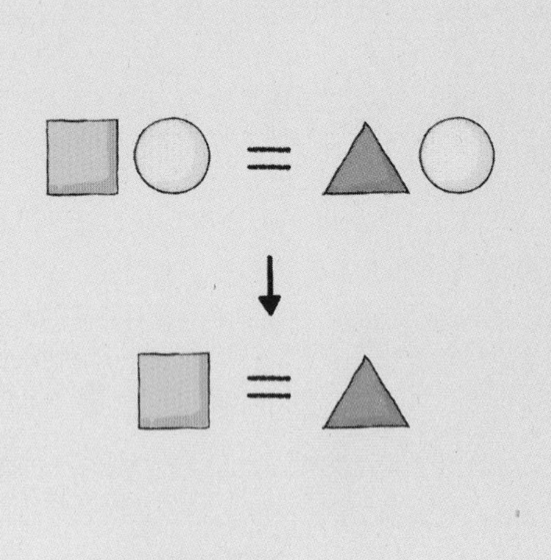

합동인 사각형 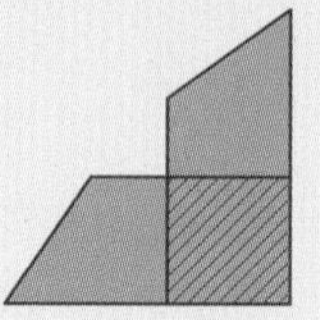 와 를 그림과 같이 겹쳤을 때

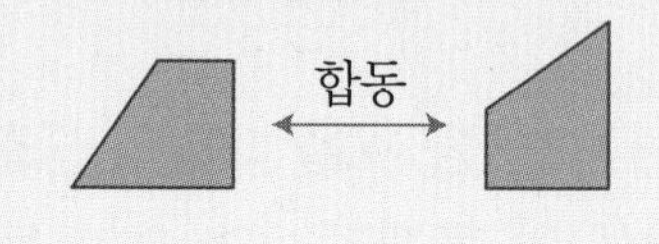

공통인 부분을 뺀 나머지 두 도형은 합동입니다.

합동

직사각형 모양의 종이를 오른쪽 그림과 같이 접었습니다. 처음 종이의 넓이는 몇 cm^2인지 구하시오.

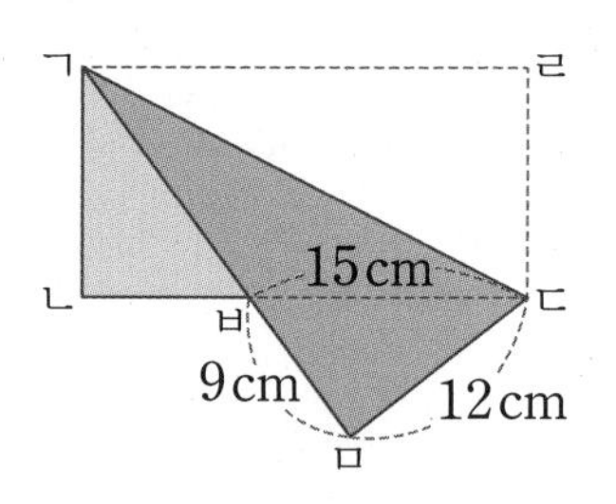

삼각형 ㄱㅁㄷ은 삼각형 ☐을 접은 것이므로 두 삼각형은 합동입니다.

삼각형 ㄱㄹㄷ과 삼각형 ㄱㄴㄷ이 합동이므로 삼각형 ㄱㅁㄷ과 삼각형 ㄱㄴㄷ이 합동이고,

삼각형 ㄱㄴㄷ과 삼각형 ㄱㅁㄷ에서 삼각형 ㄱㅂㄷ은 공통이므로

삼각형 ㄱㄴㅂ과 삼각형 ☐이 합동입니다.

(변 ㄱㄴ)=(변 ㄷㅁ)=☐cm, (변 ㄴㅂ)=(변 ㅁㅂ)=☐cm이므로

(변 ㄴㄷ)=(변 ㄴㅂ)+(변 ㅂㄷ)=☐+15=☐(cm)입니다.

➡ (처음 종이의 넓이)=(직사각형 ㄱㄴㄷㄹ의 넓이)=☐×☐=☐(cm^2)

6-1

직사각형 모양의 종이를 오른쪽 그림과 같이 접었습니다. 삼각형 ㅂㅁㄷ의 넓이는 몇 cm^2입니까?

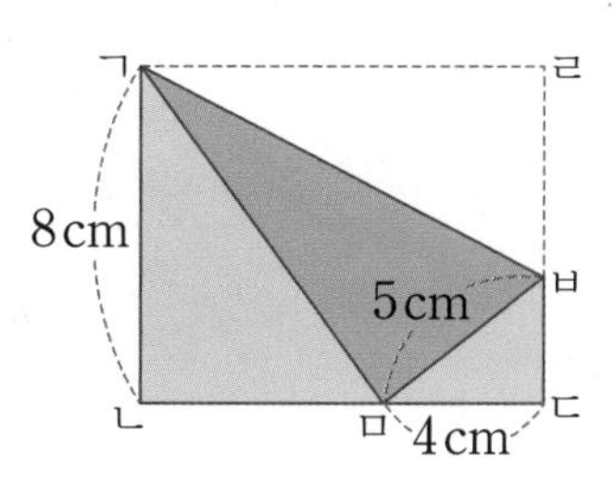

(　　　　　　　　)

6-2

직사각형 모양의 종이를 오른쪽 그림과 같이 접었습니다. 처음 종이의 넓이는 몇 cm^2입니까?

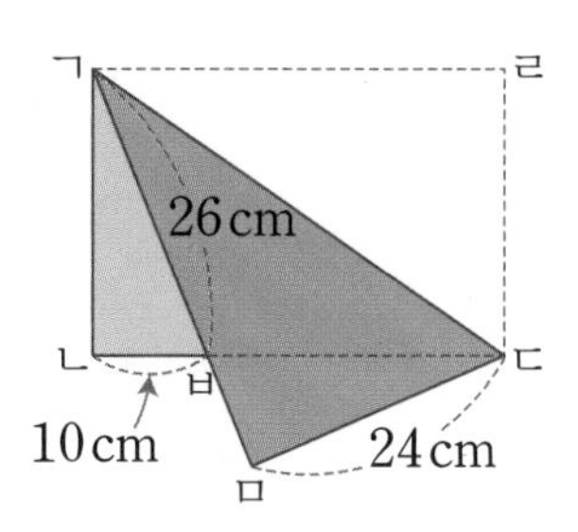

(　　　　　　　　)

서술형 6-3

직사각형 모양의 종이를 오른쪽 그림과 같이 접었습니다. 삼각형 ㄴㅂㄹ의 넓이가 40 cm^2일 때 처음 종이의 넓이는 몇 cm^2인지 풀이 과정을 쓰고 답을 구하시오.

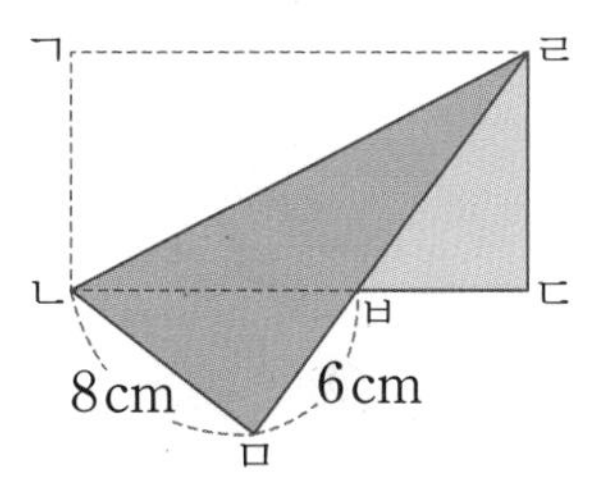

풀이 ....

....

....

....

답 ....

6-4

직사각형 모양의 종이를 오른쪽 그림과 같이 접었습니다. 처음 종이의 넓이가 216 cm^2일 때 선분 ㅂㄹ은 몇 cm입니까?

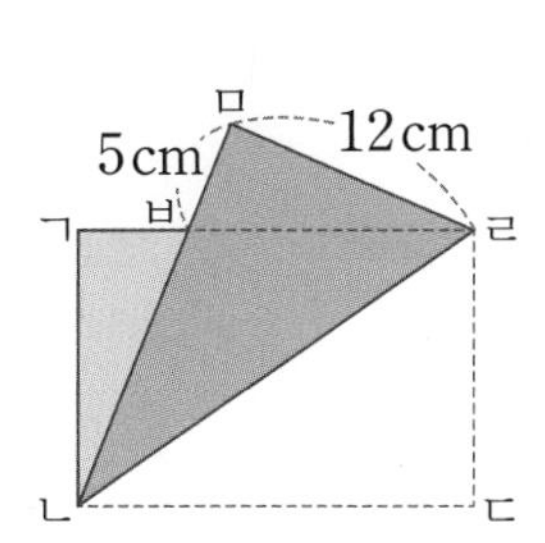

(　　　　　　　　)

반으로 접거나 반 바퀴 돌렸을 때 겹치면 대칭이다.

선대칭	점대칭
대칭축이 될 수 있는 선을 찾습니다.	대칭의 중심이 될 수 있는 점을 찾습니다.

4개의 ◺ 모양 타일을 돌리거나 이어 붙여 선대칭도형을 만들려고 합니다. 빈 곳에 나머지 2개의 타일을 모두 그려 선대칭도형을 완성하시오.

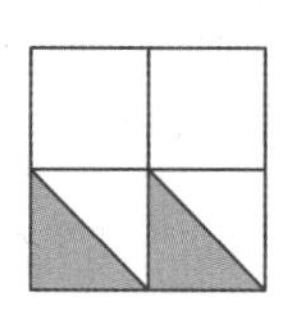

먼저 선대칭도형을 그릴 수 있는 대칭축을 찾아봅니다.

① 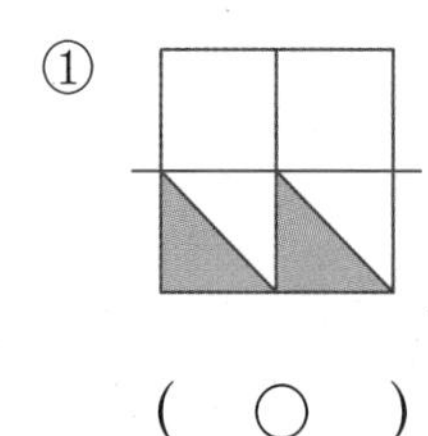 (○)

② 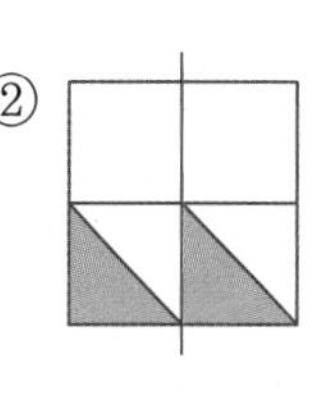 (　　)

③ 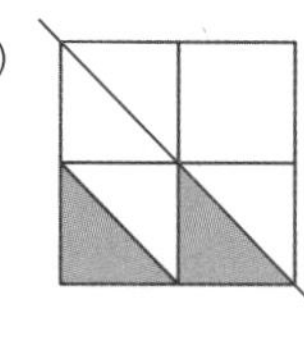 (　　)

④ 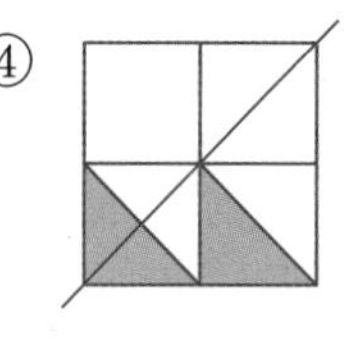 (　　)

선대칭도형을 그릴 수 있는 경우마다 나머지 2개의 타일을 돌리거나 이어 붙여 선대칭도형을 만들어 봅니다.

① 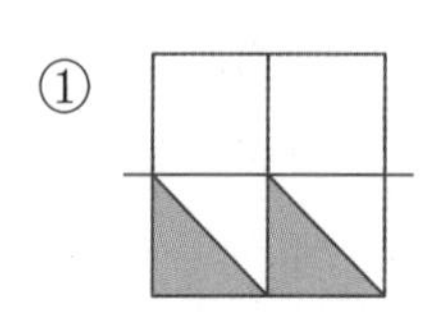

④ 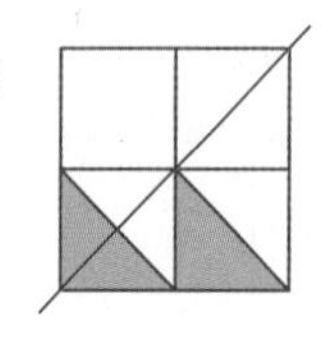 또는 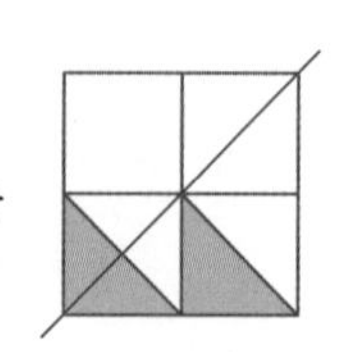

7-1 2개의 ◹ 모양 타일을 돌리거나 이어 붙여 선대칭도형과 점대칭도형을 만들려고 합니다. 빈 곳에 나머지 1개의 타일을 그려 선대칭도형과 점대칭도형을 각각 완성하시오.

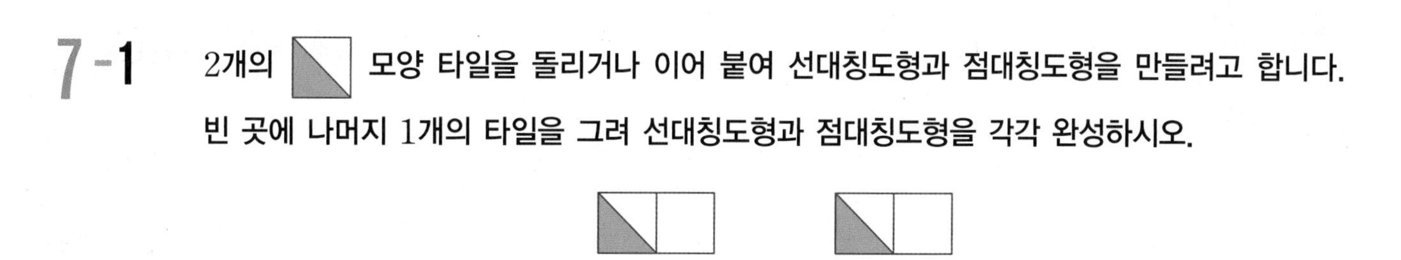

선대칭도형　　　점대칭도형

7-2 4개의 ◹ 모양 타일을 돌리거나 이어 붙여 점대칭도형을 만들려고 합니다. 빈 곳에 나머지 2개의 타일을 모두 그려 점대칭도형을 완성하시오.

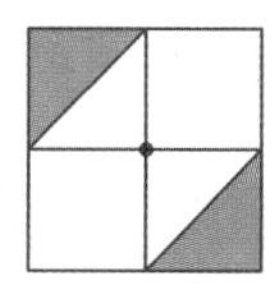

7-3 4개의 ◜ 모양 타일을 돌리거나 이어 붙여 선대칭도형이면서 점대칭도형인 것을 만들려고 합니다. 빈 곳에 나머지 2개의 타일을 모두 그려 도형을 완성하시오.

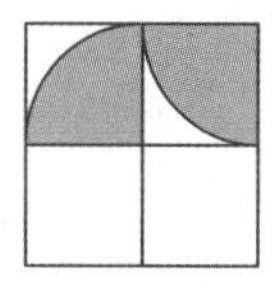

7-4 4개의 ▤ 모양 타일을 돌리거나 이어 붙여 선대칭도형, 점대칭도형을 만들고 만든 모양을 규칙적으로 놓았습니다. 모양이 놓인 규칙을 찾아 빈 곳에 나머지 2개의 타일을 모두 그려 규칙을 완성하시오.

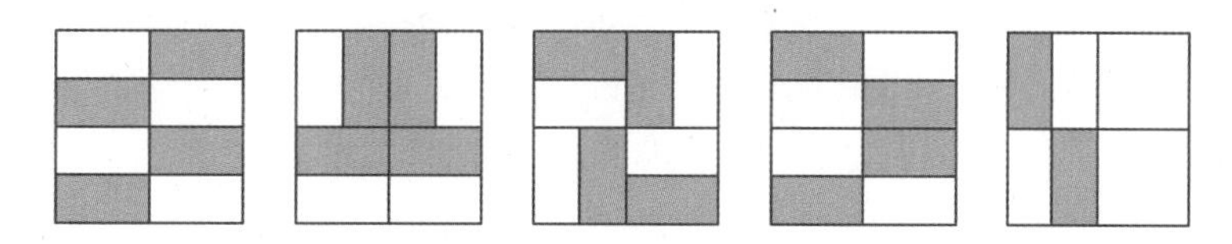

대칭축과 대칭의 중심은 대응점을 이은 선분을 이등분한다.

직선 가를 대칭축으로 하여 선대칭도형을 그리면

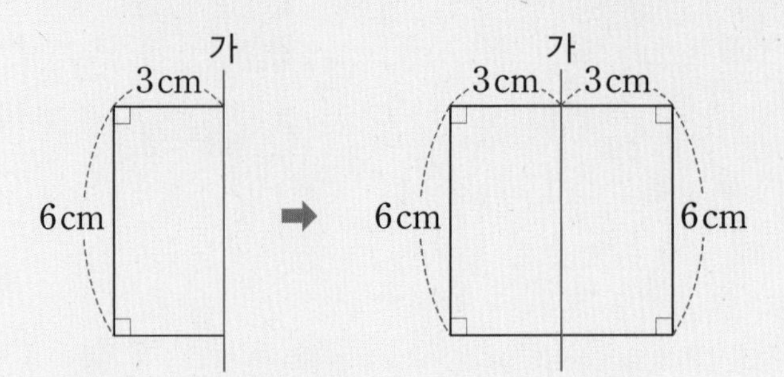

만들어진 선대칭도형은 정사각형입니다.

대표문제 8

오른쪽 그림에서 직선 가를 대칭축으로 하여 선대칭도형을 그리려고 합니다. 삼각형 ㄱㄴㄷ이 이등변삼각형일 때 삼각형 ㄱㄴㄷ의 넓이는 몇 cm^2인지 구하시오.

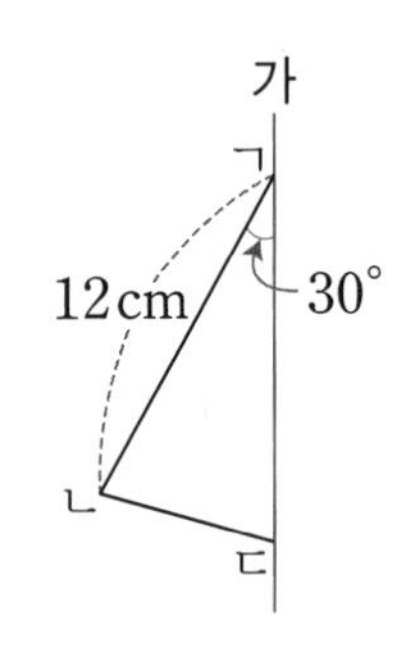

선대칭도형을 그리면 다음과 같습니다.

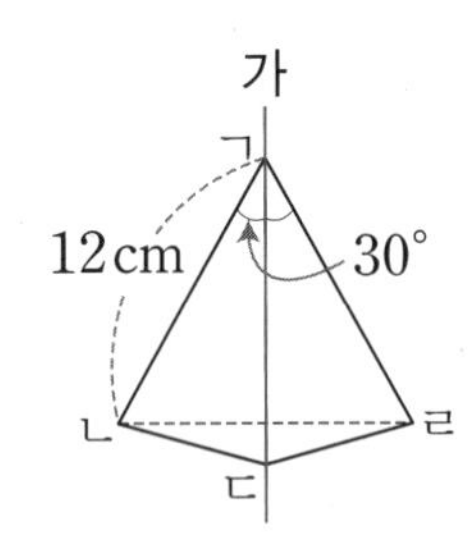

(각 ㄴㄱㄹ)=(각 ㄴㄱㄷ)+(각 ㄹㄱㄷ)=30°+□°=□°,

(변 ㄱㄴ)=(변 ㄱㄹ)이므로

(각 ㄱㄴㄹ)=(각 ㄱㄹㄴ)=(180°−□°)÷2=□°

➡ 삼각형 □은 정삼각형이므로 (선분 ㄴㄹ)=□cm입니다.

삼각형 ㄱㄴㄷ에서 선분 ㄱㄷ을 밑변으로 하면 높이는 선분 ㄴㄹ의 반이므로

대응점에서 대칭축까지의 거리는 같습니다.

□÷2=□(cm)입니다.

➡ (삼각형 ㄱㄴㄷ의 넓이)=12×□÷2=□(cm^2)

삼각형 ㄱㄴㄷ은 이등변삼각형입니다.

8-1 오른쪽 그림에서 직선 가를 대칭축으로 하여 선대칭도형을 그리면 정다각형이 됩니다. 색칠한 부분의 넓이가 $28\,\text{cm}^2$일 때 완성한 선대칭도형의 넓이는 몇 cm^2입니까?

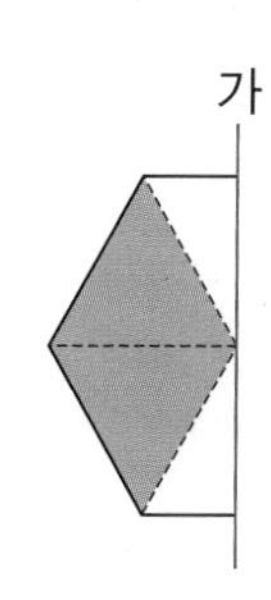

(　　　　　　　　)

8-2 오른쪽 도형은 선대칭도형입니다. 삼각형 ㄱㄷㄹ이 이등변삼각형일 때 선대칭도형의 넓이는 몇 cm^2입니까?

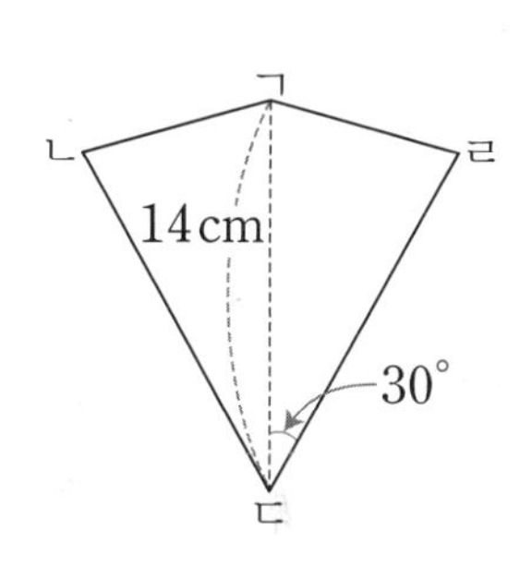

(　　　　　　　　)

8-3 오른쪽 그림에서 직선 가를 대칭축으로 하여 선대칭도형을 그리려고 합니다. 사각형 ㄱㄴㄷㄹ이 마름모일 때 마름모 ㄱㄴㄷㄹ의 넓이는 몇 cm^2입니까?

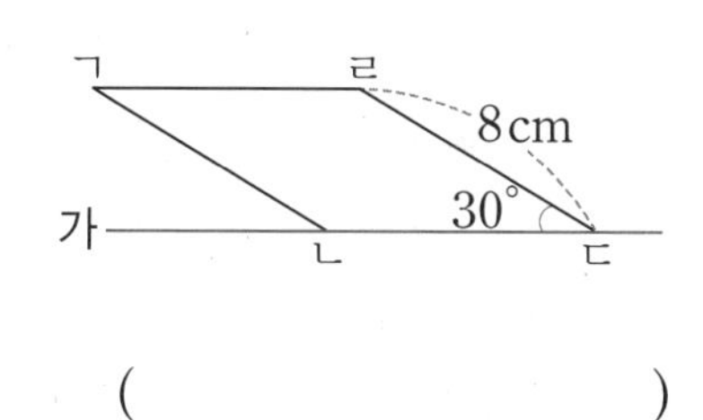

(　　　　　　　　)

8-4 오른쪽 도형은 점 ㅇ을 대칭의 중심으로 하는 점대칭도형입니다. 사각형 ㄱㄴㄷㄹ이 직사각형이고 선분 ㄴㅁ의 길이와 선분 ㅁㅇ의 길이가 같을 때 점대칭도형의 넓이는 몇 cm^2입니까?

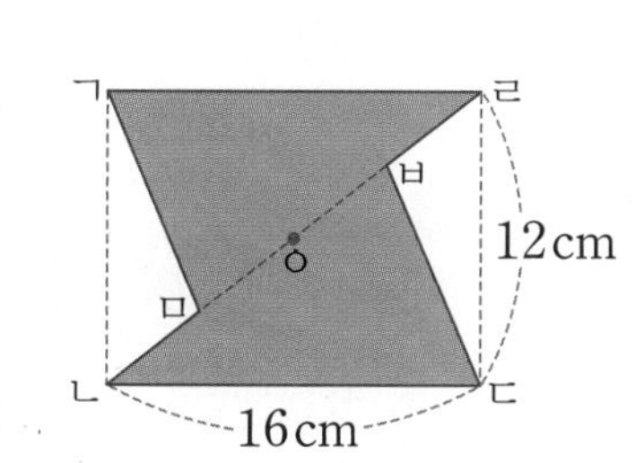

(　　　　　　　　)

1 정삼각형 ㄱㄴㄷ의 한 변을 4등분 한 다음 꼭짓점 ㄱ과 연결하여 4개의 삼각형을 만들었습니다. 찾을 수 있는 합동인 삼각형은 모두 몇 쌍입니까?

문제풀이 동영상

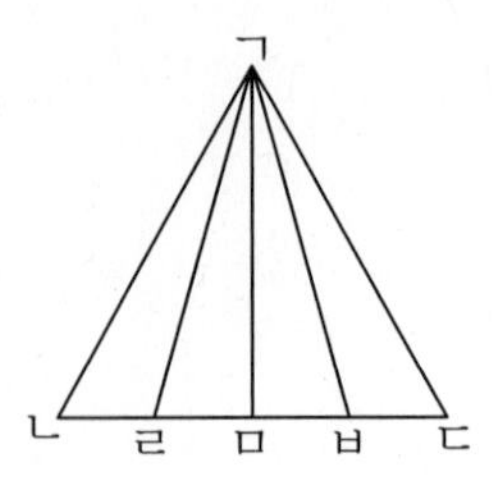

(   )

서술형 **2** 오른쪽 그림에서 삼각형 ㄱㄴㄷ과 삼각형 ㄹㄷㄴ은 합동입니다. 각 ㄴㄱㄷ은 몇 도인지 풀이 과정을 쓰고 답을 구하시오.

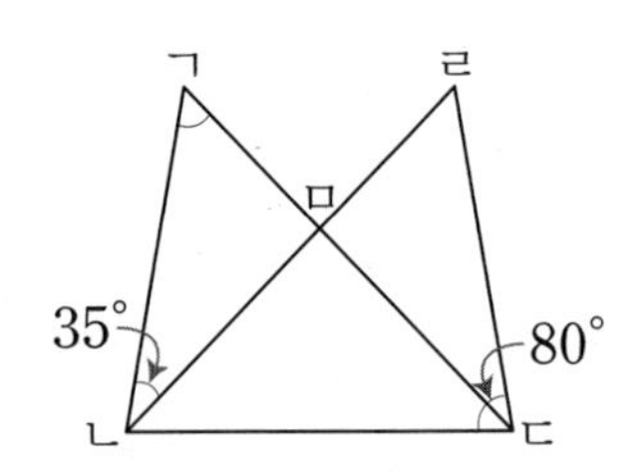

풀이 ......

답 ......

3 오른쪽 도형은 선분 ㄱㄷ을 대칭축으로 하는 선대칭도형입니다. 사각형 ㄱㄴㄷㄹ의 넓이는 몇 cm^2입니까?

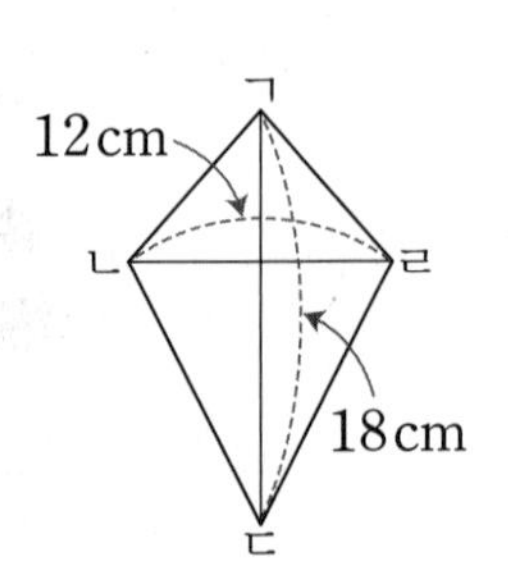

(   )

4 0, 1, 2, 3, 4, 5, 6, 7, 8, 9와 같이 디지털 숫자가 나오는 숫자판이 있습니다. 이 숫자로 만든 100부터 200까지의 자연수 중에서 180° 돌려도 같은 수를 나타내는 것은 모두 몇 개입니까?

( )

5 오른쪽 도형은 원의 중심인 점 ㅇ을 대칭의 중심으로 하는 점대칭도형입니다. 각 ㅇㄱㄴ은 몇 도입니까?

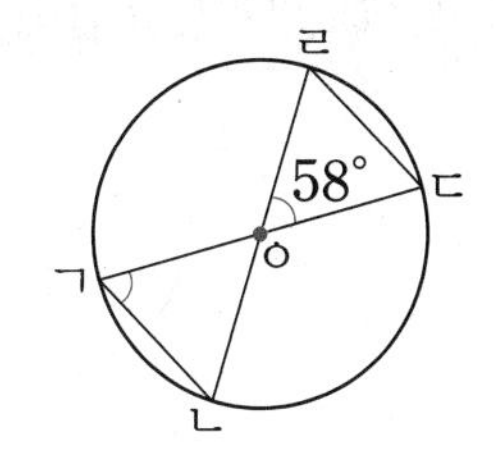

( )

6 오른쪽 그림에서 삼각형 ㄱㄴㄷ은 선분 ㄱㄹ을 대칭축으로 하는 선대칭도형이고, 삼각형 ㅂㄱㄴ은 선분 ㅁㅂ을 대칭축으로 하는 선대칭도형입니다. 각 ㄴㅂㄷ은 몇 도입니까?

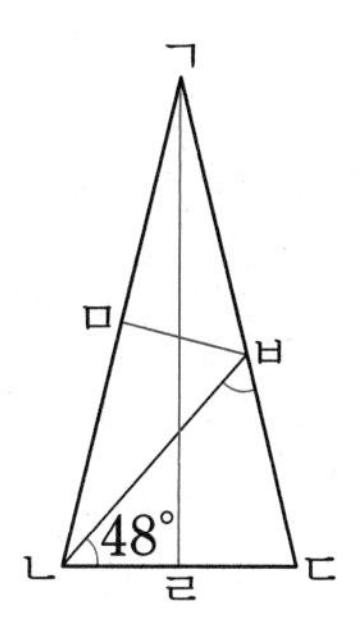

( )

서술형 **7**

직사각형 모양의 종이를 오른쪽 그림과 같이 접었습니다. 처음 종이의 넓이가 $1944\ cm^2$일 때 직사각형 ㄱㄴㄷㄹ의 둘레는 몇 cm인지 풀이 과정을 쓰고 답을 구하시오.

풀이

답

8

오른쪽 그림은 합동인 두 정사각형을 겹쳐놓은 것입니다. 정사각형의 한 변이 $8\ cm$일 때 두 도형의 겹쳐진 부분의 넓이는 몇 cm^2입니까?

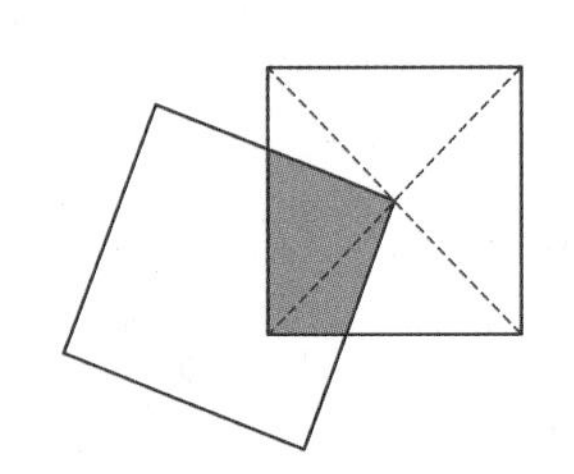

( )

9 오른쪽 도형에서 삼각형 ㄱㄴㄷ과 삼각형 ㄹㅁㅂ은 합동입니다. 직사각형 ㄱㄴㅁㄹ의 넓이는 몇 cm^2입니까?

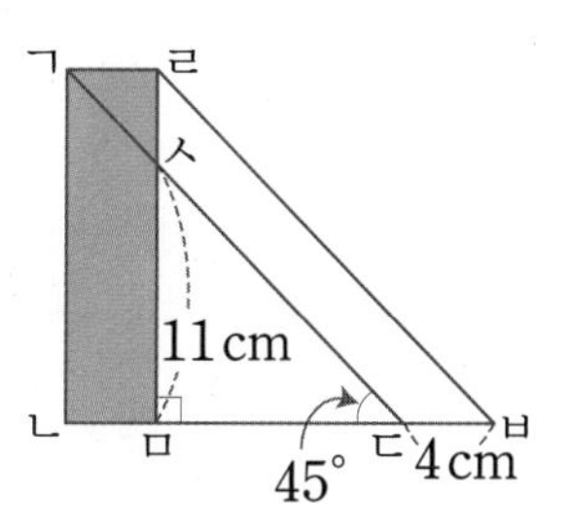

( )

10 오른쪽 그림은 점 ㅂ을 대칭의 중심으로 하는 점대칭 도형입니다. 평행사변형 ㄱㄴㄷㄹ의 넓이가 96 cm^2이고 선분 ㄹㅅ의 길이가 선분 ㅅㅂ의 길이의 3배일 때 삼각형 ㅅㄷㄹ의 넓이는 몇 cm^2입니까?

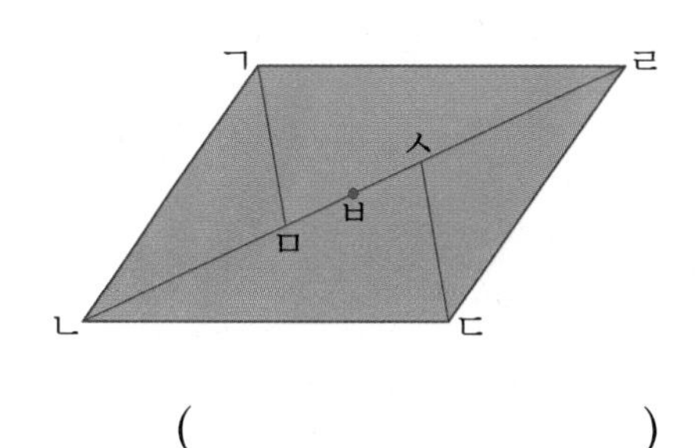

( )

Brain

❶ 표시된 숫자의 개수만큼 □ 모양으로 칸을 나눠 보세요. 이때, □ 모양에는 숫자가 한 개씩 들어가야 해요.

❷ 칸을 나눌 때에는 한 칸도 남지 않게 모두 나눠야 해요.

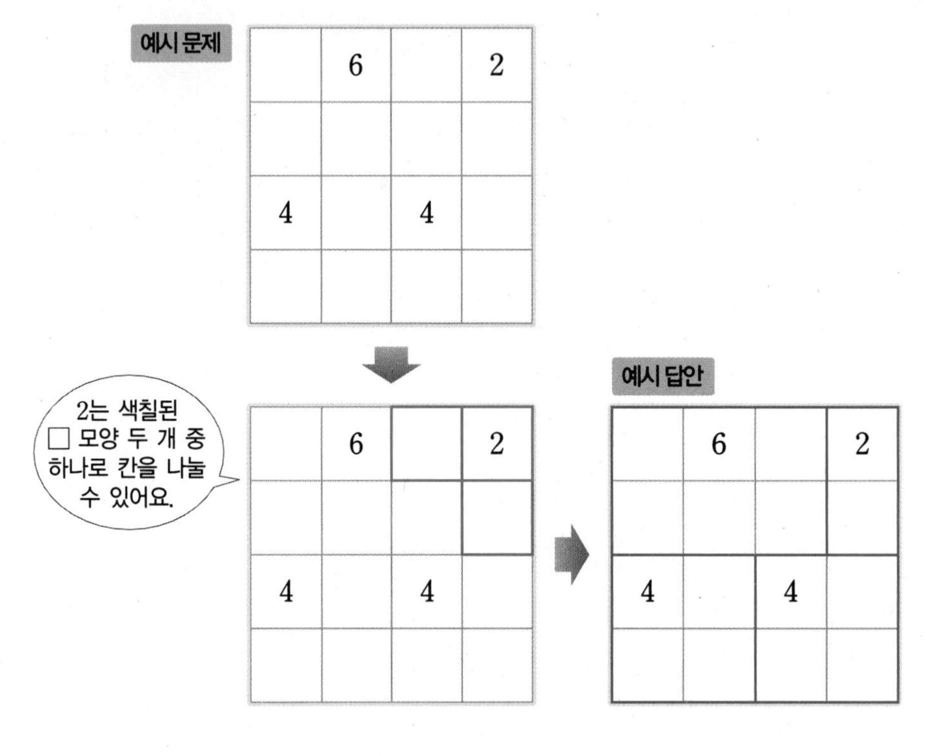

■ 미션 내용

첫 번째

		1	2
		3	
8			2

두 번째

			8	
	9			
6				2

4

소수의 곱셈

1 (소수) × (자연수), (자연수) × (소수)

• 소수의 계산은 분수의 계산으로 나타낼 수 있습니다.
• 곱하는 수의 크기가 변하는 만큼 곱의 크기도 변합니다.

1-1 BASIC CONCEPT

(소수) × (자연수)

2.4 × 3의 계산

방법1 분수의 곱셈으로 고쳐서 계산하기

$$2.4\times3=\frac{24}{10}\times3=\frac{24\times3}{10}=\frac{72}{10}=7.2$$

방법2 자연수의 곱셈을 이용하여 계산하기

$$\begin{array}{r} 2\ 4 \\ \times\quad 3 \\ \hline 7\ 2 \end{array} \Rightarrow \begin{array}{r} 2.4 \\ \times\quad 3 \\ \hline 7.2 \end{array}$$

24 × 3 = 72 → $\frac{1}{10}$배, $\frac{1}{10}$배 → 2.4 × 3 = 7.2

곱해지는 수가 $\frac{1}{■}$배가 되면 곱도 $\frac{1}{■}$배가 됩니다.

(자연수) × (소수)

2 × 0.34의 계산

방법1 분수의 곱셈으로 고쳐서 계산하기

$$2\times0.34=2\times\frac{34}{100}=\frac{2\times34}{100}=\frac{68}{100}=0.68$$

방법2 자연수의 곱셈을 이용하여 계산하기

$$\begin{array}{r} 2 \\ \times\ 3\ 4 \\ \hline 6\ 8 \end{array} \Rightarrow \begin{array}{r} 2 \\ \times\ 0.3\ 4 \\ \hline 0.6\ 8 \end{array}$$

2 × 34 = 68 → $\frac{1}{100}$배, $\frac{1}{100}$배 → 2 × 0.34 = 0.68

곱하는 수가 $\frac{1}{■}$배가 되면 곱도 $\frac{1}{■}$배가 됩니다.

1 계산 결과가 다른 것을 찾아 기호를 쓰시오.

㉠ 1.83 × 2　㉡ 183 × 2의 $\frac{1}{100}$배　㉢ 18.3 × 2의 10배　㉣ $2\times1\frac{83}{100}$

(　　　　　　　)

2 영재의 몸무게는 35 kg이고, 형의 몸무게는 영재의 몸무게의 1.4배입니다. 형의 몸무게는 몇 kg입니까?

(　　　　　　　)

정답과 풀이 44쪽

3 승현이는 매일 1.25 km씩 달리기를 합니다. 승현이가 1주일 동안 달린 거리는 모두 몇 km입니다까?

(　　　　　　　　　　)

BASIC CONCEPT 1-2 곱하기 전의 수와 곱의 크기 비교하기

1보다 작은 수를 곱하면 처음 수보다 작아집니다.	1보다 큰 수를 곱하면 처음 수보다 커집니다.
$3 > 3 \times 0.6$ ($3>1.8$)	$3 < 3 \times 1.8$ ($3<5.4$)

4 계산 결과가 18보다 큰 것을 모두 찾아 기호를 쓰시오.

㉠ 18×0.7　㉡ 18×1.01　㉢ 1.3×18　㉣ 0.95×18

(　　　　　　　　　　)

BASIC CONCEPT 1-3 곱셈의 교환법칙

중등연계

순서를 바꾸어 곱해도 결과는 같습니다. ➡ 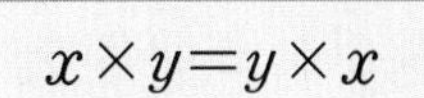

5 □ 안에 알맞은 수를 써넣으시오.

(1) $1.7\times\square=5\times1.7=\square$　　(2) $\square\times3=3\times2.59=\square$

2 (소수) × (소수)

- 소수의 계산은 분수의 계산으로 나타낼 수 있습니다.
- 곱하는 수의 크기가 변하는 만큼 곱의 크기도 변합니다.

2-1 BASIC CONCEPT

(소수) × (소수)

2.34×1.7의 계산

방법1 분수의 곱셈으로 고쳐서 계산하기

$$2.34\times1.7=\frac{234}{100}\times\frac{17}{10}=\frac{3978}{1000}=3.978$$

방법2 자연수의 곱셈을 이용하여 계산하기

$$\begin{array}{r} 234 \\ \times\ \ 17 \\ \hline 3978 \end{array} \Rightarrow \begin{array}{r} 2.34 \\ \times\ \ 1.7 \\ \hline 3.978 \end{array}$$

2.34 — 소수 두 자리 수
1.7 — 소수 한 자리 수
3.978 — 소수 세 자리 수

1 **잘못 계산한 부분을 찾아 이유를 쓰고 바르게 계산하시오.**

$$\begin{array}{r} 25.8 \\ \times\ \ 6.2 \\ \hline 516 \\ 1548\ \ \\ \hline 1599.6 \end{array}$$

➡ □

이유 ....

2 $56\times75=4200$**임을 이용하여 다음을 계산하시오.**

$56\times7.5=$ □

$5.6\times7.5=$ □

$5.6\times0.75=$ □

3 ○ 안에 $>$, $=$, $<$를 알맞게 써넣고 ㉠에 들어갈 수 있는 가장 큰 소수 한 자리 수를 구하시오.

$$1.5 \times 3.7 \bigcirc 5.55$$

$$1.5 \times ㉠ < 5.55$$

(　　　　　　　)

4 두께가 일정한 막대 1 m의 무게가 1.9 kg입니다. 이 막대 0.45 m의 무게는 몇 kg입니까?

(　　　　　　　)

5 가로가 1.21 cm, 세로가 2.1 cm인 직사각형과 한 변이 1.7 cm인 정사각형이 있습니다. 직사각형과 정사각형 중 어느 것이 몇 cm^2 더 넓습니까?

(　　　　　　　), (　　　　　　　)

BASIC CONCEPT 2-2

곱셈의 결합법칙

중등연계

세 수의 곱에서 어느 두 수를 먼저 곱해도 결과는 같습니다. ➡ $(x \times y) \times z = x \times (y \times z)$

6 □ 안에 알맞은 수를 써넣으시오.

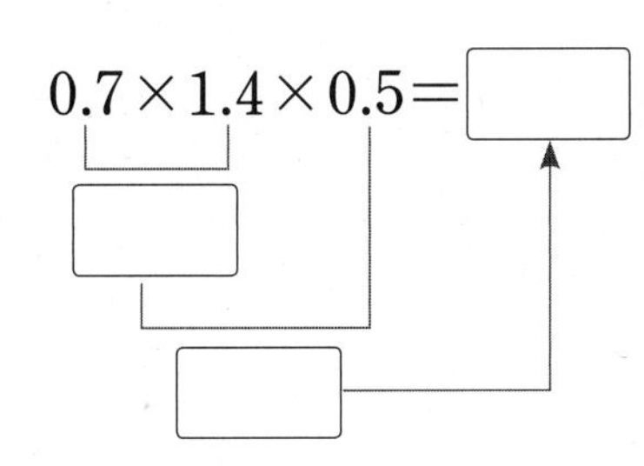

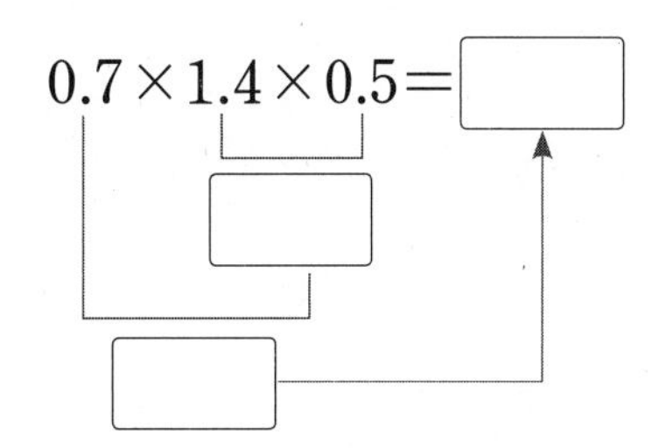

3 곱의 소수점의 위치

• 10배 할 때마다 소수점이 오른쪽으로 옮겨집니다.
• 0.1배 할 때마다 소수점이 왼쪽으로 옮겨집니다.

3-1 BASIC CONCEPT

곱의 소수점의 위치

• 소수에 10, 100, 1000을 곱하기
곱하는 수의 0의 수만큼 소수점이 오른쪽으로 옮겨집니다.

$1.347 \times 10 = 13.47$
$1.347 \times 100 = 134.7$
$1.347 \times 1000 = 1347$

10, 100, 1000을 곱하면 소수점이 오른쪽으로 한 칸, 두 칸, 세 칸 옮겨집니다.

소수점을 옮길 자리가 없으면 오른쪽 끝에 0을 더 채워 쓰면서 소수점을 옮깁니다.

$0.14 \times 1000 = 140$

• 자연수에 0.1, 0.01, 0.001을 곱하기
곱하는 수의 소수점 아래 자리 수만큼 소수점이 왼쪽으로 옮겨집니다.

$270 \times 0.1 = 27$
$270 \times 0.01 = 2.7$
$270 \times 0.001 = 0.27$

0.1, 0.01, 0.001을 곱하면 소수점이 왼쪽으로 한 칸, 두 칸, 세 칸 옮겨집니다.

소수점을 옮길 자리가 없으면 왼쪽 끝에 0을 더 채워 쓰면서 소수점을 옮깁니다.

$53 \times 0.001 = 0.053$

• 소수끼리의 곱셈에서 곱의 소수점의 위치
곱하는 두 소수의 소수점 아래 자리 수의 합은 곱의 소수점 아래 자리 수와 같습니다.

$7 \times 5 = 35$
$0.7 \times 0.5 = 0.35$
$0.7 \times 0.05 = 0.035$
$0.7 \times 0.005 = 0.0035$

$12 \times 27 = 324$
$1.2 \times 2.7 = 3.24$
$1.2 \times 0.27 = 0.324$
$1.2 \times 0.027 = 0.0324$

1 계산 결과가 다른 하나를 찾아 기호를 쓰시오.

㉠ 3.58×1000
㉡ 35.8×100
㉢ 0.358×10

( )

2 다음 중 곱이 소수 두 자리 수인 것은 어느 것입니까? ( )

① 34×5.9 ② 3.4×59 ③ 3.4×5.9
④ 0.34×5.9 ⑤ 0.34×0.59

3 **파란색 리본 $10\,\text{cm}$의 무게가 $7.58\,\text{g}$입니다. 이 파란색 리본 $10\,\text{m}$의 무게는 몇 g입니까?**

(　　　　　　　　)

4 **□ 안에 알맞은 수가 가장 큰 것을 찾아 기호를 쓰시오.**

㉠ $621 \times \square = 6.21$　　㉡ $14 \times \square = 0.014$

㉢ $\square \times 170 = 1.7$　　㉣ $\square \times 122 = 12.2$

(　　　　　　　　)

5 **어떤 수에 0.01을 곱한 수는 6.8에 10을 곱한 수와 같습니다. 어떤 수는 얼마입니까?**

(　　　　　　　　)

BASIC CONCEPT 3-2

수의 배열이 같고 소수점의 위치만 다른 두 식에서 곱의 크기 비교하기

곱을 구하지 않고 곱의 소수점의 위치만 보고 크기를 비교할 수 있습니다.

12.6×0.73 $\bigcirc\!\!\!\!<$ 1.26×73

소수 세 자리 수　　소수 두 자리 수

10배

6 **$258 \times 46 = 11868$임을 이용하여 결과가 더 큰 것의 기호를 쓰시오.**

㉠ 25.8×0.46

㉡ 0.258×4.6

(　　　　　　　　)

소수점의 위치를 보면 계산하지 않아도 알 수 있다.

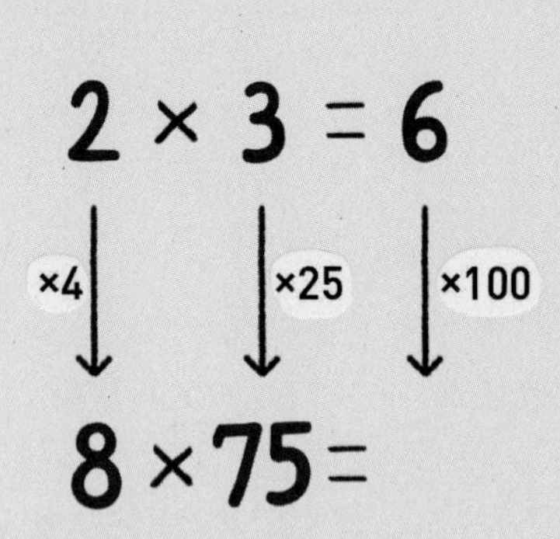

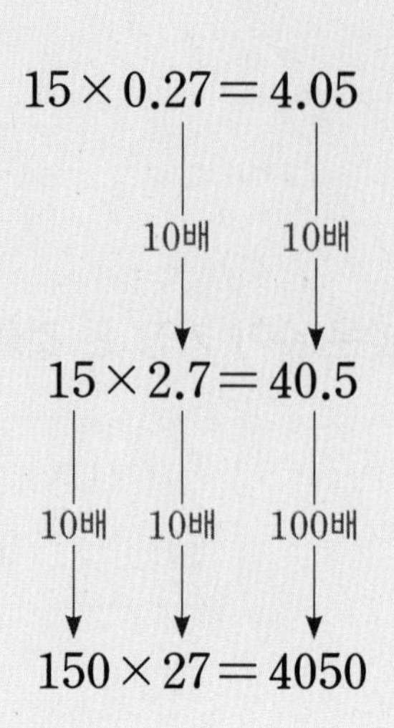

㉠은 ㉡의 몇 배인지 구하시오.

㉠ 21×14 ㉡ 0.21×0.14

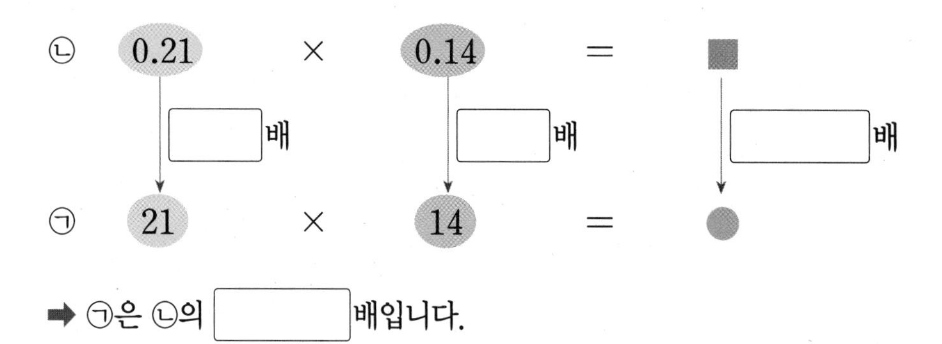

➡ ㉠은 ㉡의 [   ]배입니다.

1-1 ㉠은 ㉡의 몇 배입니까?

$1.28 \times$ ㉠ $= 12.8$
㉡ $\times 364.8 = 3.648$

( )

1-2 5.4×1.07은 0.54×0.107의 몇 배입니까?

( )

서술형 **1-3** 식을 보고 가와 나의 곱을 소수로 구하려고 합니다. 풀이 과정을 쓰고 답을 구하시오.

가 $\times 21.075 \times$ 나 $= 0.021075$

풀이

답

1-4 $19 \times 2.8 \times 310 = 16492$일 때 □ 안에 알맞은 수를 구하시오.

$0.19 \times \square \times 31 = 1.6492$

( )

먼저 구할 수 있는 것부터 차례대로 구한다.

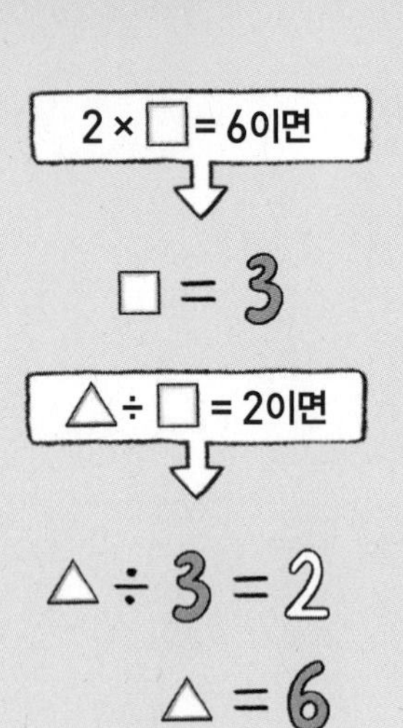

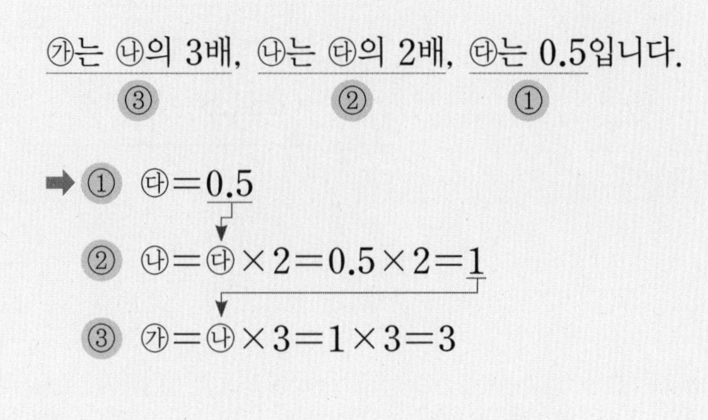

나미는 한 시간에 1.9 km를 걷습니다. 영호와 재우가 한 시간 동안 걸었을 때 영호는 나미의 0.7배보다 0.2 km 덜 걸었고, 재우는 영호의 1.8배만큼 걸었습니다. 한 시간 동안 가장 많이 걸은 사람은 누구인지 구하시오.

(나미가 걸은 거리)=1.9 km

(영호가 걸은 거리)=(나미가 걸은 거리)×□−0.2

=1.9×□−0.2=□(km)

(재우가 걸은 거리)=(영호가 걸은 거리)×□

=□×□=□(km)

세 사람이 걸은 거리를 비교하면 □>□>□이므로

한 시간 동안 가장 많이 걸은 사람은 □입니다.

2-1 소라는 물을 하루에 1.5 L 마십니다. 하루 동안 물을 경수는 소라의 0.9배만큼 마셨고, 유주는 경수의 1.1배만큼 마셨다면 유주가 마신 물은 몇 L입니까?

(　　　　　　　　)

서술형 **2-2** 한솔이의 몸무게는 아버지 몸무게의 0.6배보다 3 kg 가볍고, 어머니의 몸무게는 한솔이 몸무게의 1.4배입니다. 아버지의 몸무게가 72 kg이라면 어머니의 몸무게는 몇 kg인지 풀이 과정을 쓰고 답을 구하시오.

풀이

답

2-3 어느 자전거 가게의 올해 목표 판매량은 작년의 1.15배이고 작년 판매량은 1400대였습니다. 지금까지 작년의 0.7배만큼 판매했다면 자전거를 몇 대 더 판매해야 목표를 채울 수 있습니까?

(　　　　　　　　)

2-4 지우네 학교 여학생은 275명이고, 남학생 수는 여학생 수의 1.08배입니다. 수학을 좋아하는 학생 수는 전체 학생 수의 0.25배이고, 수학을 좋아하는 여학생 수는 전체 여학생 수의 0.2배입니다. 수학을 좋아하는 남학생은 몇 명입니까?

(　　　　　　　　)

겹치는 부분의 수는 색 테이프의 수보다 1 작다.

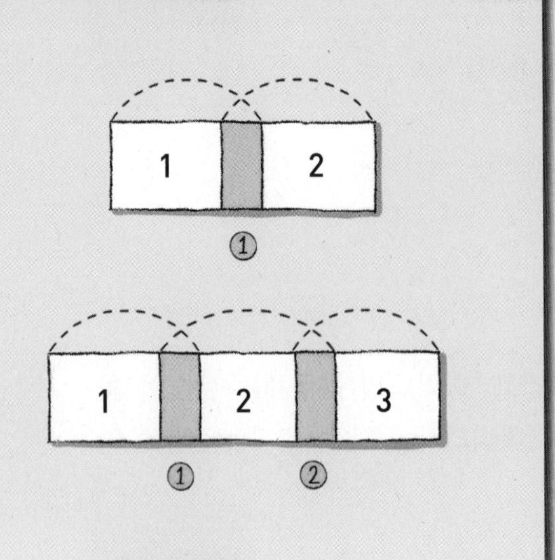

길이가 14.5 cm인 색 테이프 6장을 2 cm씩 겹쳐서 이어 붙이면

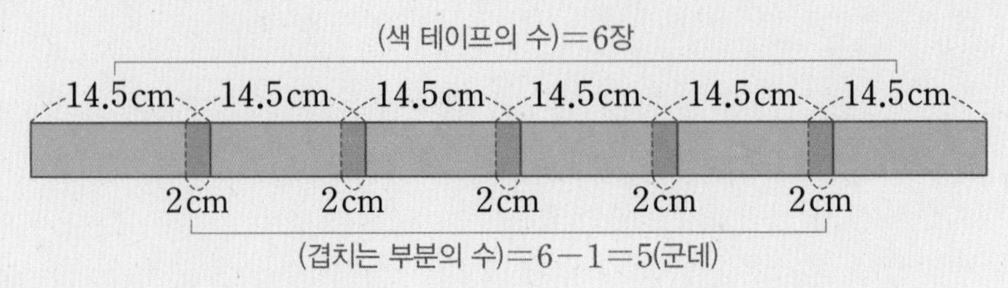

➡ (이어 붙인 색 테이프의 길이)

=(색 테이프 6장의 길이의 합)−(겹치는 부분의 길이의 합)

$=14.5\times6-2\times5=77$(cm)

길이가 9.5 cm인 색 테이프 10장을 그림과 같이 1.5 cm씩 겹치게 이어 붙였습니다. 이어 붙인 색 테이프의 길이는 몇 cm인지 구하시오.

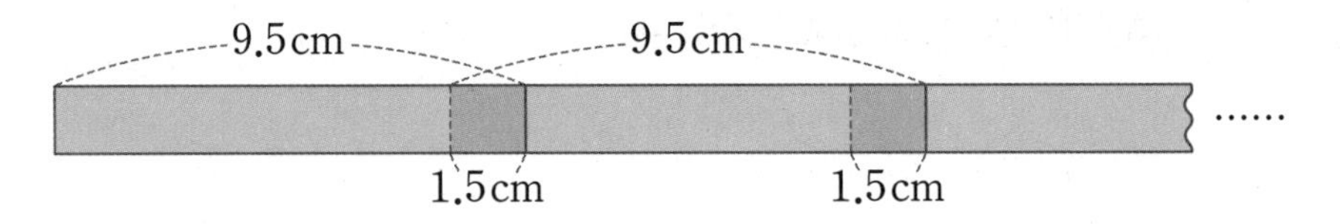

색 테이프 10장을 이어 붙이면 겹치는 부분은 □−1=□(군데)입니다.

(색 테이프 10장의 길이의 합)=9.5×□=□(cm)

(겹치는 부분의 길이의 합)=1.5×□=□(cm)

➡ (이어 붙인 색 테이프의 길이)

=(색 테이프 10장의 길이의 합)−(겹치는 부분의 길이의 합)

=□−□=□(cm)

따라서 이어 붙인 색 테이프의 길이는 □cm입니다.

3-1 길이가 $8.3\,\text{cm}$인 색 테이프 5장을 원 모양으로 $0.5\,\text{cm}$씩 겹치게 이어 붙였습니다. 원 모양으로 이어 붙인 색 테이프의 길이는 몇 cm입니까?

( )

3-2 길이가 $8.6\,\text{cm}$인 색 테이프 12장을 그림과 같이 $0.9\,\text{cm}$씩 겹치게 이어 붙였습니다. 이어 붙인 색 테이프의 길이는 몇 cm입니까?

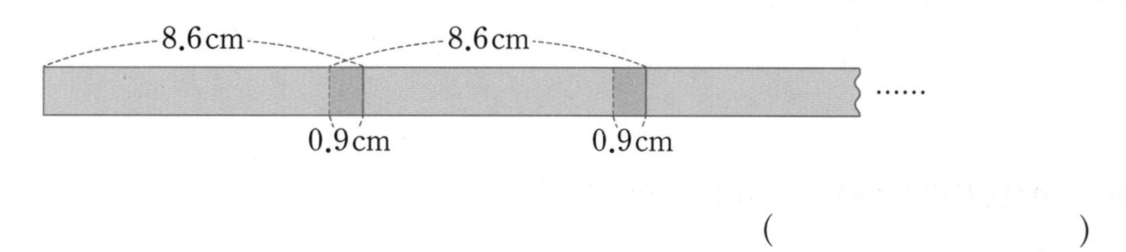

( )

3-3 길이가 $0.15\,\text{m}$인 색 테이프 30장을 그림과 같이 $0.01\,\text{m}$씩 겹치게 이어 붙였습니다. 이어 붙인 색 테이프의 길이는 몇 m입니까?

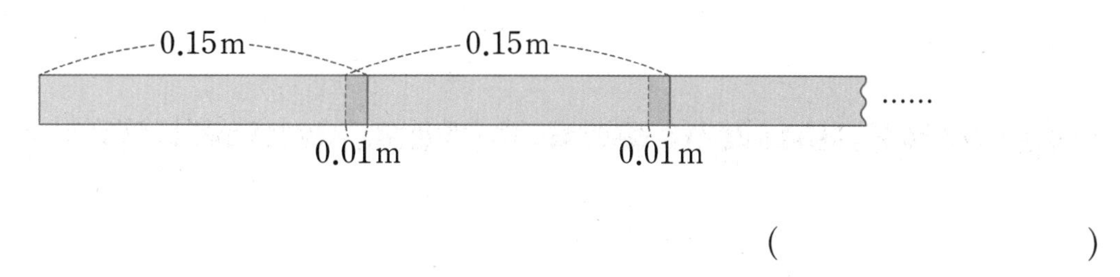

( )

3-4 길이가 $12.5\,\text{cm}$인 색 테이프 9장을 그림과 같이 일정한 간격으로 겹치게 이어 붙였더니 전체 길이가 $96.5\,\text{cm}$가 되었습니다. 색 테이프를 몇 cm씩 겹치게 붙였습니까?

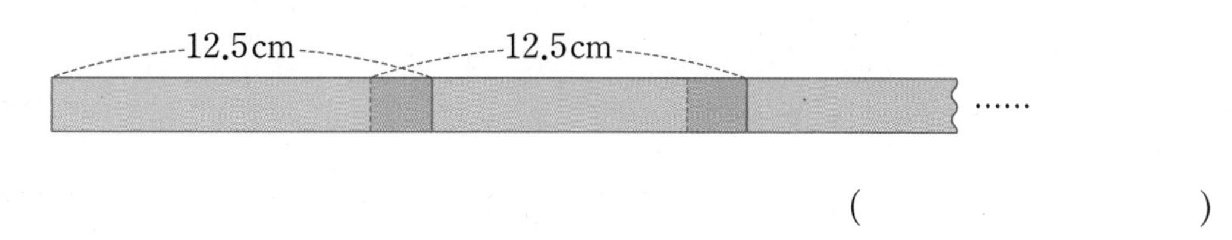

( )

소수를 사용하면 작은 단위를 큰 단위로 나타낼 수 있다.

300 m = 0.3 Km

300 g = 0.3 Kg

3 mm = 0.3 cm

30분 = 0.5 시간

1시간 30분은 1.5시간이므로

1시간 동안 100 km를 달리는 자동차는

×1.5　　×1.5

1.5시간 동안 150 km를 갑니다.

한 시간에 83.5 km를 달리는 자동차가 있습니다. 이 자동차가 1 km를 달리는 데 필요한 휘발유가 0.08 L라면 같은 빠르기로 2시간 24분 동안 달리는 데 필요한 휘발유는 몇 L인지 구하시오.

2시간 24분＝2$\frac{\square}{60}$시간＝2$\frac{\square}{10}$시간＝□시간

(2시간 24분 동안 달리는 거리)＝(한 시간 동안 달리는 거리)×(달린 시간)

＝83.5×□

＝□(km)

➡ (2시간 24분 동안 달리는 데 필요한 휘발유의 양)＝□×0.08＝□(L)

4-1 한 시간에 2.15 cm씩 타는 양초가 있습니다. 이 양초를 3시간 12분 동안 태운다면 양초의 길이는 몇 cm가 줄어듭니까?

( )

4-2 한 시간에 74 km를 달리는 트럭이 있습니다. 이 트럭이 1 km를 달리는 데 필요한 경유의 양이 0.14 L라면 같은 빠르기로 1시간 15분 동안 달리는 데 필요한 경유는 몇 L입니까?

( )

4-3 1분에 15.8 L의 물이 나오는 수도로 물탱크에 물을 받으려고 합니다. 이 물탱크에서 1분에 1.3 L의 물을 빼낸다면 3분 36초 동안 물탱크에 받을 수 있는 물은 몇 L입니까? (단, 수도에서 나오는 물과 물탱크에서 빼내는 물의 양은 각각 일정합니다.)

( )

4-4 민아는 한 시간 동안 4.9 km를 걷고, 준우는 20분 동안 1.8 km를 걷는다고 합니다. 두 사람이 같은 지점에서 동시에 출발하여 서로 반대 방향으로 2시간 18분 동안 걸었다면 두 사람 사이의 거리는 몇 km입니까? (단, 민아와 준우가 걷는 빠르기는 각각 일정합니다.)

( )

복잡한 도형은

나누거나 모아서 간단한 도형으로 만들 수 있다.

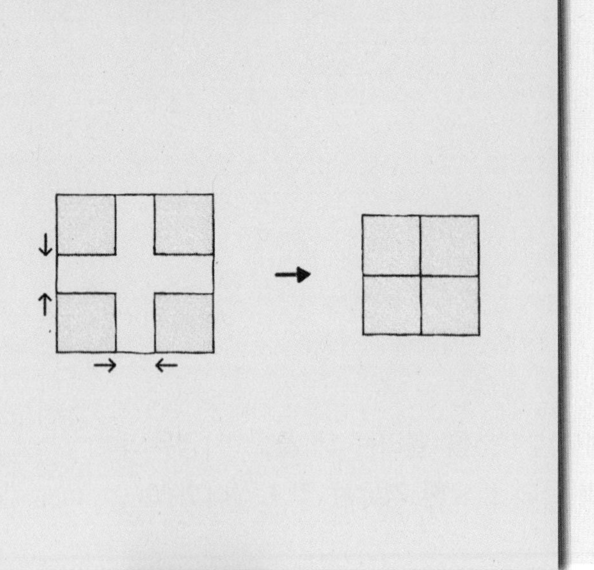

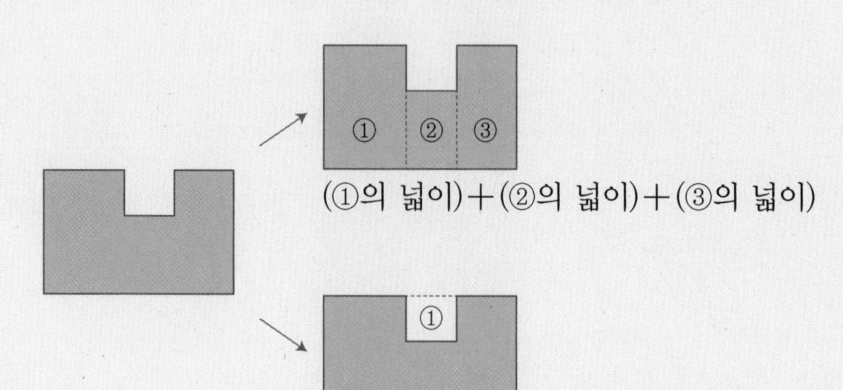

대표문제 5

오른쪽 도형의 넓이는 몇 cm^2인지 구하시오.

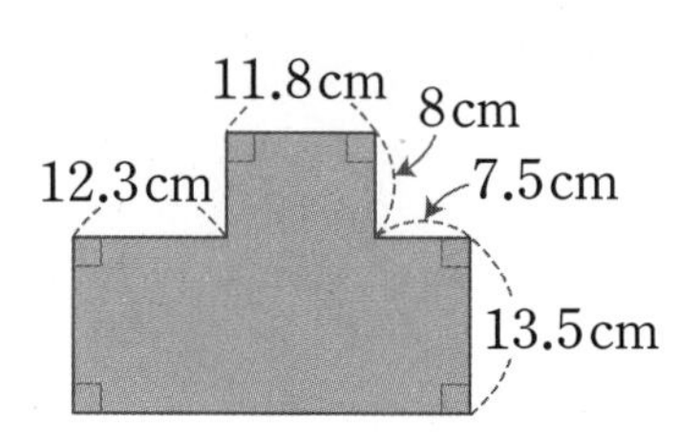

도형을 두 부분으로 나누어 넓이를 구합니다.

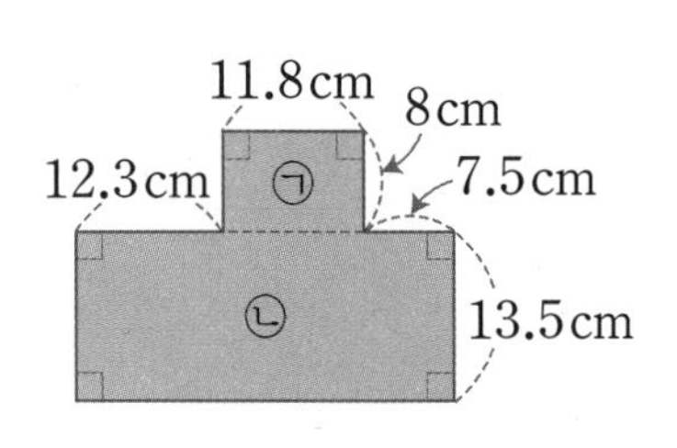

• (㉠의 넓이) $=11.8\times\square=\square(cm^2)$

• (㉡의 넓이) $=(12.3+\square+7.5)\times13.5$

$=\square\times13.5$

$=\square(cm^2)$

➡ (도형의 넓이) = (㉠의 넓이) + (㉡의 넓이)

$=\square+\square=\square(cm^2)$

5-1 오른쪽 도형의 넓이를 구하시오.

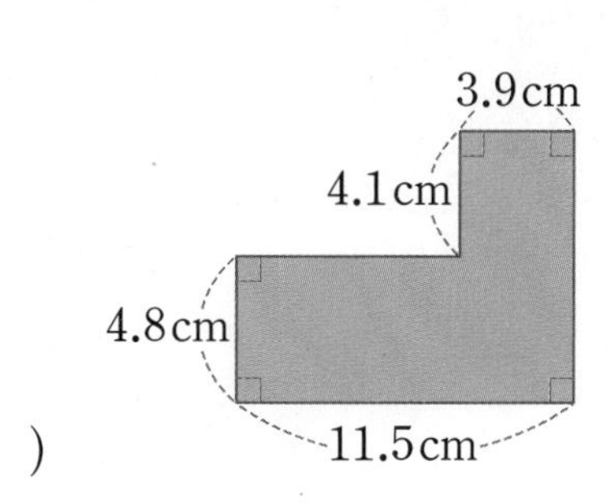

(　　　　　　　　　)

5-2 오른쪽 도형의 넓이를 구하시오.

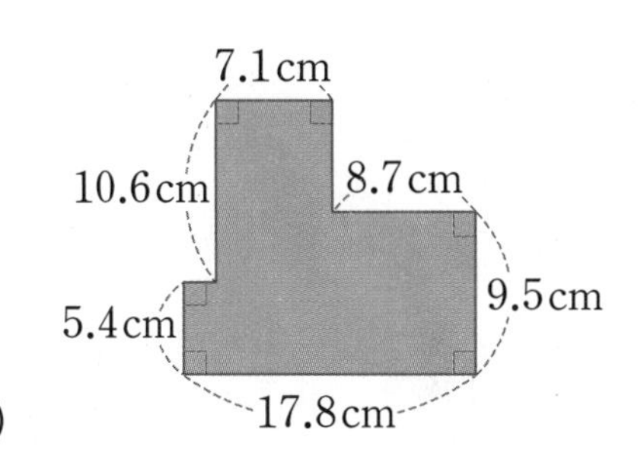

(　　　　　　　　　)

5-3 오른쪽 도형에서 색칠한 부분의 넓이를 구하시오.

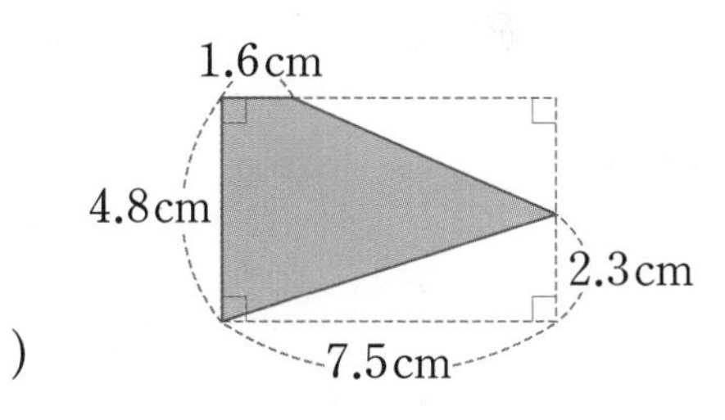

(　　　　　　　　　)

5-4 오른쪽 도형에서 색칠한 부분의 넓이를 구하시오.

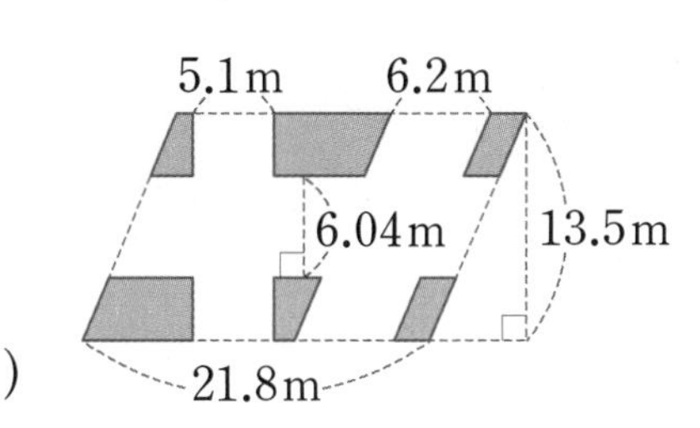

(　　　　　　　　　)

높은 자리 수가 클수록 곱이 더 크다.

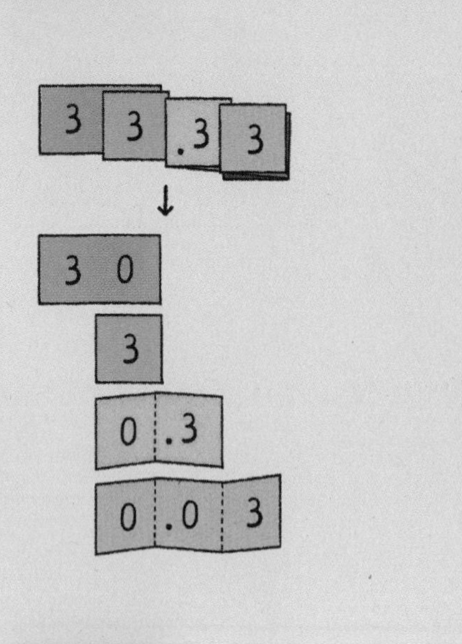

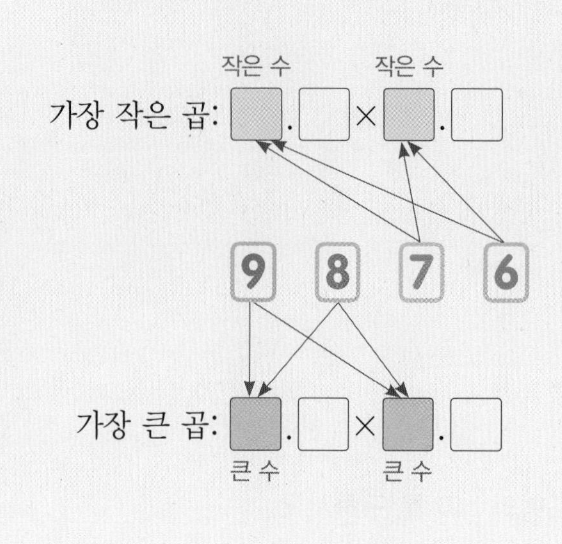

4장의 수 카드 5, 8, 1, 7 을 한 번씩 모두 사용하여 다음과 같은 곱셈식을 만들려고 합니다. 곱이 가장 클 때의 곱을 구하시오.

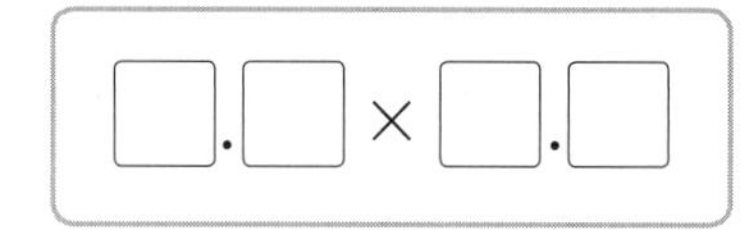

곱이 가장 큰 곱셈식을 만들려면

일의 자리에 가장 큰 수와 두 번째로 큰 수를 놓아야 하므로

8 > □ > □ > □ 에서 8과 □을 각각 일의 자리에 놓아야 합니다.

8.5 × □.□ = □, 8.1 × □.□ = □

➡ □ > □ 이므로 곱이 가장 클 때의 곱은 □ 입니다.

6-1 3장의 수 카드 [2], [6], [5]를 한 번씩 모두 사용하여 다음과 같은 곱셈식을 만들려고 합니다. 곱이 가장 클 때의 곱을 구하시오.

$\square \times \square.\square$

(   )

6-2 4장의 수 카드 [3], [6], [5], [8]을 한 번씩 모두 사용하여 다음과 같은 곱셈식을 만들려고 합니다. 곱이 가장 작을 때의 곱을 구하시오.

$\square.\square \times \square.\square$

(   )

서술형 **6-3** 4장의 수 카드 [4], [5], [2], [6]을 한 번씩 모두 사용하여 다음과 같은 곱셈식을 만들려고 합니다. 곱이 가장 클 때의 곱은 얼마인지 풀이 과정을 쓰고 답을 구하시오.

$0.\square\square \times 0.\square\square$

풀이

답

6-4 5장의 수 카드 [5], [3], [2], [8], [6]을 한 번씩 모두 사용하여 소수 두 자리 수와 소수 한 자리 수의 곱셈식을 만들려고 합니다. 곱이 가장 작을 때의 곱을 구하시오.

(   )

더하는 두 수에 같은 수를 곱할 때

( )를 쓰면 쉽게 계산할 수 있다.

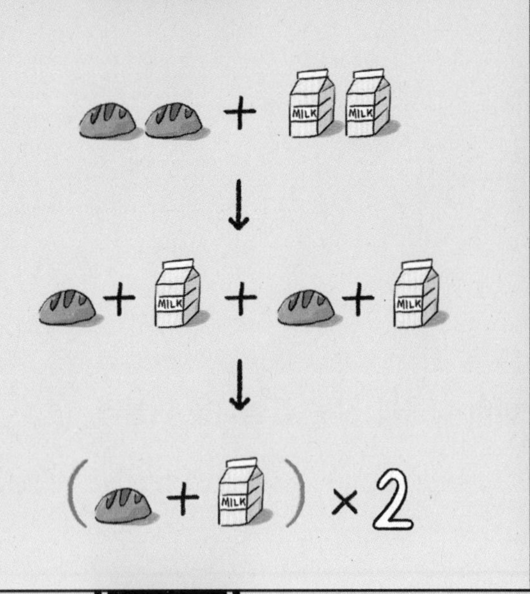

$$1.5\times30+1.5\times50+1.5\times20$$

$$1.5\times(30+50+20)$$

$$1.5\times100=150$$

다음을 간단한 식으로 나타내어 계산하시오.

$$423.4\times9+42.34\times8+4.234\times20$$

$423.4\times9+\underline{42.34}\times8+\underline{4.234}\times20$

$=423.4\times9+423.4\times\square\times8+423.4\times\square\times20$

$=423.4\times9+423.4\times\square+423.4\times\square$

$=423.4\times(9+\square+\square)$

$=423.4\times\square$

$=\square$

7-1 그림을 보고 □ 안에 알맞은 수를 써넣으시오.

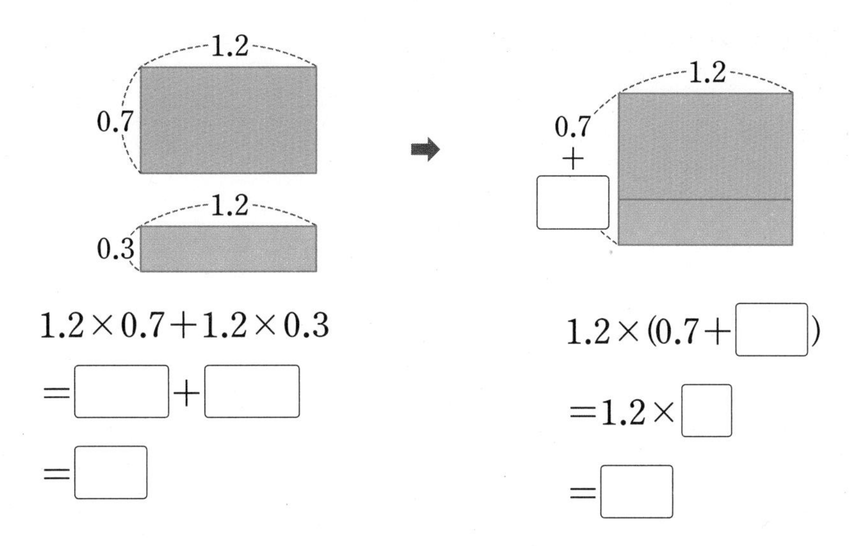

7-2 다음을 간단한 식으로 나타내어 계산하시오.

$$0.621\times10+6.21\times9+62.1\times9$$

(　　　　　　　　)

7-3 다음을 간단한 식으로 나타내어 계산하시오.

$$9.14\times48+91.4\times6-91.4\times0.8$$

(　　　　　　　　)

7-4 다음을 간단한 식으로 나타내어 계산하시오.

$$18.6\times1.3-145\times0.13+0.59\times13$$

(　　　　　　　　)

1

문제풀이 동영상

어떤 수에 3.7을 곱해야 할 것을 잘못하여 나누었더니 5가 되었습니다. 바르게 계산하면 얼마입니까?

(　　　　　　　　)

서술형 2

26.8과 3.75의 곱은 어떤 수와 0.01의 곱과 같습니다. 어떤 수는 얼마인지 풀이 과정을 쓰고 답을 구하시오.

풀이

답

3

어진이네 초등학교 전체 학생 수의 0.57은 남학생이고 남학생 수의 0.4는 안경을 썼습니다. 전체 학생이 1500명일 때 안경을 쓰지 않은 남학생은 몇 명입니까?

(　　　　　　　　)

4

도로의 양쪽에 처음부터 끝까지 $3.2\,\text{m}$ 간격으로 나무를 20그루 심었습니다. 도로의 길이는 몇 m입니까?

(　　　　　　　　)

5 $1\,\mathrm{km}$를 달리는 데 휘발유 $0.15\,\mathrm{L}$가 필요한 자동차가 있습니다. 이 자동차로 한 시간에 $83.5\,\mathrm{km}$씩 3시간 36분 달렸습니다. 사용한 휘발유는 모두 몇 L입니까?

( )

6 안쪽 지름이 $7.5\,\mathrm{cm}$, 바깥쪽 지름이 $8.1\,\mathrm{cm}$인 고리가 여러 개 있습니다. 이 고리 18개를 다음 그림과 같이 팽팽하게 연결했을 때 연결한 전체의 길이는 몇 cm입니까?

먼저 생각해 봐요!

고리를 팽팽하게 연결하면 어떤 모습일까?

7.5cm

8.1cm

( )

서술형 **7** 떨어진 높이의 0.4만큼씩 튀어 오르는 공을 $15\,\mathrm{m}$ 높이에서 떨어뜨렸습니다. 세 번째로 땅에 닿을 때까지 공이 움직인 거리는 몇 m인지 풀이 과정을 쓰고 답을 구하시오. (단, 공은 땅에서 수직으로 튀어 오릅니다.)

풀이

답

8 0.7을 96번 곱했을 때 곱의 소수 96째 자리 숫자는 무엇입니까?

( )

9 주스가 3.5 L 들어 있는 병의 무게를 재어 보니 5 kg이었습니다. 그중에서 주스 200 mL를 마시고 난 후 다시 무게를 재어 보았더니 4.75 kg이 되었습니다. 빈 병의 무게는 몇 kg입니까?

( )

10 1분에 0.72 km를 달리는 기차가 터널을 완전히 통과하는 데 24초 걸렸습니다. 기차의 길이가 180 m일 때 터널의 길이는 몇 km입니까?

( )

5

직육면체

1 직육면체, 정육면체

• 면이 모여 입체가 됩니다.
• 둘러싸인 면의 모양으로 입체도형의 이름을 정합니다.

1-1 BASIC CONCEPT

직육면체: 직사각형 6개로 둘러싸인 도형

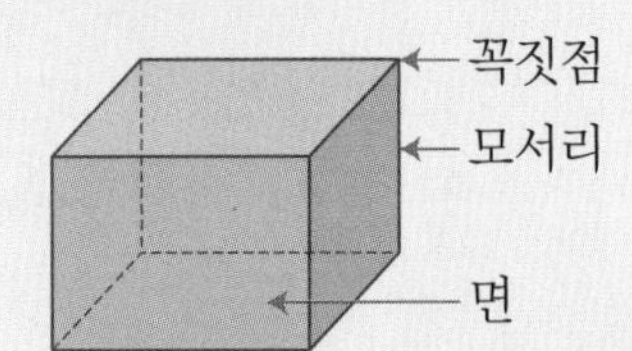

• 면: 선분으로 둘러싸인 부분
• 모서리: 면과 면이 만나는 선분
• 꼭짓점: 모서리와 모서리가 만나는 점

정육면체: 정사각형 6개로 둘러싸인 도형

정육면체와 직육면체의 비교

	같은 점			다른 점	
	면의 수	모서리의 수	꼭짓점의 수	면의 모양	모서리의 길이
정육면체	6개	12개	8개	정사각형	모두 같습니다.
직육면체	6개	12개	8개	직사각형	평행한 모서리끼리 같습니다.

1 **다음 중 직육면체에 모두 ○표 하시오.**

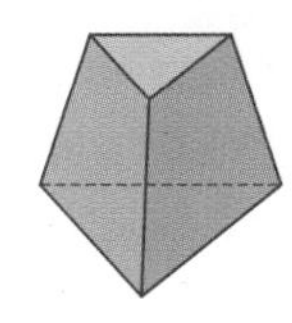 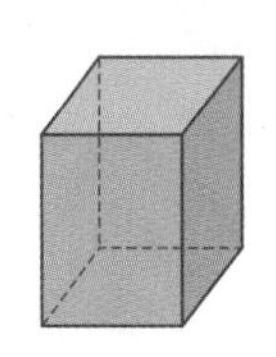 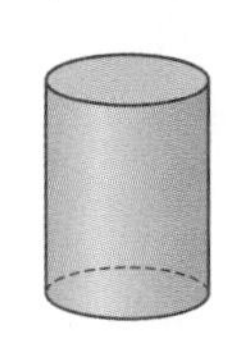 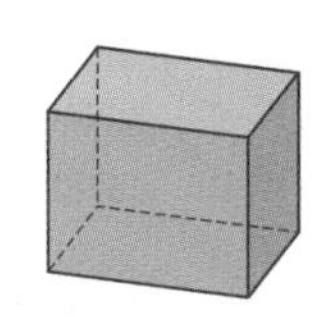 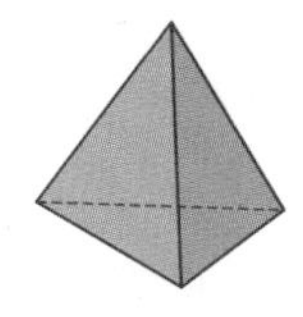 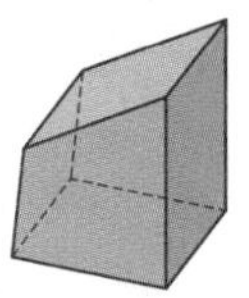

2 **다음 중 정육면체에 대한 설명으로 옳은 것을 모두 고르시오.** (　　　　　)

① 정육면체의 면은 8개입니다.
② 정육면체의 모서리는 6개입니다.
③ 정육면체의 꼭짓점은 12개입니다.
④ 정육면체의 모서리의 길이는 모두 같습니다.
⑤ 정육면체를 둘러싸고 있는 면은 정사각형입니다.

3 **오른쪽 정육면체에서 색칠한 면의 둘레는 몇 cm입니까?**

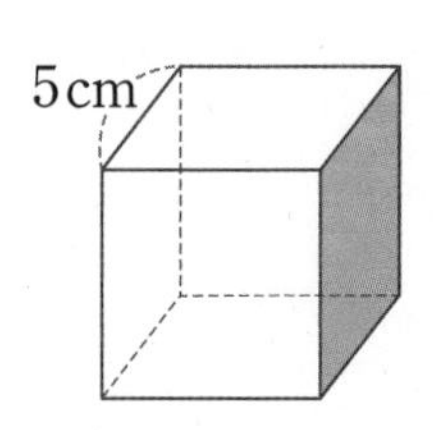

(　　　　　　　　)

1-2 BASIC CONCEPT

직육면체의 면, 꼭짓점, 모서리의 수
- (면의 수)=(한 면의 변의 수)+2=4+2=6(개)
- (꼭짓점의 수)=(한 면의 변의 수)×2=4×2=8(개)
- (모서리의 수)=(한 면의 변의 수)×3=4×3=12(개)

4 설명이 옳으면 ○표, 틀리면 ×표 하시오.

(1) 직육면체의 면의 수는 한 면의 변의 수의 2배입니다. (　　　　)

(2) 직육면체의 꼭짓점의 수는 한 면의 변의 수보다 2개 더 많습니다. (　　　　)

(3) 직육면체의 한 면의 변의 수는 모서리의 수를 3으로 나눈 수입니다. (　　　　)

1-3 BASIC CONCEPT

정육면체와 직육면체의 관계
- 정사각형은 직사각형이라고 할 수 있습니다.
  ➡ 정육면체는 직육면체라고 할 수 있습니다.
- 직사각형은 정사각형이라고 할 수 없습니다.
  ➡ 직육면체는 정육면체라고 할 수 없습니다.

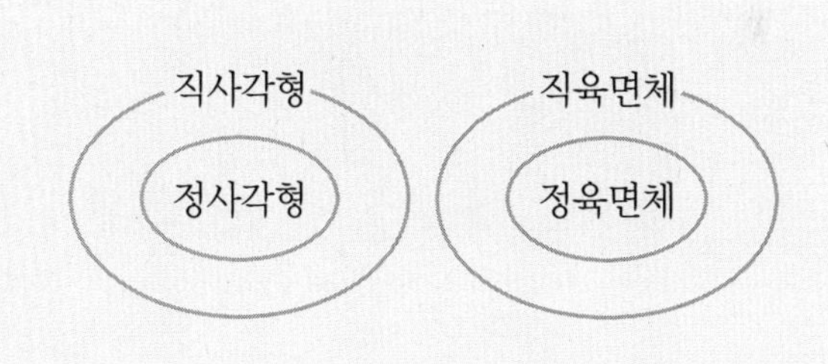

5 설명이 옳으면 ○표, 틀리면 ×표 하시오.

(1) 직육면체는 모서리의 길이가 모두 같습니다. (　　　　)

(2) 정육면체는 직육면체라고 할 수 있습니다. (　　　　)

(3) 정육면체와 직육면체의 면, 모서리, 꼭짓점의 수는 각각 다릅니다. (　　　　)

(4) 직육면체의 면은 모두 정사각형입니다. (　　　　)

6 직육면체와 정육면체의 다른 점을 찾아 기호를 쓰시오.

㉠ 꼭짓점의 수	㉡ 모서리의 길이	㉢ 면의 수	㉣ 모서리의 수

(　　　　　　　)

2 직육면체의 성질, 직육면체의 겨냥도

• 직육면체에는 모양과 크기가 같은 면이 3쌍 있습니다.
• 입체를 평면에 나타내려면 점선을 이용합니다.

BASIC CONCEPT 2-1

직육면체의 성질

• 직육면체에서 계속 늘여도 만나지 않는 두 면을 서로 평행하다고 합니다. 이 두 면을 직육면체의 밑면이라고 합니다.
• 직육면체에서 서로 평행한 면은 3쌍 있습니다.
• 직육면체에서 밑면과 수직인 면을 직육면체의 옆면이라고 합니다.

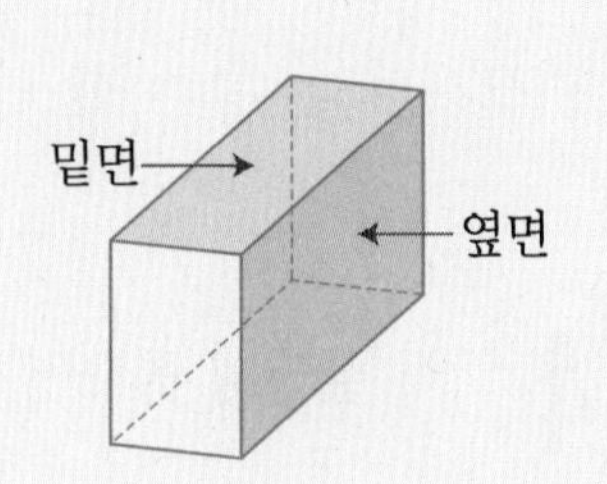

직육면체의 겨냥도: 직육면체의 모양을 알기 쉽게 그린 그림

• 보이는 모서리는 실선으로 그립니다.
  보이는 모서리는 9개입니다.
• 보이지 않는 모서리는 점선으로 그립니다.
  보이지 않는 모서리는 3개입니다.

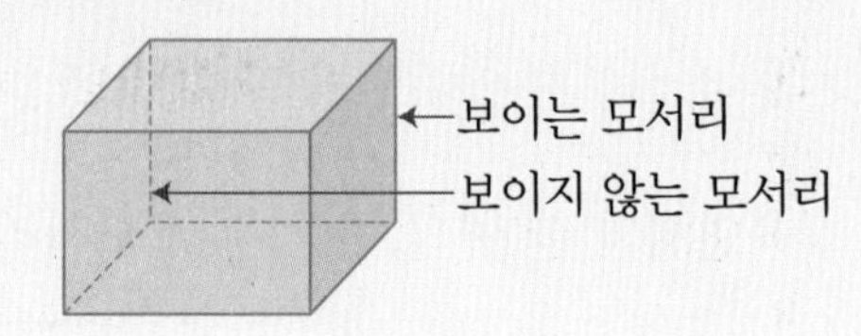

1 직육면체를 보고 물음에 답하시오.

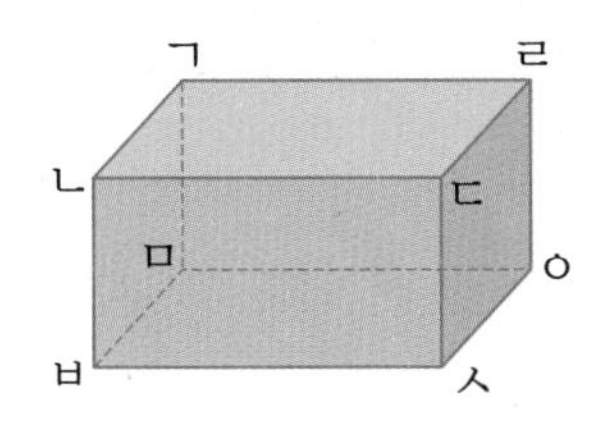

(1) 면 ㄴㅂㅅㄷ과 평행한 면을 쓰시오.

( )

(2) 면 ㄱㄴㄷㄹ과 수직인 면은 모두 몇 개입니까?

( )

2 오른쪽 직육면체에서 색칠한 면이 한 밑면일 때 다른 밑면을 찾아 쓰시오.

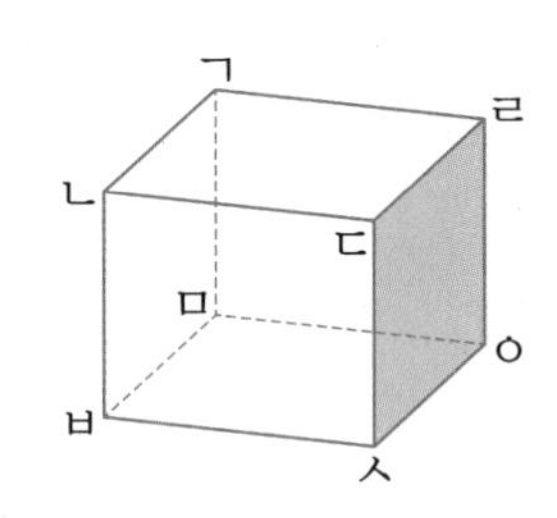

( )

3 다음은 직육면체의 겨냥도를 잘못 그린 것입니다. 그 이유를 설명하시오.

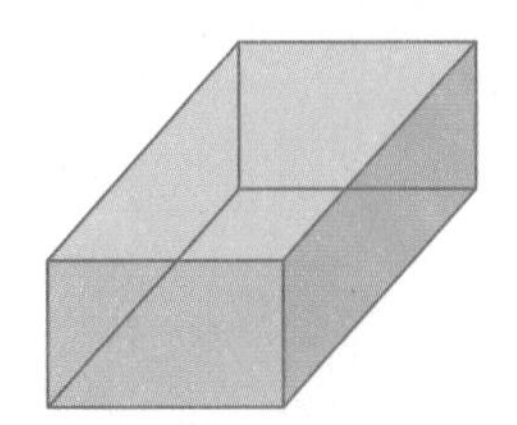

4 그림에서 빠진 부분을 그려 넣어 직육면체의 겨냥도를 완성하시오.

(1)

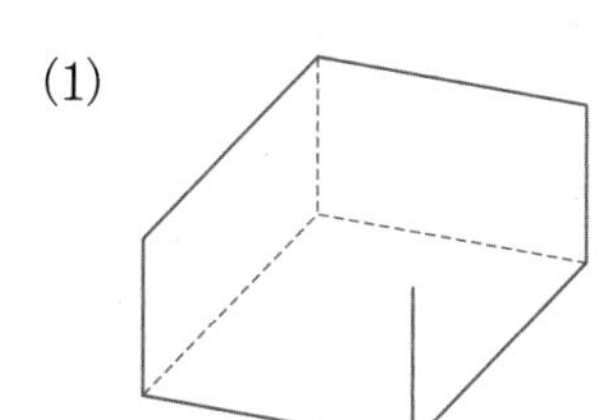

(2)

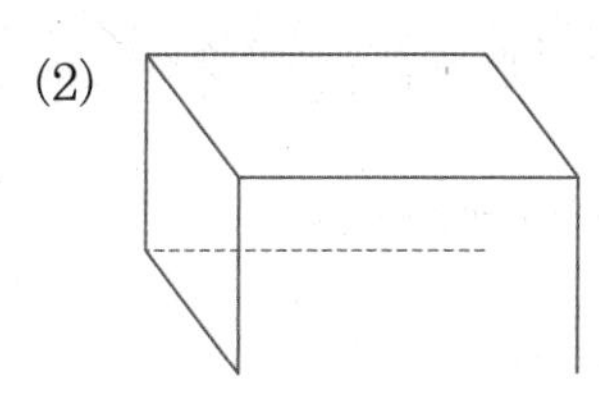

BASIC CONCEPT 2-2

겨냥도에서 보이는 부분과 보이지 않는 부분

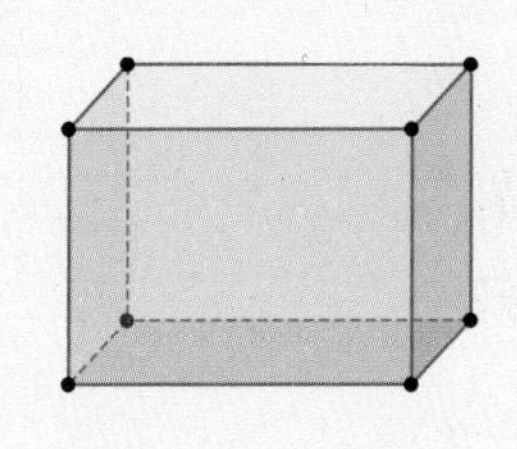

	보이는 부분	보이지 않는 부분	개수
면	3개	3개	$3+3=6$(개)
모서리	9개	3개	$9+3=12$(개)
꼭짓점	7개	1개	$7+1=8$(개)

5 □ 안에 알맞은 수를 써넣으시오.

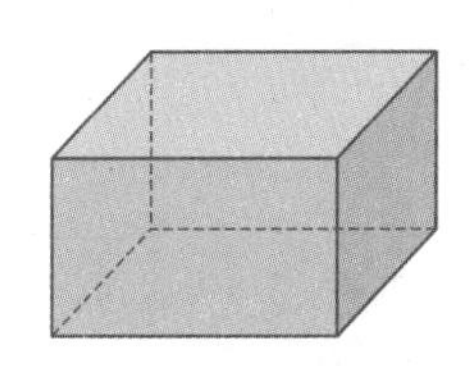

직육면체의 겨냥도에서 실선과 점선으로 이루어진 면은 □개이고, (보이지 않는 면)

실선으로만 이루어진 면은 □개입니다. (보이는 면)

6 오른쪽 그림과 같은 직육면체에서 모양과 크기가 같은 면끼리 같은 색을 칠하려고 합니다. 모두 몇 가지 색이 필요합니까?

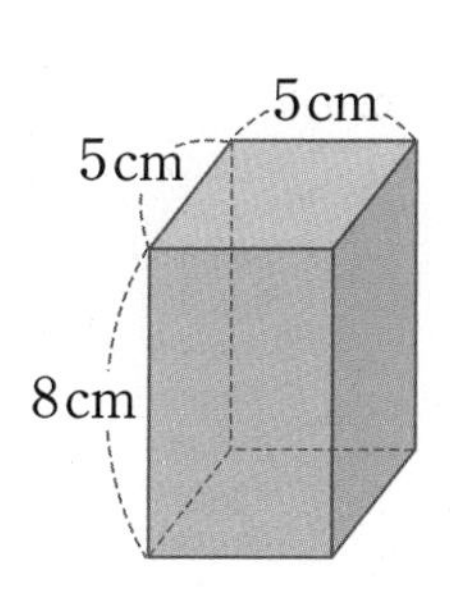

(　　　　　　　　)

3 직육면체의 전개도

- 입체를 잘라 펼치면 면이 됩니다.
- 면으로 펼치면 입체에서 보이지 않는 부분도 알 수 있습니다.

3-1 BASIC CONCEPT

전개도: 모서리를 잘라서 펼친 그림

직육면체의 전개도 그리기

- 직육면체를 펼쳐서 잘리지 않은 모서리는 점선, 잘린 모서리는 실선으로 그립니다.
- 전개도를 접었을 때 만나는 선분의 길이가 같고, 마주 보는 면의 모양과 크기가 같도록 그립니다.

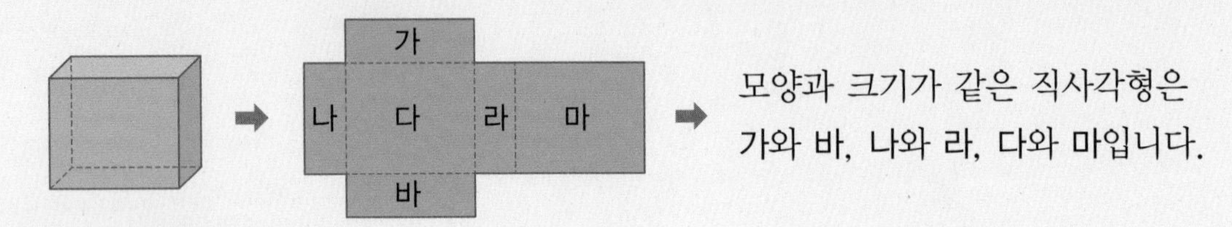

모양과 크기가 같은 직사각형은 가와 바, 나와 라, 다와 마입니다.

정육면체의 전개도 알아보기

- 정육면체의 전개도는 11개뿐입니다.
- 전개도를 접어 정육면체를 만들었을 때 같은 색의 면은 서로 평행합니다.

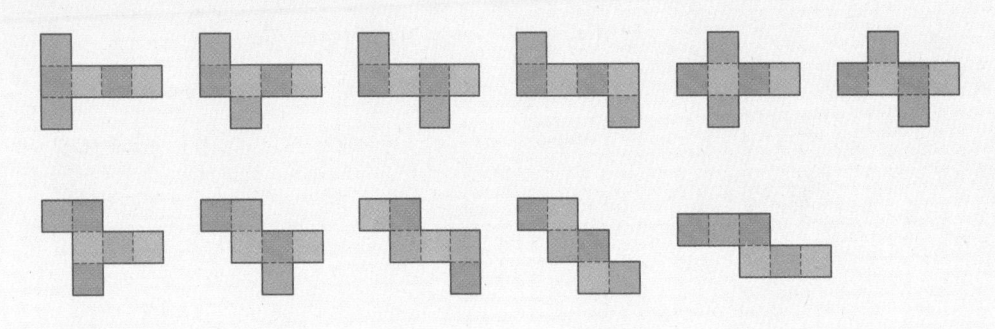

1 직육면체의 전개도를 그리려고 합니다. 더 그려 넣을 수 있는 곳을 모두 찾아 기호를 쓰시오.

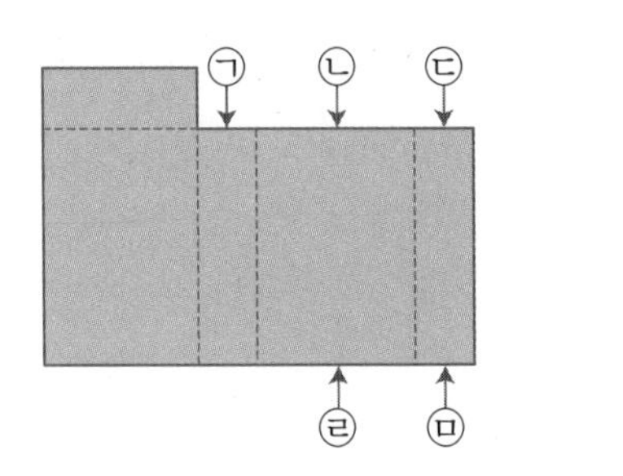

(　　　　　　　　)

2 오른쪽 직육면체의 전개도를 접었을 때 선분 ㅊㅈ과 만나는 선분을 찾아 쓰시오.

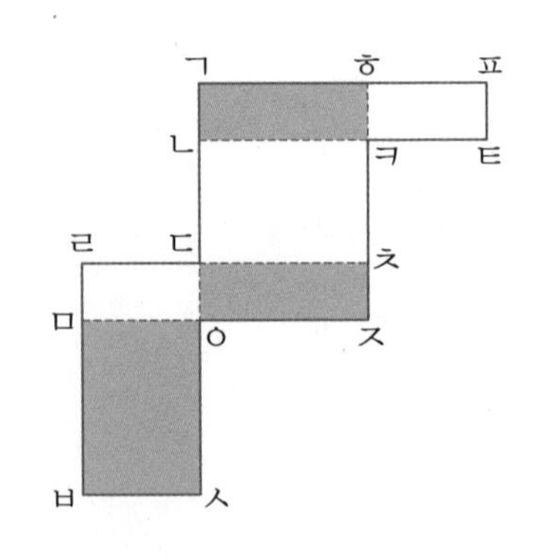

(　　　　　　　　)

3 전개도를 접어서 정육면체를 만들었습니다. 서로 평행한 면끼리 같은 모양인 정육면체가 되도록 전개도의 빈 곳에 알맞은 모양을 그려 넣으시오.

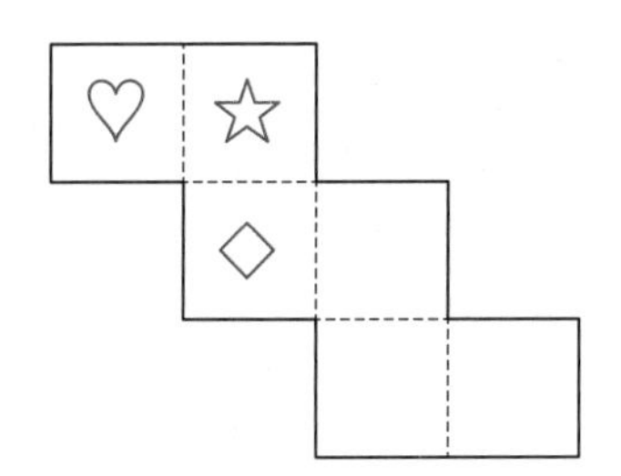

4 왼쪽 전개도를 접어서 오른쪽 직육면체를 만들었습니다. □ 안에 알맞은 수를 써넣으시오.

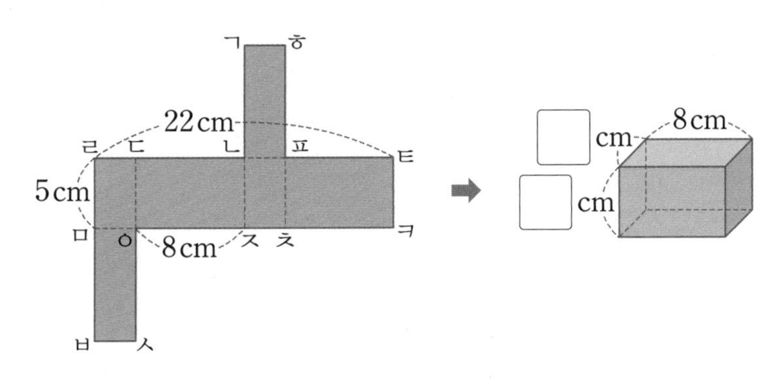

BASIC CONCEPT 3-2

직육면체를 만들 수 없는 전개도

① 접었을 때 표시한 두 면이 겹칩니다.

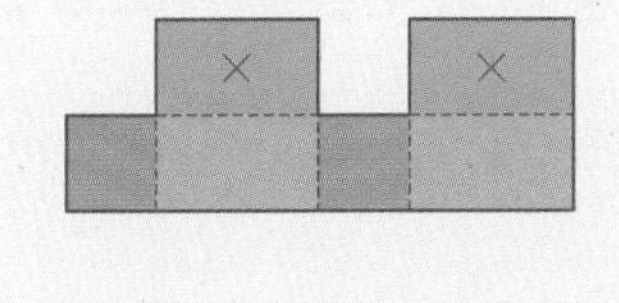

② 접었을 때 만나는 선분의 길이가 같지 않습니다.

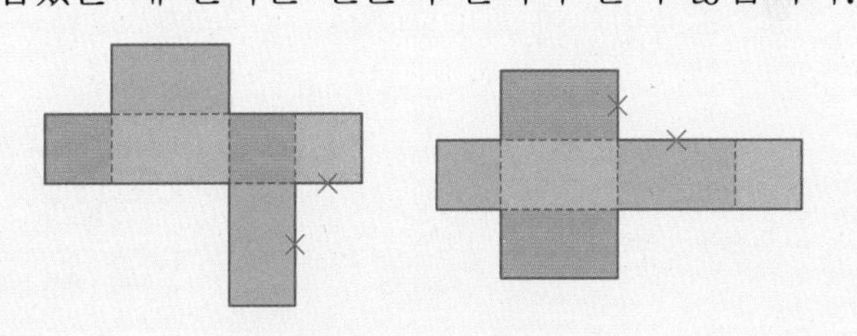

5 다음 중 접었을 때 직육면체를 만들 수 없는 전개도를 모두 찾아 기호를 쓰시오.

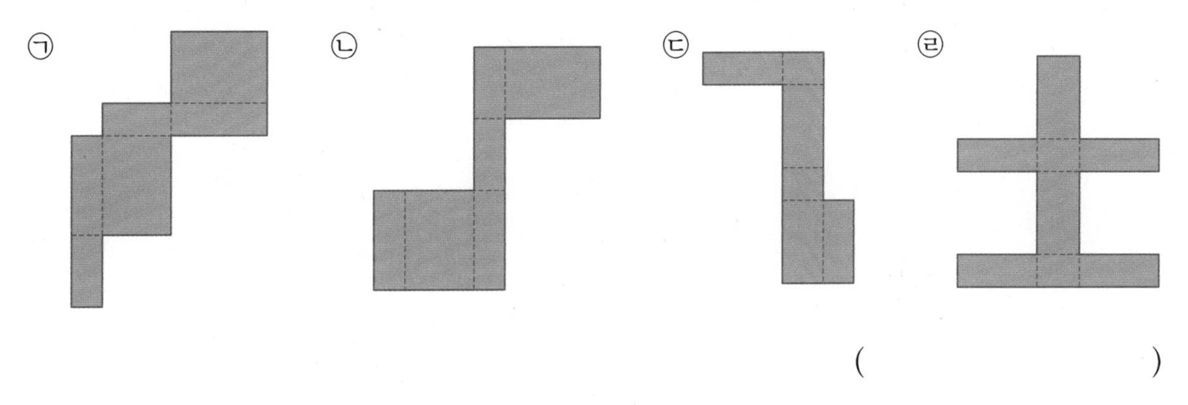

( )

겨냥도에서 점선으로 그린 모서리는 보이지 않는다.

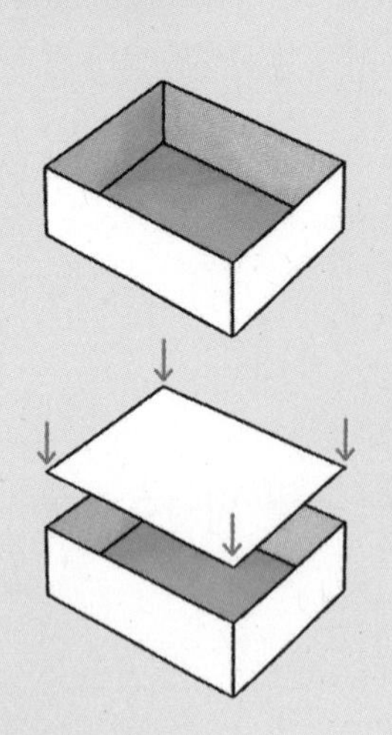

길이가 같은 모서리 4개 중 3개는 보이고 1개는 보이지 않습니다.

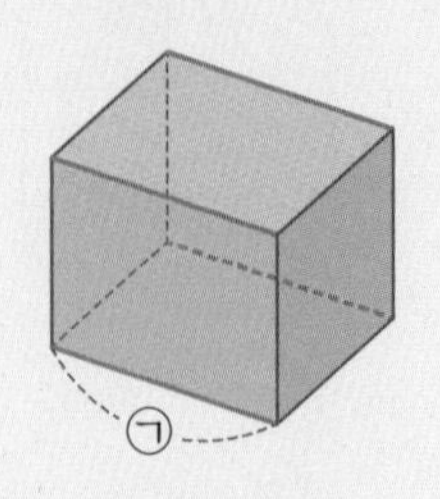

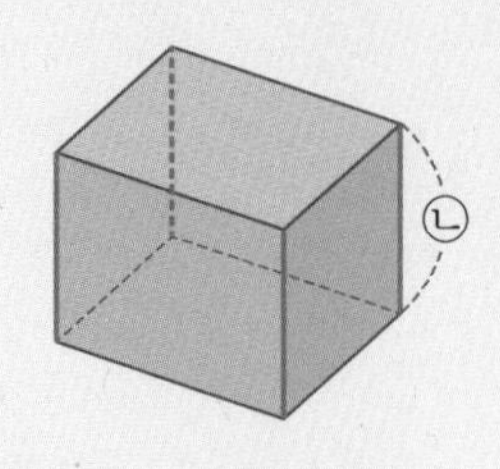

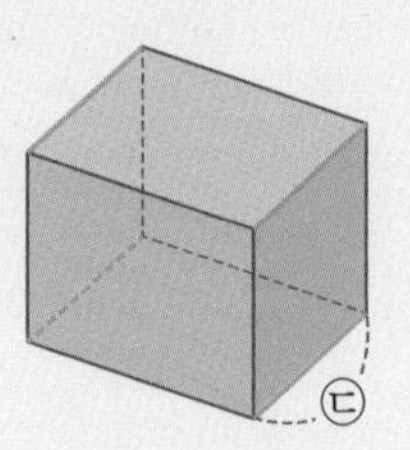

➡ (보이지 않는 모서리의 길이의 합)=㉠+㉡+㉢
(보이는 모서리의 길이의 합)=(㉠+㉡+㉢)×3

오른쪽 직육면체의 겨냥도에서 보이지 않는 모서리의 길이의 합은 16 cm입니다. ㉠에 알맞은 수를 구하시오.

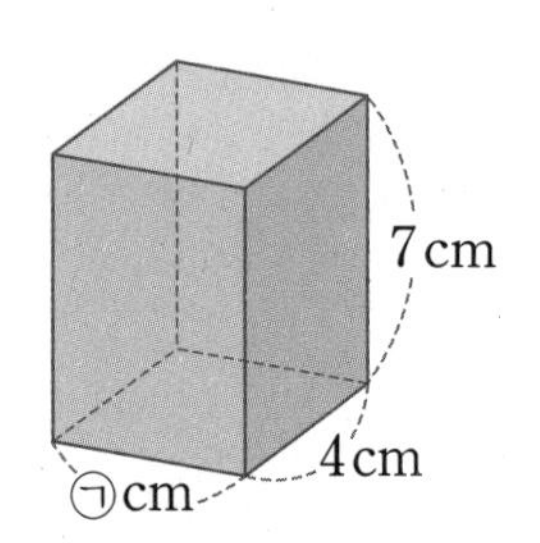

직육면체의 겨냥도에서 보이는 모서리는 실선으로, 보이지 않는 모서리는 점선으로 그립니다.

	㉠ cm인 모서리	4 cm인 모서리	7 cm인 모서리
실선	3개	3개	3개
점선	1개	1개	1개

보이지 않는 모서리의 길이의 합이 16 cm이므로 ㉠+4+7=☐, ㉠=☐입니다.

1-1 오른쪽 직육면체의 겨냥도에서 보이지 않는 모서리의 길이의 합은 몇 cm입니까?

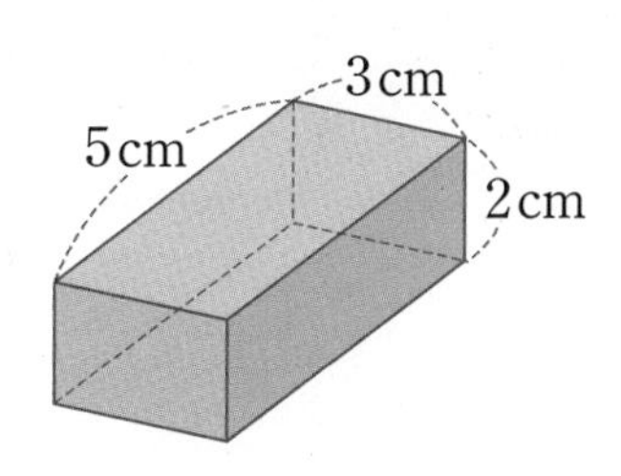

(　　　　　　　　)

1-2 오른쪽 직육면체의 겨냥도에서 보이지 않는 모서리의 길이의 합은 13 cm입니다. ㉠에 알맞은 수는 얼마입니까?

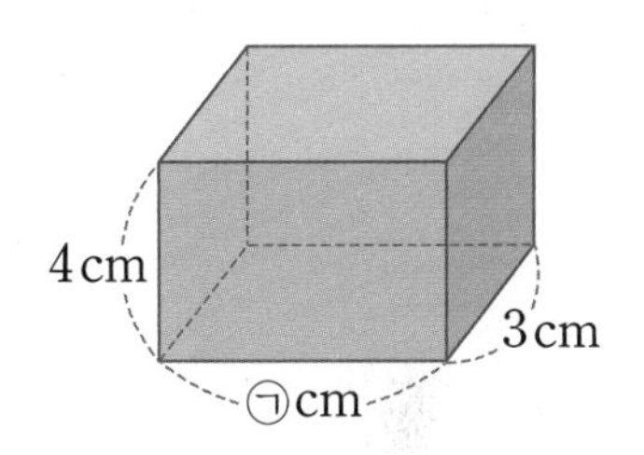

(　　　　　　　　)

1-3 오른쪽 정육면체의 겨냥도에서 보이지 않는 모서리의 길이의 합은 18 cm입니다. 이 정육면체의 모든 모서리의 길이의 합은 몇 cm입니까?

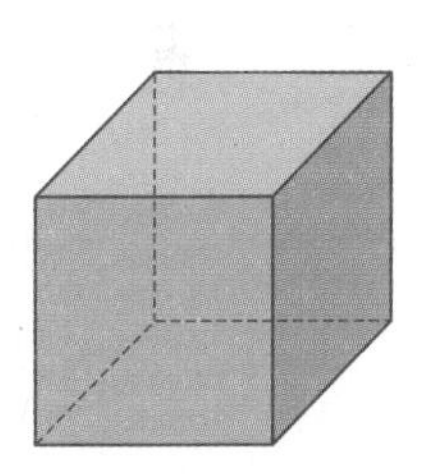

(　　　　　　　　)

1-4 오른쪽 직육면체의 겨냥도에서 보이는 모서리의 길이의 합은 51 cm입니다. 이 직육면체의 모든 모서리의 길이의 합은 몇 cm입니까?

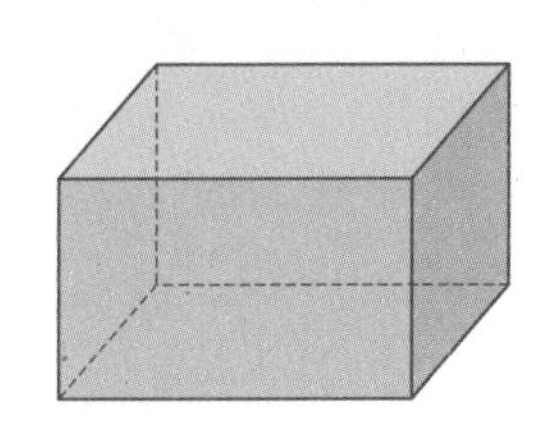

(　　　　　　　　)

한 모서리를 잘라서 생긴 두 부분의 길이는 같다.

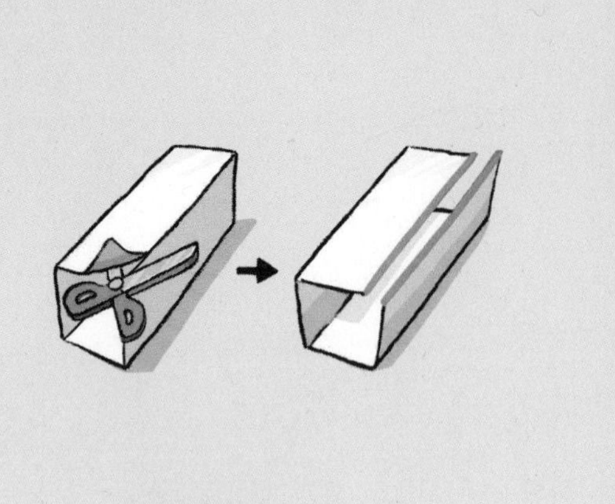

붙어 있던 모서리의 길이는 서로 같습니다.

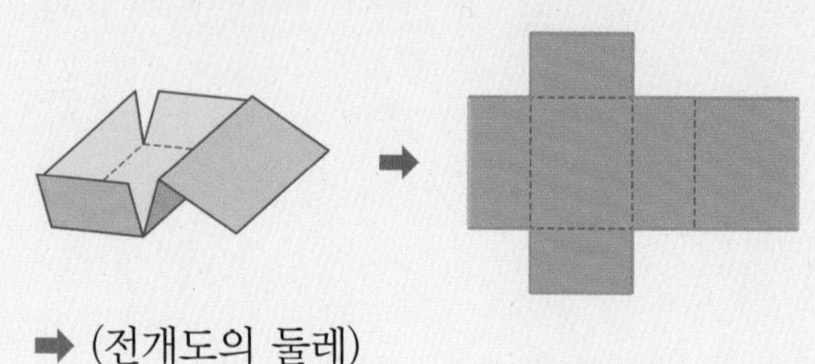

➡ (전개도의 둘레)
$=(\text{—}\times 8)+(\text{—}\times 4)+(\text{—}\times 2)$

둘레가 210 cm인 정육면체의 전개도를 접어서 정육면체를 만들었습니다. 만든 정육면체의 한 모서리의 길이를 구하시오.

정육면체의 전개도의 둘레는 정육면체의 한 모서리의 길이의 ☐ 배입니다.

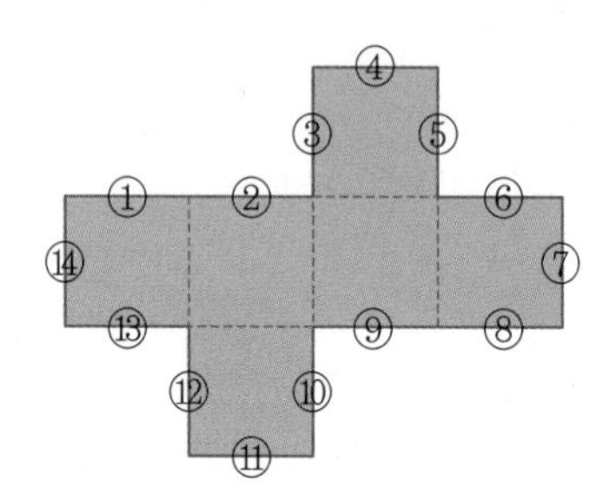

(정육면체의 전개도의 둘레)
=(정육면체의 한 모서리의 길이)× ☐

(정육면체의 한 모서리의 길이)
=(정육면체의 전개도의 둘레)÷ ☐
= ☐ ÷ ☐ = ☐ (cm)

2-1 둘레가 112 cm인 정육면체의 전개도를 접어서 정육면체를 만들었습니다. 만든 정육면체의 한 모서리는 몇 cm입니까?

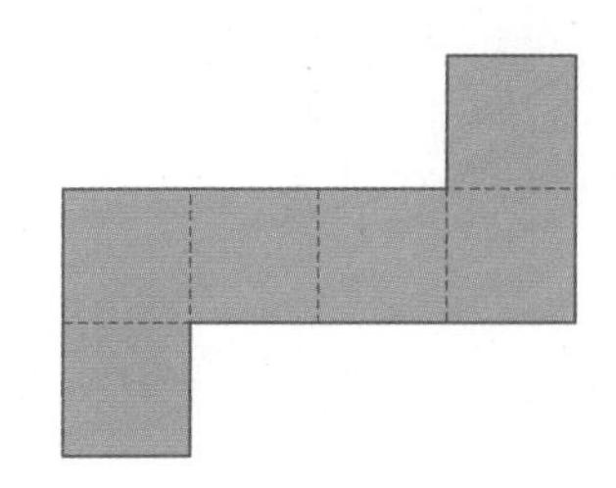

(　　　　　　　　　　)

서술형 **2-2** 둘레가 168 cm인 정육면체의 전개도를 접어서 정육면체를 만들었습니다. 만든 정육면체의 모든 모서리의 길이의 합은 몇 cm인지 풀이 과정을 쓰고 답을 구하시오.

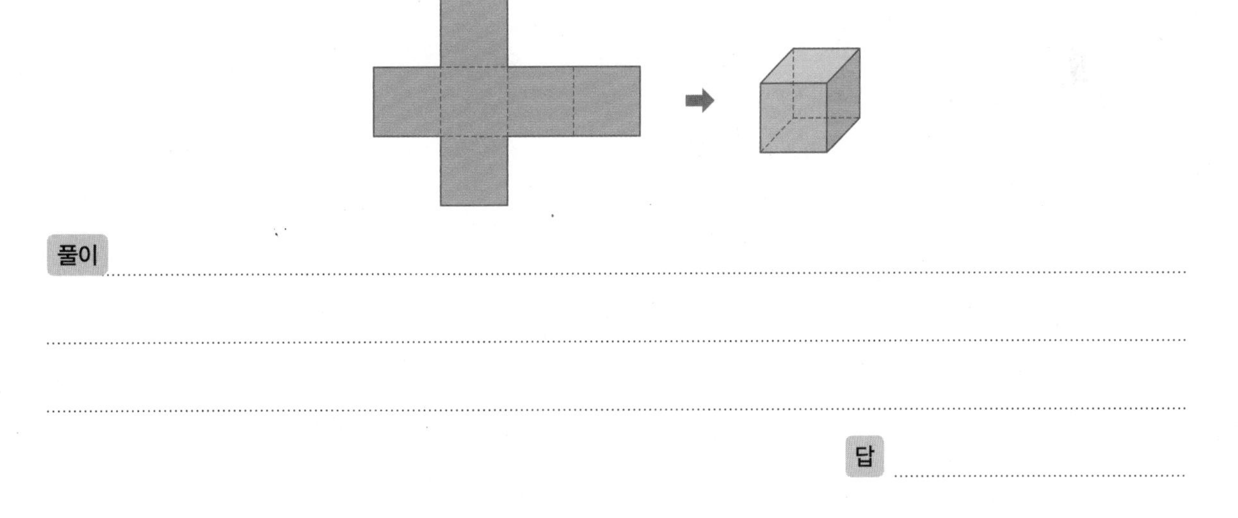

풀이 ....

....

....

답 ....

2-3 오른쪽 직육면체의 전개도의 둘레는 54 cm입니다. □ 안에 알맞은 수를 써넣으시오.

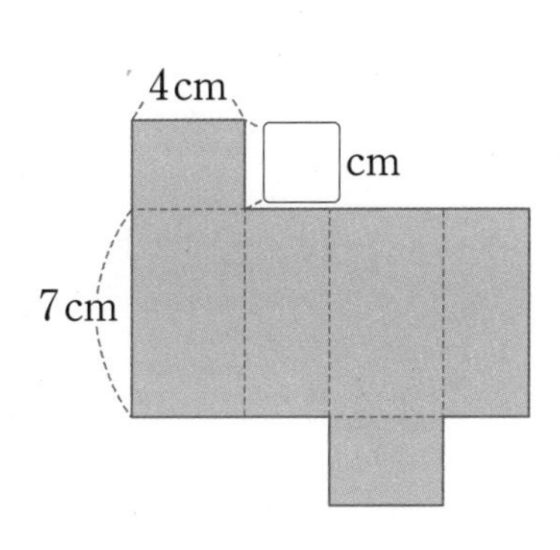

리본의 길이는 평행한 모서리의 길이와 같다.

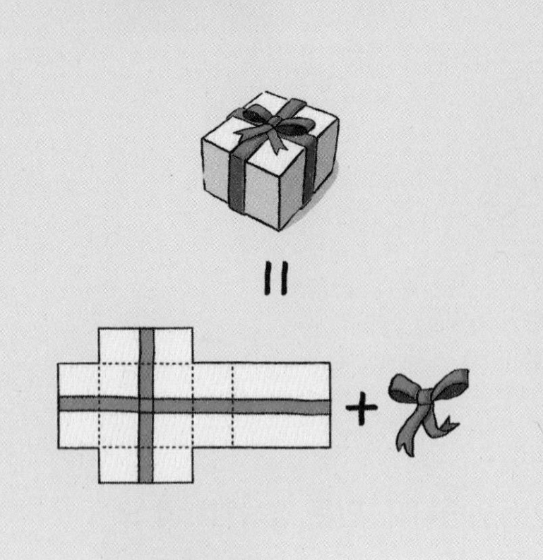

상자를 둘러싼 리본 중 길이가 같은 부분을 찾아보면

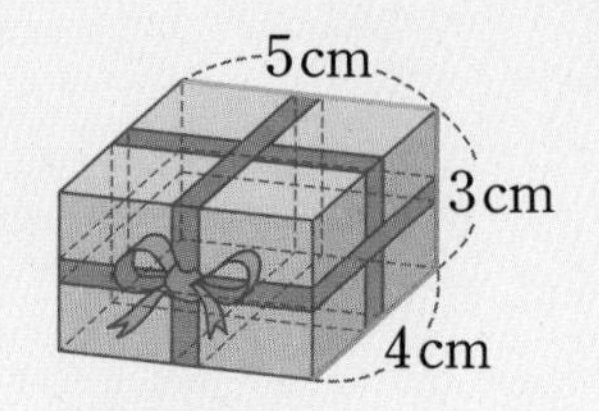

(상자를 둘러싼 리본의 길이)

$=(\quad\times 4)+(\quad\times 4)+(\quad\times 4)$

➡ (사용한 리본의 길이)$=48$ cm$+$(매듭의 길이)

오른쪽 그림과 같이 직육면체 모양의 상자를 리본으로 묶었습니다. 매듭을 묶는 데 30 cm를 사용했다면 상자를 묶는 데 사용한 리본은 몇 cm인지 구하시오.

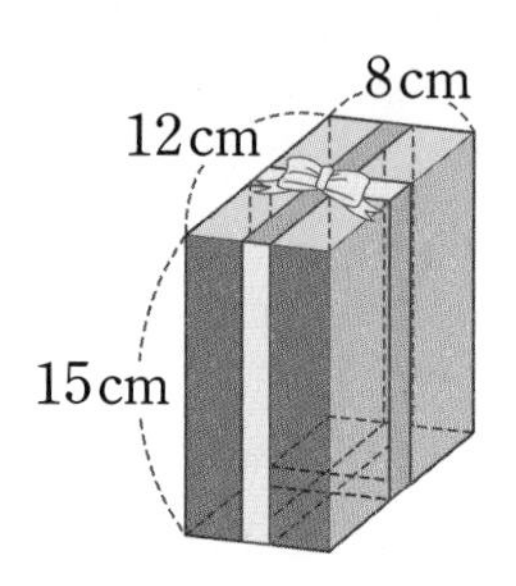

(8 cm인 부분의 길이의 합)$=8\times\square=\square$(cm)

(12 cm인 부분의 길이의 합)$=12\times\square=\square$(cm)

(15 cm인 부분의 길이의 합)$=15\times\square=\square$(cm)

➡ (상자를 둘러싼 리본의 길이)

$=\square+\square+\square=\square$(cm)

매듭을 묶는 데 30 cm를 사용했으므로

(사용한 리본의 길이)$=\square+30=\square$(cm)입니다.

매듭의 길이

상자를 둘러싼 리본의 길이

3-1 오른쪽 그림과 같이 직육면체 모양의 상자를 리본으로 묶었습니다. 매듭을 묶는 데 10 cm를 사용했다면 상자를 묶는 데 사용한 리본은 몇 cm입니까?

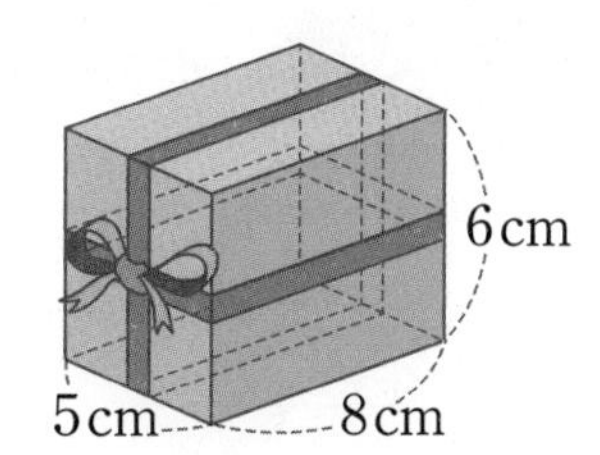

( )

3-2 한 모서리가 16 cm인 정육면체 모양의 상자를 오른쪽 그림과 같이 리본으로 묶었습니다. 매듭을 묶는 데 26 cm를 사용했다면 상자를 묶는 데 사용한 리본은 몇 cm입니까?

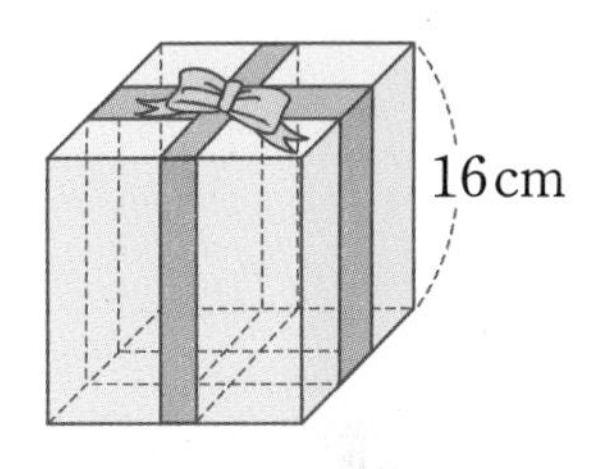

( )

3-3 오른쪽 그림과 같이 직육면체 모양의 상자를 리본으로 묶었습니다. 상자를 묶는 데 사용한 리본이 2.5 m라면 매듭을 묶는 데 사용한 리본은 몇 cm입니까?

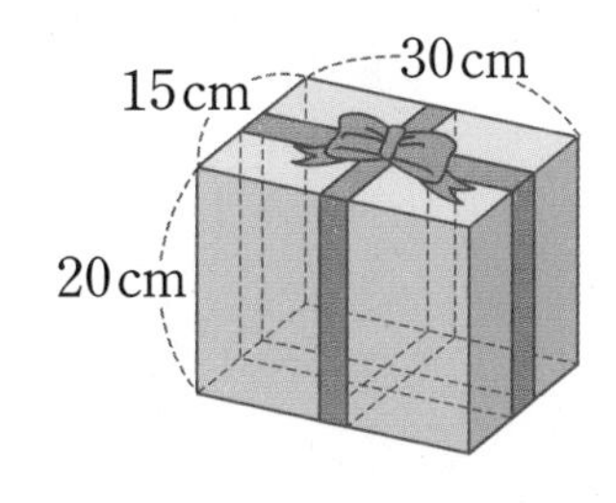

( )

3-4 한 모서리가 22 cm인 정육면체 모양의 상자를 오른쪽 그림과 같이 리본으로 묶었습니다. 상자를 묶는 데 사용한 리본이 2.2 m라면 매듭을 묶는 데 사용한 리본은 몇 m입니까?

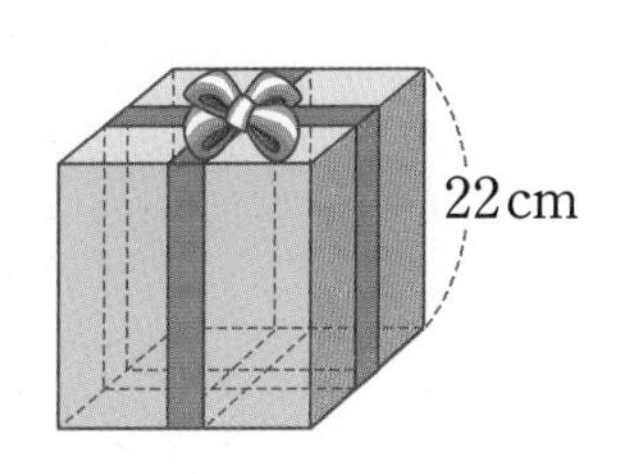

( )

전개도에서 이웃하는 면은 입체에서 수직으로 만난다.

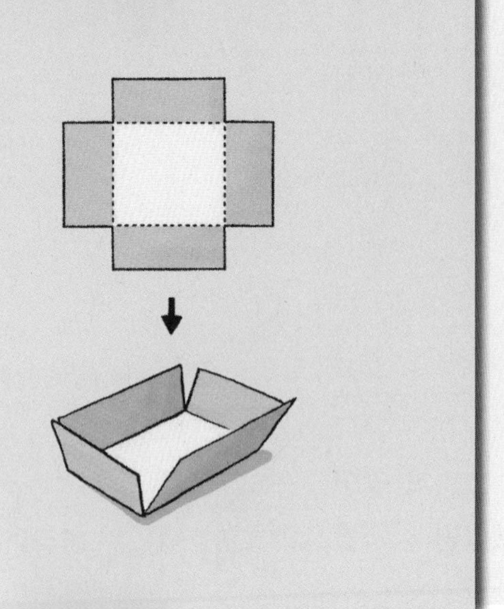

직육면체에서 한 면에 수직인 면은 4개, 평행한 면은 1개입니다.

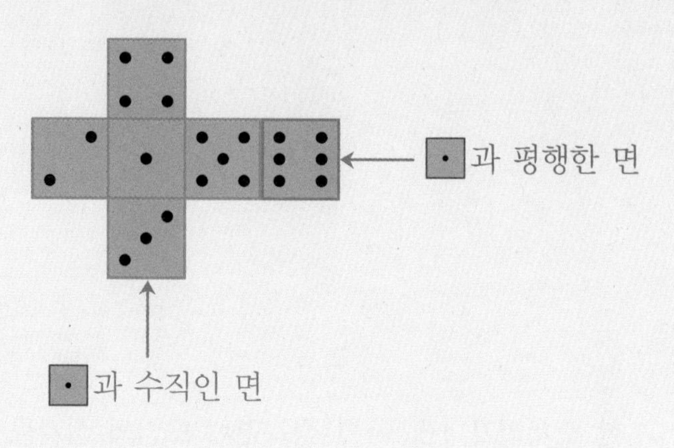

대표문제 4

주사위는 정육면체입니다.

주사위에서 서로 평행한 두 면의 눈의 수의 합은 7입니다. 오른쪽 주사위의 전개도에서 ㉠, ㉡, ㉢ 중 가장 작은 눈의 수가 들어가는 곳의 기호를 쓰시오.

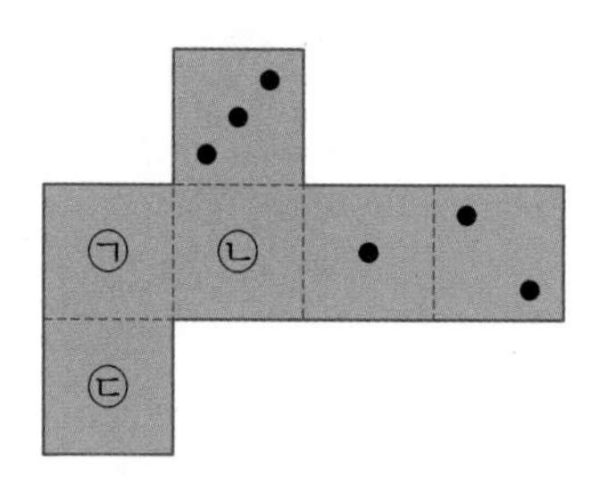

(㉠과 서로 평행한 면의 눈의 수)=☐ ➡ ㉠=7−☐=☐

(㉡과 서로 평행한 면의 눈의 수)=☐ ➡ ㉡=7−☐=☐

(㉢과 서로 평행한 면의 눈의 수)=☐ ➡ ㉢=7−☐=☐

따라서 가장 작은 눈의 수가 들어가는 곳은 ☐입니다.

4-1 주사위에서 서로 평행한 두 면의 눈의 수의 합은 7입니다. 오른쪽 주사위의 전개도에서 ㉠, ㉡, ㉢에 알맞은 눈의 수를 구하시오.

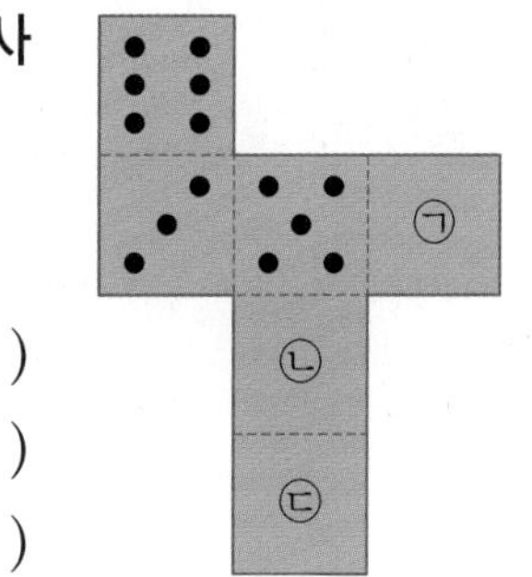

㉠ (　　　　　　　)
㉡ (　　　　　　　)
㉢ (　　　　　　　)

4-2 주사위에서 서로 평행한 두 면의 눈의 수의 합은 7입니다. 오른쪽 주사위의 전개도에서 눈의 수가 가장 큰 곳의 기호를 쓰시오.

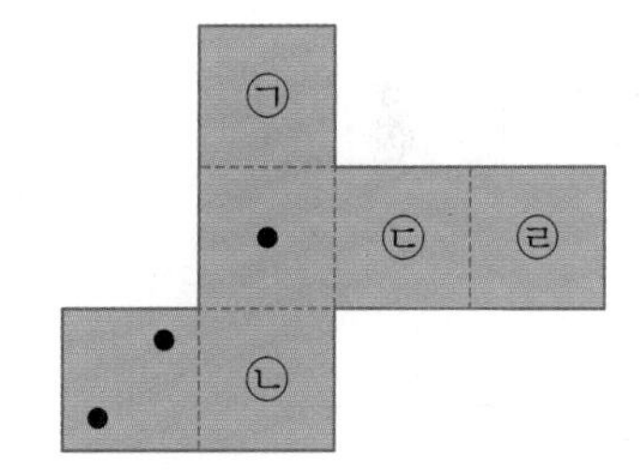

(　　　　　　　)

4-3 주사위에서 서로 평행한 두 면의 눈의 수의 합은 7입니다. 다음 주사위의 전개도에서 ㉠, ㉡은 각각 기호가 쓰여진 면에 들어갈 눈의 수입니다. ㉠과 ㉡의 차가 가장 클 경우의 ㉠, ㉡을 구하시오.

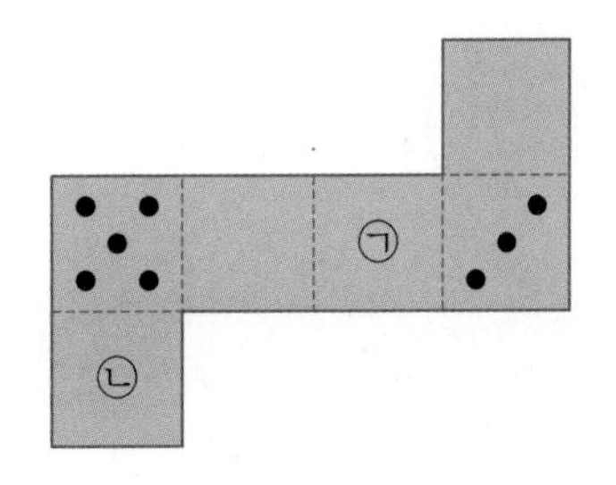

㉠ (　　　　　　　)
㉡ (　　　　　　　)

직육면체에서 마주 보는 두 면은 서로 평행하다.

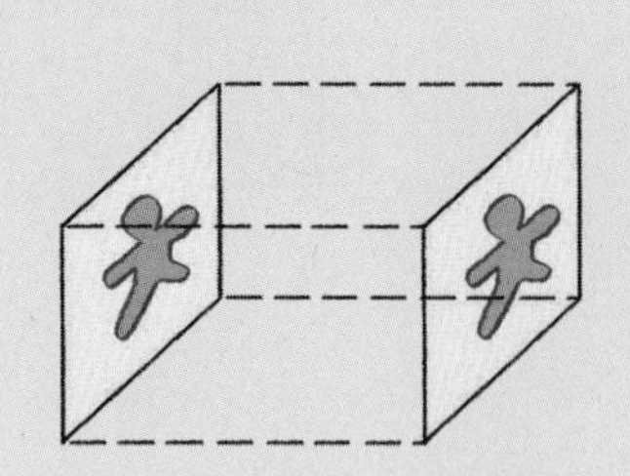

마주 보는 면 = 평행한 면

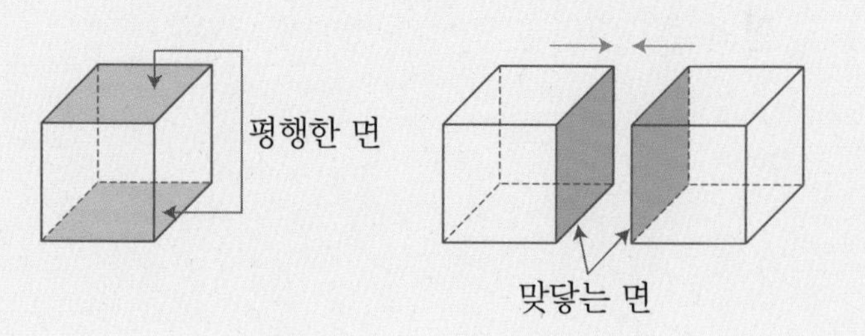

마주 보는 두 면의 눈의 수의 합이 7인 주사위 3개를 오른쪽 그림과 같이 붙여서 직육면체를 만들었습니다. 서로 맞닿는 면의 눈의 수의 합이 8일 때 바닥과 맞닿는 면의 주사위의 눈의 수를 구하시오.

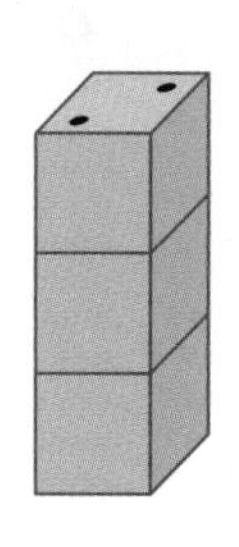

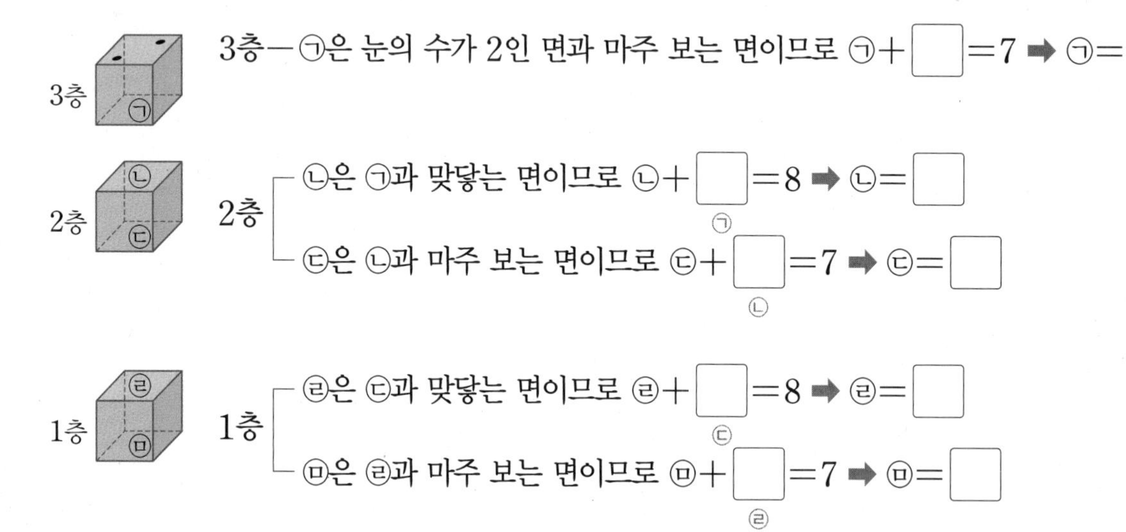

3층 — ㉠은 눈의 수가 2인 면과 마주 보는 면이므로 ㉠+□=7 ➡ ㉠=□

2층 — ㉡은 ㉠과 맞닿는 면이므로 ㉡+□(㉠)=8 ➡ ㉡=□
㉢은 ㉡과 마주 보는 면이므로 ㉢+□(㉡)=7 ➡ ㉢=□

1층 — ㉣은 ㉢과 맞닿는 면이므로 ㉣+□(㉢)=8 ➡ ㉣=□
㉤은 ㉣과 마주 보는 면이므로 ㉤+□(㉣)=7 ➡ ㉤=□

따라서 바닥과 맞닿는 면의 주사위의 눈의 수는 □입니다.

5-1

마주 보는 두 면의 눈의 수의 합이 7인 주사위 2개를 오른쪽 그림과 같이 붙여서 직육면체를 만들었습니다. 서로 맞닿는 면의 눈의 수의 합이 9일 때 바닥과 맞닿는 면의 주사위의 눈의 수는 얼마입니까?

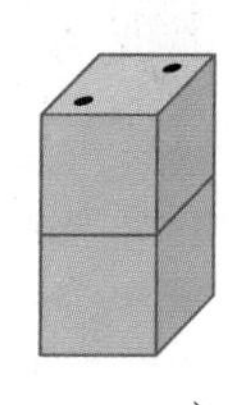

(　　　　　　　　)

서술형

5-2

마주 보는 두 면의 눈의 수의 합이 7인 주사위를 오른쪽 그림과 같이 붙여서 직육면체를 만들었습니다. 서로 맞닿는 면의 눈의 수의 합이 8일 때 ㈎ 면에 놓이는 눈의 수는 얼마인지 풀이 과정을 쓰고 답을 구하시오.

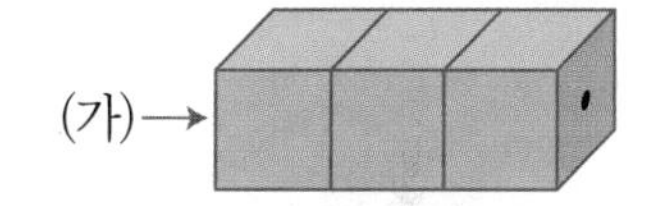

풀이 ....

답 ....

5-3

빗금친 면과 수직으로 만나는 면에 들어갈 눈의 수를 먼저 구해 봐.

마주 보는 두 면의 눈의 수의 합이 7인 주사위를 오른쪽 그림과 같이 붙였습니다. 서로 맞닿는 면의 눈의 수의 합이 9일 때 빗금친 면에 들어갈 수 있는 눈의 수를 모두 구하시오.

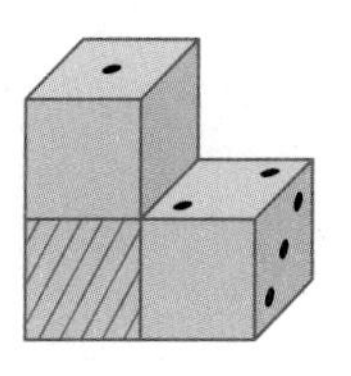

(　　　　　　　　)

겉으로 드러나는 면의 수는 층과 위치로 정해진다.

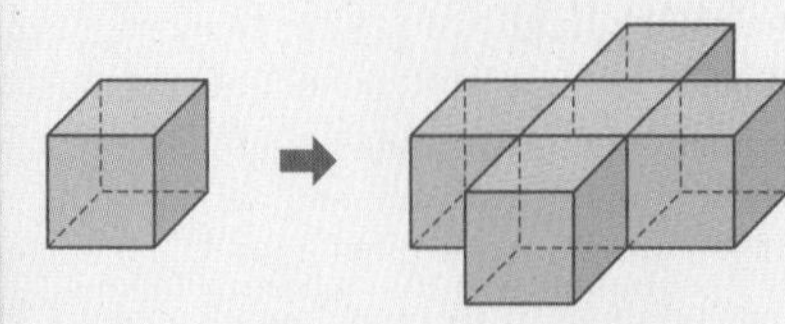

위, 아랫면만 겉으로 드러납니다.

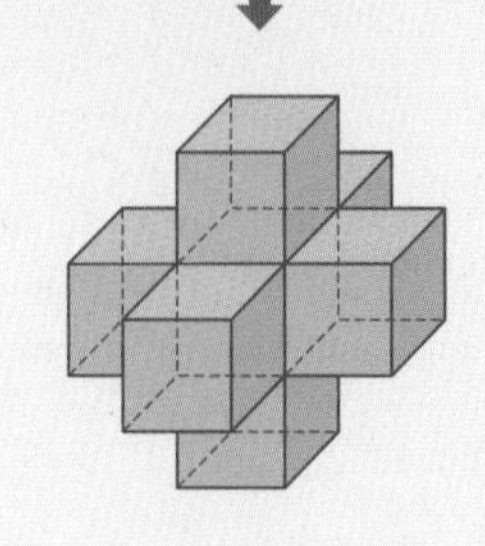

겉으로 드러나는 면이 없습니다.

오른쪽 그림과 같이 정육면체 27개를 쌓은 후 겉면을 모두 색칠하고 다시 떼어 놓았을 때, 두 면만 색칠되어 있는 정육면체는 모두 몇 개인지 구하시오. (단, 바닥에 닿는 면도 색칠합니다.)

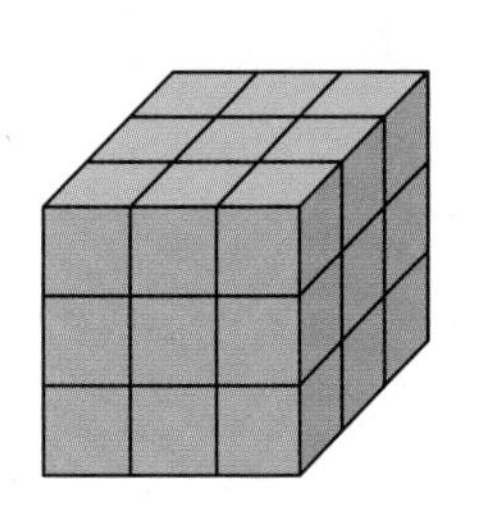

따라서 두 면만 색칠되어 있는 정육면체는 모두 □(3층)+□(2층)+□(1층)=□(개)입니다.

6-1 그림과 같이 정육면체 8개를 쌓은 후 겉면을 모두 색칠했습니다. 각각의 정육면체에서 색칠된 면은 몇 개씩입니까? (단, 바닥에 닿는 면도 색칠합니다.)

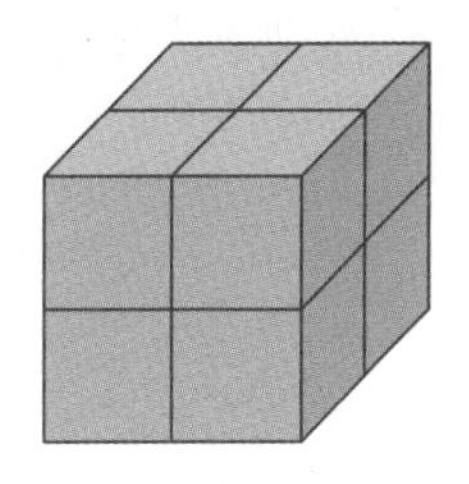

(   )

6-2 그림과 같이 정육면체 27개를 쌓은 후 겉면을 모두 색칠하고 다시 떼어 놓았을 때, 한 면 또는 세 면이 색칠되어 있는 정육면체는 모두 몇 개입니까? (단, 바닥에 닿는 면도 색칠합니다.)

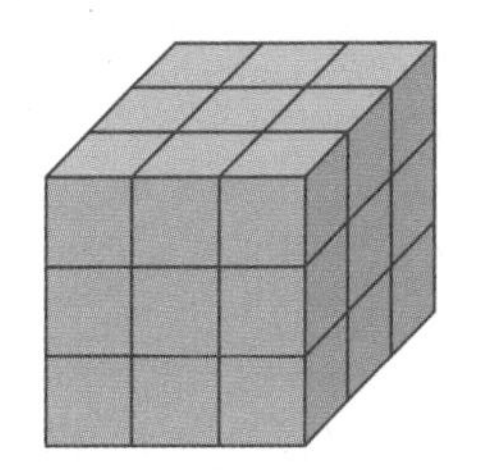

(   )

6-3 한 모서리가 12 cm인 정육면체의 겉면을 모두 색칠했습니다. 이것을 한 모서리가 3 cm인 정육면체 64개로 잘랐을 때 한 면도 색칠되지 않은 정육면체는 모두 몇 개입니까?

(   )

면은 선으로 둘러싸이고, 선은 점을 이어 그린다.

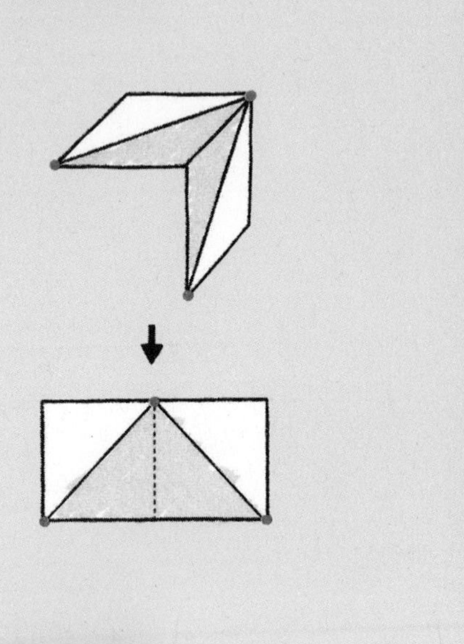

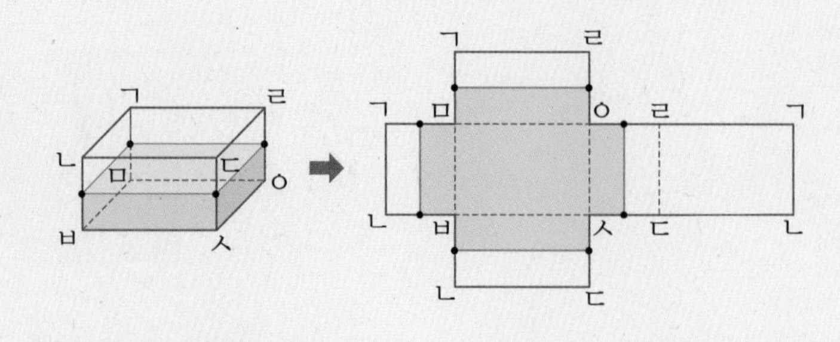

직육면체에서 물이 닿은 부분의 각 꼭짓점을 표시합니다.

표시한 꼭짓점을 전개도에서 찾아 선으로 잇습니다.

전개도로 뚜껑이 없는 직육면체 모양의 통을 만든 후 그 안에 물을 담아 기울였더니 왼쪽 그림과 같이 되었습니다. 통을 기울였을 때 물이 닿은 부분을 오른쪽 전개도에 색칠하시오.

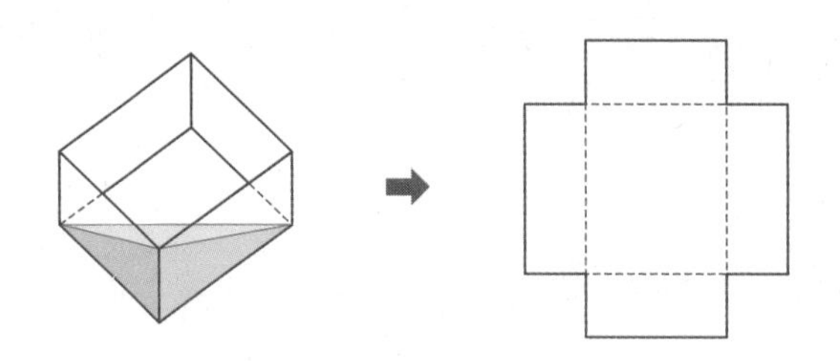

겨냥도의 각 부분에 기호 써넣기

전개도의 각 부분에 기호 써넣기

물이 닿은 부분의 점을 잇고 색칠하기

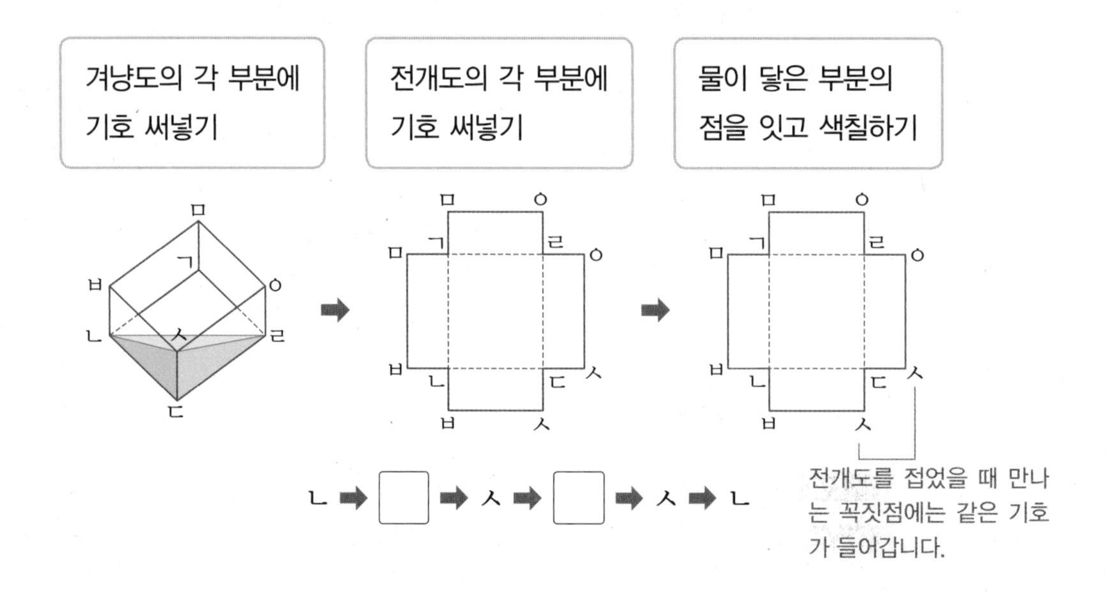

전개도를 접었을 때 만나는 꼭짓점에는 같은 기호가 들어갑니다.

7-1

전개도로 뚜껑이 없는 직육면체 모양의 통을 만든 후 그 안에 물을 담아 기울였더니 왼쪽 그림과 같이 되었습니다. 통을 기울였을 때 물이 닿은 부분을 오른쪽 전개도에 색칠하시오.

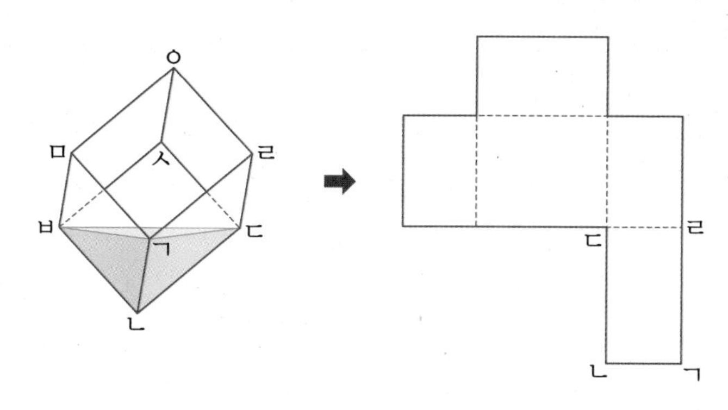

7-2

직육면체 모양의 상자에 그림과 같이 종이테이프를 붙였습니다. 종이테이프가 지나간 자리를 전개도에 나타내시오.

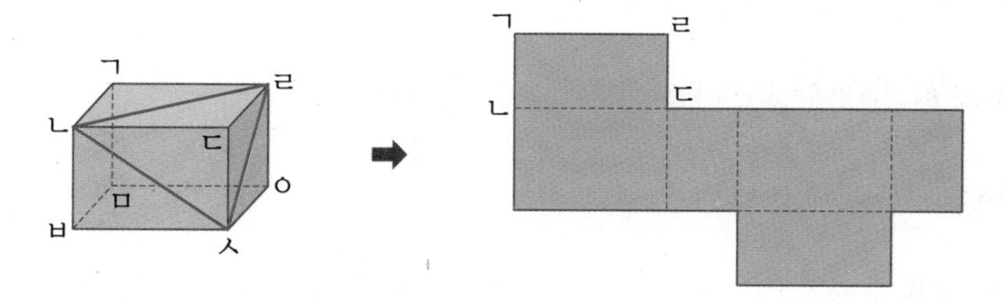

직육면체에서

한 면에 수직인 면은 4개, 평행한 면은 1개이다.

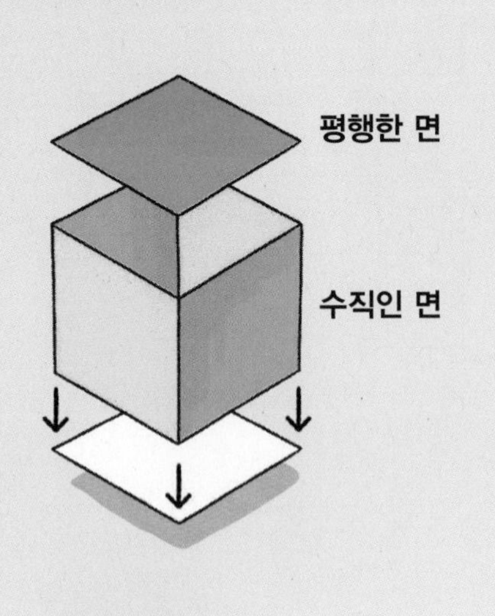

각 면에 ㉮부터 ㉳까지의 글자가 쓰인 정육면체

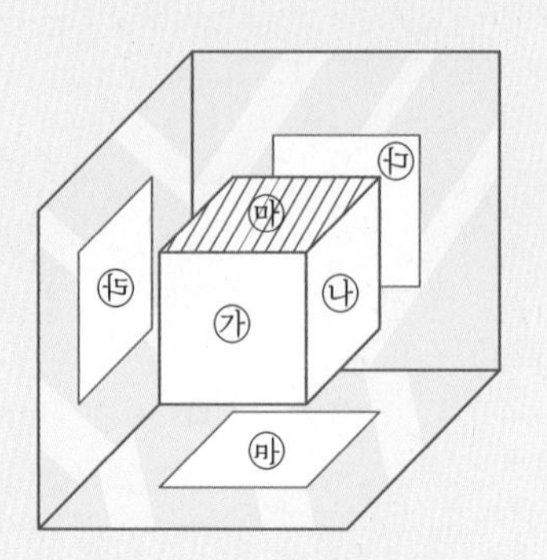

㉲에 수직인 면: ㉮, ㉯, ㉰, ㉱
㉲에 평행한 면: ㉳

각 면에 A부터 F까지의 알파벳이 쓰인 정육면체를 여러 방향에서 본 것입니다. A가 쓰인 면과 평행한 면에 쓰인 알파벳을 구하시오. (단, 알파벳의 방향은 생각하지 않습니다.)

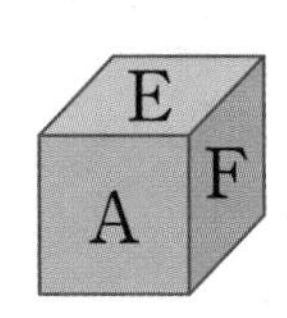

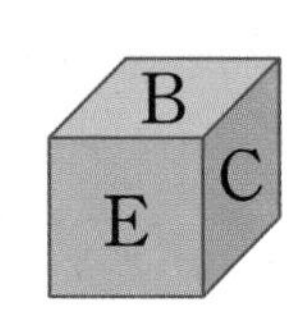

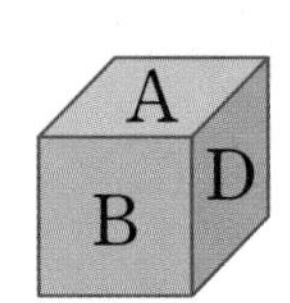

A가 쓰인 면과 수직인 면에 쓰인 알파벳: ☐, ☐, ☐, ☐

정육면체에서 한 면과 평행한 면은 ☐개이고, 수직인 면은 ☐개입니다.

따라서 A가 쓰인 면과 평행한 면에 쓰인 알파벳은 ☐입니다.

8-1

큐브 퍼즐을 여러 방향에서 본 것입니다. 빈칸에 알맞게 써넣으시오.

정육면체입니다.

파란색 면과 수직인 면의 색	
파란색 면과 평행한 면의 색	

8-2

각 면에 1부터 6까지의 숫자가 쓰인 정육면체를 여러 방향에서 본 것입니다. 6이 쓰인 면과 평행한 면에 쓰인 숫자를 쓰시오. (단, 숫자의 방향은 생각하지 않습니다.)

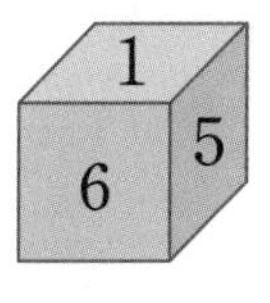

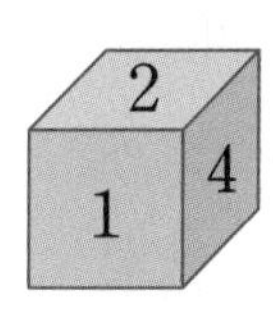

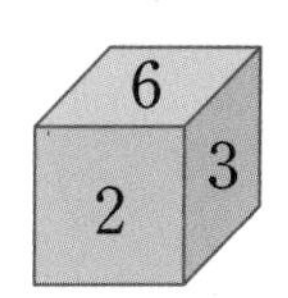

( )

서술형 8-3

3부터 8까지의 숫자가 쓰인 정육면체를 여러 방향에서 본 것입니다. 3이 쓰인 면과 평행한 면에 쓰인 숫자를 모두 더하면 얼마인지 풀이 과정을 쓰고 답을 구하시오. (단, 숫자의 방향은 생각하지 않습니다.)

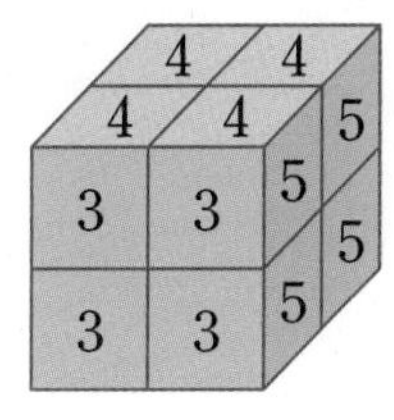

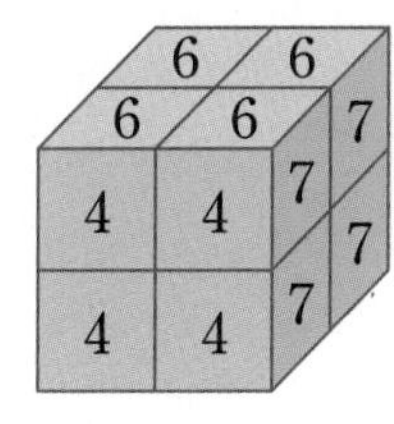

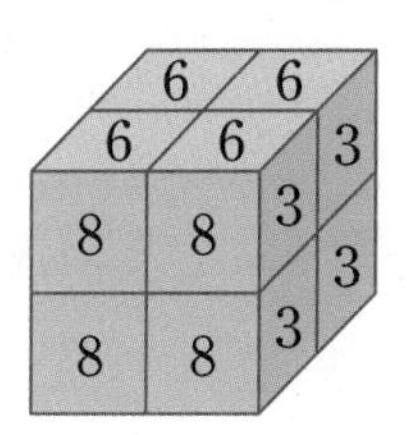

풀이

답

문제풀이 동영상

1

오른쪽과 같은 직육면체의 전개도를 접었을 때 변 ㄱㄴ과 수직으로 만나는 면의 기호를 모두 쓰시오.

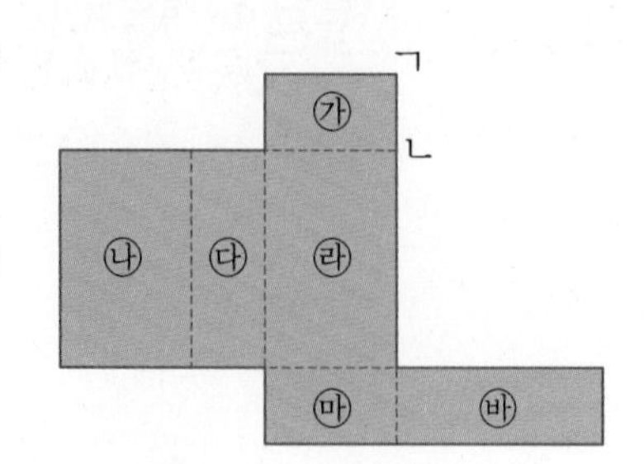

(　　　　　　　　　　)

2

다음은 어떤 직육면체를 위, 앞, 옆에서 본 모양을 그린 것입니다. □ 안에 알맞은 수를 써넣으시오.

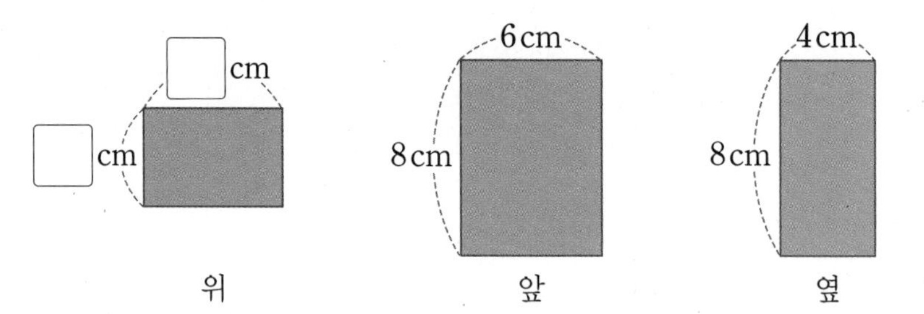

3

오른쪽 직육면체의 전개도에서 면 ㄱㄴㄷㅎ의 넓이는 몇 cm^2입니까?

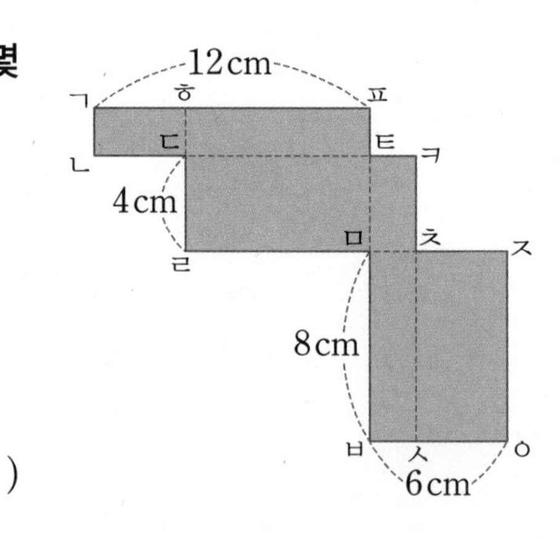

(　　　　　　　　　　)

4 오른쪽 직육면체에서 면 ㉮와 수직인 모서리 중에서 보이는 모서리의 길이의 합은 몇 cm입니까?

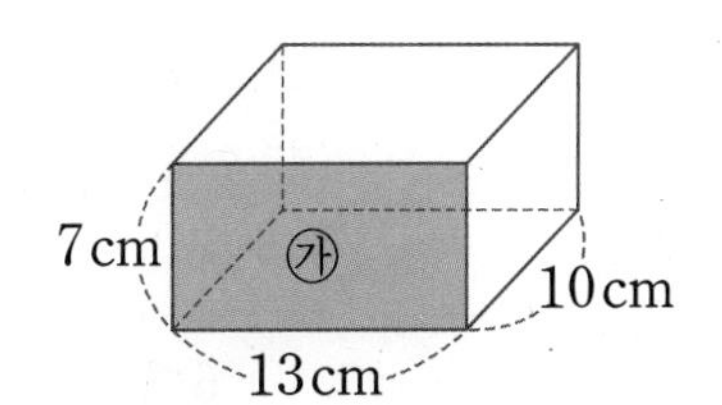

( )

5 둘레가 112 cm인 정육면체의 전개도를 접어서 정육면체를 만들었습니다. 만든 정육면체의 모든 모서리의 길이의 합은 몇 cm인지 풀이 과정을 쓰고 답을 구하시오.

풀이

답

6 왼쪽과 같은 전개도를 4개 만든 후 각각 접어서 4개의 정육면체를 만들었습니다. 이 정육면체를 면끼리 붙여서 만든 모양을 위에서 본 모양은 오른쪽 그림과 같습니다. 붙여서 만든 모양에서 바닥에 닿는 면에 쓰인 수의 합은 얼마입니까?

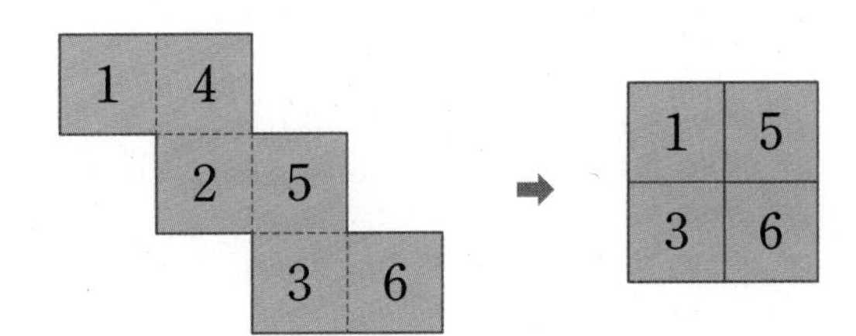

( )

7 다음과 같은 5가지 직사각형이 각각 2개씩 있습니다. 직사각형 중에서 6개를 이어 붙여서 직육면체를 만들었을 때 모든 모서리의 길이의 합은 몇 cm입니까?

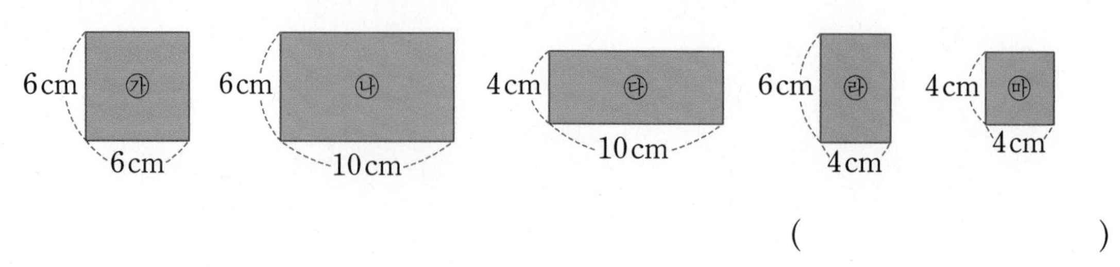

(　　　　　　　　)

8 오른쪽 전개도를 접어서 정육면체를 만들었을 때 평행한 두 면에 쓰인 수의 합이 15가 되도록 하려고 합니다. 오른쪽 전개도의 빈 곳에 들어갈 수들의 합은 얼마입니까?

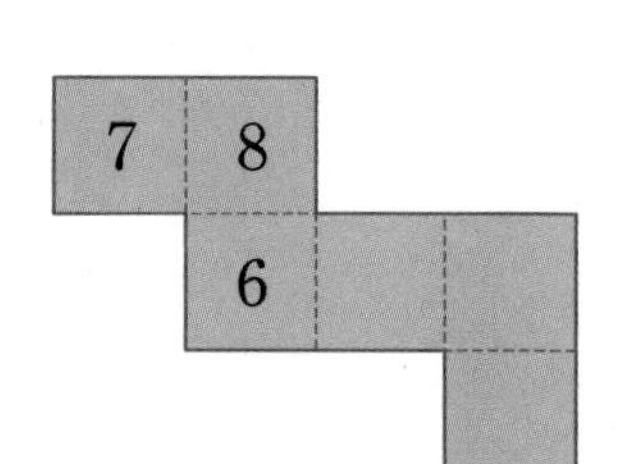

(　　　　　　　　)

9 다음 전개도를 접어서 만들 수 있는 정육면체를 찾아 기호를 쓰시오.

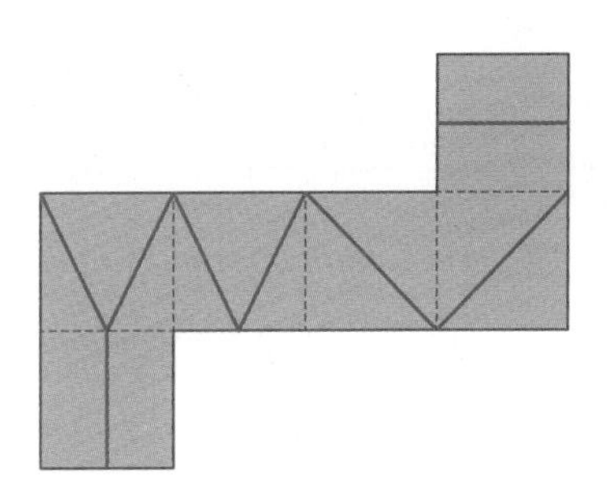

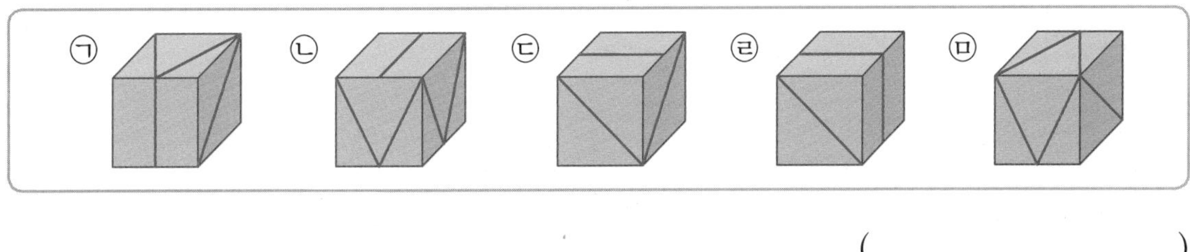

( )

10 왼쪽 그림은 서로 수직인 반직선 가, 나, 다를 그린 다음 그 위에 직육면체의 세 모서리를 꼭 맞게 놓은 것입니다. 이때 각 꼭짓점의 위치는 점 ㄹ에서부터의 거리를 생각하여 다음과 같이 나타낼 수 있습니다. 같은 방법으로 점 ㅂ의 위치를 나타내시오.

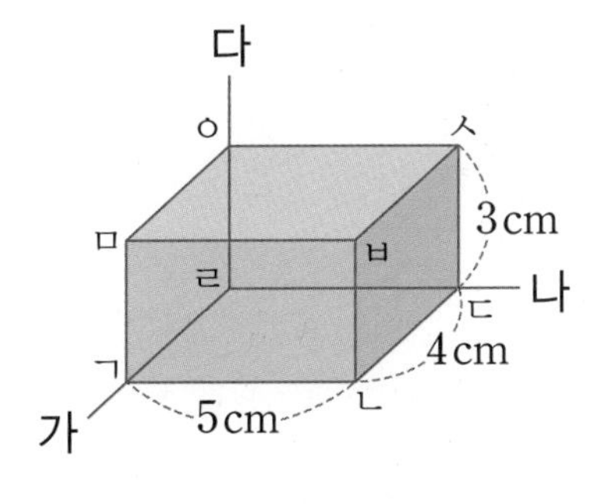

(가, 나, 다)
점 ㄹ ➡ (0, 0, 0)
점 ㄱ ➡ (4, 0, 0)
점 ㄴ ➡ (4, 5, 0)
점 ㄷ ➡ (0, 5, 0)

(, ,)

Brain

다음과 같이 점이 찍혀 있는 원 모양에 사각형이 숨겨져 있습니다.
원 위의 모든 점들이 사각형의 네 변 위에 있을 때 숨겨진 사각형을 그려 보세요.

6

평균과 가능성

1 평균

• 수집된 자료의 각 값들을 고르게 하여 정한 자료의 대푯값입니다.

1-1 BASIC CONCEPT

평균: 각 자료 값을 모두 더해 자료의 수로 나눈 값

(평균)=(자료 값의 합)÷(자료의 수)

평균을 구하는 방법

예 3, 9, 6, 8, 4

방법1 평균을 예상하고, 예상한 평균에 맞춰 자료의 값을 고르게 하기
평균을 6으로 예상한 후 (3, 9), 6, (8, 4)로 수를 짝지어 자료의 값을 고르게 하면 6, 6, 6, 6, 6이 되므로 평균은 6입니다.

방법2 자료 값을 모두 더해 자료의 수로 나누기
(평균)=(자료 값의 합)÷(자료의 수)=$(3+9+6+8+4)\div5=30\div5=6$

1 영서네 학교 5학년 반별 학생 수를 나타낸 표입니다. 반별 학생 수의 평균은 몇 명입니까?

반별 학생 수

반	1	2	3	4	5
학생 수(명)	32	29	30	31	28

(　　　　　　　)

2 시현이가 매달 저금한 금액을 나타낸 표입니다. 시현이가 여섯 달 동안 저금한 금액의 평균보다 더 많이 저금한 달을 모두 쓰시오.

저금한 금액

월	7	8	9	10	11	12
금액(원)	4500	8000	5500	6000	7000	6500

(　　　　　　　)

3 영아와 서진이가 가지고 있는 위인전 수의 평균은 20권이고, 영아가 서진이보다 6권 더 많이 가지고 있습니다. 영아가 가지고 있는 위인전은 몇 권입니까?

(　　　　　　　)

1-2 BASIC CONCEPT

평균을 이용하여 문제 해결하기

① 두 모둠이 한 달 동안 읽은 책 수를 보고 책을 더 많이 읽은 모둠 알아보기
각 모둠의 평균을 구하여 / 평균 비교하기

② 1회부터 3회까지의 제기차기 기록의 평균이 7개이고, 제기차기 기록이 1회 5개, 2회 7개 일 때 3회의 제기차기 기록 구하기
전체 자료 값의 합에서 / 알고 있는 자료 값을 빼어 / 모르는 자료 값 구하기

4 **지후네 모둠과 유주네 모둠이 공 던지기를 하였습니다. 어느 모둠이 평균 몇 m를 더 던졌는지 구하시오.**

지후네 모둠의 기록
18 m 16 m 25 m 17 m

유주네 모둠의 기록
23 m 11 m 30 m 2 m 14 m

( ), ( )

5 **5일 동안 어느 블로그에 방문한 방문객 수를 나타낸 표입니다. 하루 방문객 수의 평균이 16명 이상이 되려면 금요일의 방문객은 적어도 몇 명이어야 합니까?**

방문객 수

요일	월	화	수	목	금
방문객 수(명)	5	15	20	16	

( )

1-3 BASIC CONCEPT

중등연계

대푯값: 자료 전체의 특징을 하나의 수로 나타낸 값

예 3, 5, 4, 6, 3, 3, 4

- 평균: 자료 값의 합을 자료의 수로 나눈 값 ➡ $(3+5+4+6+3+3+4)\div 7=28\div 7=4$
- 중앙값: 자료를 크기 순서로 놓을 때 중앙에 위치한 값 ➡ 3, 3, 3, ④, 4, 5, 6이므로 4
- 최빈값: 자료 중 가장 많이 나타난 값 ➡ 3

6 **다음 자료의 평균, 중앙값, 최빈값을 각각 구하시오.**

12, 18, 48, 18, 12, 12, 20

평균 ( ), 중앙값 ( ), 최빈값 ( )

2 일이 일어날 가능성

• 일이 일어날 가능성의 정도를 수로 나타낼 수 있습니다.

BASIC CONCEPT 2-1

일이 일어날 가능성: 어떠한 상황에서 특정한 일이 일어나길 기대할 수 있는 정도

예

일	불가능하다	반반이다	확실하다	생각 이야기하기
주사위를 굴렸을 때 0의 눈이 나올 가능성	○			주사위를 굴렸을 때 0의 눈이 나올 수 없습니다.
한 명의 아이가 태어날 때 남자아이일 가능성		○		한 명의 아이가 태어날 때 남자아이 또는 여자아이가 태어나므로 가능성은 반반입니다.
아침에 해가 동쪽에서 뜰 가능성			○	해는 동쪽에서 떠서 서쪽으로 집니다.

일이 일어날 가능성을 수로 표현하기

가능성을 0, $\frac{1}{2}$, 1과 같은 수로 표현할 수 있습니다.

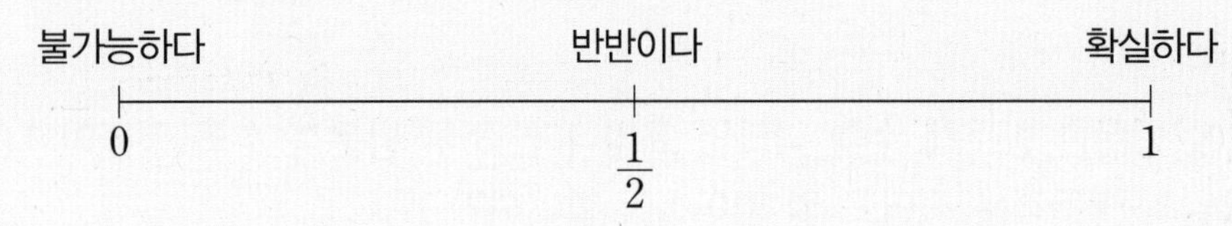

1 일이 일어날 가능성이 확실한 것을 찾아 기호를 쓰시오.

> ㉠ 동전을 굴렸을 때 숫자 면이 나올 가능성
>
> ㉡ 1부터 4까지의 수가 각각 적힌 수 카드 4장 중에서 5보다 큰 수 카드를 고를 가능성
>
> ㉢ 학생 13명 중에서 서로 같은 달의 생일이 있을 가능성

(　　　　　　　　　　)

2 주머니 속에 흰색 공 4개와 검은색 공 4개가 있습니다. 주머니에서 공 1개를 꺼낼 때 꺼낸 공이 검은색일 가능성을 수직선에 ↓로 나타내어 보시오.

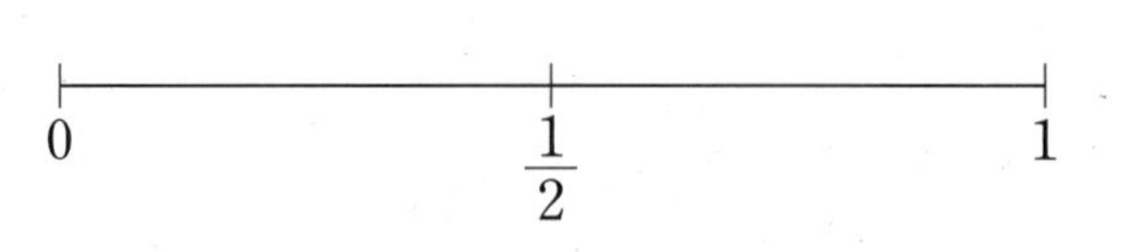

3 ㉠과 ㉡ 중 가능성이 더 큰 것의 기호를 쓰시오.

㉠ 수 카드 1, 6 을 한 번씩 사용하여 만든 두 자리 수가 홀수일 가능성

㉡ 1부터 6까지 눈이 그려진 주사위를 굴렸을 때 6 이하의 눈이 나올 가능성

( )

4 복권이 6장 있습니다. 이 중에서 한 장을 뽑았을 때 당첨될 가능성은 $\frac{1}{2}$이라고 합니다. 이 복권 중에서 몇 장을 빼어 당첨될 가능성이 1이 되게 하려고 합니다. 빼야 할 복권은 최소한 몇 장입니까?

( )

BASIC CONCEPT 2-2

중등연계

확률: 어떤 사건이 일어날 가능성을 수로 나타낸 것

$$(\text{확률})=\frac{(\text{하나의 사건이 일어나는 경우의 수})}{(\text{일어날 수 있는 모든 경우의 수})}$$

5 1부터 10까지의 수가 각각 적힌 수 카드 10장 중에서 한 장을 뽑을 때 다음 중 옳은 것은 어느 것입니까? ( )

① 숫자 0이 나올 확률은 0입니다.

② 숫자 1이 나올 확률은 1입니다.

③ 숫자 7이 나올 확률은 $\frac{7}{10}$입니다.

④ 10 이상의 수가 나올 확률은 1입니다.

⑤ 10의 약수가 나올 확률은 $\frac{2}{10}$입니다.

확률은 $\frac{\text{(하나의 사건이 일어나는 경우의 수)}}{\text{(모든 경우의 수)}}$이다.

1부터 6까지의 눈이 그려진
주사위를 굴려서 나올 수 있는 눈의 수: 1, 2, 3, 4, 5, 6
➡ 6가지
주사위를 굴려서 나올 수 있는 2의 배수: 2, 4, 6
➡ 3가지

$$(\text{확률})=\frac{(\text{2의 배수가 나오는 경우의 수})}{(\text{모든 경우의 수})}=\frac{3}{6}=\frac{1}{2}$$

1부터 6까지의 눈이 그려진 주사위를 굴렸습니다. 확률이 가장 낮은 것을 구하시오.

> ㉠ 주사위의 눈의 수가 짝수가 나올 확률
> ㉡ 주사위의 눈의 수가 3의 배수가 나올 확률
> ㉢ 주사위의 눈의 수가 6 이상인 수가 나올 확률

주사위를 굴려서 나올 수 있는 눈의 수는 1, 2, 3, 4, 5, 6으로 □가지입니다.

㉠ 주사위를 굴려서 나올 수 있는 짝수는 □, □, □으로 □가지이므로

짝수가 나올 확률은 $\frac{□}{6}$입니다.

㉡ 주사위를 굴려서 나올 수 있는 3의 배수는 □, □으로 □가지이므로

3의 배수가 나올 확률은 $\frac{□}{6}$입니다.

㉢ 주사위를 굴려서 나올 수 있는 6 이상인 수는 □으로 □가지이므로

6 이상인 수가 나올 확률은 $\frac{□}{6}$입니다.

따라서 확률이 가장 낮은 것은 □입니다.

1-1 50장의 제비 중 당첨 제비는 1등이 1장, 2등이 2장, 3등이 4장 있다고 합니다. 제비를 한 장 뽑을 때 당첨 제비를 뽑을 확률은 얼마입니까?

(　　　　　　　　)

1-2 1부터 10까지의 수가 각각 적힌 수 카드 10장 중에서 한 장을 뽑았습니다. 확률이 더 높은 것의 기호를 쓰시오.

㉠ 3의 배수가 적힌 카드가 나올 확률
㉡ 8의 약수가 적힌 카드가 나올 확률

(　　　　　　　　)

1-3 공이 들어 있는 주머니에서 공을 한 개씩 꺼냈습니다. 꺼낸 공이 노란색일 확률이 더 낮은 것의 기호를 쓰시오.

㉠ 노란색 공 3개와 초록색 공 2개가 들어 있는 주머니
㉡ 빨간색 공 3개와 노란색 공 4개와 초록색 공 3개가 들어 있는 주머니

(　　　　　　　　)

1-4 영호와 지민이가 주사위 놀이를 하고 있습니다. 1부터 6까지의 눈이 그려진 주사위를 굴려서 주사위의 눈의 수가 4의 약수가 나오면 영호가 이기고, 3의 배수가 나오면 지민이가 이기는 놀이입니다. 이 놀이는 영호와 지민이 중 누구에게 더 유리합니까?

(　　　　　　　　)

전체 거리를 움직이는 데 걸린 시간을 알아본다.

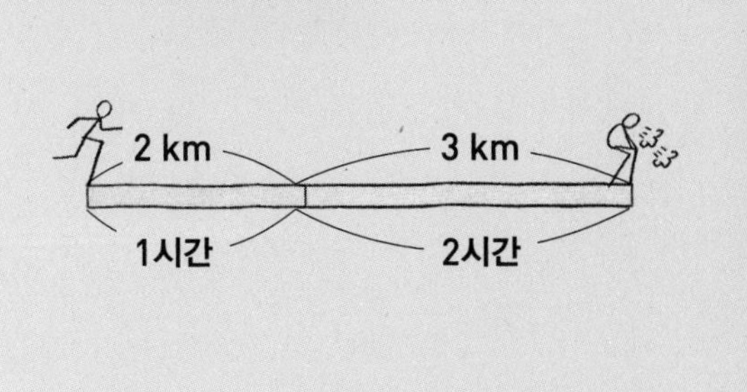

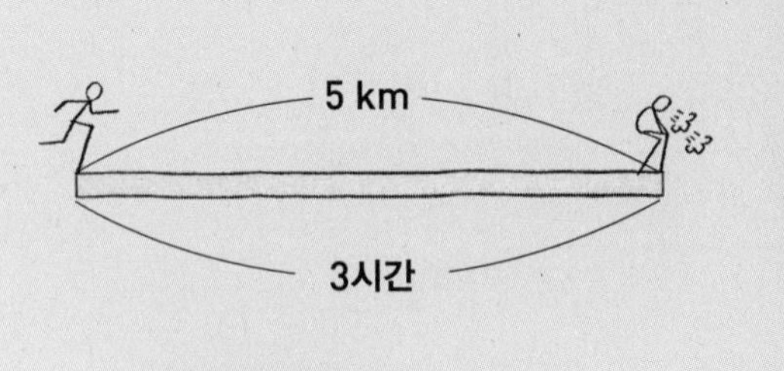

① 한 시간에 4 km를 가는 빠르기로 8 km를 달리면

↓ $\times 2$

8 km를 가는 데 걸린 시간: 2시간

② 한 시간에 3 km를 가는 빠르기로 1.5 km를 달리면

↓ $\div 2$

1.5 km를 가는 데 걸린 시간: 30분

③ 9.5 km를 가는 데 걸린 시간: 2시간 30분

버스가 한 시간에 90 km를 가는 빠르기로 180 km를 달린 후 다시 한 시간에 85 km를 가는 빠르기로 255 km를 달렸습니다. 버스는 한 시간 동안 평균 몇 km를 달렸는지 구하시오.

(180 km를 가는 데 걸린 시간)$=180\div$ ☐ $=2$(시간)

(255 km를 가는 데 걸린 시간)$=255\div$ ☐ $=$ ☐(시간)

(전체 달린 거리)$=180+255=$ ☐(km)

(전체 걸린 시간)$=2+$ ☐ $=$ ☐(시간)

➡ (한 시간 동안 달린 평균 거리)=(전체 달린 거리)÷(전체 걸린 시간)

$=$ ☐ $\div$ ☐

$=$ ☐(km)

2-1 혜성이는 자전거를 타고 처음 20 km를 달리는 데 1시간이 걸렸고, 다음 16 km를 달리는 데 2시간이 걸렸습니다. 혜성이는 자전거로 한 시간 동안 평균 몇 km를 달렸습니까?

( )

2-2 세호네 가족은 자동차를 타고 한 시간에 92 km를 가는 빠르기로 276 km를 달린 후 다시 한 시간에 72 km를 가는 빠르기로 144 km를 달렸습니다. 세호네 가족은 한 시간 동안 평균 몇 km를 달렸습니까?

( )

2-3 수정이는 처음 2 km를 1시간 10분 동안 걸었고, 다음 4 km를 1시간 50분 동안 걸었습니다. 1 km를 걷는 데 평균 몇 분이 걸렸습니까?

( )

2-4 넓이가 400 m^2인 밭에서 당근을 캐는 데 첫째 날은 5명이 42분 동안 일을 하고, 둘째 날은 6명이 45분 동안 일을 해서 모두 끝냈습니다. 한 사람이 한 시간 동안 당근을 캔 밭의 넓이는 평균 몇 m^2입니까? (단, 한 사람이 하는 일의 양은 모두 같습니다.)

( )

항목의 개수와 평균으로 자료 값의 합을 알 수 있다.

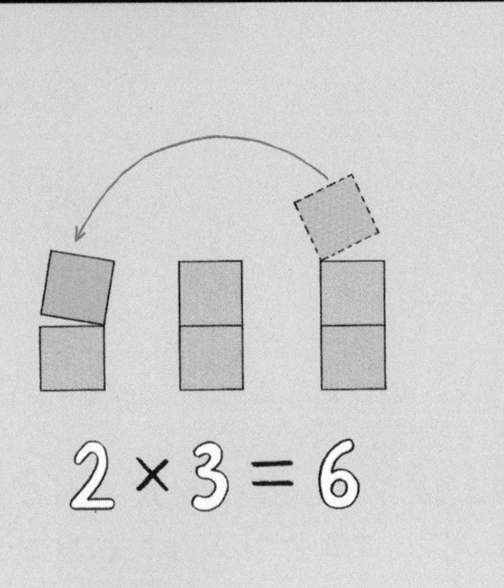

㉠과 ㉡의 평균이 20이면

→ ㉠+㉡$=20\times\underline{2}$ (㉠, ㉡의 개수)

㉠, ㉡, ㉢의 평균이 20이면

→ ㉠+㉡+㉢$=20\times\underline{3}$ (㉠, ㉡, ㉢의 개수)

㉠, ㉡, ㉢, ㉣의 평균이 20이면

→ ㉠+㉡+㉢+㉣$=20\times\underline{4}$ (㉠, ㉡, ㉢, ㉣의 개수)

예진이와 시후가 가지고 있는 구슬 수의 평균은 38개, 시후와 효린이가 가지고 있는 구슬 수의 평균은 39개입니다. 세 사람이 가지고 있는 구슬 수의 평균이 38개일 때 세 사람이 가지고 있는 구슬 수를 각각 구하시오.

(예진이와 시후가 가지고 있는 구슬 수의 합)

$=38\times2=76$(개) ← (평균)×(사람의 수)

(시후와 효린이가 가지고 있는 구슬 수의 합)

$=39\times2=78$(개)

(세 사람이 가지고 있는 구슬 수의 합)

$=38\times3=$ □(개)

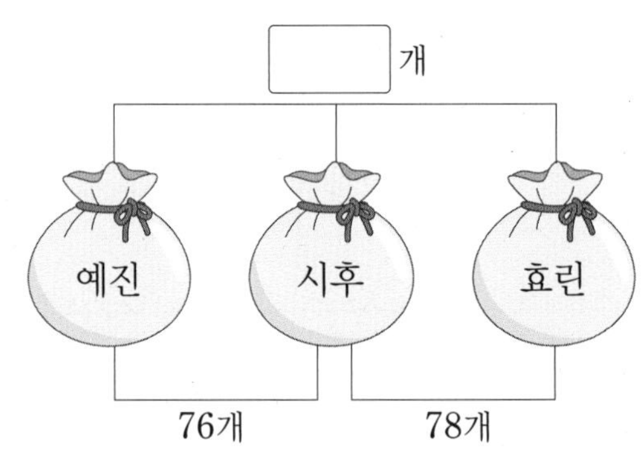

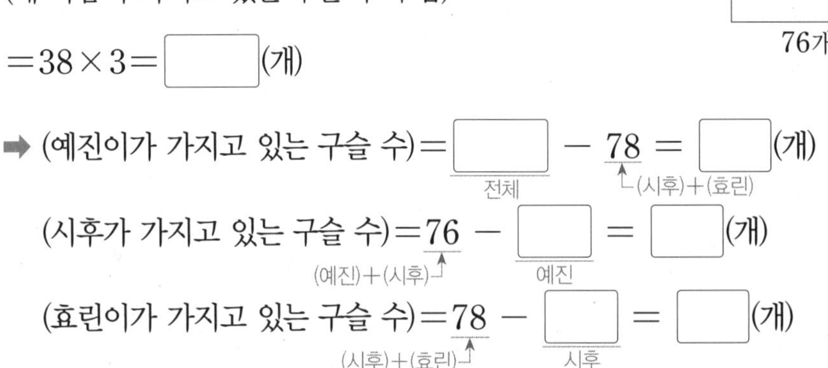

➡ (예진이가 가지고 있는 구슬 수)= □ (전체) − 78 ((시후)+(효린)) = □(개)

(시후가 가지고 있는 구슬 수)=76 ((예진)+(시후)) − □ (예진) = □(개)

(효린이가 가지고 있는 구슬 수)=78 ((시후)+(효린)) − □ (시후) = □(개)

3-1

두 모둠의 줄넘기 평균 기록은 몇 번입니까?

	유찬이네 모둠	태정이네 모둠
사람 수(명)	6	8
줄넘기 평균 기록(번)	71	78

( )

서술형 3-2

진이와 서우의 키 평균은 138 cm이고, 서우와 한수의 키 평균은 138.5 cm입니다. 세 사람의 키 평균이 139 cm일 때 키가 가장 큰 사람은 누구인지 풀이 과정을 쓰고 답을 구하시오.

풀이

답

3-3

7개의 자연수가 있습니다. 작은 수부터 차례로 늘어놓았을 때 가장 작은 수부터 네 번째 수까지의 평균은 20.5이고, 가장 큰 수부터 네 번째 수까지의 평균은 40입니다. 7개의 자연수의 평균이 30일 때 네 번째 수는 얼마입니까?

( )

3-4

세 자연수 ㉮, ㉯, ㉰가 있습니다. ㉮와 ㉯의 평균은 52이고, ㉯와 ㉰의 평균은 40입니다. ㉯는 세 수의 평균과 같을 때 ㉮와 ㉰의 평균을 구하시오.

( )

달라진 자료 값의 합과 자료의 개수를 구한다.

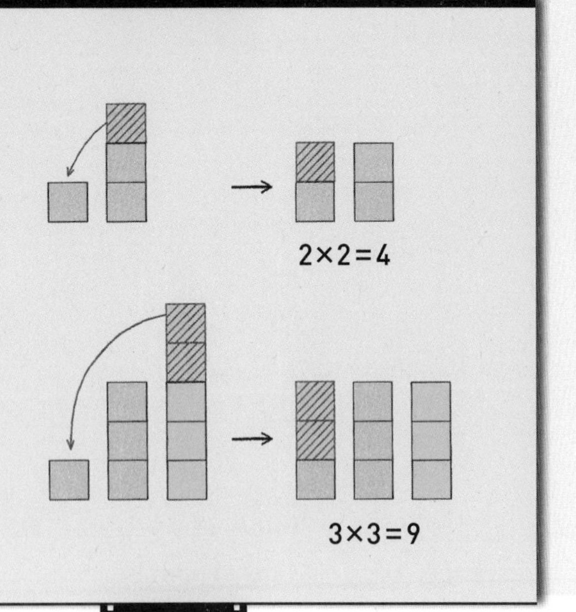

4개의 평균이 20이면 → 자료 값의 합: 20×4

2개가 늘어난 후의 평균이 30이면

→ 자료 값의 합: $30 \times (4+2)$

➡ 늘어난 2개의 자료 값의 합: $30 \times (4+2) - 20 \times 4$

어느 수영 강습의 수강생 수는 54명이고 평균 나이는 34살이었습니다. 그런데 6명의 수강생이 새로 들어와서 평균 나이가 33살이 되었습니다. 새로 들어온 수강생 6명의 평균 나이는 몇 살인지 구하시오.

(새로 들어온 수강생을 제외한 나머지 수강생들의 나이의 합) $= 34 \times 54 = \square$ (살)

(전체 수강생의 나이의 합) $= 33 \times (54 + \square) = \square$ (살)

(새로 들어온 수강생 6명의 나이의 합) $= \square - \square = \square$ (살)

➡ (새로 들어온 수강생 6명의 평균 나이) $= \square \div 6 = \square$ (살)

4-1 어느 회사의 직원 수는 8명이고 평균 나이는 42살이었습니다. 그런데 신입 사원 1명이 새로 들어와서 평균 나이가 40살이 되었습니다. 신입 사원의 나이는 몇 살입니까?

( )

4-2 어느 동호회의 회원 수는 36명이고 평균 나이는 28살이었습니다. 그런데 6명의 회원이 새로 들어와서 평균 나이가 29살이 되었습니다. 새로 들어온 회원 6명의 평균 나이는 몇 살입니까?

( )

서술형 **4-3** 어느 영화 모임의 지난해 회원 수는 28명이고 평균 나이는 21살이었습니다. 그런데 올해 7명의 회원이 새로 들어와서 평균 나이가 24살이 되었습니다. 새로 들어온 회원 7명의 올해 평균 나이는 몇 살인지 풀이 과정을 쓰고 답을 구하시오.

풀이

답

4-4 6명의 수학 시험 점수를 기록한 표입니다. 6명의 평균 점수는 68점이고, 태성이의 점수는 6명 중 가장 높으며 다른 5명 중 어느 한 사람의 점수의 2배입니다. 민석이의 수학 시험 점수는 몇 점입니까? (단, 수학 시험 점수는 100점 만점입니다.)

수학 시험 점수

이름	현지	영은	태성	하진	유은	민석
점수(점)	55	53		48	92	

( )

모르는 수가 하나만 있는 식을 만든다.

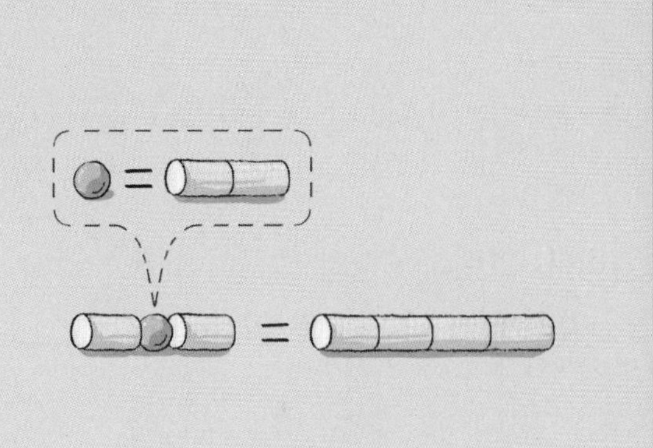

㉠	㉡	㉢
	40	

㉠+㉡+㉢=100이고, ㉢이 ㉠의 2배이면

㉠+40+㉠×2=100

어느 대리점의 분기별 휴대전화 판매 수를 조사하여 나타낸 표입니다. 네 분기의 휴대전화 평균 판매 수가 395대이고, 2분기 판매 수는 4분기 판매 수보다 80대 적을 때 4분기의 휴대전화 판매 수를 구하시오.

분기	1분기	2분기	3분기	4분기
판매 수(대)	450		410	

(네 분기의 휴대전화 판매 수의 합)=395×4=□(대)

(2분기와 4분기의 휴대전화 판매 수의 합)

=(네 분기의 휴대전화 판매 수의 합)−(1분기와 3분기의 휴대전화 판매 수의 합)

=□−(450+□)=□(대)

4분기의 휴대전화 판매 수를 ■대라 하면 2분기의 휴대전화 판매 수는 (■−80)대이므로

(■−80)+■=□, ■×2−80=□, ■×2=□, ■=□입니다.

따라서 4분기의 휴대전화 판매 수는 □대입니다.

5-1 마을별 은행나무 수를 조사하여 나타낸 표입니다. 네 마을의 평균 은행나무 수가 270그루일 때 나 마을의 은행나무는 몇 그루입니까?

마을	가	나	다	라
나무 수(그루)	350		230	280

(　　　　　　)

5-2 농장별 황소 수를 조사하여 나타낸 표입니다. 네 농장의 평균 황소 수가 65마리이고, 가 농장의 황소는 라 농장보다 12마리 더 많습니다. 라 농장의 황소는 몇 마리입니까?

농장	가	나	다	라
황소 수(마리)		83	71	

(　　　　　　)

5-3 어느 마을의 가구별 쌀 수확량을 조사하여 나타낸 표입니다. 나 가구의 쌀 수확량은 다 가구의 3배이고, 네 가구의 평균 쌀 수확량은 465000 kg입니다. 수확한 쌀을 한 가마니에 80 kg씩 담는다면 다 가구의 쌀 수확량은 몇 가마니입니까?

가구	가	나	다	라
쌀 수확량(kg)	670000			350000

(　　　　　　)

부분 평균을 이용하여 모르는 값을 구한다.

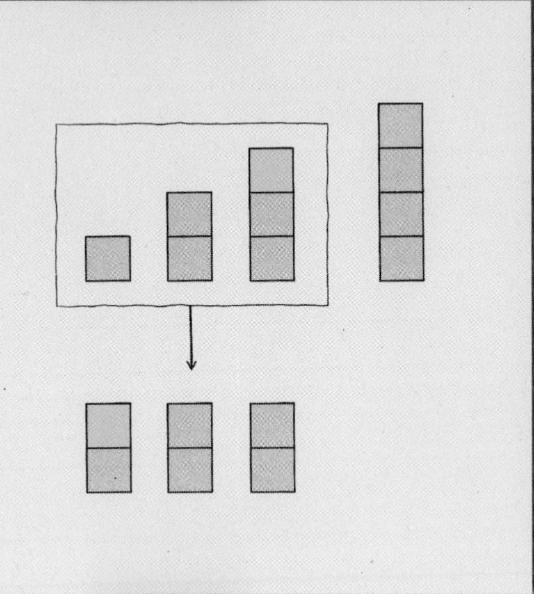

㉠	㉡	㉢
25		15

㉡이 ㉠과 ㉢의 평균보다 10만큼 더 클 때

(㉠과 ㉢의 평균)$=\frac{25+15}{2}=\frac{40}{2}=20$

➡ ㉡$=20+10=30$

어느 마을의 월별 관광객 수를 나타낸 표입니다. 8월 관광객 수는 나머지 3달 동안의 평균 관광객 수보다 168명 더 많습니다. 4개월 동안의 월별 평균 관광객 수를 구하시오.

월별 관광객 수

월	6	7	8	9
관광객 수(명)	258	316		167

(6월, 7월, 9월의 평균 관광객 수)$=(258+316+167)\div 3$

$=\square\div 3=\square$(명)

(8월의 관광객 수)$=\square+168=\square$(명)

➡ (4개월 동안의 평균 관광객 수)$=(258+316+\square+167)\div 4$

$=\square$(명)

6-1 하경, 단희, 승우 세 명의 친구들이 방학 동안 읽은 책 수를 나타낸 표입니다. 승우가 읽은 책 수는 두 사람이 읽은 책 수의 평균보다 9권 더 적습니다. 세 사람이 방학 동안 읽은 책 수의 평균은 몇 권입니까?

방학 동안 읽은 책 수

이름	하경	단희	승우
책 수(권)	18	26	

( )

서술형 **6-2** 반별 모은 헌 옷의 무게를 나타낸 표입니다. 2반에서 모은 헌 옷의 무게는 나머지 3개 반에서 모은 헌 옷 무게의 평균보다 4 kg 더 무겁습니다. 2반에서 모은 헌 옷의 무게와 4개 반에서 모은 헌 옷의 평균 무게의 차는 몇 kg인지 풀이 과정을 쓰고 답을 구하시오.

반별 모은 헌 옷의 무게

반	1	2	3	4
무게(kg)	37		26	45

풀이

답

6-3 아람이네 반 학생 30명의 원반던지기 기록의 평균은 13 m입니다. 상위권 5명의 원반던지기 기록의 평균과 나머지 학생의 원반던지기 기록의 평균의 차가 6 m일 때, 상위권 5명의 원반던지기 기록의 평균은 몇 m입니까?

( )

곱으로 구하는 식은 면적으로 나타낼 수 있다.

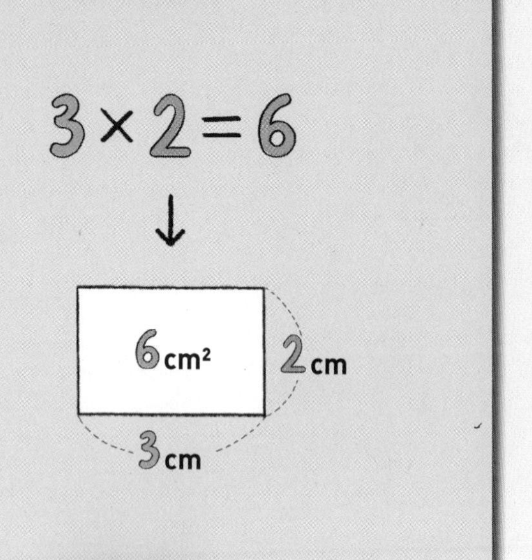

(평균)=(자료 값의 합)÷(자료의 수)

⬇

(자료 값의 합)=(자료의 수)×(평균)

⬇

자료 값의 합
(평균)
(자료의 수)

어느 학교의 5학년 학생 50명이 수학 경시대회에 참가했습니다. 전체 평균 점수는 61.8점, 남학생 평균 점수는 61점, 여학생 평균 점수는 63점이라면 수학 경시대회에 참가한 여학생은 몇 명인지 구하시오.

오른쪽 그림과 같이 평균 점수를 세로에, 학생 수를 가로에 나타냅니다.

(ㄱㄴㄷㅇ의 넓이)+(ㅅㄷㄹㅂ의 넓이)
남학생 점수의 합 / 여학생 점수의 합

=(ㅈㄴㄹㅋ의 넓이)
전체 학생 점수의 합

(ㄱㄴㄹㅁ의 넓이)+(ㅅㅇㅁㅂ의 넓이)

=(ㄱㄴㄹㅁ의 넓이)+(ㅈㄱㅁㅋ의 넓이)

➡ (ㅅㅇㅁㅂ의 넓이)=(ㅈㄱㅁㅋ의 넓이)

ㅅ ㅂ 1.2점 ㅈ ㅊ ㅋ 0.8점 ㄱ ㅁ ㅇ 여학생 평균 전체 평균 남학생 평균 남학생 여학생 ㄴ ㄷ ㄹ 50명

여학생 수를 ■명이라 하면 $50\times0.8=■\times(0.8+1.2)$, ☐=■×☐, ■=☐

따라서 수학 경시대회에 참가한 여학생은 ☐명입니다.

7-1

어느 학교 5학년 학생 90명이 시험을 보았습니다. 남학생의 평균 점수는 여학생의 평균 점수보다 3점 높고, 전체의 평균 점수보다 1점 더 높다면 남학생은 몇 명입니까?

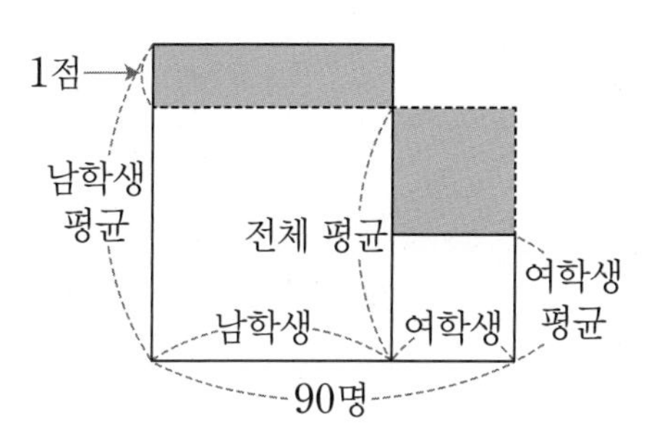

(　　　　　　　)

7-2

형석이네 반 25명이 영어 단어 시험을 보았습니다. 전체 평균 점수는 81.4점, 남학생의 평균 점수는 84점, 여학생의 평균 점수는 79점이라면 남학생은 몇 명입니까?

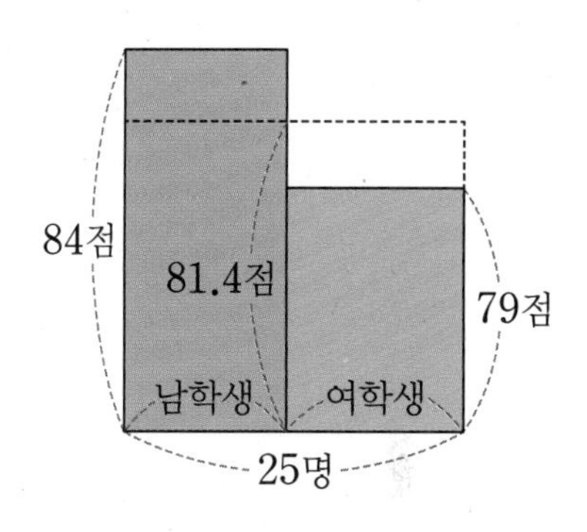

(　　　　　　　)

7-3

미정이네 반 학생들이 시험을 보았습니다. 전체 평균 점수는 78점, 여학생 18명의 평균 점수는 80.5점, 남학생의 평균 점수는 75점이었습니다. 미정이네 반 학생은 모두 몇 명입니까?

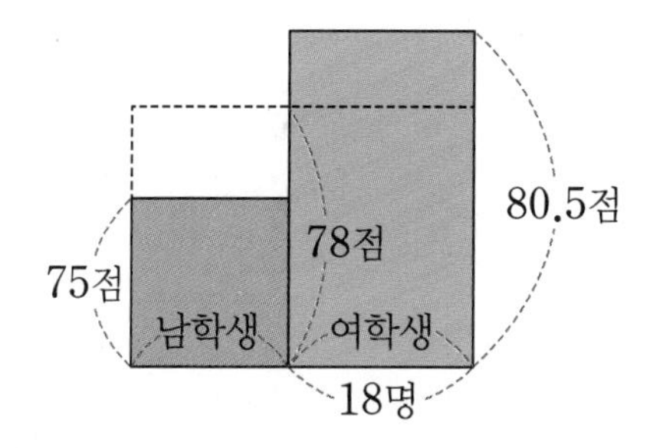

(　　　　　　　)

7-4

어느 시험에서 점수별 학생 수를 나타낸 표입니다. 이 학생들의 평균 점수가 72.5점이라면 70점을 받은 학생은 몇 명입니까?

시험 점수별 학생 수

점수(점)	65	70	80
학생 수(명)	2		4

(　　　　　　　)

1 주머니 안에 크기가 같은 노란색 쌓기나무 1개, 분홍색 쌓기나무 5개, 흰색 쌓기나무 3개가 있습니다. 첫 번째로 흰색 쌓기나무 1개를 꺼냈고, 두 번째로 분홍색 쌓기나무 1개를 꺼냈습니다. 세 번째로 쌓기나무 1개를 꺼낼 때 노란색 쌓기나무 또는 흰색 쌓기나무가 나올 확률은 얼마인지 풀이 과정을 쓰고 답을 구하시오. (단, 꺼낸 쌓기나무는 다시 넣지 않습니다.)

문제풀이 동영상

풀이 ....

....

....

답 ....

2 서로 다른 주사위 2개를 동시에 굴렸습니다. 두 주사위 눈의 수의 합이 6이 될 확률은 얼마입니까?

( )

3 30명이 똑같이 돈을 내고 버스 한 대를 빌려 여행을 가려고 합니다. 그런데 8명이 갈 수 없게 되어 한 명당 내야 할 돈이 1400원씩 늘었습니다. 버스 한 대를 빌리는 값은 얼마입니까?

( )

4 1부터 63까지 연속하는 자연수의 평균을 구하시오.

( )

5 호영이의 윗몸 말아 올리기 기록을 나타낸 표입니다. 5회까지의 평균 기록을 4회까지의 평균 기록보다 적어도 1번 이상 높이려고 합니다. 3회까지의 평균 기록이 28번이라면 5회에는 윗몸 말아 올리기를 적어도 몇 번 해야 합니까?

윗몸 말아 올리기 기록

회	1	2	3	4	5
기록(번)	28	34		32	

( )

6 지아와 희수가 주운 밤의 평균 무게는 17 kg, 희수와 준서가 주운 밤의 평균 무게는 19.5 kg, 지아와 준서가 주운 밤의 평균 무게는 18.5 kg입니다. 세 사람이 주운 밤의 무게는 각각 몇 kg입니까?

지아 ( ), 희수 ( ), 준서 ( )

7 혜주가 본 시험 성적 중 국어 점수 89점을 98점으로 잘못 보고 계산하였더니 평균이 91.5점이 되었습니다. 실제 성적의 평균이 88.5점일 때 혜주가 본 시험의 과목은 몇 개입니까?

( )

8 효린이가 말하기 대회에서 받은 점수의 평균을 나타낸 표입니다. 심사 위원에게 받은 가장 높은 점수가 16.9점일 때 심사 위원은 몇 명입니까? (단, 가장 높은 점수는 심사 위원 1명에게 받았습니다.)

말하기 대회에서 받은 효린이의 평균 점수

	전체 평균 점수	가장 높은 점수를 제외한 평균 점수
점수(점)	16.1	15.7

(   )

9 어느 과학 경시대회 응시자 수는 합격자 수의 6배였습니다. 합격자의 평균 점수는 응시자 전체의 평균 점수보다 25점 높고, 불합격자의 평균 점수는 42점이었습니다. 합격자의 평균 점수는 몇 점입니까?

(   )

10 태빈이네 학교 5학년 학생 40명이 수학 시험을 보았습니다. 시험 문제는 총 3문제이고 1번은 10점, 2번은 30점, 3번은 40점이었습니다. 40명의 평균 점수가 37점이라면 3번 문제를 맞힌 학생은 몇 명입니까?

점수별 학생 수

점수(점)	0	10	30	40	50	70	80
학생 수(명)	3	3		10	8		1

문제별 맞힌 학생 수

문제(번)	1	2	3
학생 수(명)	20		

(   )

디딤돌과 함께하는 4가지 방법

NAVER 카페

http://cafe.naver.com/didimdolmom

교재 선택부터 맞춤 학습 가이드,
이웃맘과 선배맘들의 경험담과 정보까지
가득한 디딤돌 학부모 대표 커뮤니티

디딤돌 홈페이지

www.didimdol.co.kr

교재 미리 보기와 정답지, 동영상 등
각종 자료들을 만날 수 있는
디딤돌 공식 홈페이지

Instagram

@didimdol_mom

카드 뉴스로 만나는 디딤돌 소식과
손쉽게 참여 가능한 리그램 이벤트가
진행되는 디딤돌 인스타그램

YouTube

검색창에 디딤돌교육 검색

생생한 개념 설명 영상과
문제 풀이 영상으로 학습에 도움을 주는
디딤돌 유튜브 채널

초등 5·2

상위권의 기준

최상위 수학 S

복습책

초등 5·2

상위권의 기준

최상위 수학 S

복습책

1 수의 범위와 어림하기

본문 12~27p의 유사문제입니다. 한 번 더 풀어 보세요.

S 1

두 수의 범위에 공통으로 속하는 자연수는 모두 몇 개입니까?

• 37 이상 63 이하인 수
• 54 초과 89 미만인 수

( )

S 2

정원이 80명인 유람선을 타려고 사람들이 줄을 서 있습니다. 줄을 선 사람들이 모두 타려면 유람선을 적어도 7번 운행해야 합니다. 줄을 선 사람은 몇 명 이상 몇 명 이하입니까?

( )

S 3

자연수 부분은 6 초과 8 이하이고, 소수 첫째 자리 숫자는 4 이상 7 미만, 소수 둘째 자리 숫자는 2 미만인 소수 두 자리 수를 만들려고 합니다. 만들 수 있는 소수 두 자리 수는 모두 몇 개입니까?

( )

4 다음 네 자리 수를 버림하여 백의 자리까지 나타낸 수와 반올림하여 백의 자리까지 나타낸 수는 같습니다. □ 안에 들어갈 수 있는 수를 모두 구하시오.

59□0

( )

5 수직선에 나타낸 수의 범위에 속하는 자연수가 7개일 때 ㉠에 알맞은 자연수를 구하시오.

63 ㉠

( )

6 채은이네 밭에서 딸기를 743 kg 땄습니다. 이 딸기를 상자에 5 kg씩 담아서 35000원을 받고 팔려고 합니다. 딸기를 팔아서 받을 수 있는 돈은 최대 얼마입니까?

( )

7

수 카드 5장을 한 번씩만 사용하여 40000에 가장 가까운 다섯 자리 수를 만들었습니다. 만든 다섯 자리 수를 반올림하여 백의 자리까지 나타내어 보시오.

8 3 4 0 7

(　　　　　　　　)

8

연준이가 저금한 돈을 반올림하여 천의 자리까지 나타내면 34000원이고, 민서가 저금한 돈을 반올림하여 천의 자리까지 나타내면 42000원입니다. 두 사람이 저금한 돈의 차가 가장 클 때의 차는 얼마입니까?

(　　　　　　　　)

1 수의 범위와 어림하기

정답과 풀이 78쪽

본문 28~30p의 유사문제입니다. 한 번 더 풀어 보세요.

1 **어떤 수에 16을 더한 후 버림하여 십의 자리까지 나타내었더니 370이 되었습니다. 어떤 수의 범위를 수직선에 나타내어 보시오.**

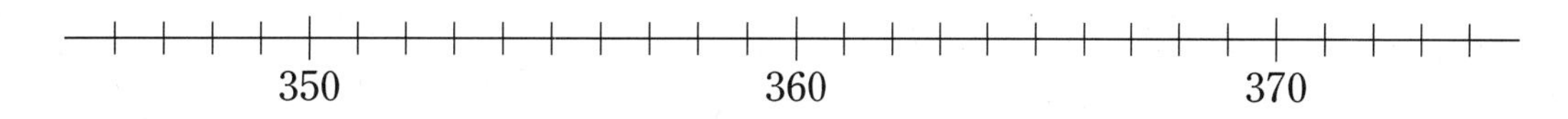

2 **편지를 규격 봉투에 담아 일반우편으로 보낼 때 무게별 요금은 다음과 같습니다. 5 g인 편지 4통, 15 g인 편지 2통, 25 g인 편지 3통을 일반우편으로 각각 보내려면 모두 얼마를 내야 합니까?**

무게별 요금

무게(g)	요금(원)
5 이하	300
5 초과 25 이하	330
25 초과 50 이하	350

(　　　　　　　　)

3 **다음 조건을 모두 만족하는 자연수를 구하시오.**

- 50000 이상 60000 미만인 수입니다.
- 천의 자리 숫자는 5 초과 6 이하인 수입니다.
- 백의 자리 숫자는 가장 큰 수입니다.
- 4의 배수 중 가장 큰 수입니다.

(　　　　　　　　)

4 어떤 자연수 가와 나가 있습니다. 가를 반올림하여 백의 자리까지 나타내면 27400, 나를 버림하여 백의 자리까지 나타내면 41900입니다. 가와 나의 차가 가장 클 때의 차는 얼마입니다까?

( )

5 어느 도시에서 택시 요금은 2 km 이하까지는 2800원이고 2 km를 초과하면 140 m에 100원씩 추가되었는데 인상되어 2 km 이하까지는 3300원이고 2 km를 초과하면 140 m에 133원씩 추가된다고 합니다. 이 도시에서 택시를 타고 3 km 820 m를 가려고 할 때 인상 후 요금은 인상 전 요금보다 얼마나 더 많습니까?

( )

6 은유네 학교 5학년 학생들이 과학 캠프를 가려고 합니다. 한 방에 12명이 들어갈 수 있는 방을 빌리면 적어도 22개를 빌려야 하고, 한 방에 16명이 들어갈 수 있는 방을 빌리면 적어도 17개를 빌려야 합니다. 은유네 학교 5학년 학생 수의 범위를 이상과 이하를 사용하여 나타내시오.

( )

7 다음 조건을 모두 만족하는 자연수는 몇 개입니까?

㉠ 올림하여 십의 자리까지 나타내면 500입니다.
㉡ 버림하여 십의 자리까지 나타내면 490입니다.
㉢ 반올림하여 십의 자리까지 나타내면 500입니다.

( )

8 수 카드 4장을 한 번씩만 사용하여 네 자리 수를 만들려고 합니다. 만들 수 있는 네 자리 수 중 반올림하여 천의 자리까지 나타내면 7000이 되는 수는 모두 몇 개입니까?

1 9 7 6

( )

9 가람, 도원, 아주 초등학교 학생들이 축구 경기를 응원하기 위해 모두 모였습니다. 가람 초등학교 학생 수를 버림하여 백의 자리까지 나타내면 1300명이고, 도원 초등학교 학생 수를 올림하여 백의 자리까지 나타내면 1400명이며, 아주 초등학교 학생 수를 반올림하여 백의 자리까지 나타내면 1600명입니다. 응원하는 학생들에게 수건을 한 장씩 나누어 주려고 할 때 한 상자에 36개씩 들어 있는 수건을 최소 몇 상자 준비해야 합니까?

( )

10 어떤 자연수를 서진, 도연, 하은 세 사람이 올림, 버림, 반올림 중 각각 서로 다른 방법으로 주어진 자리까지 어림하여 나타낸 것입니다. 어떤 수가 될 수 있는 수 중에서 가장 큰 수와 가장 작은 수를 각각 구하시오.

	서진	도연	하은
백의 자리	6300	6200	6200
십의 자리	6240	6230	6240

가장 큰 수 ( )
가장 작은 수 ( )

2 분수의 곱셈

본문 38~53p의 유사문제입니다. 한 번 더 풀어 보세요.

1 □ 안에 들어갈 수 있는 자연수 중에서 가장 큰 수와 가장 작은 수를 구하시오.

$$\frac{1}{8}\times\frac{1}{5}<\frac{1}{\square}\times\frac{1}{4}<\frac{1}{3}\times\frac{1}{2}$$

가장 큰 수 ( ), 가장 작은 수 ( )

2 다음은 재호네 집 쌀 소비량의 변화입니다. 7월의 쌀 소비량은 몇 kg입니까?

- 5월의 쌀 소비량은 18 kg입니다.
- 6월의 쌀 소비량은 5월보다 $\frac{1}{3}$만큼 늘었습니다.
- 7월의 쌀 소비량은 6월보다 $\frac{3}{8}$만큼 줄었습니다.

( )

3 1분에 $1\frac{2}{5}$ km를 가는 자동차가 같은 빠르기로 2시간 30분 동안 달린 거리를 축척이 $\frac{1}{7000000}$인 지도에 나타낸다면 몇 cm로 나타낼 수 있습니까?

( )

S 4

현진이는 전체 쪽수가 80쪽인 책을 어제 전체의 $\frac{1}{5}$을 읽었고, 오늘 남아 있는 쪽수의 $\frac{1}{4}$을 읽었습니다. 남은 쪽수는 몇 쪽입니까?

( )

S 5

어느 초등학교 학생 중에서 동생이 있는 학생은 $\frac{4}{9}$이고, 동생이 없는 학생 중 $\frac{2}{5}$는 여학생이라고 합니다. 동생이 없는 남학생이 90명일 때 전체 학생은 몇 명입니까?

( )

S 6

떨어진 높이의 $\frac{5}{6}$만큼 튀어 오르는 공이 있습니다. 이 공을 높이가 30 m인 곳에서 수직으로 떨어뜨렸다면 공이 세 번째로 땅에 닿을 때까지 움직인 전체 거리는 몇 m입니까?

( )

7

정현이가 혼자서 하면 3시간이 걸리고, 효진이가 혼자서 하면 4시간이 걸리는 일이 있습니다. 이 일을 두 사람이 함께 1시간 20분 동안 했다면 남은 일의 양은 전체의 몇 분의 몇입니까? (단, 두 사람이 1시간 동안 하는 일의 양은 각각 일정합니다.)

( )

8

서로 다른 색깔의 리본이 3개 있습니다. 노란색 리본의 길이는 파란색 리본보다 파란색 리본의 $\frac{1}{5}$만큼 더 짧고, 초록색 리본의 길이는 노란색 리본보다 노란색 리본의 $\frac{3}{8}$만큼 더 깁니다. 초록색 리본의 길이는 파란색 리본의 몇 배입니까?

( )

2 분수의 곱셈

정답과 풀이 81쪽

본문 54~56p의 유사문제입니다. 한 번 더 풀어 보세요.

1 민지가 집에서 학교에 가는 방법은 두 가지입니다. 항상 더 가까운 길로 걸어 다닌다고 할 때 민지가 4일 동안 집에서 학교까지 가는 데 걸은 거리는 몇 km입니까?

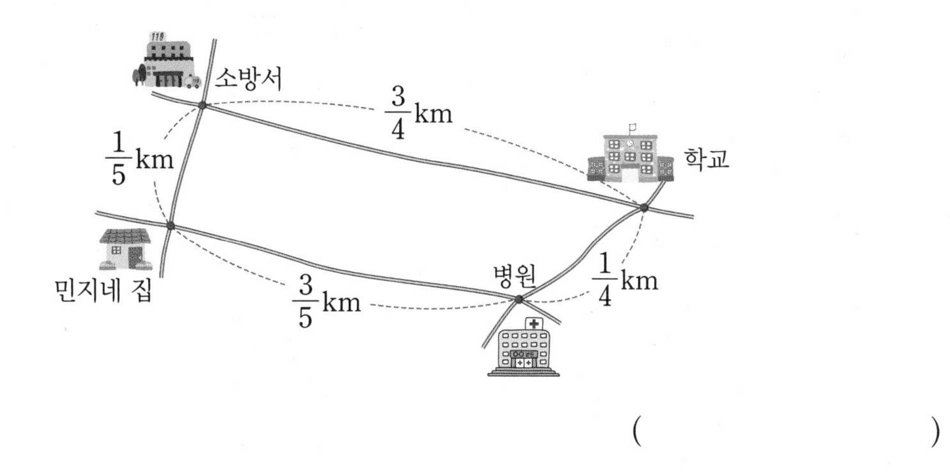

(　　　　　　　　)

2 정사각형 안에 수직인 선을 그어 모양을 만들었습니다. 전체에서 가장 넓은 부분을 차지하는 색은 무슨 색인지 쓰고, 그 넓이를 구하시오.

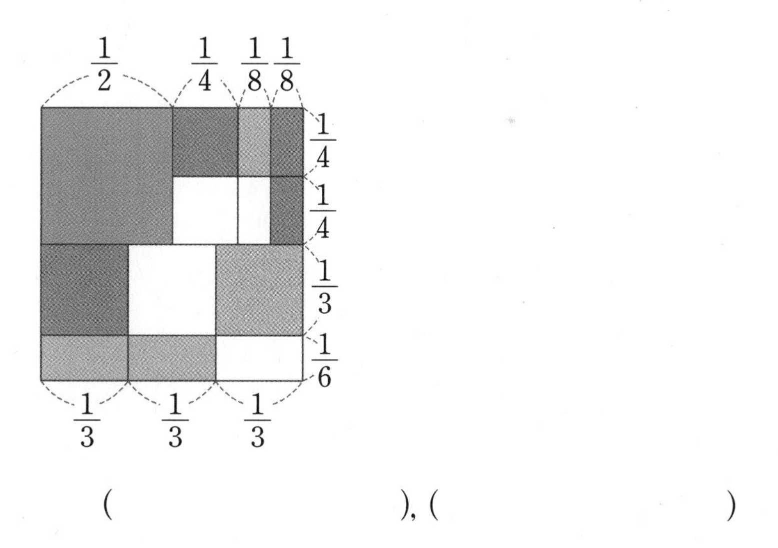

(　　　　　　　　), (　　　　　　　　)

3 두 분수 $\frac{7}{16}$, $\frac{11}{24}$에 각각 같은 자연수를 곱하여 곱이 모두 자연수가 되게 하려고 합니다. 곱한 자연수 중 가장 작은 자연수를 구하시오.

(　　　　　　　　)

4 수직선 위의 두 수 사이를 4등분한 것입니다. □ 안에 알맞은 대분수를 써넣으시오.

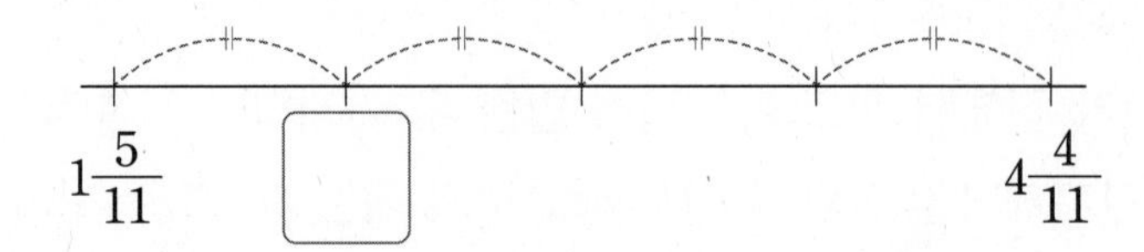

5 ■=●+1이면 $\frac{1}{●\times■}=\frac{1}{●}-\frac{1}{■}$로 나타낼 수 있습니다. 다음을 계산해 보시오.

$$\frac{1}{2\times3}+\frac{1}{3\times4}+\frac{1}{4\times5}+\cdots\cdots+\frac{1}{19\times20}$$

(　　　　　　　　　)

6 1분에 각각 $1\frac{5}{6}$ km, $1\frac{3}{4}$ km를 달리는 두 자동차가 같은 지점에서 같은 방향으로 출발했습니다. 2시간 30분 후에 두 자동차 사이의 거리는 몇 km입니까? (단, 두 자동차가 달리는 빠르기는 각각 일정합니다.)

(　　　　　　　　　)

7 한 시간에 $1\frac{7}{12}$분씩 빨라지는 시계가 있습니다. 이 시계를 오늘 오후 7시에 정확하게 맞추어 놓았다면 다음 날 오후 1시에 이 시계가 가리키는 시각은 오후 몇 시 몇 분 몇 초입니까?

(　　　　　　　　　)

8 분수를 규칙에 따라 늘어놓은 것입니다. 첫 번째 분수부터 30번째 분수까지 곱한 값을 기약분수로 나타내시오.

$$\frac{1}{5}, \frac{3}{7}, \frac{5}{9}, \frac{7}{11}, \frac{9}{13}, \frac{11}{15}, \cdots\cdots$$

(　　　　　　　　)

9 길이가 $\frac{1}{3}$ km인 기차가 한 시간에 300 km를 가는 빠르기로 터널을 완전히 통과하는 데 $2\frac{2}{5}$분이 걸렸습니다. 터널의 길이는 몇 km입니까?

(　　　　　　　　)

10 민수와 희주는 사탕 한 봉지를 사서 남김없이 나누어 가졌습니다. 민수는 전체의 $\frac{5}{12}$보다 4개 더 많이 가졌고, 희주는 전체의 $\frac{3}{5}$보다 5개 적게 가졌습니다. 처음 사탕 한 봉지에 들어 있던 사탕은 몇 개입니까?

(　　　　　　　　)

다시 푸는 최상위 S

3 합동과 대칭

본문 64~79p의 유사문제입니다. 한 번 더 풀어 보세요.

1 오른쪽 그림에서 삼각형 ㄱㄴㄷ과 삼각형 ㄹㄷㅁ은 합동입니다. 삼각형 ㄱㄴㄷ의 둘레는 몇 cm입니까?

(   )

2 선대칭도형인 정팔각형에서 대칭축은 모두 몇 개입니까?

(   )

3 오른쪽 그림에서 삼각형 ㄱㄴㄷ과 삼각형 ㄹㅁㅂ은 합동입니다. 색칠한 부분의 넓이는 몇 cm^2입니까?

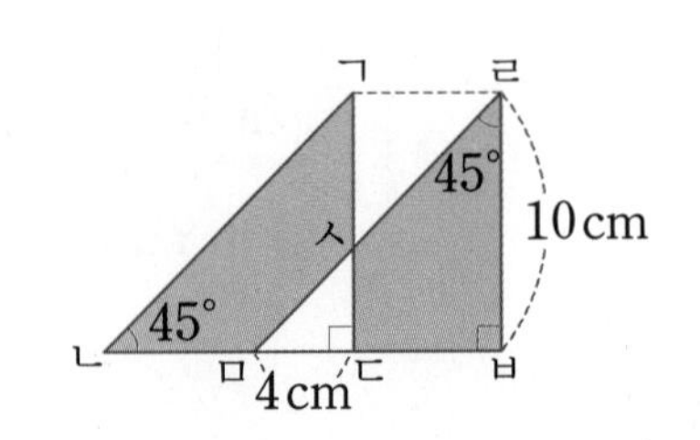

(   )

4

오른쪽 도형에서 삼각형 ㄱㄴㄹ과 사각형 ㄱㄷㄹㅁ은 각각 선분 ㄱㄷ, 선분 ㄱㄹ을 대칭축으로 하는 선대칭도형입니다. 각 ㅁㄱㄹ은 몇 도입니까?

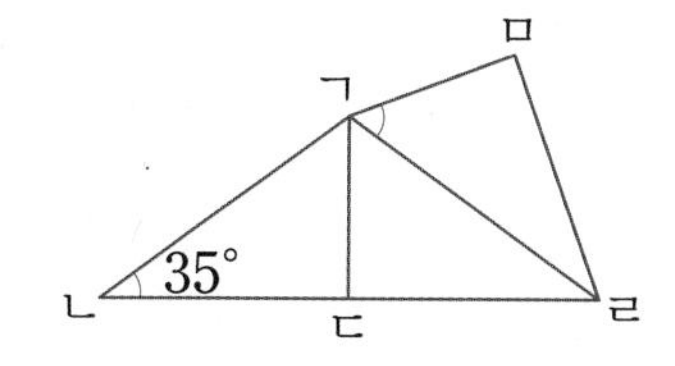

(　　　　　　　　)

5

오른쪽 도형은 점 ㅇ을 대칭의 중심으로 하는 점대칭도형입니다. 이 점대칭도형의 둘레는 몇 cm입니까?

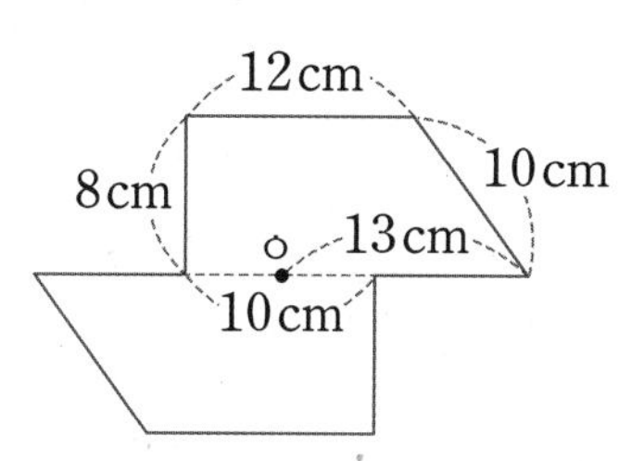

(　　　　　　　　)

6

직사각형 모양의 종이를 오른쪽 그림과 같이 접었습니다. 처음 종이의 넓이는 몇 cm^2입니까?

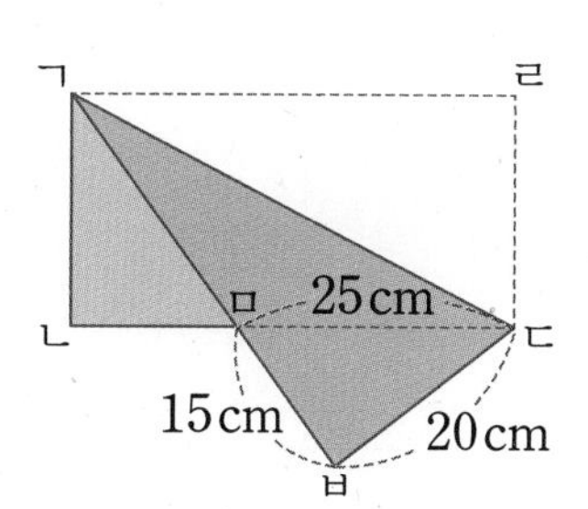

(　　　　　　　　)

7

4개의 ◩ 모양 타일을 돌리거나 이어 붙여 선대칭도형, 점대칭도형을 만들고 만든 모양을 규칙적으로 놓았습니다. 모양이 놓인 규칙을 찾아 빈 곳에 나머지 2개의 타일을 그려 규칙을 완성하시오.

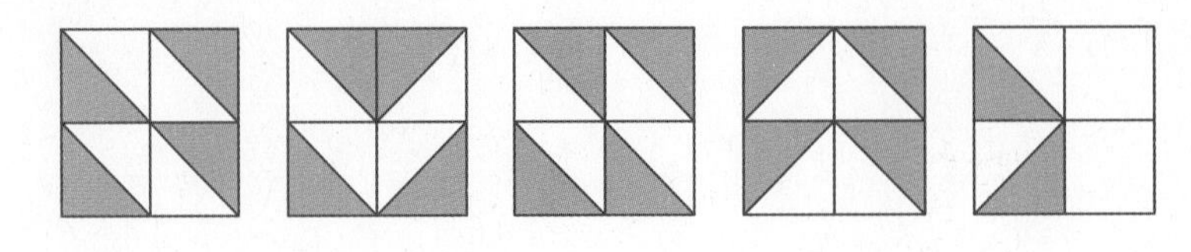

8

오른쪽 도형은 점 ㅇ을 대칭의 중심으로 하는 점대칭도형입니다. 이 점대칭도형의 둘레가 $48\,\text{cm}$일 때 도형의 넓이는 몇 cm^2입니까?

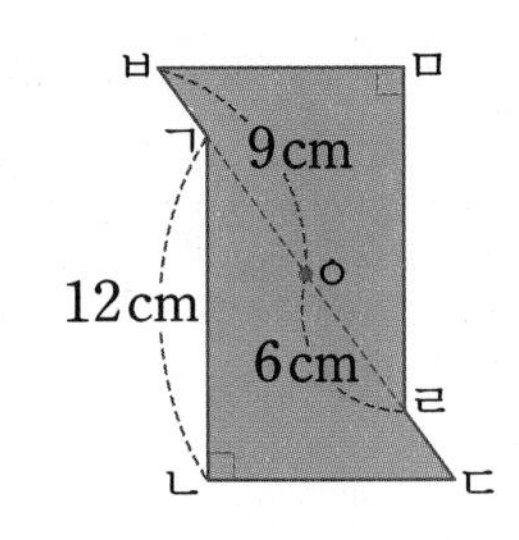

(　　　　　　　　)

3 합동과 대칭

정답과 풀이 85쪽

본문 80~83p의 유사문제입니다. 한 번 더 풀어 보세요.

1 오른쪽 평행사변형 ㄱㄴㄷㄹ에서 찾을 수 있는 합동인 삼각형은 모두 몇 쌍입니까?

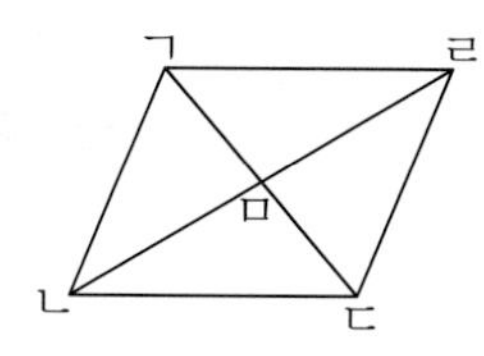

(　　　　　　　　)

2 오른쪽 그림에서 삼각형 ㄱㄴㄷ과 삼각형 ㄹㄷㄴ은 합동입니다. 각 ㄱㄴㅁ은 몇 도입니까?

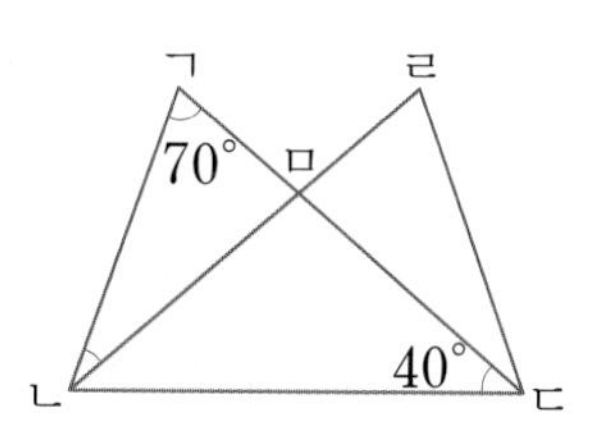

(　　　　　　　　)

3 오른쪽 도형은 선분 ㄱㄷ을 대칭축으로 하는 선대칭도형입니다. 사각형 ㄱㄴㄷㄹ의 넓이는 몇 cm^2입니까?

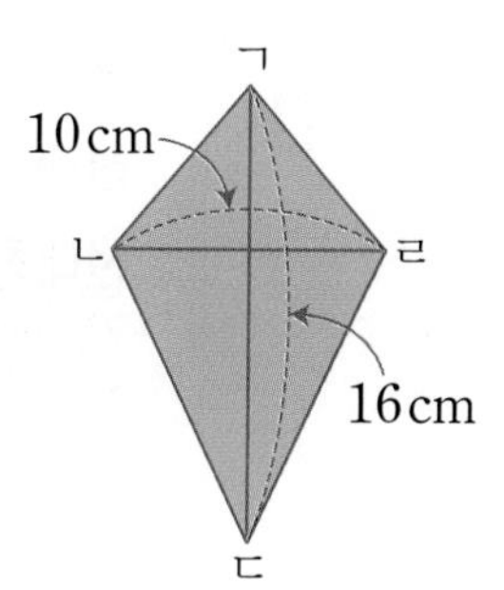

(　　　　　　　　)

4 0, 1, 2, 3, 4, 5, 6, 7, 8, 9와 같이 디지털 숫자가 나오는 숫자판이 있습니다. 2000부터 3000까지의 자연수 중에서 2692와 같이 180° 돌려도 같은 수를 나타내는 것은 모두 몇 개입니까?

( )

5 오른쪽 도형은 원의 중심인 점 ㅇ을 대칭의 중심으로 하는 점대칭 도형입니다. 각 ㄷㅇㄹ은 몇 도입니까?

( )

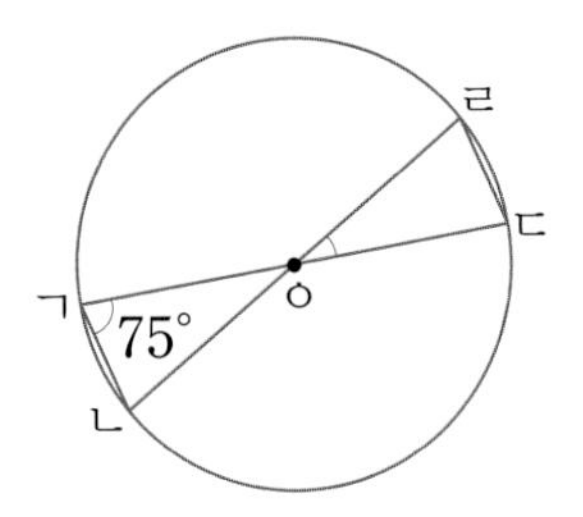

6 오른쪽 그림에서 삼각형 ㄱㄴㄷ은 선분 ㄱㄹ을 대칭축으로 하는 선대칭도형이고, 삼각형 ㅂㄱㄴ은 선분 ㅁㅂ을 대칭축으로 하는 선대칭도형입니다. 각 ㄴㅂㄷ은 몇 도입니까?

( )

7 직사각형 모양의 종이를 오른쪽과 같이 접었습니다. 처음 종이의 넓이가 $864\ \text{cm}^2$일 때 직사각형 ㄱㄴㄷㄹ의 둘레는 몇 cm입니까?

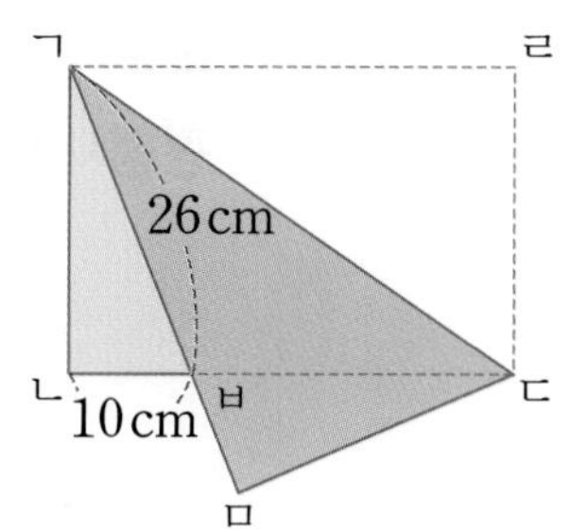

(　　　　　　　　　)

8 오른쪽 그림은 합동인 두 정사각형을 겹쳐 놓은 것입니다. 두 도형의 겹쳐진 부분의 넓이가 $9\ \text{cm}^2$일 때 정사각형의 한 변의 길이는 몇 cm입니까?

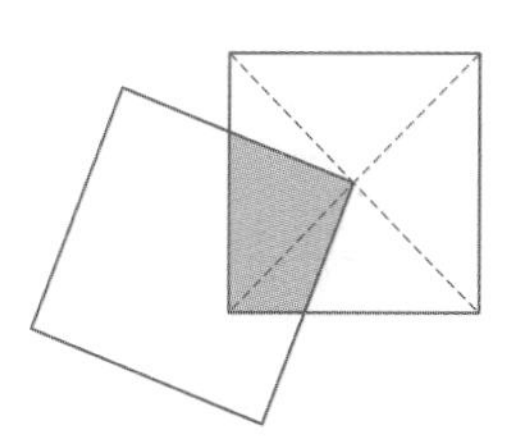

(　　　　　　　　　)

9 오른쪽 도형에서 삼각형 ㄱㄴㄷ과 삼각형 ㄹㅁㅂ은 합동입니다. 평행사변형 ㄱㄷㅂㄹ의 넓이는 몇 cm^2입니까?

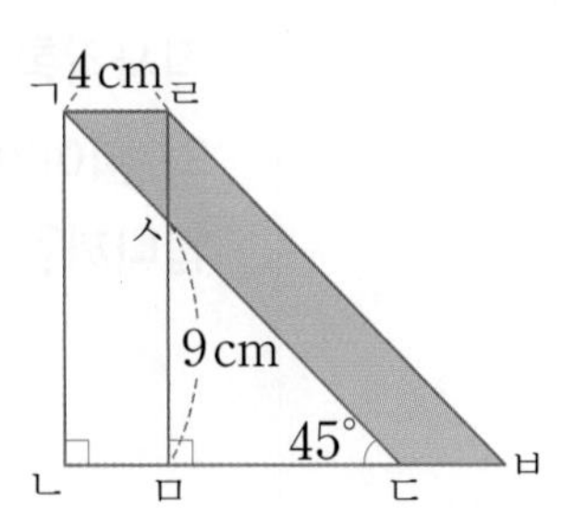

(　　　　　　　)

10 오른쪽 그림에서 색칠한 도형은 점 ㅇ을 대칭의 중심으로 하는 점대칭도형입니다. 선분 ㅇㅂ의 길이가 직사각형 ㄱㄴㄷㄹ의 대각선의 길이의 $\frac{1}{4}$일 때 색칠한 도형의 넓이는 몇 cm^2입니까?

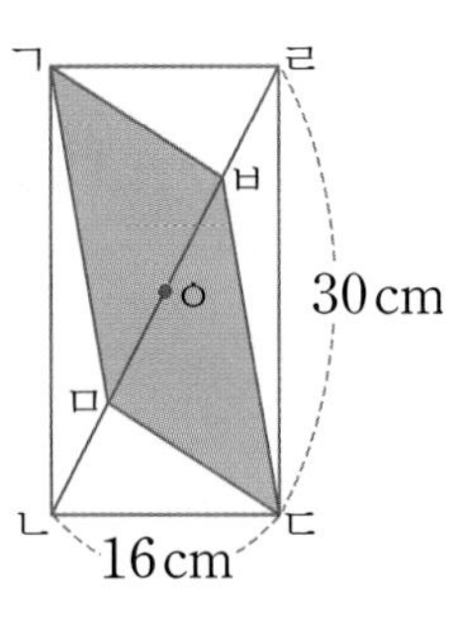

(　　　　　　　)

4 소수의 곱셈

본문 92~105쪽의 유사문제입니다. 한 번 더 풀어 보세요.

S 1

$23\times1.8\times255=10557$일 때 □ 안에 알맞은 수를 구하시오.

$0.23\times\square\times25.5=1.0557$

(　　　　　　　　)

S 2

어느 장난감 가게의 올해 목표 판매량은 작년의 1.25배이고 작년 판매량은 1200개였습니다. 지금까지 작년의 0.8배만큼 판매했다면 장난감을 몇 개 더 판매해야 목표를 채울 수 있습니까?

(　　　　　　　　)

S 3

길이가 0.23 m인 색 테이프 50장을 그림과 같이 0.01 m씩 겹치게 이어 붙였습니다. 이어 붙인 색 테이프의 길이는 몇 m입니까?

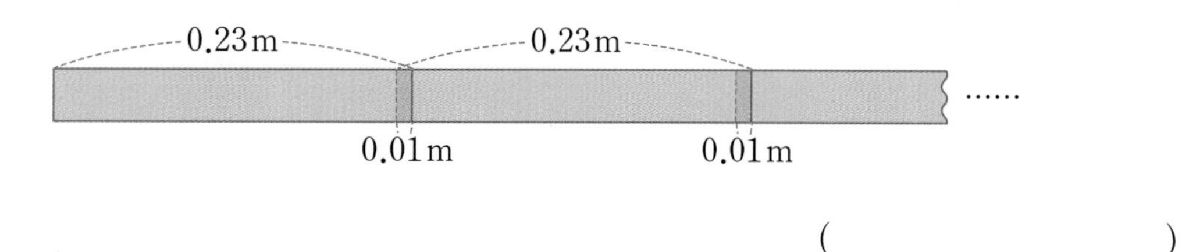

(　　　　　　　　)

S 4

원희는 한 시간 동안 $4.6\,\mathrm{km}$를 걷고, 정우는 15분 동안 $1.4\,\mathrm{km}$를 걷는다고 합니다. 두 사람이 같은 지점에서 동시에 출발하여 서로 반대 방향으로 2시간 24분 동안 걸었다면 두 사람 사이의 거리는 몇 km입니까? (단, 원희와 준희가 걷는 빠르기는 각각 일정합니다.)

(　　　　　　　　　　)

S 5

다음 도형에서 색칠한 부분의 넓이를 구하시오.

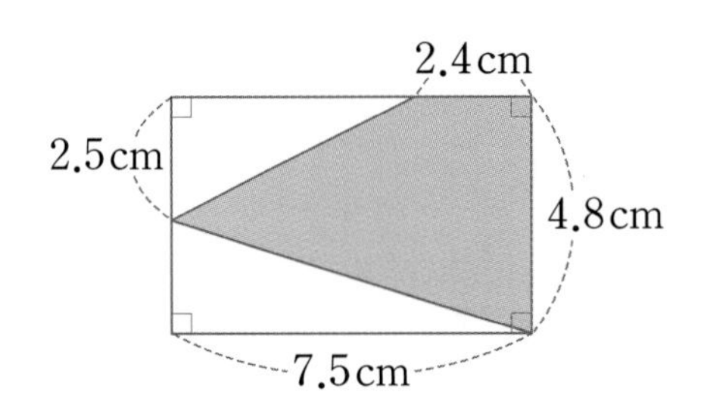

(　　　　　　　　　　)

6

5장의 수 카드 [4], [3], [1], [7], [6]을 한 번씩 모두 사용하여 소수 두 자리 수와 소수 한 자리 수의 곱셈식을 만들려고 합니다. 곱이 가장 작을 때의 곱을 구하시오.

(   )

7

다음을 간단한 식으로 나타내어 계산하시오.

$$6.49 \times 27 + 64.9 \times 8 - 649 \times 0.07$$

(   )

다시푸는 MATH MASTER

4 소수의 곱셈

본문 106~108쪽의 유사문제입니다. 한 번 더 풀어 보세요.

1 어떤 수에 2.5를 곱해야 할 것을 잘못하여 나누었더니 1.8이 되었습니다. 바르게 계산하면 얼마입니까?

( )

2 42.6과 2.75의 곱은 어떤 수와 0.01의 곱과 같습니다. 어떤 수는 얼마입니까?

( )

3 희정이네 초등학교 전체 학생 수의 0.55배가 남학생이고 남학생의 0.4는 동생이 있습니다. 전체 학생이 1200명일 때 동생이 없는 남학생은 몇 명입니까?

( )

4 도로의 양쪽에 처음부터 끝까지 $4.5\,\mathrm{m}$ 간격으로 나무를 40그루 심었습니다. 도로의 길이는 몇 m입니까?

( )

5 $1\,\mathrm{km}$를 달리는 데 휘발유 $0.15\,\mathrm{L}$가 필요한 자동차가 있습니다. 이 자동차로 한 시간에 $76.5\,\mathrm{km}$씩 4시간 24분 달렸습니다. 사용한 휘발유는 모두 몇 L입니까?

( )

6 안쪽 지름이 $6.4\,\mathrm{cm}$, 바깥쪽 지름이 $7.2\,\mathrm{cm}$인 고리가 여러 개 있습니다. 이 고리 14개를 다음 그림과 같이 팽팽하게 연결했을 때, 연결한 전체의 길이는 몇 cm인지 구하시오.

( )

7 떨어진 높이의 0.3만큼씩 튀어 오르는 공을 $12\,\mathrm{m}$ 높이에서 떨어뜨렸습니다. 세 번째로 땅에 닿을 때까지 공이 움직인 거리는 몇 m입니까? (단, 공은 땅에서 수직으로 튀어 오릅니다.)

( )

8 0.3을 50번 곱했을 때 곱의 소수 50째 자리 숫자는 무엇인지 구하시오.

( )

9 우유가 3.2 L 들어 있는 병의 무게를 재어 보니 4 kg이었습니다. 그중에서 우유 250 mL를 마시고 난 후 다시 무게를 재어 보았더니 3.8 kg이 되었습니다. 빈 병의 무게는 몇 kg입니까?

( )

10 1분에 5.4 km를 달리는 기차가 터널을 완전히 통과하는 데 36초 걸렸습니다. 기차의 길이가 120 m일 때 터널의 길이는 몇 km입니까?

( )

5 직육면체

본문 116~131쪽의 유사문제입니다. 한 번 더 풀어 보세요.

1 오른쪽 정육면체의 겨냥도에서 보이는 모서리의 길이의 합은 72 cm입니다. 이 정육면체의 모든 모서리의 길이의 합은 몇 cm입니까?

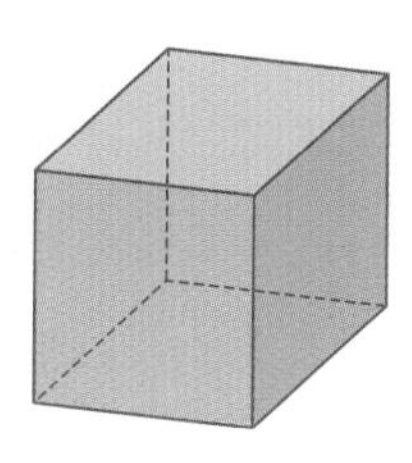

(　　　　　　　　)

2 오른쪽 직육면체의 전개도의 둘레는 66 cm입니다. □ 안에 알맞은 수를 써넣으시오.

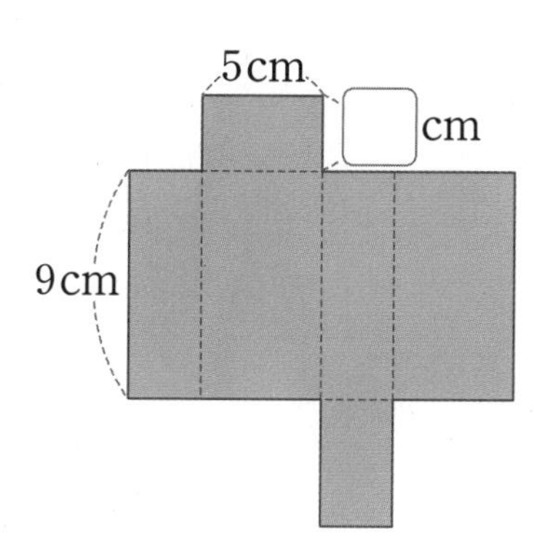

3 오른쪽 그림과 같이 직육면체 모양의 선물 상자를 리본으로 묶었습니다. 상자를 묶는 데 사용한 리본의 길이가 1.3 m라면 매듭을 묶는 데 사용한 리본은 몇 cm입니까?

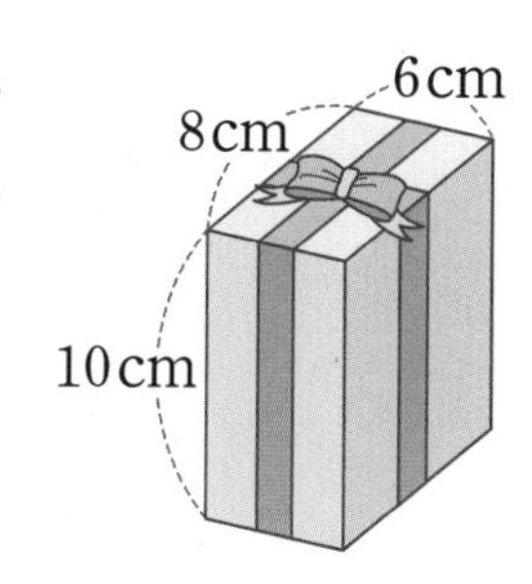

(　　　　　　　　)

4
주사위에서 서로 평행한 두 면의 눈의 수의 합은 7입니다. 오른쪽 주사위의 전개도에서 ㉠, ㉡은 각각 기호가 쓰여진 면에 들어갈 눈의 수입니다. ㉠과 ㉡의 차가 가장 클 경우의 ㉠, ㉡을 구하시오.

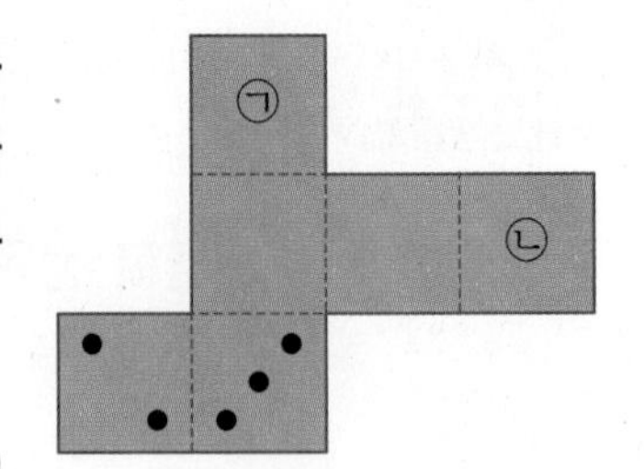

㉠ (　　　　　　), ㉡ (　　　　　　)

5
마주 보는 두 면의 눈의 수의 합이 7인 주사위를 오른쪽 그림과 같이 붙여서 직육면체를 만들었습니다. 서로 맞닿는 면의 눈의 수의 합이 8일 때 빗금친 면에 들어갈 수 있는 눈의 수를 모두 구하시오.

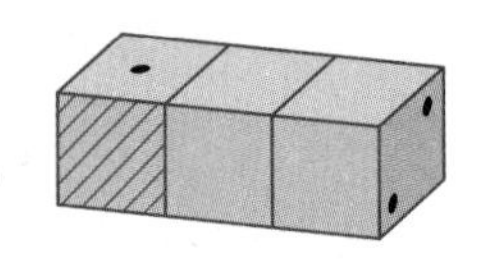

(　　　　　　)

6
오른쪽 그림과 같이 정육면체 64개를 쌓은 후 겉면을 모두 색칠하고 다시 떼어 놓았을 때, 한 면이 색칠되어 있는 정육면체는 모두 몇 개입니까? (단, 바닥에 닿는 면도 색칠합니다.)

(　　　　　　)

7

직육면체 모양의 상자에 그림과 같이 종이테이프를 붙였습니다. 종이테이프가 지나간 자리를 전개도에 나타내시오.

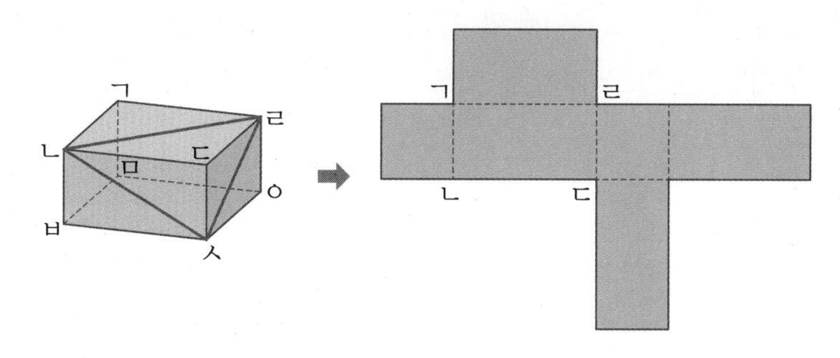

8

1부터 11까지의 홀수가 쓰인 정육면체를 여러 방향에서 본 것입니다. 1이 쓰인 면과 평행한 면에 쓰인 숫자를 모두 더하면 얼마입니까? (단, 숫자의 방향은 생각하지 않습니다.)

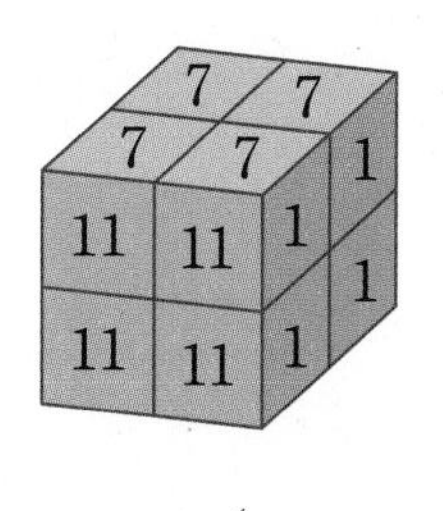

( )

5 직육면체

본문 132~135쪽의 유사문제입니다. 한 번 더 풀어 보세요.

1 오른쪽과 같은 직육면체의 전개도를 접었을 때 변 ㄱㄴ과 수직으로 만나는 면의 기호를 모두 쓰시오.

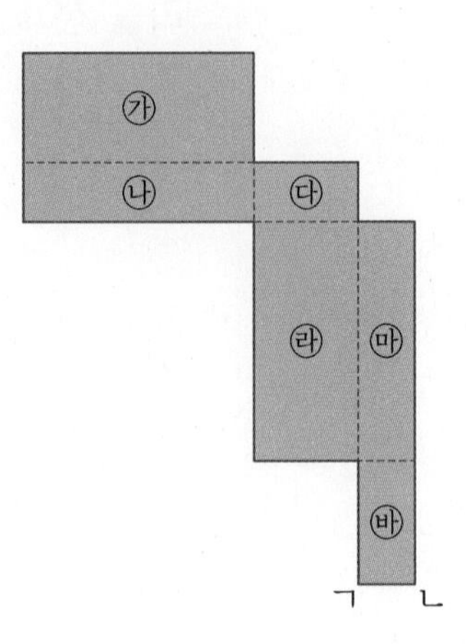

(   )

2 다음은 어떤 직육면체를 위, 앞, 옆에서 본 모양을 그린 것입니다. □ 안에 알맞은 수를 써넣으시오.

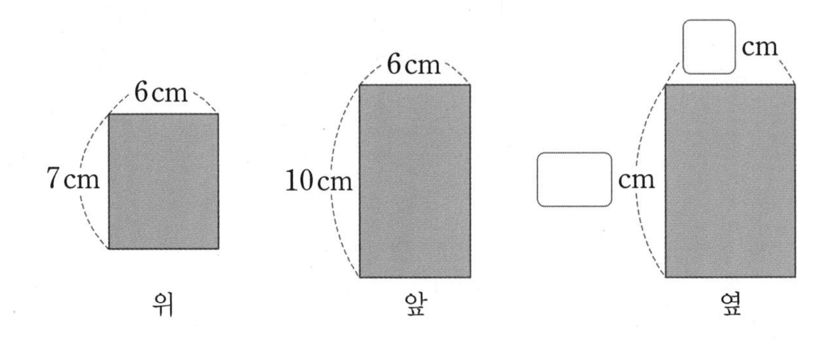

3 오른쪽 직육면체의 전개도에서 면 ㄴㄷㄹㅍ의 넓이는 몇 cm^2입니까?

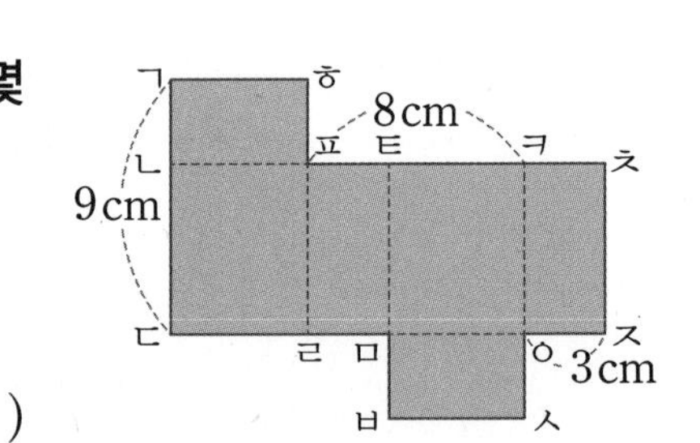

(   )

4 다음 직육면체에서 면 ㉮와 수직인 모서리 중 보이는 모서리의 길이의 합은 몇 cm입니까?

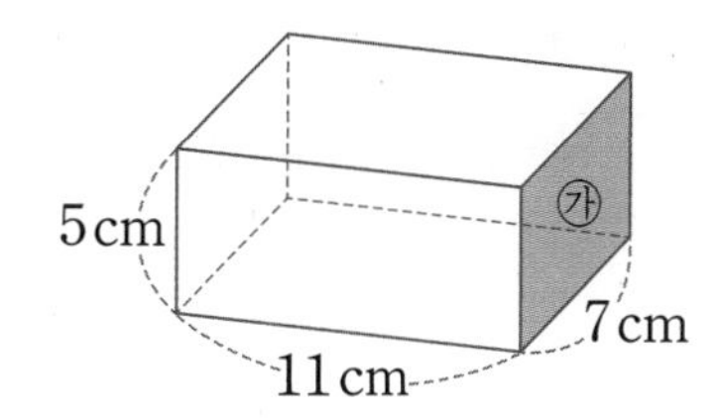

( )

5 둘레가 98 cm인 정육면체의 전개도를 접어 정육면체를 만들었습니다. 만든 정육면체의 모든 모서리의 길이의 합은 몇 cm입니까?

( )

6 왼쪽과 같은 전개도를 4개 만든 후 각각 접어서 4개의 정육면체를 만들었습니다. 이 정육면체를 면끼리 붙여서 만든 모양을 위에서 본 모양은 오른쪽 그림과 같습니다. 붙여서 만든 모양에서 바닥에 닿는 면에 쓰인 수의 합은 얼마입니까?

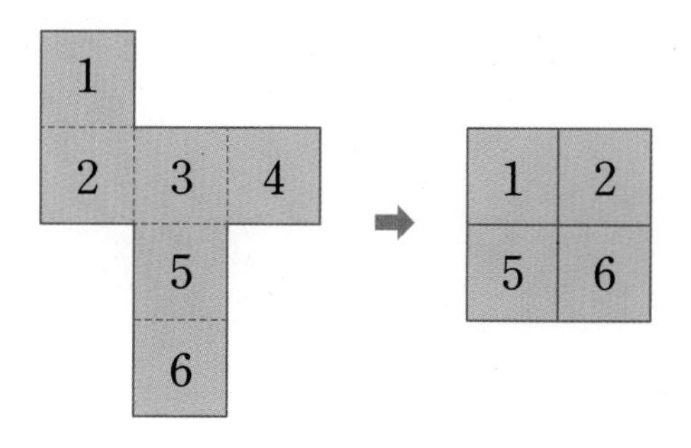

( )

7 다음과 같은 4가지 직사각형이 각각 2개씩 있습니다. 이 직사각형 중에서 6개를 이어 붙여서 직육면체를 만들었을 때 모서리의 길이의 합은 몇 cm입니까?

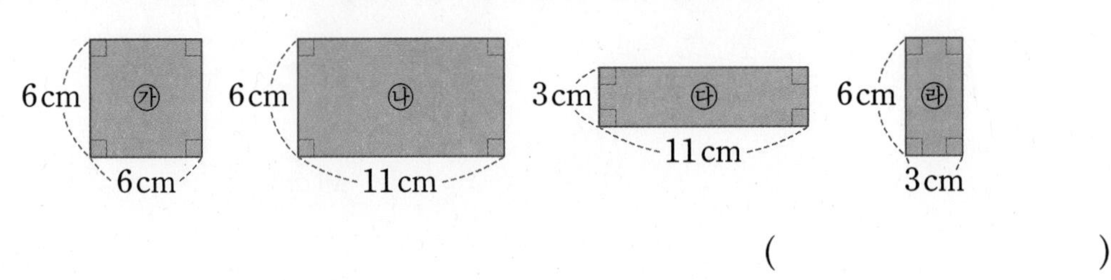

(　　　　　　　　　　)

8 오른쪽 전개도를 접어서 정육면체를 만들었을 때 평행한 두 면에 쓰인 수의 합이 모두 같도록 하려고 합니다. 오른쪽 전개도의 빈 곳에 들어갈 수들의 합은 얼마입니까?

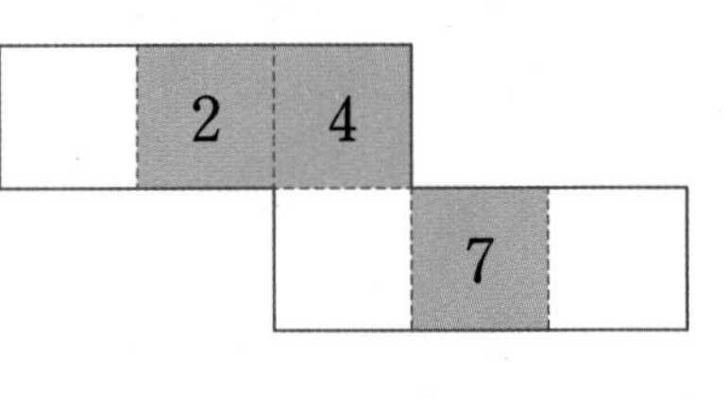

(　　　　　　　　　　)

9 오른쪽 전개도를 접어서 만들 수 있는 정육면체를 모두 찾아 기호를 쓰시오. (단, 알파벳의 방향은 생각하지 않습니다.)

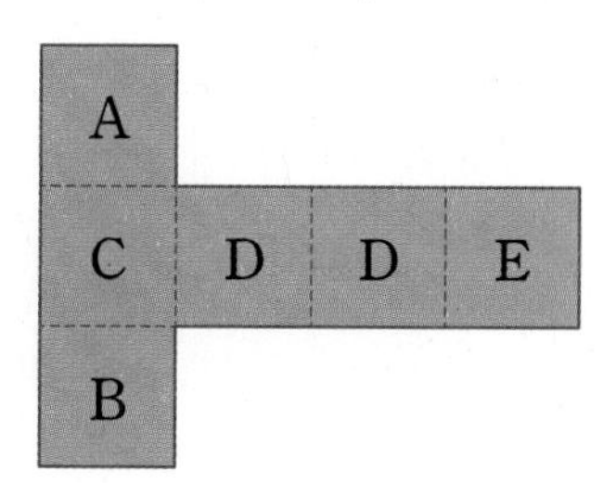

㉠ 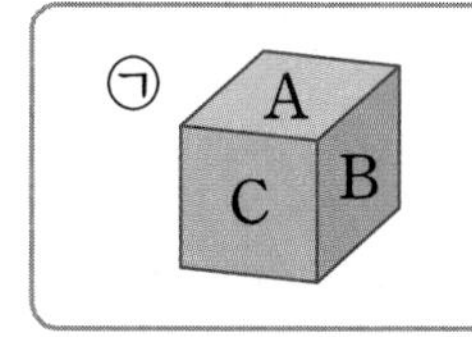

㉡ 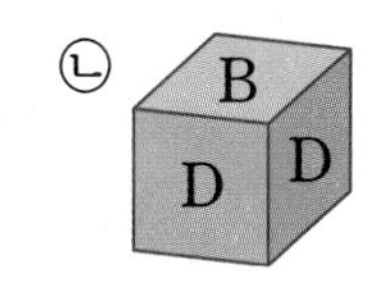

㉢ 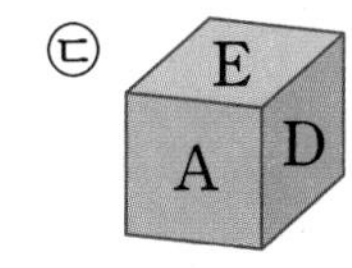

㉣ 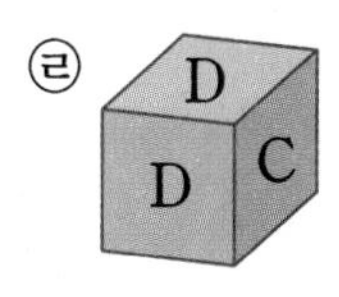

㉤ 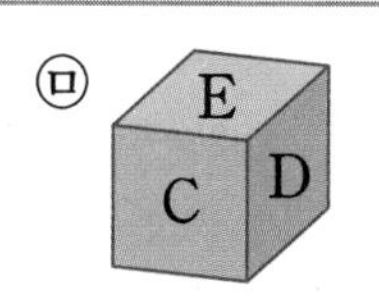

(　　　　　　　　　　)

10 왼쪽 그림은 서로 수직인 반직선 가, 나, 다를 그린 다음 그 위에 직육면체의 세 모서리를 꼭 맞게 놓은 것입니다. 이때 각 꼭짓점의 위치는 점 ㄹ에서부터의 거리를 생각하여 다음과 같이 나타낼 수 있습니다. 같은 방법으로 점 ㅂ의 위치를 나타내시오.

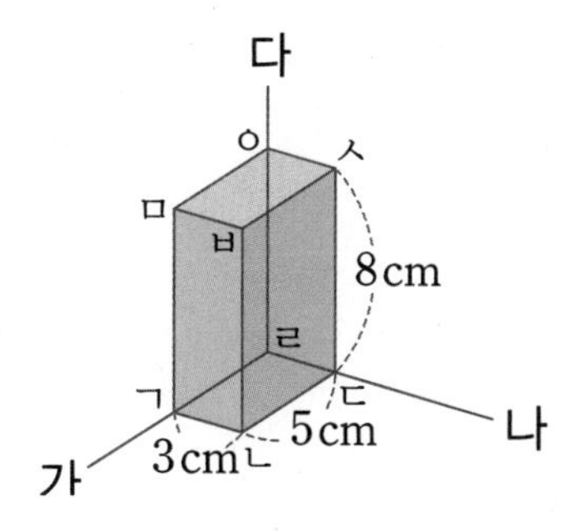

(가, 나, 다)
점 ㄹ → (0, 0, 0)
점 ㄱ → (5, 0, 0)
점 ㄷ → (0, 3, 0)
점 ㅁ → (5, 0, 8)

(　　　　,　　　　,　　　　)

6 평균과 가능성

본문 142~155p의 유사문제입니다. 한 번 더 풀어 보세요.

S 1

승훈이와 영주가 카드 놀이를 하고 있습니다. 1부터 10까지의 수가 각각 적힌 수 카드 10장 중에서 한 장을 뽑았을 때 9의 약수가 나오면 승훈이가 이기고, 2의 배수가 나오면 영주가 이기는 놀이입니다. 이 놀이는 승훈이와 영주 중 누구에게 더 유리합니까?

(　　　　　　　　　　)

S 2

서영이는 처음 4 km를 1시간 15분 동안 걸었고, 다음 5 km를 1시간 45분 동안 걸었습니다. 1 km를 걷는 데 평균 몇 분이 걸렸습니까?

(　　　　　　　　　　)

S 3

7개의 자연수가 있습니다. 작은 수부터 차례로 늘어놓았을 때 가장 작은 수부터 네 번째 수까지의 평균은 22이고, 가장 큰 수부터 네 번째 수까지의 평균은 45입니다. 7개의 자연수의 평균이 34일 때 네 번째 수는 얼마입니까?

(　　　　　　　　　　)

4 어느 볼링 모임의 지난해 회원 수는 22명이고 평균 나이는 31살이었습니다. 그런데 올해 4명의 회원이 탈퇴해서 평균 나이가 34살이 되었습니다. 탈퇴한 회원 4명의 올해 평균 나이는 몇 살입니까?

( )

5 농장별 돼지 수를 조사하여 나타낸 표입니다. 네 농장의 평균 돼지 수가 45마리이고, 라 농장의 돼지는 나 농장보다 12마리 더 많습니다. 나 농장의 돼지는 몇 마리입니까?

농장	가	나	다	라
돼지 수(마리)	37		51	

( )

6 단비네 학교 5학년 학생 40명의 제자리멀리뛰기 기록의 평균은 1.7 m입니다. 상위권 10명의 제자리멀리뛰기 기록의 평균과 나머지 학생의 제자리멀리뛰기 기록의 평균의 차가 0.4 m일 때, 상위권 10명의 제자리멀리뛰기 기록의 평균은 몇 m입니까?

(　　　　　　)

7 도현이네 반 학생들이 시험을 보았습니다. 전체 평균 점수는 85점, 여학생 15명의 평균 점수는 87.8점, 남학생의 평균 점수는 82점이었습니다. 도현이네 반 학생은 모두 몇 명입니까?

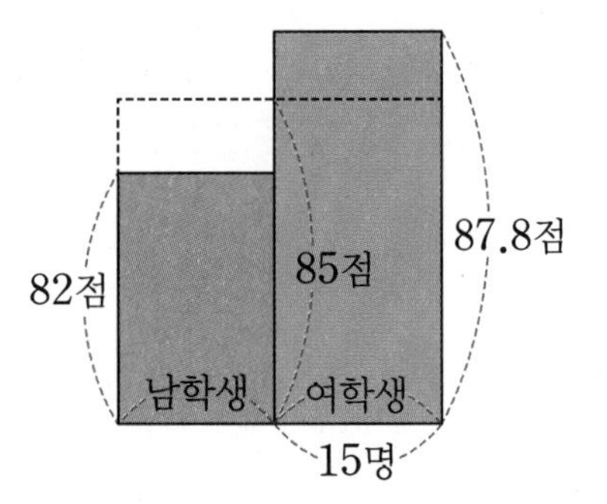

(　　　　　　)

6 평균과 가능성

정답과 풀이 94쪽

본문 156~158쪽의 유사문제입니다. 한 번 더 풀어 보세요.

1 상자 안에 크기가 같은 빨간색 공 3개, 파란색 공 3개, 초록색 공 2개가 있습니다. 첫 번째로 파란색 공 1개를 꺼냈고, 두 번째로 초록색 공 1개를 꺼냈습니다. 세 번째로 공 1개를 꺼낼 때 빨간색 공 또는 파란색 공이 나올 확률은 얼마입니까? (단, 꺼낸 공은 다시 넣지 않습니다.)

(　　　　　　　)

2 서로 다른 주사위 2개를 동시에 굴렸습니다. 두 주사위 눈의 수의 합이 8이 될 확률은 얼마입니까?

(　　　　　　　)

3 20명이 똑같이 돈을 내고 버스 한 대를 빌려 여행을 가려고 합니다. 그런데 7명이 갈 수 없게 되어 한 명당 내야 할 돈이 2800원씩 늘었습니다. 버스 한 대를 빌리는 값은 얼마입니까?

(　　　　　　　)

4 1부터 49까지 연속하는 자연수의 평균을 구하시오.

(　　　　　　　　)

5 성웅이의 팔굽혀펴기 기록을 나타낸 표입니다. 5회까지의 평균 기록을 4회까지의 평균 기록보다 적어도 1번 이상 높이려고 합니다. 3회까지의 평균 기록이 32번이라면 5회에는 팔굽혀펴기를 적어도 몇 번 해야 합니까?

팔굽혀펴기 기록

회	1	2	3	4	5
기록(번)	29	36		36	

(　　　　　　　　)

6 정현이와 진수가 수확한 고구마의 평균 무게는 22 kg, 진수와 승주가 수확한 고구마의 평균 무게는 19.5 kg, 정현이와 승주가 수확한 고구마의 평균 무게는 20.5 kg입니다. 세 사람이 수확한 고구마는 각각 몇 kg입니까?

정현 (　　　　　　), 진수 (　　　　　　), 승주 (　　　　　　)

7 민서가 본 시험 성적 중 수학 점수 87점을 81점으로 잘못 보고 계산하였더니 평균이 82점이 되었습니다. 실제 성적의 평균이 84점일 때, 민서가 본 시험의 과목은 몇 개입니까?

(　　　　　　　　)

8 다현이가 미술 대회에서 받은 점수의 평균을 나타낸 표입니다. 심사 위원에게 받은 가장 높은 점수가 18.9점일 때 심사 위원은 몇 명입니까? (단, 가장 높은 점수는 심사 위원 1명에게 받았습니다.)

미술 대회에서 받은 다현이의 평균 점수

	전체 평균 점수	가장 높은 점수를 제외한 평균 점수
점수(점)	15.3	14.4

( )

9 어느 수학 경시대회 응시자 수는 합격자 수의 5배였습니다. 합격자의 평균 점수는 응시자 전체의 평균 점수보다 12점 높고, 불합격자의 평균 점수는 46점이었습니다. 합격자의 평균 점수는 몇 점입니까?

( )

10 도윤이네 반 학생 25명이 수학 시험을 보았습니다. 시험 문제는 총 3문제이고 1번은 20점, 2번은 30점, 3번은 50점이었습니다. 반 평균 점수가 54점이라면 1번 문제를 맞힌 학생은 몇 명입니까?

점수별 학생 수

점수(점)	0	20	30	50	70	80	100
학생 수(명)	1		4	6	5		2

문제별 맞힌 학생 수

문제(번)	1	2	3
학생 수(명)			13

( )

MEMO

수능까지 연결되는 독해 로드맵

디딤돌 독해력은 수능까지 연결되는 체계적인 라인업을 통하여
수능에서 요구하는 핵심 독해 원리에 대한 이해는 물론,
단계별로 심화되며 연결되는 학습의 과정을 통해
깊이 있고 종합적인 독해 사고의 능력까지 기를 수 있도록 도와줍니다.

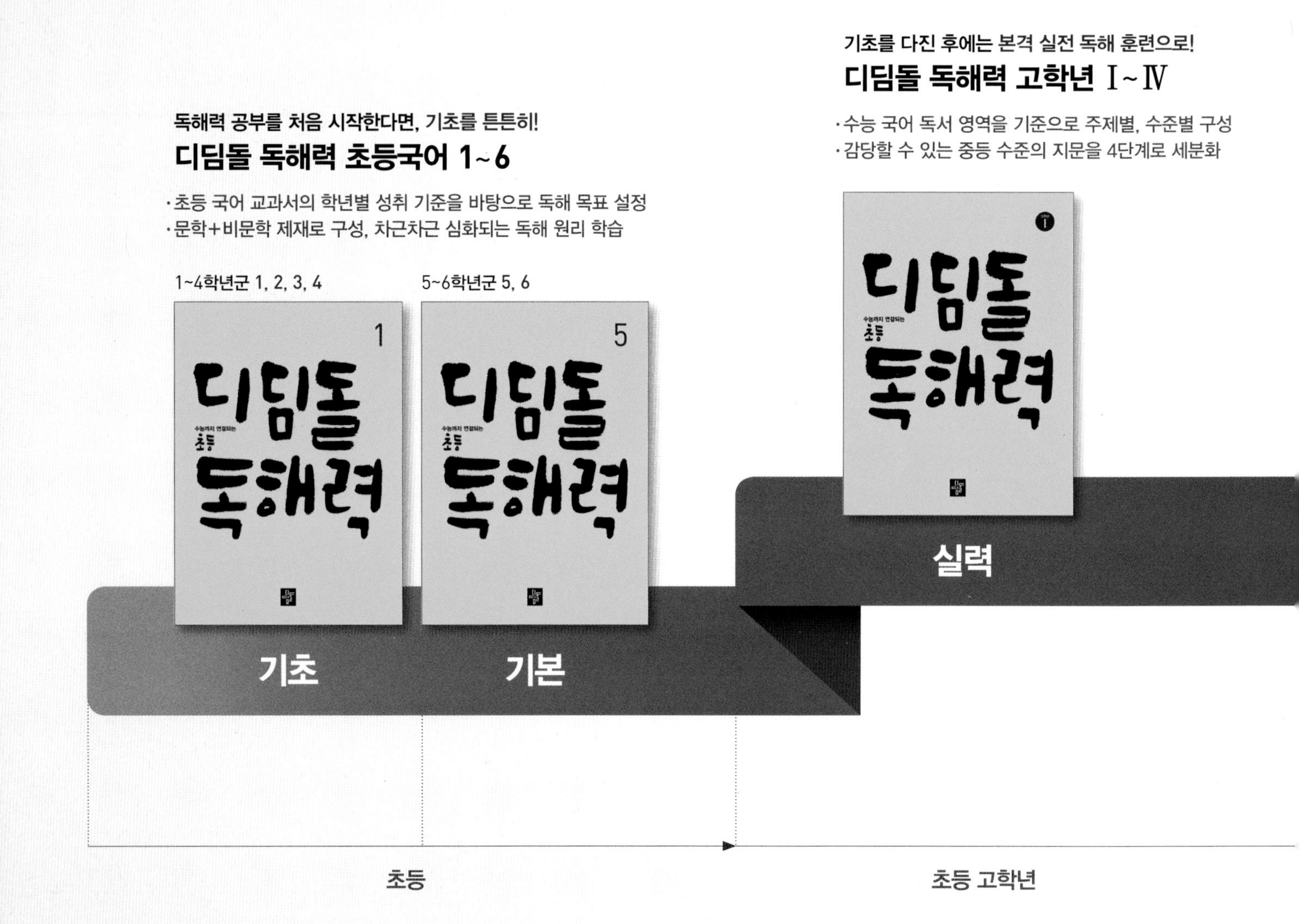

고등 입학 전 완성하는 독해 과정 전반의 심화 학습!

디딤돌 생각독해 중등국어 Ⅰ~Ⅴ

- 생각의 확장과 통합을 위한 '빅 아이디어(대주제)' 선정 및 수록
- 대주제 별 다양한 영역의 생각 읽기 및 생각의 구조화 학습

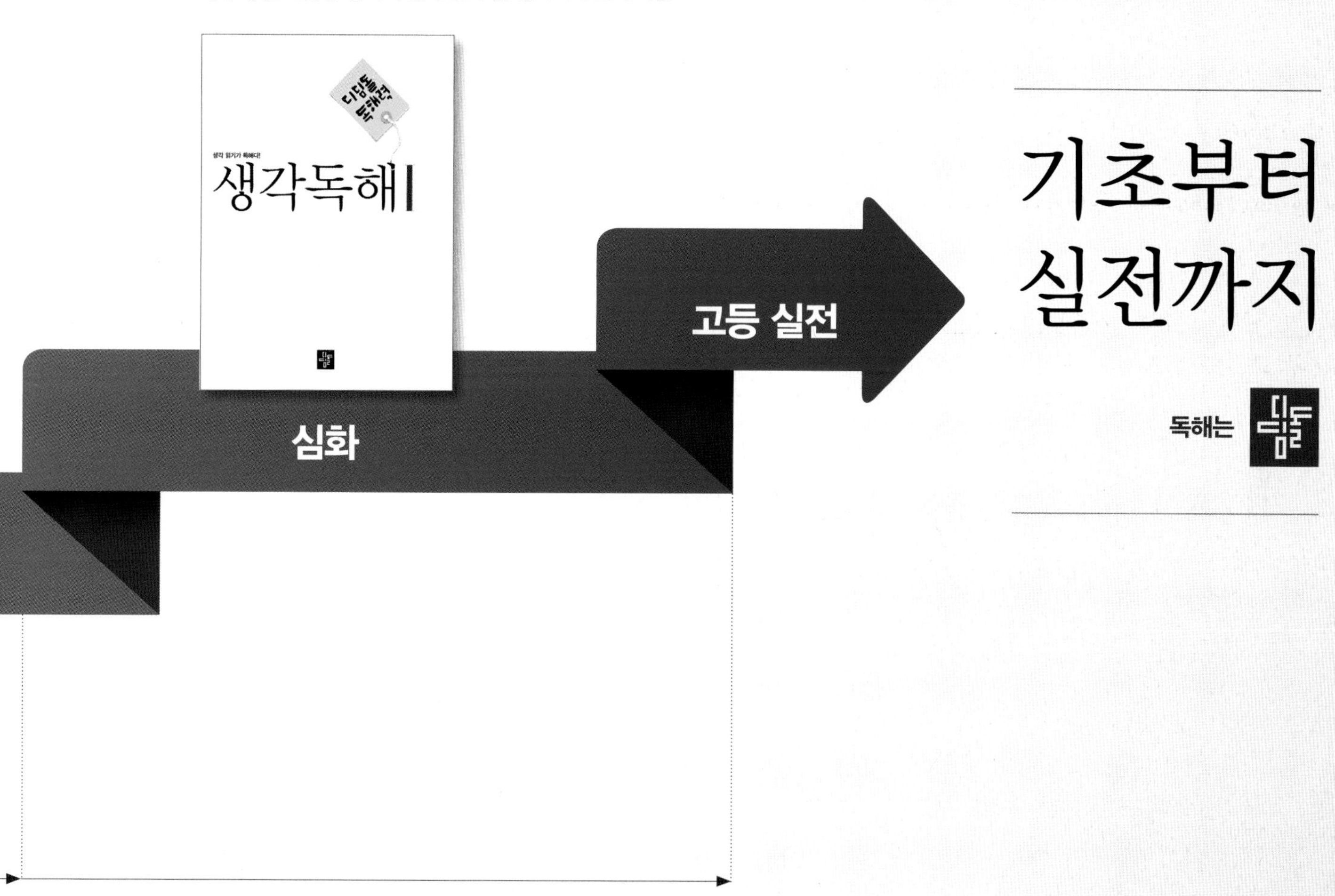

기초부터 실전까지

독해는 디딤돌

상위권의 기준

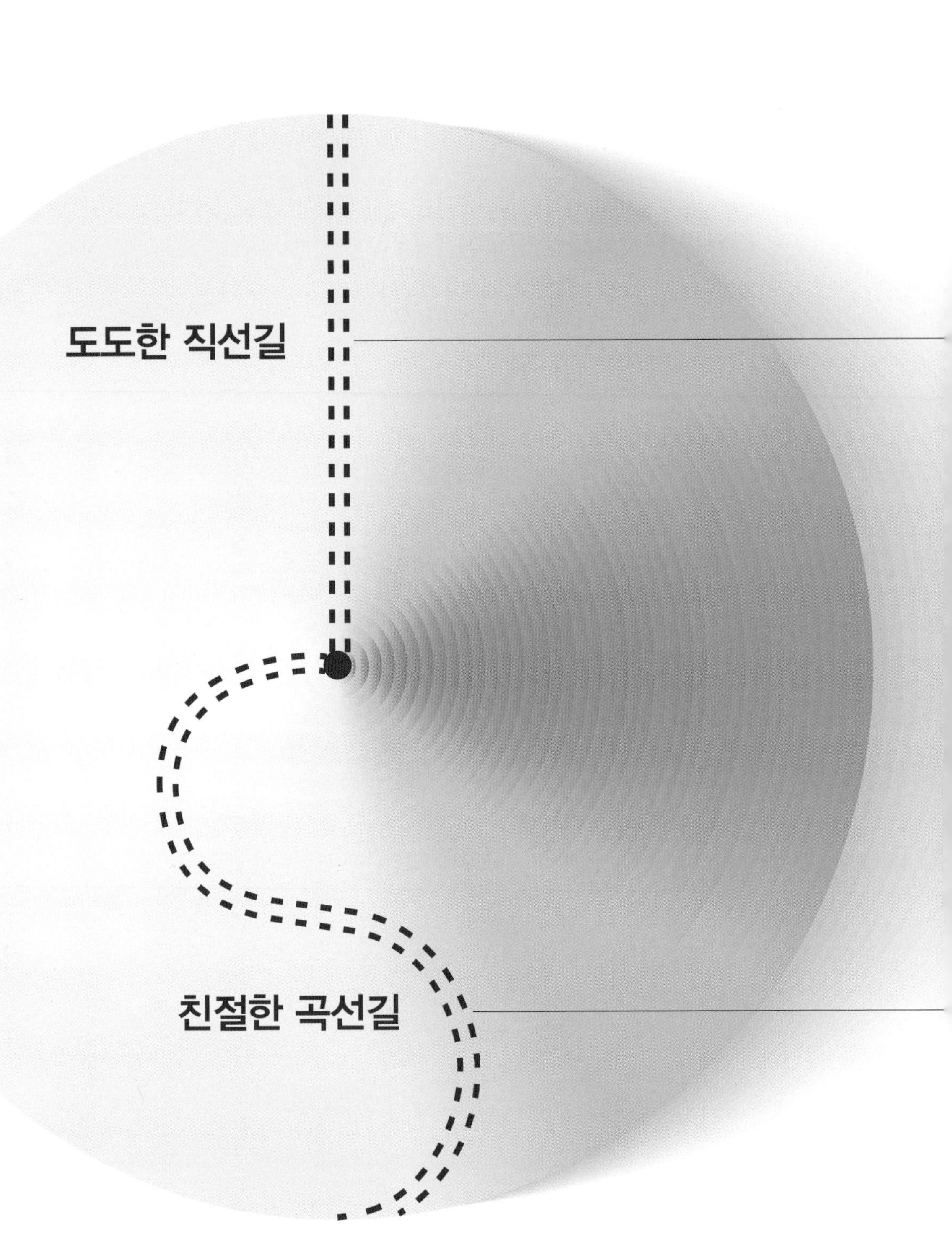

초등 5·2

상위권의 기준

최상위 수학 S

정답과 풀이

SPEED 정답 체크

1 수의 범위와 어림하기

BASIC CONCEPT 8~11쪽

1 이상과 이하, 초과와 미만

1 지윤, 서진, 운호 2 다, 라, 바 3 3개

4 (수직선: 10 11 12 13 14 15 16 17 18 19)

5 ㉠, ㉢ 6 부산, 광주

2 어림하기

1 1429 2 3799 3 7500

4 16000원 5 371상자

6 방법1 예 올림하여 천의 자리까지 나타내었습니다.
방법2 예 반올림하여 천의 자리까지 나타내었습니다.

7 (수직선: 260 270 280)

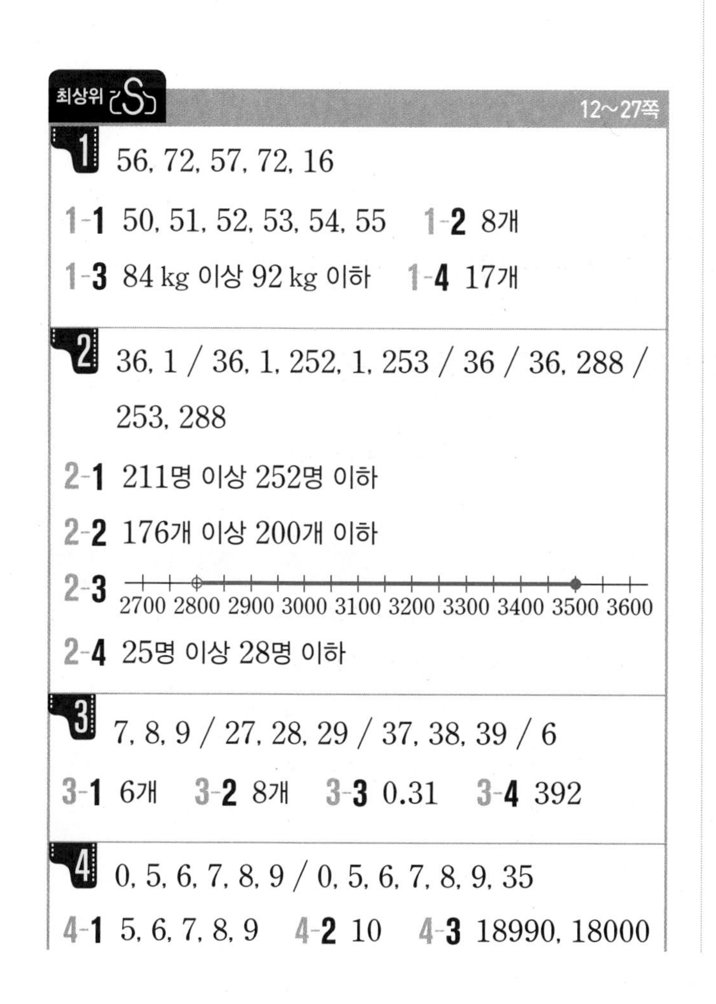

최상위 S 12~27쪽

1 56, 72, 57, 72, 16

1-1 50, 51, 52, 53, 54, 55 1-2 8개

1-3 84 kg 이상 92 kg 이하 1-4 17개

2 36, 1 / 36, 1, 252, 1, 253 / 36 / 36, 288 / 253, 288

2-1 211명 이상 252명 이하

2-2 176개 이상 200개 이하

2-3 (수직선: 2700 2800 2900 3000 3100 3200 3300 3400 3500 3600)

2-4 25명 이상 28명 이하

3 7, 8, 9 / 27, 28, 29 / 37, 38, 39 / 6

3-1 6개 3-2 8개 3-3 0.31 3-4 392

4 0, 5, 6, 7, 8, 9 / 0, 5, 6, 7, 8, 9, 35

4-1 5, 6, 7, 8, 9 4-2 10 4-3 18990, 18000

5 포함되고에 ○표 / 포함되지 않습니다에 ○표 / 24, 23, 22, 21, 20, 19, 18, 17, 16 / 16

5-1 34 5-2 3.8 5-3 73, 74

5-4 57, 58, 59

6 423, 418, 841 / 841, 2, 1682 / 올림에 ○표 / 1690

6-1 350000원 6-2 112000원

6-3 2040000원 6-4 14400원

7 30279, 30279, 279 / 29730, 29730, 270 / 29730, 29700

7-1 7070 7-2 59600 7-3 302000

7-4 89990000

8 34950, 35049 / 27500, 28499 / 35049, 27500, 7549

8-1 300명 8-2 51499대 8-3 4287자루

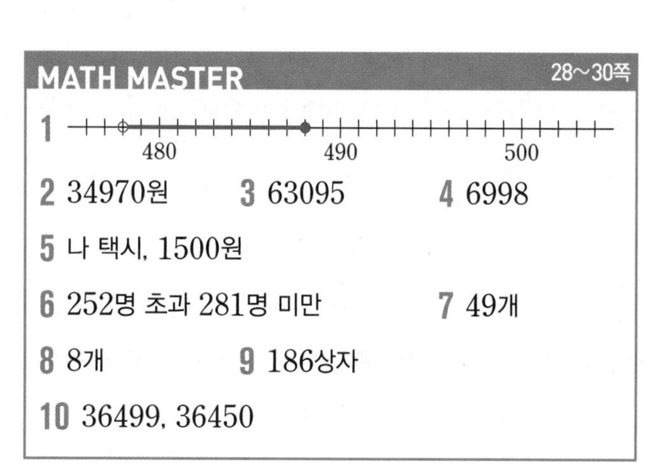

MATH MASTER 28~30쪽

1 (수직선: 480 490 500)

2 34970원 3 63095 4 6998

5 나 택시, 1500원

6 252명 초과 281명 미만 7 49개

8 8개 9 186상자

10 36499, 36450

2 분수의 곱셈

BASIC CONCEPT
32~37쪽

1 진분수의 곱셈

1 ③ 2 750 m 3 $4\frac{4}{7}$ m

4 $\frac{3}{20}$ 5 $\frac{1}{4}$ 6 3, $\frac{1}{4}$

2 대분수의 곱셈

1 예 $15\times2\frac{2}{3}=\overset{5}{\cancel{15}}\times\frac{8}{\underset{1}{\cancel{3}}}=5\times8=40$

2 1, 2, 3 3 $1\frac{1}{4}$ 4 $1\frac{1}{15}$배

5 (1) 20, 4, 24 (2) $3\frac{3}{5}$, $1\frac{1}{5}$, $4\frac{4}{5}$

3 세 분수의 곱셈

1 $\frac{9}{32}$ 2 ㉡

3 예 $\frac{1}{12}\times\frac{2}{11}\times\frac{4}{10}=\frac{1}{165}$, $\frac{1}{165}$

4 5

최상위 S
38~53쪽

1 60, 60 / 1, 2, 3, 4, 5, 6, 7 / 7

1-1 > 1-2 5 1-3 13개 1-4 11, 2

2 450, 100 / 100, 550

2-1 6 m 2-2 1650권 2-3 40 kg

2-4 27명

3 45, $\frac{3}{4}$ / $\frac{3}{4}$, 45, 45, 45 / 4500000, 9

3-1 2 cm 3-2 3 cm 3-3 5 cm

3-4 $9\frac{7}{10}$ cm

4 2, 1, $13\frac{1}{3}$

4-1 5 km 4-2 $\frac{1}{3}$ m^2 4-3 18명

4-4 $1\frac{1}{24}$ kg

5 3, 3, 1, 2, 1, 10000 / 10000

5-1 60자루 5-2 216쪽 5-3 2시간 15분

5-4 630명

6 20, $16\frac{2}{3}$, $13\frac{8}{9}$

6-1 8 m 6-2 $5\frac{5}{49}$ m 6-3 $62\frac{1}{2}$ m

6-4 $121\frac{1}{4}$ m

7 $2\frac{5}{8}$, $5\frac{1}{3}$ / 21, 16, 14

7-1 $6\frac{2}{3}$ km 7-2 $8\frac{1}{8}$ L 7-3 $15\frac{1}{45}$ km

7-4 $\frac{11}{36}$

8 $1\frac{1}{5}$, $\frac{9}{10}$ / $\frac{9}{10}$

8-1 $1\frac{2}{3}$배 8-2 $1\frac{1}{15}$배 8-3 $1\frac{4}{21}$배

8-4 $1\frac{19}{80}$배

MATH MASTER
54~56쪽

1 $3\frac{2}{3}$ km 2 흰색, $\frac{23}{72}$ 3 $\frac{27}{4}$

4 $4\frac{2}{7}$ 5 $\frac{2}{9}$ 6 42 km

7 오후 2시 17분 30초 8 $\frac{1}{101}$

9 $21\frac{3}{4}$ km 10 90개

3 합동과 대칭

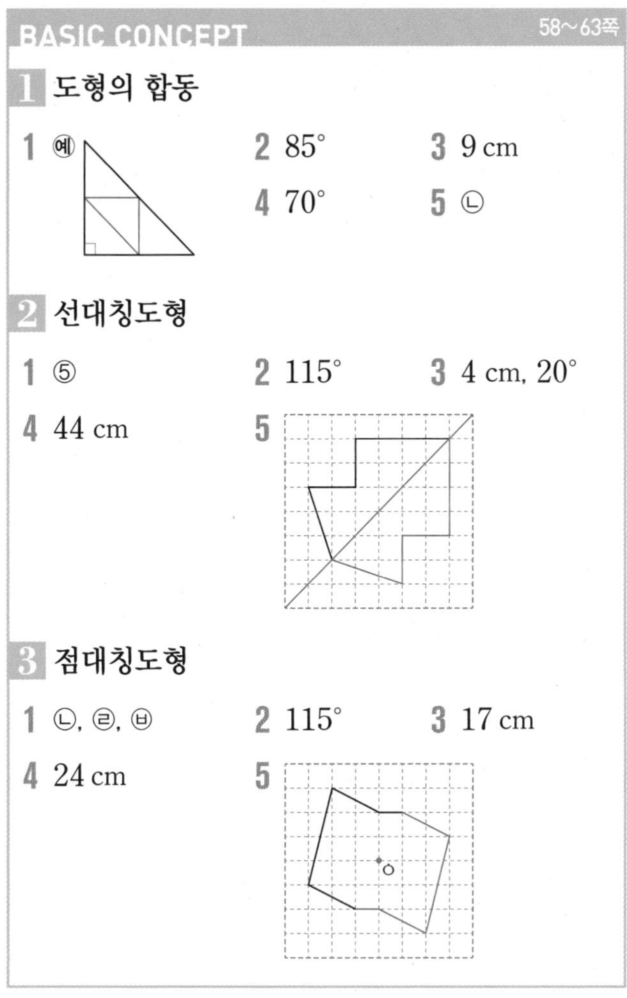

BASIC CONCEPT 58~63쪽

1 도형의 합동

1 예

2 85°　　3 9 cm

4 70°　　5 ㉡

2 선대칭도형

1 ⑤　　2 115°　　3 4 cm, 20°

4 44 cm　　5

3 점대칭도형

1 ㉡, ㉣, ㉥　　2 115°　　3 17 cm

4 24 cm　　5

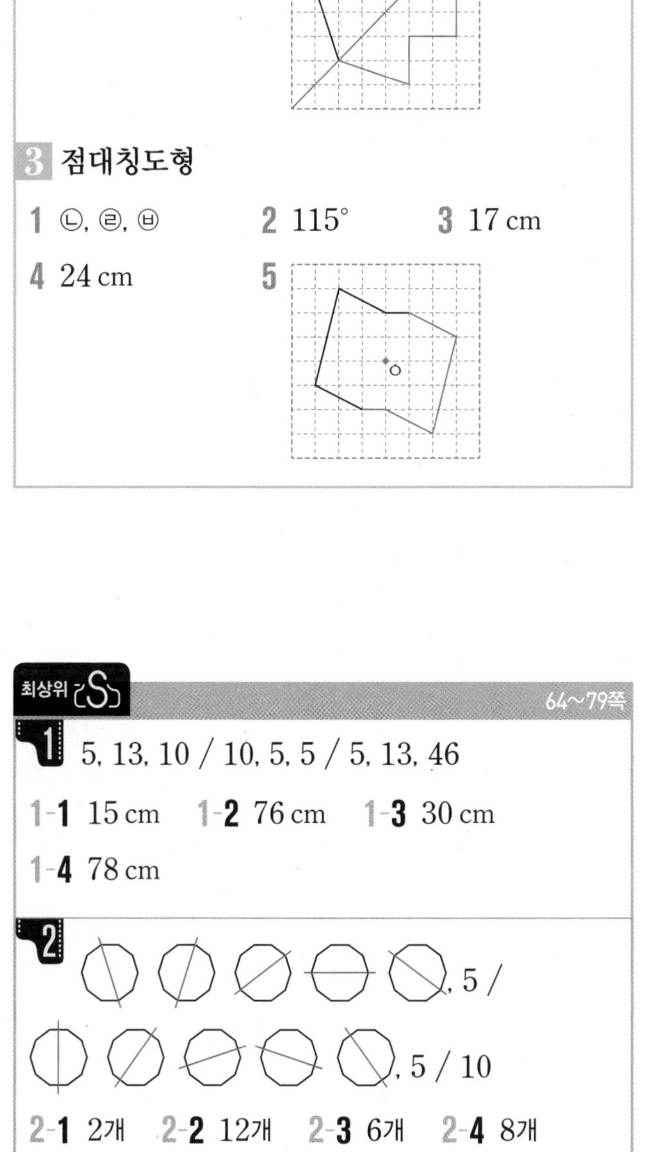

최상위 S 64~79쪽

1 5, 13, 10 / 10, 5, 5 / 5, 13, 46

1-1 15 cm　1-2 76 cm　1-3 30 cm

1-4 78 cm

2 , 5 /

, 5 / 10

2-1 2개　2-2 12개　2-3 6개　2-4 8개

3 6, 6, 14 / 14, 6, 102

3-1 120 cm^2　3-2 242 cm^2　3-3 42 cm^2

3-4 90 cm^2

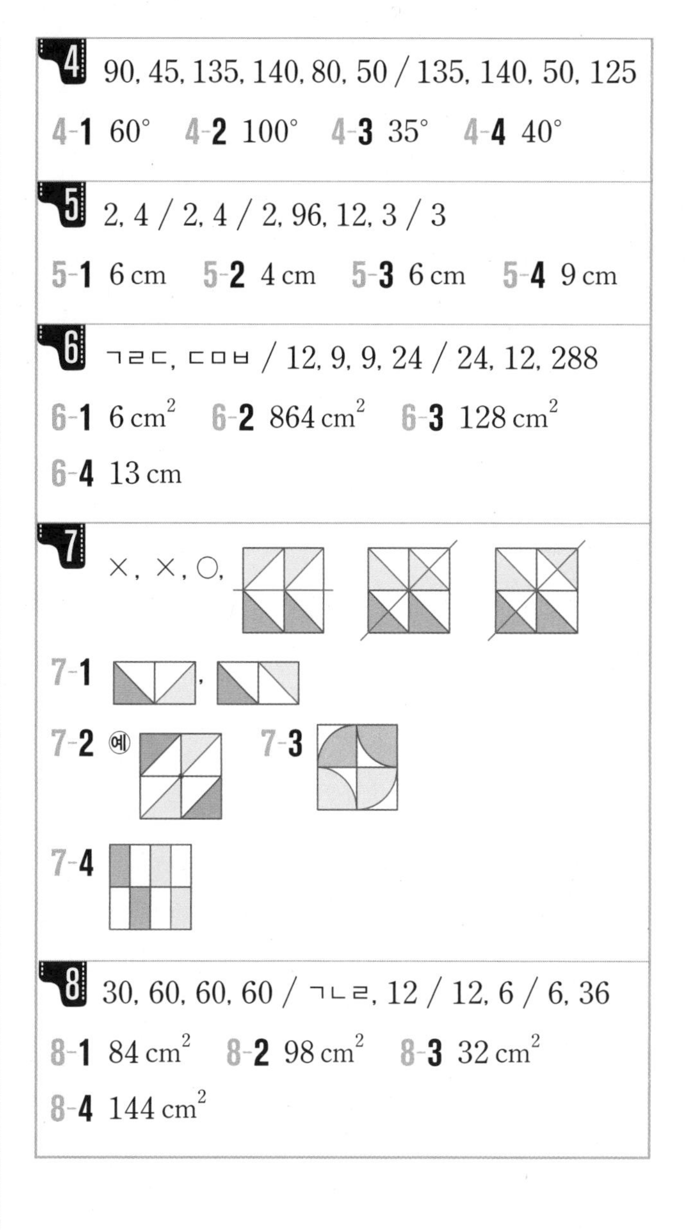

4 90, 45, 135, 140, 80, 50 / 135, 140, 50, 125

4-1 60°　4-2 100°　4-3 35°　4-4 40°

5 2, 4 / 2, 4 / 2, 96, 12, 3 / 3

5-1 6 cm　5-2 4 cm　5-3 6 cm　5-4 9 cm

6 ㄱㄹㄷ, ㄷㅁㅂ / 12, 9, 9, 24 / 24, 12, 288

6-1 6 cm^2　6-2 864 cm^2　6-3 128 cm^2

6-4 13 cm

7 ×, ×, ○,

7-1

7-2 예　7-3

7-4

8 30, 60, 60, 60 / ㄱㄴㄹ, 12 / 12, 6 / 6, 36

8-1 84 cm^2　8-2 98 cm^2　8-3 32 cm^2

8-4 144 cm^2

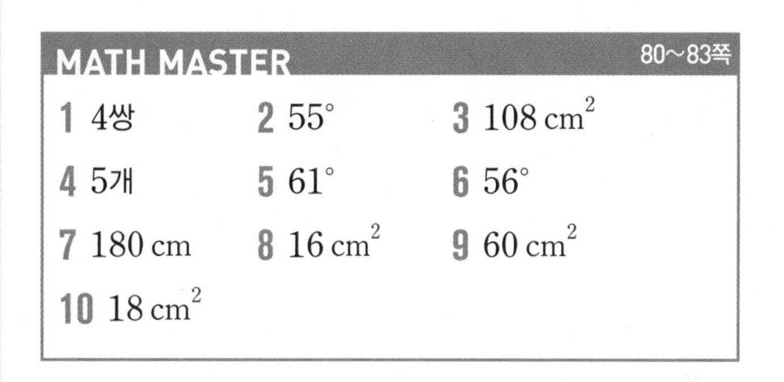

MATH MASTER 80~83쪽

1 4쌍　2 55°　3 108 cm^2

4 5개　5 61°　6 56°

7 180 cm　8 16 cm^2　9 60 cm^2

10 18 cm^2

4 소수의 곱셈

BASIC CONCEPT
86~91쪽

1 (소수)×(자연수), (자연수)×(소수)

1 ㉢　2 49 kg　3 8.75 km

4 ㉡, ㉢　5 (1) 5, 8.5 (2) 2.59, 7.77

2 (소수)×(소수)

1 예 곱해지는 수와 곱하는 수가 모두 소수 한 자리 수이므로 계산 결과는 소수 두 자리 수가 되어야 하는데 소수점을 잘못 찍어 틀렸습니다.

$$\begin{array}{r} 25.8 \\ \times\ 6.2 \\ \hline 516 \\ 1548\ \\ \hline 159.96 \end{array}$$

2 420, 42, 4.2

3 =, 3.6

4 0.855 kg　5 정사각형, 0.349 cm^2

6 (위에서부터) 0.49, 0.98, 0.49 / 0.49, 0.7, 0.49

3 곱의 소수점의 위치

1 ㉢　2 ③　3 758 g

4 ㉣　5 6800　6 ㉠

최상위 S
92~105쪽

1 100, 100, 10000 / 10000

1-1 1000배　1-2 100배　1-3 0.001

1-4 0.28

2 0.7, 0.7, 1.13 / 1.8, 1.13, 1.8, 2.034 / 2.034, 1.9, 1.13, 재우

2-1 1.485 L　2-2 56.28 kg　2-3 630대

2-4 88명

3 10, 9 / 10, 95 / 9, 13.5 / 95, 13.5, 81.5 / 81.5

3-1 39 cm　3-2 93.3 cm　3-3 4.21 m

3-4 2 cm

4 24, 4, 2.4 / 2.4, 200.4 / 200.4, 16.032

4-1 6.88 cm　4-2 12.95 L　4-3 52.2 L

4-4 23.69 km

5 8, 94.4 / 11.8, 31.6, 426.6 / 94.4, 426.6, 521

5-1 71.19 cm^2　5-2 207.05 cm^2

5-3 20 cm^2　5-4 78.33 m^2

6 7, 5, 1, 7 / 7, 1, 60.35 / 7, 5, 60.75 / 60.75, 60.35, 60.75

6-1 31.2　6-2 20.88　6-3 0.3348

6-4 9.2

7 0.1, 0.01 / 0.8, 0.2 / 0.8, 0.2 / 10 / 4234

7-1 0.84, 0.36, 1.2 / 0.3, 1, 1.2

7-2 621　7-3 914　7-4 13

MATH MASTER
106~108쪽

1 68.45　2 10050　3 513명

4 28.8 m　5 45.09 L　6 135.6 cm

7 31.8 m　8 1　9 0.625 kg

10 0.108 km

5 직육면체

BASIC CONCEPT 110~115쪽

1 직육면체, 정육면체

1 두 번째, 네 번째 그림에 ○표

2 ④, ⑤

3 20 cm

4 (1) × (2) × (3) ○

5 (1) × (2) ○ (3) × (4) ×

6 ㉡

2 직육면체의 성질, 직육면체의 겨냥도

1 (1) 면 ㄱㅁㅇㄹ (2) 4개

2 면 ㄱㄴㅂㅁ

3 예 보이지 않는 모서리를 점선으로 그려야 하는데 실선으로 그렸습니다.

4 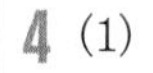 (1) 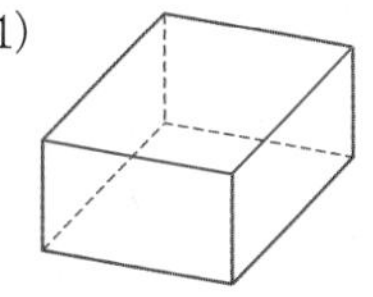 (2) 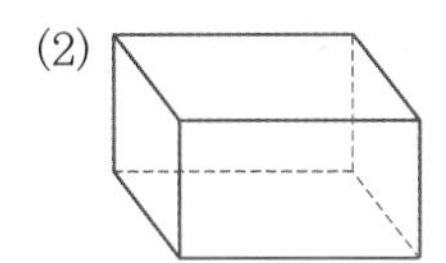

5 3, 3

6 2가지

3 직육면체의 전개도

1 ㉣, ㉤

2 선분 ㅌㅍ

3

♡	☆		
	◇	♡	
		☆	◇

4 (위에서부터) 3, 5

5 ㉡, ㉣

최상위 S 116~131쪽

1 16, 5

1-1 10 cm **1-2** 6 **1-3** 72 cm **1-4** 68 cm

2 14 / 14 / 14, 210, 14, 15

2-1 8 cm **2-2** 144 cm **2-3** 3

3 2, 16 / 2, 24 / 4, 60 / 16, 24, 60, 100 / 100, 130

3-1 64 cm **3-2** 154 cm **3-3** 80 cm

3-4 0.44 m

4 1, 1, 6 / 2, 2, 5 / 3, 3, 4 / ㉢

4-1 4, 1, 2 **4-2** ㉣ **4-3** 2, 6

5 2, 5 / 5, 3, 3, 4 / 4, 4, 4, 3 / 3

5-1 3 **5-2** 4 **5-3** 1, 6

6 4, 4, 4 / 4, 4, 4, 12

6-1 3개씩 **6-2** 14개 **6-3** 8개

7 ㄹ, ㄷ /

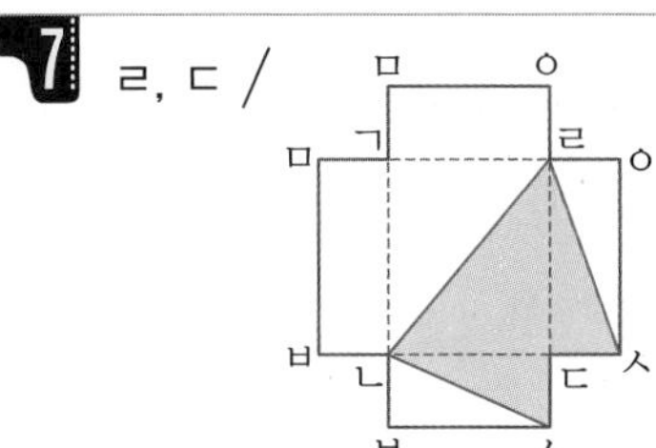

7-1

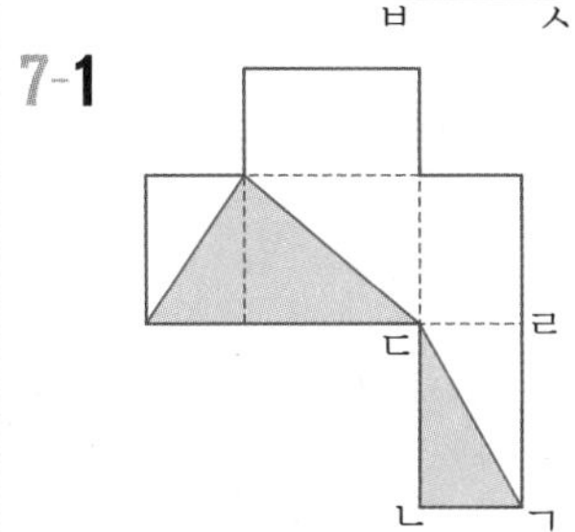

7-2

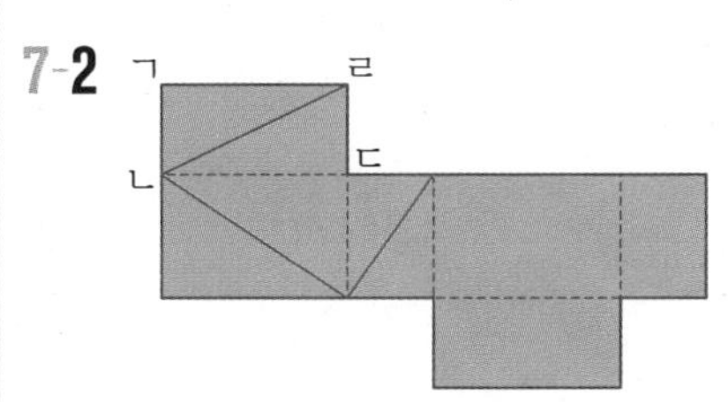

8 E, F, B, D / 1, 4 / C

8-1 노란색, 빨간색, 초록색, 주황색 / 흰색 **8-2** 4

8-3 28

MATH MASTER 132~135쪽

1 면 ㉯, 면 ㉱

2 (위에서부터) 6, 4

3 8 cm²

4 30 cm

5 96 cm

6 12

7 80 cm

8 24

9 ㉡

10 4, 5, 3

6 평균과 가능성

BASIC CONCEPT 138~141쪽

1 평균

1 30명
2 8월, 11월, 12월
3 23권
4 지후네 모둠, 3 m
5 24명
6 20, 18, 12

2 일이 일어날 가능성

1 ㉢
2 (수직선 0, $\frac{1}{2}$, 1 중 $\frac{1}{2}$에 화살표)
3 ㉡
4 3장
5 ①

최상위 S 142~155쪽

1 6 / 2, 4, 6, 3, 3 / 3, 6, 2, 2 / 6, 1, 1 / ㉢

1-1 $\frac{7}{50}$　1-2 ㉡　1-3 ㉡　1-4 영호

2 90, 85, 3, 435, 3, 5 / 435, 5, 87

2-1 12 km　2-2 84 km　2-3 30분

2-4 50 m^2

3 114 / 114, 36, 36, 40, 40, 38

3-1 75번　3-2 한수　3-3 32　3-4 46

4 1836, 6, 1980, 1980, 1836, 144 / 144, 24

4-1 24살　4-2 35살　4-3 32살　4-4 64점

5 1580 / 1580, 410, 720 / 720 / 720, 800, 400 / 400

5-1 220그루　5-2 47마리　5-3 2625가마니

6 741, 247 / 247, 415 / 415, 289

6-1 19권　6-2 3 kg　6-3 18 m

7 40, 2, 20, 20

7-1 60명　7-2 12명　7-3 33명　7-4 6명

MATH MASTER 156~158쪽

1 $\frac{3}{7}$
2 $\frac{5}{36}$
3 115500원
4 32
5 34번
6 16 kg, 18 kg, 21 kg
7 3개
8 3명
9 72점
10 14명

복습책

1 수의 범위와 어림하기

다시푸는 최상위 S 2~4쪽

1 9개
2 481명 이상 560명 이하
3 6개
4 0, 1, 2, 3, 4
5 70
6 5180000원
7 40400
8 8999원

다시푸는 MATH MASTER 5~7쪽

1 (수직선: 350, 360, 370)
2 2850원
3 56996
4 14649
5 929원
6 257명 이상 264명 이하
7 5개
8 6개
9 124상자
10 6239, 6235

2 분수의 곱셈

다시푸는 최상위 S 8~10쪽

1 9, 2
2 15 kg
3 3 cm
4 48쪽
5 270명
6 $121\frac{2}{3}$ m
7 $\frac{2}{9}$
8 $1\frac{1}{10}$ 배

다시푸는 MATH MASTER 11~13쪽

1 $3\frac{2}{5}$ km
2 흰색, $\frac{25}{96}$
3 48
4 $2\frac{2}{11}$
5 $\frac{9}{20}$
6 $12\frac{1}{2}$ km
7 오후 1시 28분 30초
8 $\frac{1}{1281}$
9 $11\frac{2}{3}$ km
10 60개

3 합동과 대칭

다시푸는 최상위 S 14~16쪽

1 40 cm
2 8개
3 84 cm^2
4 55°
5 76 cm
6 800 cm^2
7 (그림)
8 108 cm^2

다시푸는 MATH MASTER 17~20쪽

1 4쌍
2 30°
3 80 cm^2
4 7개
5 30°
6 100°
7 120 cm
8 6 cm
9 52 cm^2
10 240 cm^2

4 소수의 곱셈

다시푸는 최상위 S 21~23쪽

1 0.18
2 540개
3 11.01 m
4 24.48 km
5 21 cm^2
6 5.138
7 649

다시푸는 MATH MASTER 24~26쪽

1 11.25
2 11715
3 396명
4 85.5 m
5 50.49 L
6 90.4 cm
7 21.36 m
8 9
9 1.44 kg
10 3.12 km

5 직육면체

다시푸는 최상위 S 27~29쪽

1 96 cm
2 3
3 62 cm
4 4, 1
5 2, 5
6 24개
7

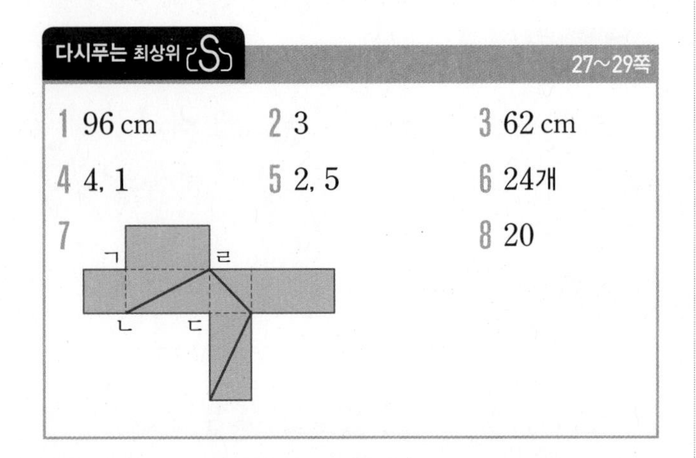

8 20

다시푸는 MATH MASTER 30~33쪽

1 면 ㉮, 면 ㉱
2 (위에서부터) 7, 10
3 30 cm^2
4 33 cm
5 84 cm
6 13
7 80 cm
8 14
9 ㉡, ㉢
10 5, 3, 8

6 평균과 가능성

다시푸는 최상위 S 34~36쪽

1 영주
2 20분
3 30
4 23살
5 40마리
6 2 m
7 29명

다시푸는 MATH MASTER 37~39쪽

1 $\frac{5}{6}$
2 $\frac{5}{36}$
3 104000원
4 25
5 38번
6 23 kg, 21 kg, 18 kg
7 3개
8 5명
9 61점
10 14명

1 수의 범위와 어림하기

1 이상과 이하, 초과와 미만

08~09쪽

1 지율, 서진, 운호

145 cm 이하인 키는 138.6 cm, 145.0 cm, 142.5 cm입니다.
따라서 놀이기구를 탈 수 없는 사람은 지율, 서진, 운호입니다.

2 다, 라, 바

5.3 m(=530 cm) 미만인 자동차의 높이는 490 cm, 460 cm, 508 cm입니다.
따라서 육교 아래를 통과할 수 있는 자동차는 다, 라, 바입니다.

3 3개

32 이상 35 미만인 수는 32와 같거나 크고 35보다 작은 수입니다.
따라서 32 이상 35 미만인 수는 32, 33.6, 34로 3개입니다.

4 풀이 참조

10 11 12 13 14 15 16 17 18 19

12 초과 16 이하인 수는 12보다 크고 16과 같거나 작은 수입니다.

5 ㉠, ㉢

㉠ 64와 같거나 크고 67보다 작은 수의 범위이므로 64가 포함됩니다.
㉡ 64보다 크고 68과 같거나 작은 수의 범위이므로 64가 포함되지 않습니다.
㉢ 63보다 크고 66보다 작은 수의 범위이므로 64가 포함됩니다.
㉣ 62와 같거나 크고 63과 같거나 작은 수의 범위이므로 64가 포함되지 않습니다.

6 부산, 광주

18 ℃ 초과 20 ℃ 이하인 기온은 18.3 ℃(부산), 19.7 ℃(광주)입니다.

2 어림하기

10~11쪽

1 1429

□□29를 올림하여 백의 자리까지 나타내면 1500이므로 올림하기 전의 수는 1429입니다.

2 3799

버림하여 백의 자리까지 나타내면 3700이 되는 자연수는 3700부터 3799까지입니다.
따라서 가장 큰 수는 3799입니다.

3 7500

주어진 수 카드 4장으로 만들 수 있는 가장 큰 네 자리 수는 7542입니다.
따라서 7542를 반올림하여 백의 자리까지 나타내면 7500입니다.

4 16000원

(책값)$=8500+6900=15400$(원)
따라서 15400원을 1000원짜리 지폐로만 낸다면 최소 16000원을 내고 600원의 거스름돈을 받게 됩니다.

5 371상자

사탕 3716봉지를 한 상자에 10봉지씩 담으면 371상자에 담고 6봉지가 남습니다.
따라서 상자에 담아서 팔 수 있는 사탕은 최대 371상자입니다.

6 풀이 참조

방법1 예 올림하여 천의 자리까지 나타내었습니다.
방법2 예 반올림하여 천의 자리까지 나타내었습니다.

7 풀이 참조

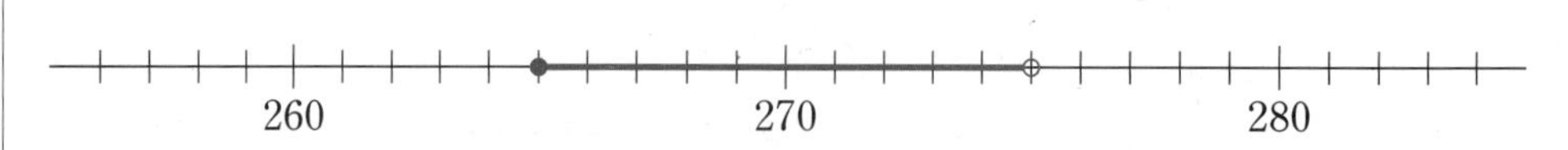

반올림하여 십의 자리까지 나타내면 270이 되는 수의 범위는 265 이상 275 미만인 수입니다.

12~13쪽

두 수의 범위를 하나의 수직선에 나타내어 봅니다.

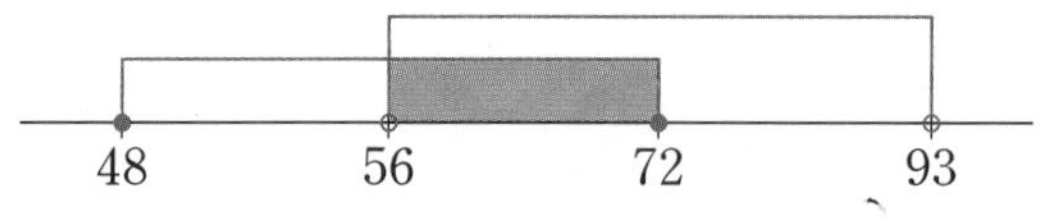

두 수의 범위의 공통 범위는 56 초과 72 이하인 수입니다.
두 수의 범위에 공통으로 속하는 자연수는 57부터 72까지이므로
모두 16개입니다.

1-1 50, 51, 52, 53, 54, 55

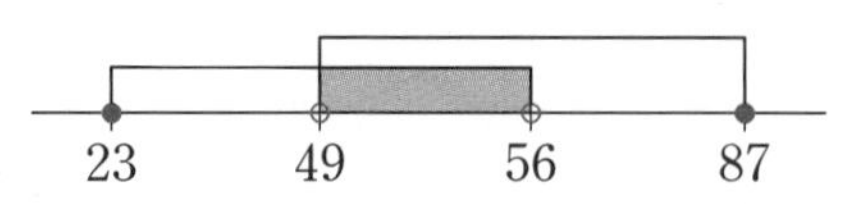

두 수의 범위의 공통 범위는 49 초과 56 미만인 수입니다.
따라서 49 초과 56 미만인 자연수는 50, 51, 52, 53, 54, 55입니다.

1-2 8개

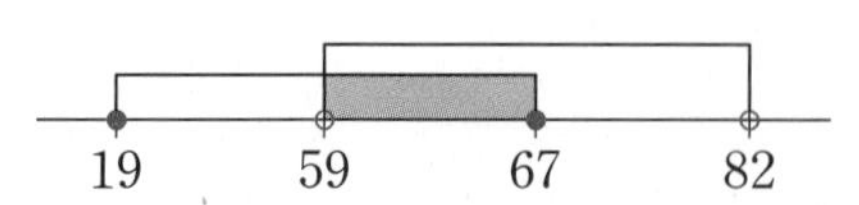

두 수의 범위의 공통 범위는 59 초과 67 이하인 수입니다.
따라서 59 초과 67 이하인 자연수는 60, 61, 62, 63, 64, 65, 66, 67로 모두 8개입니다.

1-3 84 kg 이상 92 kg 이하

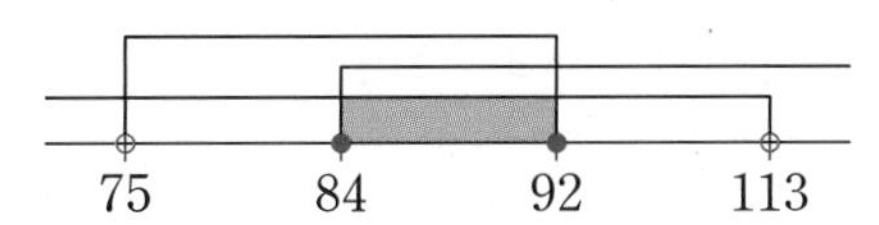

세 수의 범위의 공통 범위는 84 이상 92 이하인 수입니다.
따라서 폐종이의 무게는 84 kg 이상 92 kg 이하입니다.

1-4 17개

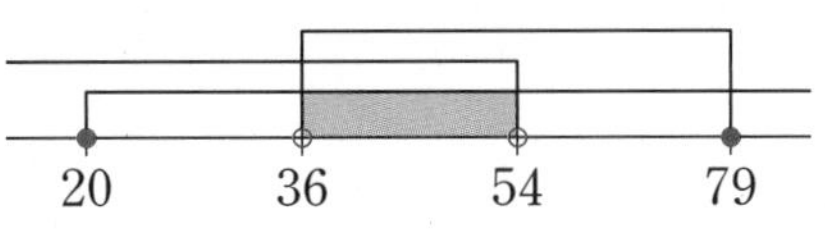

세 수의 범위의 공통 범위는 36 초과 54 미만인 수입니다.
따라서 36 초과 54 미만인 자연수는 37부터 53까지이므로 모두 17개입니다.

• 학생 수가 가장 적은 경우:
버스 7대에 36명씩 타고 버스 1대에 1명이 탔을 때
(학생 수)$=36\times7+1=252+1=253$(명)

• 학생 수가 가장 많은 경우:
버스 8대에 36명씩 탔을 때
(학생 수)$=36\times8=288$(명)

따라서 운호네 학교 5학년 학생은 253명 이상 288명 이하입니다.

2-1 211명 이상 252명 이하

놀이 기구를 5번 운행하는 동안 42명씩 타고, 1번 운행하는 동안 1명이 타면
$42\times5+1=211$(명)이고
놀이 기구를 6번 운행하는 동안 42명씩 타면 $42\times6=252$(명)입니다.
따라서 채린이네 학교 5학년 학생은 211명 이상 252명 이하입니다.

서술형 **2-2** 176개 이상 200개 이하

예 상자 7개에 25개씩 담고, 상자 1개에 1개를 담으면 $25\times7+1=176$(개)이고
상자 8개에 25개씩 담으면 $25\times8=200$(개)입니다.
따라서 효우네 과수원에서 수확한 사과는 176개 이상 200개 이하입니다.

채점 기준	배점
사과 수가 가장 적은 경우를 구했나요?	2점
사과 수가 가장 많은 경우를 구했나요?	2점
사과 수의 범위를 구했나요?	1점

2-3 풀이 참조

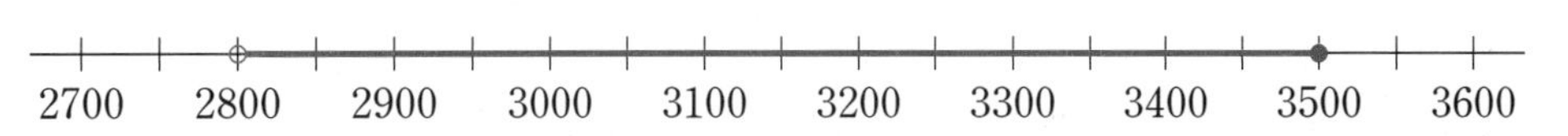

화물의 무게는 승강기로 700 kg씩 4번 실어 나르는 무게 $700\times4=2800$(kg)보다 무거워야 하고, 승강기로 700 kg씩 5번 실어 나르는 무게 $700\times5=3500$(kg)과 같거나 가벼워야 합니다.
따라서 화물의 무게의 범위는 2800 kg 초과 3500 kg 이하입니다.

2-4 25명 이상 28명 이하

버스 6대에 24명씩 타고, 버스 1대에 1명이 타면 $24\times6+1=145$(명)이고
버스 7대에 24명씩 타면 $24\times7=168$(명)이므로
윤찬이네 학교 5학년 학생은 145명 이상 168명 이하입니다.
$145\div6=24\cdots1$, $168\div6=28$이므로 윤찬이네 반 학생은 25명 이상 28명 이하입니다.

16~17쪽

• 십의 자리 숫자가 될 수 있는 수: 2 이상 4 미만인 수
➡ 2, 3
• 일의 자리 숫자가 될 수 있는 수: 6 초과 9 이하인 수
➡ 7, 8, 9
십의 자리 숫자가 2인 두 자리 수를 만들면 27, 28, 29이고
십의 자리 숫자가 3인 두 자리 수를 만들면 37, 38, 39입니다.
따라서 만들 수 있는 두 자리 수는 모두 6개입니다.

3-1 6개

일의 자리 숫자가 될 수 있는 수: 4 이상 7 미만인 수 → 4, 5, 6
소수 첫째 자리 숫자가 될 수 있는 수: 2 초과 4 이하인 수 → 3, 4
따라서 만들 수 있는 소수 한 자리 수는 4.3, 4.4, 5.3, 5.4, 6.3, 6.4로 모두 6개입니다.

3-2 8개

백의 자리 숫자가 될 수 있는 수: 3 초과 6 미만인 수 → 4, 5
십의 자리 숫자가 될 수 있는 수: 8 이상인 수 → 8, 9
일의 자리 숫자가 될 수 있는 수: 1 이하인 수 → 0, 1
따라서 만들 수 있는 세 자리 수는 480, 481, 490, 491, 580, 581, 590, 591로 모두 8개입니다.

3-3 0.31

소수 첫째 자리 숫자가 될 수 있는 수: 4 미만인 수 → 0, 1, 2, 3
소수 둘째 자리 숫자가 될 수 있는 수: 7 이상 8 이하인 수 → 7, 8
만들 수 있는 소수 두 자리 수 중 1보다 작은 수는 0.07, 0.08, 0.17, 0.18, 0.27, 0.28, 0.37, 0.38입니다.
➡ (가장 큰 수)$-$(가장 작은 수)$=0.38-0.07=0.31$

3-4 392

백의 자리 숫자가 될 수 있는 수: 6 이상 9 이하인 수 → 6, 7, 8, 9
일의 자리 숫자가 될 수 있는 수: 3 미만인 수 → 0, 1, 2
만들 수 있는 세 자리 수 중 가장 작은 수는 600이고 가장 큰 수는 992입니다.
➡ (가장 큰 수)$-$(가장 작은 수)$=992-600=392$

35■0을 올림하여 백의 자리까지 나타낸 수를 각각 구해 봅니다.

■	0	1	2	3	4	5	6	7	8	9
올림	3500	3600	3600	3600	3600	3600	3600	3600	3600	3600
반올림	3500	3500	3500	3500	3500	3600	3600	3600	3600	3600

35■0을 올림하여 백의 자리까지 나타낸 수와 반올림하여 백의 자리까지 나타낸 수가 같을 때 ■는 0, 5, 6, 7, 8, 9입니다.
➡ (■에 알맞은 수의 합)$=0+5+6+7+8+9=35$

4-1 5, 6, 7, 8, 9

76□3을 올림하여 백의 자리까지 나타내면 7700이므로
반올림하여 백의 자리까지 나타낸 수도 7700입니다.
76□3을 반올림하여 백의 자리까지 나타낸 수가 7700이 되려면
□ 안에 들어갈 수 있는 수는 5, 6, 7, 8, 9입니다.

4-2 10

425□를 버림하여 십의 자리까지 나타내면 4250이므로
반올림하여 십의 자리까지 나타낸 수도 4250입니다.
425□를 반올림하여 십의 자리까지 나타낸 수가 4250이 되려면
□ 안에 들어갈 수 있는 수는 0, 1, 2, 3, 4이므로
이 수들의 합은 $0+1+2+3+4=10$입니다.

4-3 18990, 18000

18■▲0에서 ■▲가 00인 경우 올림하여 천의 자리까지 나타낸 수는 18000이고,
반올림하여 천의 자리까지 나타낸 수도 18000으로 같습니다.
■▲가 01부터 49까지인 경우 올림하여 천의 자리까지 나타낸 수는 19000이고,
반올림하여 천의 자리까지 나타낸 수는 18000으로 다릅니다.
■▲가 50부터 99까지인 경우 올림하여 천의 자리까지 나타낸 수는 19000이고,
반올림하여 천의 자리까지 나타낸 수도 19000으로 같습니다.
따라서 어림하기 전의 다섯 자리 수 중 가장 큰 수는 18990이고 가장 작은 수는 18000입니다.

수직선에 나타낸 수의 범위는 ㉠ 이상 25 미만입니다.
㉠ 이상인 수에는 ㉠이 (포함되고 , 포함되지 않고),
25 미만인 수에는 25가 (포함됩니다 , 포함되지 않습니다).
25 미만인 자연수를 큰 수부터 차례로 9개 써 보면
24, 23, 22, 21, 20, 19, 18, 17, 16입니다.
따라서 ㉠에 알맞은 자연수는 16입니다.

5-1 34

수직선에 나타낸 수의 범위는 ㉠ 초과 42 이하입니다.
㉠ 초과인 수에는 ㉠이 포함되지 않고, 42 이하인 수에는 42가 포함됩니다.
42 이하인 자연수를 큰 수부터 차례로 8개 써 보면 42, 41, 40, 39, 38, 37, 36, 35이므로 ㉠에 알맞은 자연수는 34입니다.

5-2 3.8

수직선에 나타낸 수의 범위는 3.1 이상 ㉠ 미만인 수입니다.
3.1 이상인 수에는 3.1이 포함되고, ㉠ 미만인 수에는 ㉠이 포함되지 않습니다.
3.1 이상인 소수 한 자리 수를 작은 수부터 차례로 7개 써 보면 3.1, 3.2, 3.3, 3.4, 3.5, 3.6, 3.7이므로 ㉠에 알맞은 소수 한 자리 수는 3.8입니다.

5-3 73, 74

54 이상인 수에는 54가 포함되고, □ 미만인 수에는 □가 포함되지 않습니다.
54 이상인 자연수 중 짝수를 작은 수부터 차례로 10개 써 보면 54, 56, 58, 60, 62, 64, 66, 68, 70, 72이므로 □ 안에 들어갈 수 있는 자연수는 73, 74입니다.

5-4 57, 58, 59

수직선에 나타낸 수의 범위는 □ 초과 76 이하인 수입니다.
76 이하인 자연수 중 3의 배수를 큰 수부터 차례로 6개 써 보면 75, 72, 69, 66, 63, 60이므로 □ 안에 들어갈 수 있는 자연수는 57, 58, 59입니다.

(전체 학생 수)=(남학생 수)+(여학생 수)
=423+418
=841(명)
(학생들에게 나누어 줄 공책 수)=(전체 학생 수)×(한 명에게 줄 공책 수)
=841×2
=1682(권)
공책을 10권씩 묶음으로 사야 하므로 사야 할 공책 수는 (올림 , 버림)으로 나타냅니다.
따라서 공책을 최소 1690 권 사야 합니다.

6-1 350000원

(전체 학생 수)=(남학생 수)+(여학생 수)=356+347=703(명)
(학생들이 모은 성금)=(전체 학생 수)×(한 사람이 낸 성금)
=703×500=351500(원)
351500원을 10000원짜리 지폐로 바꿀 수 있는 금액은 버림으로 나타냅니다.
따라서 351500원은 10000원짜리 지폐로 최대 350000원까지 바꿀 수 있습니다.

6-2 112000원

(필요한 피자 조각 수)=27×2=54(조각)
54÷8=6…6이고 피자는 한 판씩 살 수 있으므로 사야 할 피자 수는 올림으로 나타냅니다. 따라서 피자는 최소 7판을 사야 하고, 피자값으로 최소 16000×7=112000(원)이 필요합니다.

6-3 2040000원

㉠ 1368÷20=68…8이므로 고구마는 68상자가 되고 8 kg이 남습니다. 상자에 담은 고구마만 팔 수 있으므로 버림으로 나타냅니다. 따라서 고구마는 최대 68상자를 팔 수 있고, 고구마를 팔아서 받을 수 있는 돈은 최대 68×30000=2040000(원)입니다.

채점 기준	배점
고구마는 몇 상자가 되고 몇 kg이 남는지 구했나요?	2점
팔 수 있는 고구마는 몇 상자인지 구했나요?	2점
고구마를 팔아서 받을 수 있는 돈을 구했나요?	1점

6-4 14400원

(식빵 32개를 만드는 데 필요한 밀가루의 양)=240×32=7680(g)
밀가루는 1 kg(=1000 g)씩 들어 있는 봉지로 사야 하므로 올림으로 나타냅니다.
따라서 밀가루는 최소 8000 g(=8 kg), 즉 8봉지를 사야 하고,
밀가루값으로 최소 1800×8=14400(원)이 필요합니다.

• 30000보다 크고 30000에 가장 가까운 다섯 자리 수를 만들면 30279이고,
30000과의 차는 30279−30000=279입니다.
• 30000보다 작고 30000에 가장 가까운 다섯 자리 수를 만들면 29730이고,
30000과의 차는 30000−29730=270입니다.
따라서 30000에 가장 가까운 다섯 자리 수는 29730이고
이 수를 반올림하여 백의 자리까지 나타내면 29700입니다.

7-1 7070

• 7000보다 크고 7000에 가장 가까운 네 자리 수를 만들면 7068이고,
7000과의 차는 7068−7000=68입니다.
• 7000보다 작고 7000에 가장 가까운 네 자리 수를 만들면 6870이고,
7000과의 차는 7000−6870=130입니다.
따라서 7000에 가장 가까운 수는 7068이고, 이 수를 반올림하여 십의 자리까지 나타내면 7070입니다.

7-2 59600

• 60000보다 크고 60000에 가장 가까운 다섯 자리 수를 만들면 61259이고,
60000과의 차는 61259−60000=1259입니다.
• 60000보다 작고 60000에 가장 가까운 다섯 자리 수를 만들면 59621이고,
60000과의 차는 60000−59621=379입니다.
따라서 60000에 가장 가까운 수는 59621이고, 이 수를 반올림하여 백의 자리까지 나타내면 59600입니다.

7-3 302000

• 300000보다 크고 300000에 가장 가까운 여섯 자리 수를 만들면 302478이고,
두 번째로 가까운 수를 만들면 302487입니다.
➡ 302478−300000=2478, 302487−300000=2487

• 300000보다 작고 300000에 가장 가까운 여섯 자리 수를 만들면 287430입니다.

➡ 300000－287430＝12570

따라서 300000에 두 번째로 가까운 수는 302487이고, 이 수를 반올림하여 천의 자리까지 나타내면 302000입니다.

7-4 89990000

• 9000만보다 크고 9000만에 가장 가까운 여덟 자리 수를 만들면 93355889입니다.

➡ 93355889－90000000＝3355889

• 9000만보다 작고 9000만에 가장 가까운 여덟 자리 수를 만들면 89985533, 두 번째로 가까운 수를 만들면 89985353, 세 번째로 가까운 수를 만들면 89985335입니다.

➡ 90000000－89985533＝14467, 90000000－89985353＝14647,
90000000－89985335＝14665

따라서 9000만에 세 번째로 가까운 수는 89985335이고, 이 수를 반올림하여 만의 자리까지 나타내면 89990000입니다.

• 민채가 저금한 돈의 범위: 반올림하여 백의 자리까지 나타내면 35000원이 되는 자연수

➡ 34950원 이상 35049원 이하

• 준호가 저금한 돈의 범위: 반올림하여 천의 자리까지 나타내면 28000원이 되는 자연수

➡ 27500원 이상 28499원 이하

두 사람이 저금한 돈의 차가 가장 클 때는
민채가 저금한 돈이 가장 클 때와 준호가 저금한 돈이 가장 작을 때의 차이므로
35049－27500＝7549(원)입니다.

8-1 300명

• 남자 수의 범위: 올림하여 백의 자리까지 나타내면 13200이 되는 자연수

➡ 13101명 이상 13200명 이하

• 여자 수의 범위: 버림하여 십의 자리까지 나타내면 12900이 되는 자연수

➡ 12900명 이상 12909명 이하

따라서 남자 수와 여자 수의 차가 가장 클 때는 남자 수가 가장 많을 때와 여자 수가 가장 적을 때의 차이므로 13200－12900＝300(명)입니다.

서술형 **8-2** 51499대

예 지난해 휴대폰 판매량의 범위는 573500대 이상 574499대 이하이고,
올해 휴대폰 판매량의 범위는 615000대 이상 624999대 이하입니다.
따라서 휴대폰 판매량의 차가 가장 클 때는 올해 판매량이 가장 많을 때와 지난해 판매량이 가장 적을 때의 차이므로 624999－573500＝51499(대)입니다.

채점 기준	배점
지난해 휴대폰 판매량의 범위를 구했나요?	2점
올해 휴대폰 판매량의 범위를 구했나요?	2점
판매량의 차가 가장 클 때의 차를 구했나요?	1점

8-3 4287자루

남학생 수의 범위는 731명 이상 740명 이하이고
여학생 수의 범위는 680명 이상 689명 이하이므로
전체 학생 수는 최대 $740+689=1429$(명)입니다.
따라서 필요한 연필은 최소 $1429 \times 3=4287$(자루)입니다.

MATH MASTER

28~30쪽

1 풀이 참조

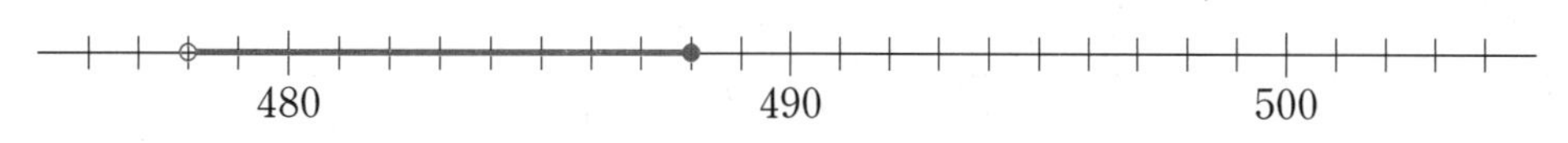

올림하여 십의 자리까지 나타내면 500이므로
(어떤 수)$+12$의 범위는 490 초과 500 이하인 수입니다.
따라서 어떤 수의 범위는 478 초과 488 이하인 수입니다.

2 34970원

(3월 상수도 요금)$=3000+27 \times 360=3000+9720=12720$(원)
(4월 상수도 요금)$=3000+(27+8) \times 550=3000+19250=22250$(원)
➡ (3월과 4월에 내야 하는 상수도 요금)$=12720+22250=34970$(원)

3 63095

- 60000 이상 70000 미만인 수이므로 만의 자리 숫자는 6입니다. ➡ 6□□□□
- 천의 자리 숫자는 2 초과 4 미만인 수이므로 3입니다. ➡ 63□□□
- 백의 자리 숫자는 가장 작은 수이므로 0입니다. ➡ 630□□
- 5의 배수 중 가장 큰 수이므로 십의 자리 숫자는 9, 일의 자리 숫자는 5입니다.
  ➡ 63095

따라서 조건을 모두 만족하는 수는 63095입니다.

서술형 **4** 6998

예 가의 범위는 67001 이상 68000 이하이고,
나의 범위는 73000 이상 73999 이하입니다.
가와 나의 차가 가장 클 때는 나가 가장 클 때와 가가 가장 작을 때의 차이므로
$73999-67001=6998$입니다.

채점 기준	배점
가의 범위를 구했나요?	2점
나의 범위를 구했나요?	2점
가와 나의 차가 가장 클 때의 차를 구했나요?	1점

5 나 택시, 1500원

4 km 800 m=2 km+2 km 800 m=2 km+2800 m이므로
(가 택시 요금)$=2900+2800 \div 200 \times 500=9900$(원)이고
4 km 800 m=3 km+1 km 800 m=3 km+1800 m이므로
(나 택시 요금)$=4200+1800 \div 300 \times 700=8400$(원)입니다.
따라서 나 택시를 타고 갈 때 요금이 $9900-8400=1500$(원) 더 적습니다.

6 252명 초과 281명 미만

$36 \times 7 = 252$이고 $36 \times 8 = 288$이므로
5학년 학생 수의 범위는 252명 초과 288명 이하입니다.
$40 \times 6 = 240$이고 $40 \times 7 = 280$이므로
5학년 학생 수의 범위는 240명 초과 280명 이하입니다.
따라서 두 학생 수의 범위의 공통 범위는 252명 초과 280명 이하이므로
5학년 학생 수의 범위를 초과와 미만을 사용하여 나타내면 252명 초과 281명 미만입니다.

7 49개

㉠ 버림하여 백의 자리까지 나타내면 2500이 되는 자연수의 범위: 2500 이상 2599 이하
㉡ 올림하여 백의 자리까지 나타내면 2600이 되는 자연수의 범위: 2501 이상 2600 이하
㉢ 반올림하여 백의 자리까지 나타내면 2500이 되는 자연수의 범위:
2450 이상 2549 이하
따라서 조건을 모두 만족하는 자연수는 2501 이상 2549 이하이므로 49개입니다.

8 8개

반올림하여 천의 자리까지 나타내면 5000이 되는 수의 범위는 4500 이상 5500 미만입니다.
천의 자리에 올 수 있는 수는 4, 5이고 천의 자리 숫자가 4일 때 백의 자리에 올 수 있는 수는 5, 7, 천의 자리 숫자가 5일 때 백의 자리에 올 수 있는 수는 2, 4입니다.
따라서 반올림하여 천의 자리까지 나타내면 5000이 되는 수는 4527, 4572, 4725, 4752, 5247, 5274, 5427, 5472로 모두 8개입니다.

9 186상자

우주 초등학교 학생 수의 범위는 1401명 이상 1500명 이하입니다.
행성 초등학교 학생 수의 범위는 1600명 이상 1699명 이하입니다.
은하 초등학교 학생 수의 범위는 1350명 이상 1449명 이하입니다.
세 초등학교의 학생 수가 가장 많을 때는 $1500 + 1699 + 1449 = 4648$(명)이고
$4648 \div 25 = 185 \cdots 23$이므로 야광봉을 최소 186상자 준비해야 합니다.

10 36499, 36450

- 주혁이가 어림하여 나타낸 수가 가장 작으므로 버림을 이용하여 나타낸 것이고,
  어떤 수의 범위는 36400 이상 36499 이하입니다.
- 도현이가 어림하여 나타낸 수가 가장 크므로 올림을 이용하여 나타낸 것이고,
  어떤 수의 범위는 36401 이상 36500 이하입니다.
- 효우는 반올림을 이용하여 나타낸 것이므로
  어떤 수의 범위는 36450 이상 36499 이하입니다.

따라서 어떤 수의 범위의 공통 범위는 36450 이상 36499 이하이므로
어떤 수가 될 수 있는 가장 큰 수는 36499이고 가장 작은 수는 36450입니다.

2 분수의 곱셈

1 진분수의 곱셈

32~33쪽

1 ③

어떤 수에 1보다 작은 진분수를 곱하면 처음 수보다 작아지고,
1보다 큰 자연수를 곱하면 처음 수보다 커집니다.
따라서 계산 결과는 ③, ⑤가 ①, ②, ④보다 크고, 이 중 더 큰 것은 ③입니다.

2 750 m

1 km는 1000 m입니다.

➡ $\frac{3}{\cancel{4}_{1}} \times \cancel{1000}^{250} = 3 \times 250 = 750\,(\mathrm{m})$

3 $4\frac{4}{7}$ m

(전체 밧줄의 길이)=(8등분 한 하나의 길이)×8=$\frac{4}{7} \times 8 = \frac{32}{7} = 4\frac{4}{7}\,(\mathrm{m})$

4 $\frac{3}{20}$

$\frac{1}{5} \times \frac{3}{4} = \frac{3}{20}$

5 $\frac{1}{4}$

승호가 먹고 남은 피자는 $1-\frac{3}{8}=\frac{5}{8}$입니다.

➡ $(1-\frac{3}{8}) \times \frac{2}{5} = \frac{\cancel{5}^{1}}{\cancel{8}_{4}} \times \frac{\cancel{2}^{1}}{\cancel{5}_{1}} = \frac{1}{4}$

6 3, $\frac{1}{4}$

$\frac{2}{3}$의 역수인 $\frac{3}{2}$을 '='의 오른쪽과 왼쪽에 각각 곱하여 계산합니다.

$\frac{2}{3} \times \frac{3}{2} \times ★ = \frac{1}{\cancel{6}_{2}} \times \frac{\cancel{3}^{1}}{2}$, $1 \times ★ = \frac{1}{4}$ ➡ $★ = \frac{1}{4}$

2 대분수의 곱셈

34~35쪽

1 풀이 참조

예 $15 \times 2\frac{2}{3} = \cancel{15}^{5} \times \frac{8}{\cancel{3}_{1}} = 5 \times 8 = 40$

자연수와 대분수의 곱셈에서는 대분수를 가분수로 고친 후 계산합니다.

2 1, 2, 3

$2\frac{1}{3} \times 1\frac{1}{5} = \frac{7}{\cancel{3}_{1}} \times \frac{\cancel{6}^{2}}{5} = \frac{14}{5} = 2\frac{4}{5}$이므로 □ 안에 들어갈 수 있는 수는 1, 2, 3입니다.

3 $1\frac{1}{4}$

$□ = \frac{2}{3} \times 1\frac{7}{8} = \frac{\cancel{2}^{1}}{\cancel{3}_{1}} \times \frac{\cancel{15}^{5}}{\cancel{8}_{4}} = \frac{5}{4} = 1\frac{1}{4}$

4 $1\frac{1}{15}$배

처음 정사각형의 한 변을 1이라고 하면

(직사각형의 가로)$=1-\frac{1}{5}=\frac{4}{5}$, (직사각형의 세로)$=1+\frac{1}{3}=1\frac{1}{3}$입니다.

➡ $\frac{4}{5}\times1\frac{1}{3}=\frac{4}{5}\times\frac{4}{3}=\frac{16}{15}=1\frac{1}{15}$

따라서 직사각형의 넓이는 처음 정사각형 넓이의 $1\frac{1}{15}$배입니다.

5 (1) 20, 4, 24

(2) $3\frac{3}{5}$, $1\frac{1}{5}$, $4\frac{4}{5}$

(1) $2\frac{2}{5}\times10=(2+\frac{2}{5})\times10=2\times10+\frac{2}{\cancel{5}_1}\times\cancel{10}^2=20+4=24$

(2) $3\frac{3}{5}\times1\frac{1}{3}=3\frac{3}{5}\times(1+\frac{1}{3})=(3\frac{3}{5}\times1)+(3\frac{3}{5}\times\frac{1}{3})$

$=3\frac{3}{5}+\frac{\cancel{18}^6}{5}\times\frac{1}{\cancel{3}_1}=3\frac{3}{5}+1\frac{1}{5}=4\frac{4}{5}$

3 세 분수의 곱셈

36~37쪽

1 $\frac{9}{32}$

$\frac{5}{6}\times\frac{3}{8}\times\frac{9}{10}=\frac{\cancel{5}^1\times\cancel{3}^1\times9}{\cancel{6}_2\times8\times\cancel{10}_2}=\frac{9}{32}$

2 ㉡

㉠ $1\frac{3}{4}\times\frac{6}{7}\times\frac{2}{3}=\frac{\cancel{7}^1}{\cancel{4}_{\cancel{2}_1}}\times\frac{\cancel{6}^{\cancel{2}^1}}{\cancel{7}_1}\times\frac{\cancel{2}^1}{\cancel{3}_1}=1$

㉡ $\frac{3}{5}\times2\frac{1}{2}\times\frac{5}{6}=\frac{\cancel{3}^1}{\cancel{5}_1}\times\frac{5}{2}\times\frac{\cancel{5}^1}{\cancel{6}_2}=\frac{5}{4}=1\frac{1}{4}$

㉢ $\frac{3}{8}\times1\frac{1}{6}\times1\frac{5}{7}=\frac{3}{\cancel{8}_4}\times\frac{\cancel{7}^1}{\cancel{6}_1}\times\frac{\cancel{12}^{\cancel{2}^1}}{\cancel{7}_1}=\frac{3}{4}$

3 예 $\frac{1}{12}\times\frac{2}{11}\times\frac{4}{10}=\frac{1}{165}$, $\frac{1}{165}$

분모에는 가장 큰 수부터 세 수를 놓고, 분자에는 가장 작은 수부터 세 수를 놓습니다.

➡ $\frac{1}{12}\times\frac{2}{11}\times\frac{4}{10}=\frac{1\times\cancel{2}^1\times\cancel{4}^1}{\cancel{12}_3\times11\times\cancel{10}_5}=\frac{1}{165}$

4 5

곱셈에서는 교환법칙이 성립하므로 곱하는 순서를 바꾸어 계산할 수 있습니다.

➡ $\frac{1}{6}\times\frac{4}{\square}\times\frac{9}{10}=\frac{1}{\cancel{6}_{\cancel{2}_1}}\times\frac{\cancel{9}^3}{\cancel{10}_5}\times\frac{\cancel{4}^{\cancel{2}^1}}{\square}=\frac{3}{25}$, $\frac{3}{5\times\square}=\frac{3}{25}$

분자는 3으로 같고, 분모는 $5\times\square=25$이므로 $\square=5$입니다.

대표문제 1

$\frac{1}{5}\times\frac{1}{12}<\frac{1}{■}\times\frac{1}{8}$

$\frac{1}{60} < \frac{1}{■\times8}$

단위분수는 분모가 작을수록 큰 수입니다.

➡ $■\times8<60$

■에 들어갈 수 있는 자연수는 1, 2, 3, 4, 5, 6, 7이므로

가장 큰 수는 7입니다.

1-1 >

단위분수의 곱은 분자끼리의 곱이 항상 1이므로 분자는 그대로 두고, 분모끼리 곱합니다.

$\frac{1}{2}\times\frac{1}{4}=\frac{1}{8}$, $\frac{1}{3}\times\frac{1}{3}=\frac{1}{9}$이고, 단위분수는 분모가 작을수록 큰 수입니다.

1-2 5

$\frac{1}{4}\times\frac{1}{7}=\frac{1}{28}$, $\frac{1}{28}>\frac{1}{□}\times\frac{1}{6}$이므로 $□\times6>28$입니다.

따라서 □ 안에 들어갈 수 있는 자연수 중에서 가장 작은 수는 5입니다.

1-3 13개

$\frac{1}{8}\times\frac{1}{9}=\frac{1}{72}$, $\frac{1}{5}\times\frac{1}{■}>\frac{1}{72}$이므로 $5\times■<72$입니다.

$72\div5=14\cdots2$이므로 ■에 들어갈 수 있는 자연수는 2부터 14까지로 13개입니다.

1-4 11, 2

$\frac{1}{9}\times\frac{1}{4}=\frac{1}{36}$, $\frac{1}{2}\times\frac{1}{2}=\frac{1}{4}$, $\frac{1}{36}<\frac{1}{□}\times\frac{1}{3}<\frac{1}{4}$이므로 $4<□\times3<36$입니다.

$4\div3=1\cdots1$, $36\div3=12$이므로 □ 안에 알맞은 수는 1보다 크고 12보다 작은 수입니다.

따라서 □ 안에 들어갈 수 있는 자연수 중에서 가장 큰 수는 11, 가장 작은 수는 2입니다.

현재 가격

이전 가격 | 올린 금액

(올린 금액)=(이전 가격)$\times\frac{2}{9}$

$=450\times\frac{2}{9}$

$=100$(원)

(현재 가격)=(이전 가격)+(올린 금액)

$=450+100$

$=550$(원)

2-1 6 m

(미술 시간에 사용한 철사)$=\overset{2}{\cancel{10}}\times\frac{2}{\underset{1}{\cancel{5}}}=4$(m)

따라서 미술 시간에 사용하고 남은 철사는 $10-4=6$(m)입니다.

2-2 1650권

(올해 늘어난 책)$=\overset{150}{\cancel{1200}}\times\frac{3}{\underset{1}{\cancel{8}}}=450$(권)

따라서 올해 도서관의 책은 $1200+450=1650$(권)입니다.

서술형 **2-3** 40 kg

예 (4학년 때 몸무게)=(3학년 때 몸무게)+(4학년 때 늘어난 몸무게)

$=32+\overset{4}{\cancel{32}}\times\frac{3}{\underset{1}{\cancel{8}}}=44$ (kg)

(5학년 때 몸무게)=(4학년 때 몸무게)−(5학년 때 줄어든 몸무게)

$=44-\overset{4}{\cancel{44}}\times\frac{1}{\underset{1}{\cancel{11}}}=40$(kg)

채점 기준	배점
4학년 때 몸무게를 구했나요?	2점
5학년 때 몸무게를 구했나요?	3점

2-4 27명

(첫 번째 문제 탈락자 수)$=\overset{15}{\cancel{60}}\times\frac{1}{\underset{1}{\cancel{4}}}=15$(명)

(첫 번째 문제를 풀고 남아 있는 사람 수)$=60-15=45$(명)

(두 번째 문제 탈락자 수)$=\overset{9}{\cancel{45}}\times\frac{2}{\underset{1}{\cancel{5}}}=18$(명)

(두 번째 문제를 풀고 남아 있는 사람 수)$=45-18=27$(명)

따라서 세 번째 문제를 풀 수 있는 사람은 27명입니다.

42~43쪽

45분$=\frac{45}{60}$시간$=\frac{3}{4}$시간

(자동차가 45분 동안 달린 거리)$=60\times\frac{3}{4}=45$(km)

➡ 45000 m ($\times 1000$)

➡ 4500000 cm ($\times 100$)

(지도에 나타낸 길이)=(실제 거리)×(축척)

$=4500000\times\frac{1}{500000}=9$(cm)

3-1 2 cm

$2\text{km}=2000\text{m}=200000\text{cm}$

➡ (지도에 나타낸 길이)$=200000\times\frac{1}{100000}=2$(cm)

3-2 3 cm

50분$=\frac{5}{6}$시간이므로 (자동차가 50분 동안 달린 거리)$=\overset{15}{\cancel{90}}\times\frac{5}{\underset{1}{\cancel{6}}}=75$(km)입니다.

$75\text{km}=75000\text{m}=7500000\text{cm}$

➡ (지도에 나타낸 길이)$=7500000\times\frac{1}{2500000}=3$(cm)

3-3 5 cm

1시간 30분=90분

(자동차가 1시간 30분 동안 달린 거리)$=1\frac{2}{3}\times90=150$(km)

$150\text{km}=150000\text{m}=15000000\text{cm}$

➡ (지도에 나타낸 길이)$=15000000\times\frac{1}{3000000}=5$(cm)

3-4 $9\frac{7}{10}$ cm

자동차가 1시간(=60분) 동안 달린 거리는 20분 동안 달린 거리의 3배입니다.

(자동차가 1시간 동안 달린 거리)$=32\frac{1}{3}\times3=97$(km)

KTX가 2시간(=120분) 동안 간 거리는 30분 동안 간 거리의 4배입니다.

(KTX가 2시간 동안 간 거리)$=97\times4=388$ (km)

$388\text{km}=388000\text{m}=38800000\text{cm}$

➡ (지도에 나타낸 길이)$=38800000\times\frac{1}{4000000}=9\frac{7}{10}$(cm)

전체 밭의 넓이를 1이라고 하면 다음과 같이 나타낼 수 있습니다.

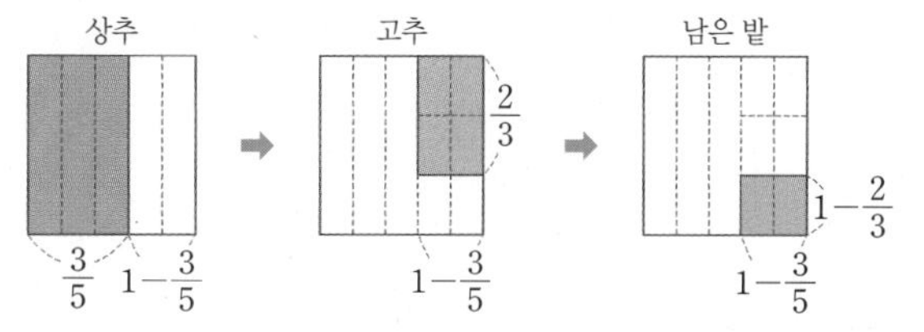

(상추를 심고 남은 밭의 넓이)$=1-\frac{3}{5}$

(고추를 심고 남은 밭의 넓이)$=(1-\frac{3}{5})\times(1-\frac{2}{3})$

(남은 밭의 넓이)$=100\times(1-\frac{3}{5})\times(1-\frac{2}{3})=100\times\frac{2}{5}\times\frac{1}{3}=13\frac{1}{3}$($\text{m}^2$)

4-1 5 km

(휘발유 10L를 넣고 갈 수 있는 거리)$=15\frac{1}{2}\times10=155$(km)

(더 갈 수 있는 거리)$=155-150=5$(km)

4-2 $\frac{1}{3}\text{m}^2$

(평행사변형의 넓이)$=1\frac{1}{5}\times1\frac{2}{3}=2\,(\text{m}^2)$

(색칠하지 않은 부분의 넓이)$=2\times(1-\frac{5}{6})=2\times\frac{1}{6}=\frac{1}{3}(\text{m}^2)$

다른 풀이

평행사변형의 넓이가 2m^2이므로 색칠한 부분은 $2\times\frac{5}{6}=1\frac{2}{3}(\text{m}^2)$입니다.

따라서 색칠하지 않은 부분은 $2-1\frac{2}{3}=\frac{1}{3}(\text{m}^2)$입니다.

4-3 18명

(체육을 좋아하는 학생 수)$=80\times\frac{2}{5}=32$(명)

(음악을 좋아하는 학생 수)$=(80-32)\times\frac{1}{4}=48\times\frac{1}{4}=12$(명)

(미술을 좋아하는 학생 수)$=(80-32-12)\times\frac{1}{2}=36\times\frac{1}{2}=18$(명)

다른 풀이

(미술을 좋아하는 학생 수)$=80\times(1-\frac{2}{5})\times(1-\frac{1}{4})\times\frac{1}{2}=80\times\frac{3}{5}\times\frac{3}{4}\times\frac{1}{2}=18$(명)

4-4 $1\frac{1}{24}\text{kg}$

(전체 설탕의 양)$=1\frac{3}{4}\times5=8\frac{3}{4}(\text{kg})$

(식빵을 만드는 데 사용한 설탕의 양)$=8\frac{3}{4}\times\frac{2}{7}=2\frac{1}{2}(\text{kg})$

(케이크를 만드는 데 사용한 설탕의 양)$=8\frac{3}{4}\times(1-\frac{2}{7})\times\frac{5}{6}=5\frac{5}{24}(\text{kg})$

(식빵과 케이크를 만들고 남은 설탕의 양)$=8\frac{3}{4}-2\frac{1}{2}-5\frac{5}{24}=1\frac{1}{24}(\text{kg})$

다른 풀이

(식빵과 케이크를 만들고 남은 설탕의 양)$=(1\frac{3}{4}\times5)\times(1-\frac{2}{7})\times(1-\frac{5}{6})=1\frac{1}{24}(\text{kg})$

대표문제 **5**

저금통에 있던 돈을 1이라고 하면 다음과 같이 나타낼 수 있습니다.

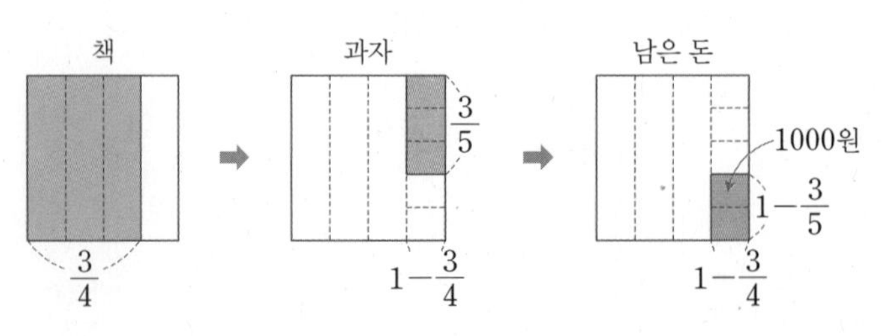

저금통에 있던 돈을 ■원이라고 하면 $■\times(1-\frac{3}{4})\times(1-\frac{3}{5})=1000$

$■\times\frac{1}{4}\times\frac{2}{5}=1000$

$■\times\frac{1}{10}=1000$

$■=10000$

따라서 처음 저금통에 있던 돈은 10000원입니다.

5-1 60자루

(가지고 있던 연필의 수)$\times(1-\frac{4}{5})=12$, (가지고 있던 연필의 수)$\times\frac{1}{5}=12$

따라서 처음에 가지고 있던 연필은 $12\times5=60$(자루)입니다.

서술형 **5-2** 216쪽

예 전체 쪽수를 ■쪽이라고 하면

(어제 읽은 쪽수)$=■\times\frac{1}{3}$, (오늘 읽은 쪽수)$=■\times(1-\frac{1}{3})\times\frac{5}{6}$,

(더 읽어야 하는 쪽수)$=■\times(1-\frac{1}{3})\times(1-\frac{5}{6})$

➡ $■\times(1-\frac{1}{3})\times(1-\frac{5}{6})=24$, $■\times\frac{2}{3}\times\frac{1}{6}=24$, $■\times\frac{1}{9}=24$, $■=216$

따라서 전체 쪽수는 216쪽입니다.

채점 기준	배점
더 읽어야 하는 쪽수를 하나의 식으로 나타냈나요?	2점
전체 쪽수를 구했나요?	3점

5-3 2시간 15분

할머니 댁까지 가는 데 걸린 시간을 ★분이라고 하면

(기차를 타고 간 시간)$=★\times\frac{4}{9}$, (버스를 타고 간 시간)$=★\times(1-\frac{4}{9})\times\frac{4}{5}$,

(걸어간 시간)$=★\times(1-\frac{4}{9})\times(1-\frac{4}{5})$

$★\times(1-\frac{4}{9})\times(1-\frac{4}{5})=15$, $★\times\frac{\overset{1}{\cancel{5}}}{9}\times\frac{1}{\underset{1}{\cancel{5}}}=15$, $★\times\frac{1}{9}=15$, $★=135$

➡ 135분=120분+15분=2시간 15분

따라서 할머니 댁까지 가는 데 걸린 시간은 2시간 15분입니다.

5-4 630명

전체 학생 수를 ■명이라고 하면 (여학생 수)$=■\times\frac{3}{7}$, (남학생 수)$=■\times(1-\frac{3}{7})$

(안경을 쓴 남학생 수)$=■\times(1-\frac{3}{7})\times\frac{3}{4}$

(안경을 쓰지 않은 남학생 수)$=■\times(1-\frac{3}{7})\times(1-\frac{3}{4})$

➡ $■\times(1-\frac{3}{7})\times(1-\frac{3}{4})=90$, $■\times\frac{\overset{1}{\cancel{4}}}{7}\times\frac{1}{\underset{1}{\cancel{4}}}=90$, $■\times\frac{1}{7}=90$, $■=630$

따라서 전체 학생은 630명입니다.

대표문제 6

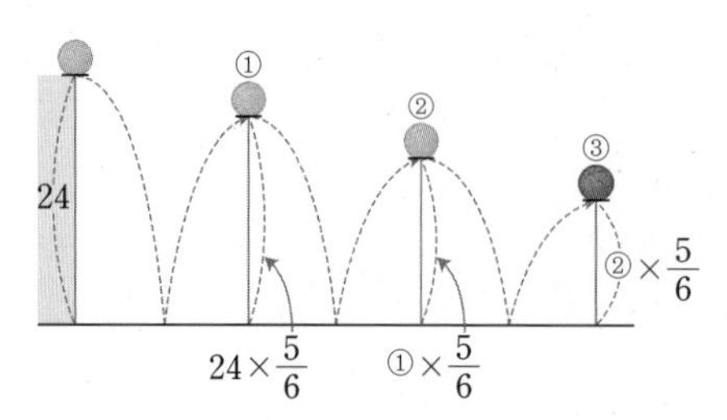

① (첫 번째 튀어 오르는 높이)=(떨어뜨린 높이)$\times\frac{5}{6}=20$(m)

② (두 번째 튀어 오르는 높이)=①$\times\frac{5}{6}=16\frac{2}{3}$(m)

③ (세 번째 튀어 오르는 높이)=②$\times\frac{5}{6}=13\frac{8}{9}$(m)

다른 풀이

$24\times\frac{5}{6}\times\frac{5}{6}\times\frac{5}{6}=13\frac{8}{9}$(m)

6-1 8 m

(첫 번째 튀어 오르는 높이)=(떨어뜨린 높이)$\times\frac{2}{3}$

$=12\times\frac{2}{3}=8$(m)

6-2 $5\frac{5}{49}$ m

(첫 번째 튀어 오르는 높이)=(떨어뜨린 높이)$\times\frac{5}{7}$

$=14\times\frac{5}{7}=10$(m)

(두 번째 튀어 오르는 높이)=(첫 번째 튀어 오르는 높이)$\times\frac{5}{7}$

$=10\times\frac{5}{7}=7\frac{1}{7}$(m)

(세 번째 튀어 오르는 높이)=(두 번째 튀어 오르는 높이)$\times\frac{5}{7}$

$=7\frac{1}{7}\times\frac{5}{7}=5\frac{5}{49}$(m)

다른 풀이

$14\times\frac{5}{7}\times\frac{5}{7}\times\frac{5}{7}=5\frac{5}{49}$(m)

6-3 $62\frac{1}{2}$ m

① (떨어뜨린 높이)=25 m

② (첫 번째 튀어 오르는 높이)=$25\times\frac{3}{4}=18\frac{3}{4}$(m)

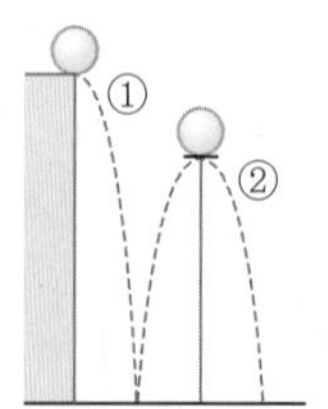

➡ (공이 두 번째 땅에 닿을 때까지 움직인 거리)

$=25+18\frac{3}{4}\times2=62\frac{1}{2}$(m)

6-4 $121\frac{1}{4}$ m

① (떨어뜨린 높이)$=40$ m

② (첫 번째 튀어 오르는 높이)$=40\times\frac{5}{8}=25$(m)

③ (두 번째 튀어 오르는 높이)$=25\times\frac{5}{8}=15\frac{5}{8}$(m)

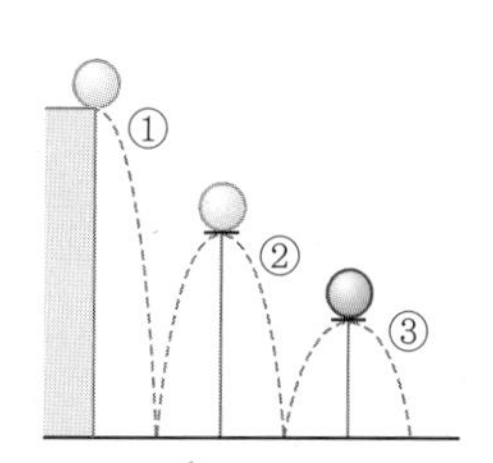

➡ (공이 세 번째 땅에 닿을 때까지 움직인 거리)

$=40+25\times2+15\frac{5}{8}\times2=121\frac{1}{4}$(m)

① (2개의 수도꼭지에서 1분 동안 받을 수 있는 물의 양)

$=\frac{7}{8}+1\frac{3}{4}=2\frac{5}{8}$(L)

② (물을 받는 시간)$=$5분 20초$=5\frac{1}{3}$분

➡ (2개의 수도꼭지에서 5분 20초 동안 받을 수 있는 물의 양)

$=①\times②=\frac{21}{8}\times\frac{16}{3}=14$(L)

7-1 $6\frac{2}{3}$ km

1시간 40분$=$1시간$+\frac{40}{60}$시간$=1\frac{2}{3}$시간

(현수가 걸은 거리)$=$(한 시간 동안 걷는 거리)$\times$(걸은 시간)$=4\times1\frac{2}{3}=6\frac{2}{3}$(km)

7-2 $8\frac{1}{8}$ L

(두 수도꼭지에서 1분 동안 받는 물의 양)$=1\frac{3}{5}+\frac{9}{10}=2\frac{1}{2}$(L)

3분 15초$=$3분$+\frac{15}{60}$분$=3\frac{1}{4}$분

➡ $2\frac{1}{2}\times3\frac{1}{4}=8\frac{1}{8}$(L)

7-3 $15\frac{1}{45}$ km

예 (한 시간 후에 A와 B 사이의 거리)$=3\frac{3}{5}+3\frac{1}{3}=6\frac{14}{15}$(km)

2시간 10분$=$2시간$+\frac{10}{60}$시간$=2\frac{1}{6}$시간

➡ (2시간 10분 후에 A와 B 사이의 거리)$=6\frac{14}{15}\times2\frac{1}{6}=15\frac{1}{45}$(km)

채점 기준	배점
한 시간 후에 A와 B 사이의 거리를 구했나요?	2점
2시간 10분 후에 A와 B 사이의 거리를 구했나요?	3점

7-4 $\frac{11}{36}$

전체 일의 양을 1이라고 하면 한 시간 동안 갑과 을이 하는 일의 양은 각각 $\frac{1}{4}$, $\frac{1}{6}$이므로 한 시간 동안 두 사람이 함께 하는 일의 양은 $\frac{1}{4}+\frac{1}{6}$입니다.

1시간 40분$=$1시간$+\frac{40}{60}$시간$=1\frac{2}{3}$시간

(두 사람이 1시간 40분 동안 하는 일의 양)$=(\frac{1}{4}+\frac{1}{6})\times1\frac{2}{3}=\frac{25}{36}$

따라서 남은 일의 양은 전체의 $1-\frac{25}{36}=\frac{11}{36}$입니다.

52~53쪽

(가)의 물의 양을 1이라고 하면

(가) (나) (다)

((가)의 물의 양)
$=1$

((나)의 물의 양)
$=1+\frac{1}{5}$
$=1\frac{1}{5}$

((다)의 물의 양)
$=$((나)의 물의 양)$\times\frac{3}{4}$
$=\frac{9}{10}$

➡ (다)의 물의 양은 (가)의 $\frac{9}{10}$배입니다.

8-1 $1\frac{2}{3}$배

(가)의 물의 양을 1이라고 하면

((나)의 물의 양)$=1+\frac{2}{3}=1\frac{2}{3}$입니다.

따라서 (나)의 물의 양은 (가)의 $1\frac{2}{3}$배입니다.

8-2 $1\frac{1}{15}$배

A가 마신 물의 양을 1이라고 하면

(B가 마신 물의 양)$=1+\frac{1}{5}=1\frac{1}{5}$

(C가 마신 물의 양)$=$(B가 마신 물의 양)$\times\frac{8}{9}=1\frac{1}{5}\times\frac{8}{9}=1\frac{1}{15}$

따라서 C가 마신 물의 양은 A의 $1\frac{1}{15}$배입니다.

8-3 $1\frac{4}{21}$배

㉰의 넓이를 1이라고 하면

(㉮의 넓이)$=1-\frac{1}{6}=\frac{5}{6}$

(㉯의 넓이)$=$(㉮의 넓이)$\times(1+\frac{3}{7})=\frac{5}{6}\times1\frac{3}{7}=1\frac{4}{21}$

따라서 ㉯의 넓이는 ㉰의 넓이의 $1\frac{4}{21}$배입니다.

8-4 $1\frac{19}{80}$배

D의 키를 1이라고 하면

(C의 키)$=1-\frac{1}{10}=\frac{9}{10}$

(B의 키)$=$(C의 키)$\times(1+\frac{1}{8})=\frac{9}{10}\times1\frac{1}{8}=1\frac{1}{80}$

(A의 키)$=$(B의 키)$\times(1+\frac{2}{9})=1\frac{1}{80}\times1\frac{2}{9}=1\frac{19}{80}$

따라서 A의 키는 D의 $1\frac{19}{80}$배입니다.

MATH MASTER

54~56쪽

1 $3\frac{2}{3}$ km

(집~우체국~학교)$=\frac{1}{5}+\frac{2}{3}=\frac{13}{15}$ (km)

(집~공원~학교)$=\frac{2}{5}+\frac{1}{3}=\frac{11}{15}$ (km)

집에서 공원을 거쳐 학교까지 가는 길이 더 가깝습니다.

➡ $\frac{11}{15}\times5=3\frac{2}{3}$ (km)

2 흰색, $\frac{23}{72}$

(흰색)$=\frac{1}{3}\times\frac{1}{3}+(\frac{1}{4}+\frac{1}{4})\times\frac{1}{3}+\frac{1}{6}\times\frac{1}{12}+\frac{1}{3}\times\frac{1}{12}=\frac{23}{72}$

(빨간색)$=(\frac{1}{4}+\frac{1}{4})\times\frac{1}{3}+\frac{1}{3}\times\frac{1}{3}=\frac{5}{18}$

(파란색)$=(\frac{1}{4}+\frac{1}{4})\times\frac{1}{12}+\frac{1}{6}\times\frac{1}{3}+\frac{1}{6}\times\frac{1}{4}=\frac{5}{36}$

(초록색)$=\frac{1}{4}\times\frac{1}{4}=\frac{1}{16}$

(노란색)$=\frac{1}{6}\times\frac{1}{3}+\frac{1}{4}\times\frac{1}{4}+\frac{1}{3}\times\frac{1}{4}=\frac{29}{144}$

분수를 통분하여 크기를 비교하면

$(\frac{23}{72}, \frac{5}{18}, \frac{5}{36}, \frac{1}{16}, \frac{29}{144})$ ➡ $(\frac{46}{144}, \frac{40}{144}, \frac{20}{144}, \frac{9}{144}, \frac{29}{144})$이므로

가장 넓은 부분을 차지하는 색은 흰색이고, 그 넓이는 $\frac{23}{72}$입니다.

서술형 **3** $\frac{27}{4}$

㉮ 기약분수를 $\frac{■}{▲}$라고 할 때 $\frac{4}{9}\times\frac{■}{▲}$, $\frac{16}{27}\times\frac{■}{▲}$가 모두 자연수가 되려면 ■는 9와 27의 공배수, ▲는 4와 16의 공약수입니다.

가장 작은 분수가 되려면 분모는 가장 크고, 분자는 가장 작아야 하므로 분자인 ■는 9와 27의 최소공배수, 분모인 ▲는 4와 16의 최대공약수여야 합니다.

따라서 ■$=27$, ▲$=4$이므로 구하는 가분수는 $\frac{27}{4}$입니다.

채점 기준	배점
기약분수의 분모의 성질을 알았나요?	2점
기약분수의 분자의 성질을 알았나요?	2점
기약분수 중 가장 작은 가분수를 구했나요?	1점

4 $4\frac{2}{7}$

$2\frac{6}{7}$과 □ 사이의 거리는 $2\frac{6}{7}$과 $5\frac{5}{7}$ 사이의 거리의 $\frac{1}{2}$입니다.

$(5\frac{5}{7}-2\frac{6}{7})\times\frac{1}{2}=1\frac{3}{7}$

따라서 □ 안에 알맞은 대분수는 $2\frac{6}{7}+1\frac{3}{7}=4\frac{2}{7}$입니다.

5 $\frac{2}{9}$

$\frac{1}{3\times4}+\frac{1}{4\times5}+\frac{1}{5\times6}+\frac{1}{6\times7}+\frac{1}{7\times8}+\frac{1}{8\times9}$

$=(\frac{1}{3}-\frac{1}{4})+(\frac{1}{4}-\frac{1}{5})+(\frac{1}{5}-\frac{1}{6})+(\frac{1}{6}-\frac{1}{7})+(\frac{1}{7}-\frac{1}{8})+(\frac{1}{8}-\frac{1}{9})$

$=\frac{1}{3}-\frac{1}{9}=\frac{2}{9}$

참고

$\frac{1}{3}-\frac{1}{4}=\frac{4}{3\times4}-\frac{3}{3\times4}=\frac{1}{3\times4}$

$\frac{1}{4}-\frac{1}{5}=\frac{5}{4\times5}-\frac{4}{4\times5}=\frac{1}{4\times5}$

$\frac{1}{5}-\frac{1}{6}=\frac{6}{5\times6}-\frac{5}{5\times6}=\frac{1}{5\times6}$ ......

6 42 km

(1분 후에 두 자동차 사이의 거리)$=1\frac{9}{10}-1\frac{3}{5}=\frac{3}{10}$ (km)

2시간 20분=2시간+20분=120분+20분=140분

➡ (2시간 20분 후에 두 자동차 사이의 거리)$=\frac{3}{10}\times140=42$ (km)

7 오후 2시 17분 30초

오늘 오전 9시부터 다음 날 오후 3시까지는 $24+6=30$(시간)입니다.

한 시간에 $1\frac{5}{12}$분씩 늦어지므로 30시간 동안에는 $1\frac{5}{12}\times30=42\frac{1}{2}$(분) 늦어집니다.

$42\frac{1}{2}$분=42분+$\frac{1}{2}$분=42분 30초

따라서 오후 3시보다 42분 30초 늦어진 시각은 오후 2시 17분 30초입니다.

8 $\frac{1}{101}$

분자는 1부터 2씩 커지고, 분모는 분자보다 2 큰 수인 규칙이 있습니다.

첫 번째 분수의 분자: 1

두 번째 분수의 분자: $3=1+1\times2$

세 번째 분수의 분자: $5=1+2\times2$

네 번째 분수의 분자: $7=1+3\times2$

다섯 번째 분수의 분자: $9=1+4\times2$

⋮

(□번째 분수의 분자)$=1+$(□-1)$\times2$

➡ 50번째 분수의 분자는 $1+49\times2=99$, 분모는 $99+2=101$입니다.

➡ (50번째 분수까지 곱한 값)$=\frac{1}{3}\times\frac{3}{5}\times\frac{5}{7}\times\frac{7}{9}\times\cdots\cdots\times\frac{97}{99}\times\frac{99}{101}=\frac{1}{101}$

9 $21\frac{3}{4}$km

1시간은 60분이므로 한 시간에 360km를 가는 것은 1분 동안 $360\div60=6$(km)를 가는 것과 같습니다.

($3\frac{2}{3}$분 동안 기차가 움직인 거리)=(1분 동안 기차가 움직인 거리)$\times3\frac{2}{3}$

$=6\times3\frac{2}{3}=22$(km)

(터널의 길이)+(기차의 길이)=22

(터널의 길이)$+\frac{1}{4}=22$

(터널의 길이)$=21\frac{3}{4}$ km

참고

기차가 터널을 완전히 통과하려면 (터널의 길이)+(기차의 길이)만큼 움직여야 합니다.

10 90개

사탕 한 봉지에 들어 있던 사탕의 수를 □개라고 하면

(연우가 가진 사탕)$=$□$\times\frac{7}{15}+4$, (정우가 가진 사탕)$=$□$\times\frac{1}{2}-1$

□$\times\frac{7}{15}+4+$□$\times\frac{1}{2}-1=$□

□$\times\frac{7}{15}+$□$\times\frac{1}{2}+3=$□

□$\times\frac{14}{30}+$□$\times\frac{15}{30}+3=$□

□$\times\frac{29}{30}+3=$□

□$\times\frac{1}{30}=3$

□$=90$

따라서 사탕 한 봉지에 들어 있던 사탕은 90개입니다.

3 합동과 대칭

1 도형의 합동

58~59쪽

1 예 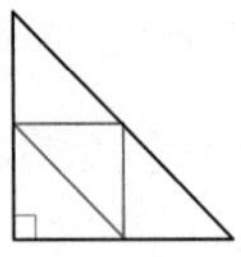

모양과 크기가 같은 삼각형 4개가 되도록 선을 긋는 다음과 같은 방법도 있습니다.

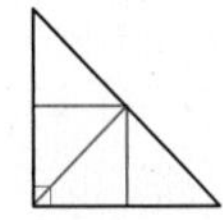

2 85°

합동인 두 도형에서 대응각의 크기는 서로 같으므로 (각 ㅁㅂㄹ)=(각 ㄱㄴㄷ)=60°이고, 삼각형의 세 각의 크기의 합은 180°이므로 (각 ㄹㅁㅂ)=180°−(60°+35°)=85°입니다.

3 9 cm

합동인 도형에서 대응변의 길이는 서로 같으므로 (변 ㄴㄷ)=(변 ㅅㅂ)=13 cm, (변 ㄱㄴ)=(변 ㅇㅅ)=10 cm입니다.

➡ (변 ㅇㅁ)=(변 ㄱㄹ)=(사각형 ㄱㄴㄷㄹ의 둘레)−10−13−9
=41−10−13−9=9(cm)

4 70°

합동인 두 도형에서 대응각의 크기는 서로 같으므로
(각 ㄱㄴㄷ)=(각 ㄷㄹㅁ)=70°, (각 ㅁㄷㄹ)=(각 ㄷㄱㄴ)=85°입니다.
(각 ㄴㄷㄱ)=180°−(85°+70°)=25°
➡ (각 ㄱㄷㅁ)=180°−(25°+85°)=70°

5 ㉡

㉠ 둘레가 같은 두 정오각형은 다섯 변의 길이가 같으므로 합동입니다.
㉡ 두 직사각형의 넓이가 같아도 모양은 다를 수 있습니다.
㉢ 한 변의 길이가 같은 두 정삼각형은 세 변의 길이가 같으므로 합동입니다.

2 선대칭도형

60~61쪽

1 ⑤

원의 중심을 지나는 어떤 직선을 따라 접어도 완전히 겹치므로 원의 대칭축은 셀 수 없이 많습니다.

2 115°

일직선에 놓이는 각의 크기의 합은 180°이므로 (각 ㄱㄴㄷ)=180°−115°=65°입니다.
대응각의 크기는 서로 같으므로 (각 ㄹㄷㄴ)=(각 ㄱㄴㄷ)=65°이고,
사각형의 네 각의 크기의 합은 360°이므로
(각 ㄱㄹㄷ)=360°−(90°+90°+65°)=115°입니다.

3 4 cm, 20°

선분 ㄴㄹ은 변 ㄱㄷ을 이등분하므로 (선분 ㄱㄹ)$=8\div2=4$(cm)입니다.
대응각의 크기는 서로 같으므로 (각 ㄴㄱㄹ)$=$(각 ㄴㄷㄹ)$=70°$이고,
대응점을 이은 선분은 대칭축과 수직으로 만나므로 (각 ㄴㄹㄱ)$=90°$입니다.
➡ (각 ㄱㄴㄹ)$=180°-70°-90°=20°$

4 44 cm

대응점에서 대칭축까지의 거리는 같으므로
(선분 ㄱㄴ)$=$(선분 ㄷㄴ)$=7$ cm, (선분 ㄷㄹ)$=$(선분 ㄱㅂ)$=6$ cm,
(선분 ㅂㅁ)$=$(선분 ㄹㅁ)$=9$ cm
➡ (도형의 둘레)$=(7+6+9)\times2=44$(cm)

5

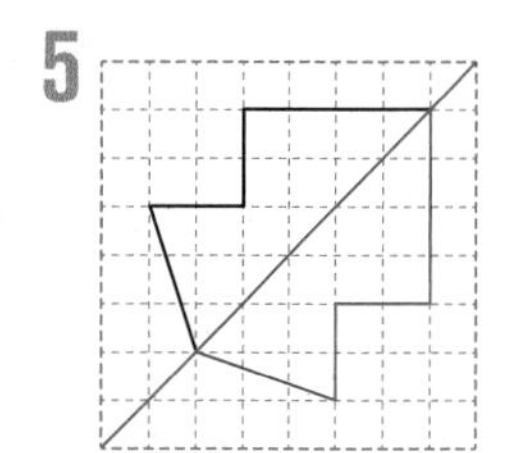

대응점을 찾아 표시한 후 차례로 이어 선대칭도형을 완성합니다.

3 점대칭도형

62~63쪽

1 ㉡, ㉣, ㉥

어떤 점을 중심으로 180° 돌렸을 때 처음과 완전히 겹치는 것을 찾습니다.

Z I H

2 115°

대응각의 크기는 서로 같으므로 (각 ㄱㄴㄷ)$=$(각 ㄹㅁㅂ)$=135°$입니다.
사각형의 네 각의 크기의 합은 360°이므로
(각 ㄴㄷㄹ)$=360°-80°-135°-30°=115°$입니다.

3 17 cm

점대칭도형의 각각의 대응점에서 대칭의 중심까지의 거리는 같으므로
(선분 ㄷㅇ)$=$(선분 ㄷㅂ)$\div2=6\div2=3$(cm)입니다.
➡ (선분 ㅁㅇ)$=20-3=17$(cm)

4 24 cm

점대칭도형에서 대칭의 중심은 대응점을 이은 선분을 이등분하고
직사각형의 두 대각선의 길이는 같으므로
(선분 ㄱㅇ)$=$(선분 ㄴㅇ)$=$(선분 ㄷㅇ)$=$(선분 ㄹㅇ)입니다.
➡ (삼각형 ㄹㅇㄷ의 둘레)$=$(변 ㄹㄷ)$+$(선분 ㄹㅇ)$+$(선분 ㄷㅇ)
$=$(변 ㄹㄷ)$+$(선분 ㄱㅇ)$+$(선분 ㄷㅇ) → (선분 ㄱㄷ)
$=9+15=24$(cm)

5 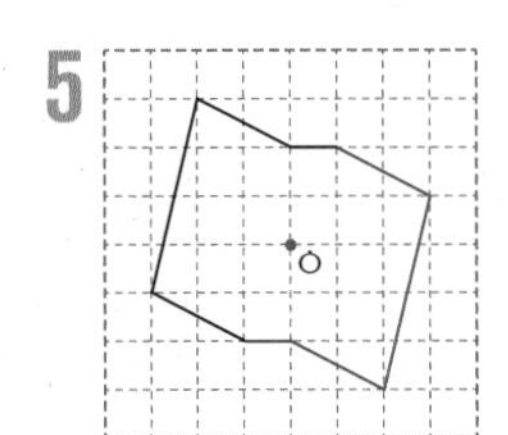

각 점에서 대칭의 중심까지의 길이가 같은 대응점을 찾아 표시한 후 각 대응점을 차례로 이어 점대칭도형을 완성합니다.

합동인 두 삼각형에서 대응변의 길이는 서로 같으므로
(변 ㄴㄷ)=(변 ㅁㄹ)=5 cm, (변 ㄴㄹ)=(변 ㄱㄷ)=13 cm,
(변 ㄴㅁ)=(변 ㄱㄴ)=10 cm입니다.
(선분 ㄷㅁ)=(변 ㄴㅁ)−(변 ㄴㄷ)=10−5=5(cm)
➡ (전체 도형의 둘레)=(변 ㄱㄷ)+(선분 ㄷㅁ)+(변 ㅁㄹ)+(변 ㄴㄹ)+(변 ㄱㄴ)
=13+5+5+13+10
=46(cm)

1-1 15 cm

합동인 두 삼각형에서 대응변의 길이는 서로 같으므로 (변 ㄱㄷ)=(변 ㄹㄷ)=9 cm입니다.
➡ (변 ㄴㄷ)=(변 ㅁㄷ)=(선분 ㅁㄱ)+(변 ㄱㄷ)=6+9=15(cm)

1-2 76 cm

합동인 두 사각형에서 대응변의 길이는 서로 같으므로
(변 ㄱㄴ)=(변 ㅁㅂ)=14 cm, (변 ㄴㄷ)=(변 ㅂㅅ)=9 cm,
(변 ㅅㄹ)=(변 ㄷㄹ)=7 cm, (변 ㄱㄹ)=(변 ㅁㄹ)=15 cm,
(선분 ㄱㅅ)=(변 ㄱㄹ)−(변 ㅅㄹ)=15−7=8(cm)입니다.
➡ (전체 도형의 둘레)=(변 ㄱㄴ)+(변 ㄴㄷ)+(선분 ㄷㄹ)+(선분 ㄹㅁ)+(변 ㅂㅁ)
+(변 ㅂㅅ)+(선분 ㄱㅅ)
=14+9+7+15+14+9+8=76(cm)

1-3 30 cm

합동인 두 삼각형에서 대응변의 길이는 서로 같으므로 (변 ㄱㄷ)=(변 ㄹㅁ)=13 cm, (변 ㄴㄷ)=(변 ㄷㅁ)=12 cm이고, (변 ㄱㄴ)=(변 ㄹㄷ)=12−7=5(cm)입니다.
➡ (삼각형 ㄱㄴㄷ의 둘레)=5+12+13=30(cm)

1-4 78 cm

합동인 두 삼각형에서 대응변의 길이는 서로 같으므로
(선분 ㄴㄷ)=(변 ㅁㅂ)=54 cm이고, (변 ㅂㄹ)=(변 ㄷㄱ)=40 cm,
(선분 ㄷㄹ)=40−16=24(cm)입니다.
➡ (선분 ㄴㄹ)=(선분 ㄴㄷ)+(선분 ㄷㄹ)=54+24=78(cm)

정십각형에서 마주 보는 꼭짓점끼리 연결한 대칭축과 마주 보는 변의 가운데 점끼리 연결한 대칭축을 각각 찾아 그려 봅니다.

• 마주 보는 꼭짓점끼리 연결한 대칭축:

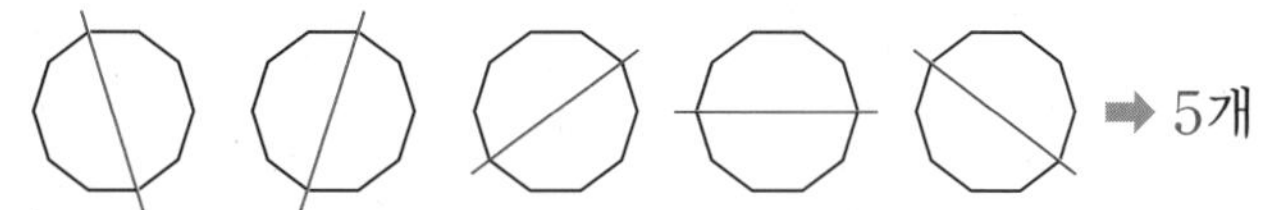

➡ 5개

• 마주 보는 변의 가운데 점끼리 연결한 대칭축:

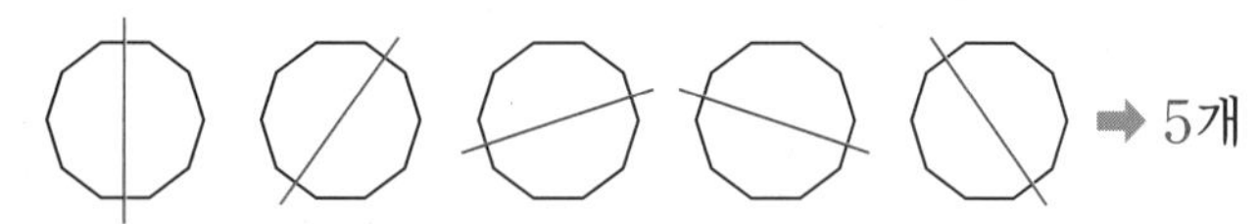

➡ 5개

따라서 정십각형에서 대칭축은 모두 10개입니다.

2-1 2개

정사각형과 정육각형의 대칭축을 각각 찾아 그려 봅니다.

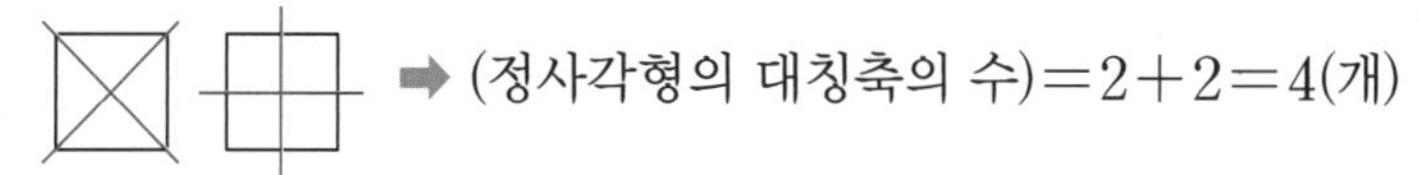

➡ (정사각형의 대칭축의 수)=2+2=4(개)

2개　2개

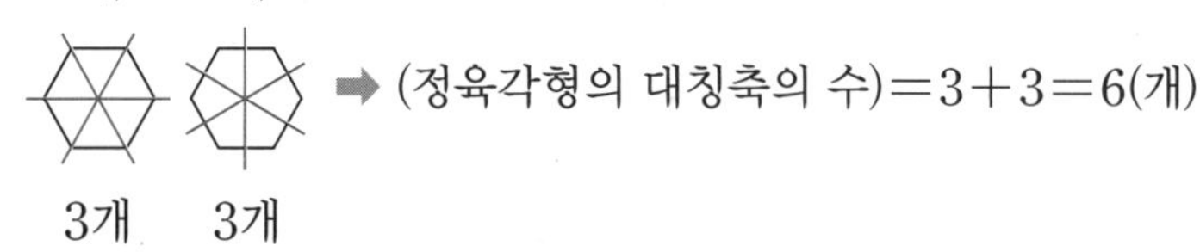

➡ (정육각형의 대칭축의 수)=3+3=6(개)

3개　3개

따라서 두 도형의 대칭축의 수의 차는 6−4=2(개)입니다.

2-2 12개

정십이각형의 대칭축을 찾아 그려 봅니다.

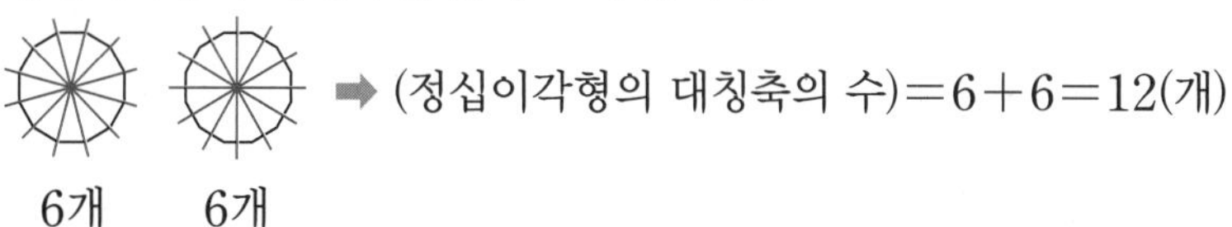

➡ (정십이각형의 대칭축의 수)=6+6=12(개)

6개　6개

서술형 **2-3** 6개

예 바깥쪽 꼭짓점을 연결한 대칭축은 3개, 안쪽 꼭짓점을 연결한 대칭축은 3개입니다.

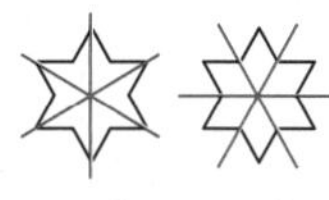

3개　3개

따라서 도형의 대칭축은 모두 6개입니다.

채점 기준	배점
대칭축의 수를 바르게 구했나요?	5점

2-4 8개

색칠한 부분인 정팔각형의 대칭축을 찾아 그려 봅니다.

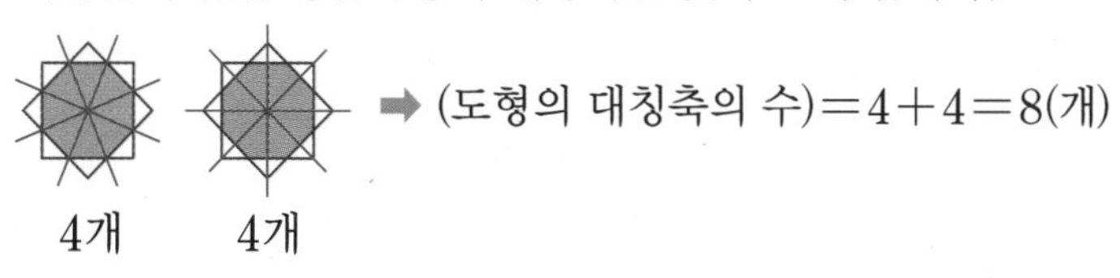

➡ (도형의 대칭축의 수)=4+4=8(개)

4개　4개

사각형 ㄱㄴㄷㄹ과 사각형 ㅁㅂㅇㄷ은 서로 합동이므로 (변 ㄹㄷ)=(변 ㄷㅇ)이고,
사각형 ㅅㅇㄷㄹ은 정사각형이므로 (변 ㄷㅇ)=(변 ㄹㅅ)입니다.
따라서 (변 ㄹㅅ)=(변 ㄹㄷ)=6 cm이고 (변 ㄱㄹ)=8+6=14(cm)입니다.
➡ (사각형 ㄱㄴㄷㄹ의 넓이)=$(14+20)\times 6\div 2=102(cm^2)$

3-1 $120\ cm^2$

삼각형 ㄱㄴㄷ과 삼각형 ㄹㄴㅁ은 합동이므로 (변 ㄱㄴ)=(변 ㄹㄴ)=24 cm이고,
(선분 ㅁㄴ)=(변 ㄱㄴ)−(선분 ㄱㅁ)=24−14=10(cm)입니다.
➡ (삼각형 ㄹㄴㅁ의 넓이)=$24\times 10\div 2=120(cm^2)$

3-2 $242\ cm^2$

삼각형 ㄱㄴㄷ과 삼각형 ㄷㄹㅁ은 합동이므로
(변 ㄴㄷ)=(변 ㄹㅁ)=17 cm, (변 ㄷㄹ)=(변 ㄱㄴ)=5 cm이고
(변 ㄴㄹ)=(변 ㄴㄷ)+(변 ㄷㄹ)=17+5=22(cm)입니다.
➡ (사각형 ㄱㄴㄹㅁ의 넓이)=$(5+17)\times 22\div 2=242(cm^2)$

3-3 $42\ cm^2$

삼각형 ㄱㄴㄷ과 삼각형 ㄹㅁㄷ은 합동이므로 (변 ㄷㄹ)=(변 ㄷㄱ)=12 cm입니다.
(변 ㅁㄷ)=(변 ㄴㄷ)=17−12=5(cm),
(선분 ㄱㅁ)=12−(변 ㅁㄷ)=12−5=7(cm)입니다.
➡ (색칠한 부분의 넓이)=$7\times 12\div 2=42(cm^2)$

3-4 $90\ cm^2$

삼각형 ㄱㄴㄷ과 삼각형 ㄹㅁㅂ은 합동이므로
(변 ㄹㅁ)=(변 ㄱㄴ)=18 cm,
(선분 ㅅㅁ)=18−6=12(cm)이고,
넓이가 같으므로 두 삼각형에 공통으로 포함된 삼각형 ㅅㅁㄷ의 넓이를 빼면
사각형 ㄱㄴㅁㅅ과 사각형 ㄹㅅㄷㅂ의 넓이가 같습니다.
➡ (색칠한 부분의 넓이)=(사각형 ㄱㄴㅁㅅ의 넓이)
=$(12+18)\times 6\div 2=90(cm^2)$

다른 풀이
삼각형 ㄱㄴㄷ과 삼각형 ㄹㅁㅂ은 합동이므로
(변 ㄹㅁ)=(변 ㄱㄴ)=18 cm, (선분 ㅅㅁ)=18−6=12(cm)입니다.
➡ (색칠한 부분의 넓이)=(삼각형 ㄹㅁㅂ의 넓이)−(삼각형 ㅅㅁㄷ의 넓이)
=(삼각형 ㄱㄴㄷ의 넓이)−(삼각형 ㅅㅁㄷ의 넓이)
=$(18\times 18\div 2)-(12\times 12\div 2)$
=$162-72=90(cm^2)$

도형의 대칭축을 직선 ㅇㅁ이라 하고 그림 위에 그으면 다음과 같습니다.

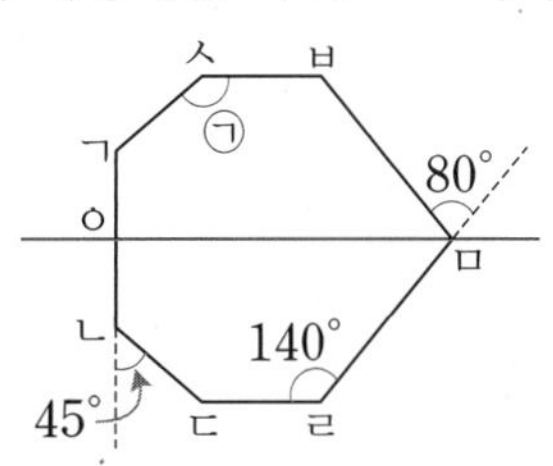

대응점을 이은 선분은 대칭축과 수직으로 만나므로 (각 ㄱㅇㅁ)=90°입니다.
대응각의 크기는 각각 같으므로 (각 ㅇㄱㅅ)=(각 ㅇㄴㄷ)=180°−45°=135°,
(각 ㅅㅂㅁ)=(각 ㄷㄹㅁ)=140°, (각 ㅂㅁㅇ)=(180°−80°)÷2=50°입니다.
오각형 ㄱㅇㅁㅂㅅ의 다섯 각의 크기의 합이 540°이므로
㉠=540°−90°−135°−140°−50°=125°입니다.

4-1 60°

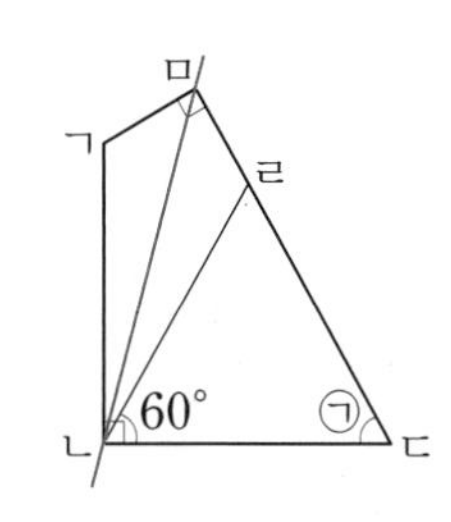

사각형 ㄱㄴㄹㅁ의 대칭축을 직선 ㅁㄴ이라 하면
(각 ㄱㅁㄴ)=(각 ㄹㅁㄴ)=90°÷2=45°,
(각 ㄱㄴㅁ)=(각 ㄹㄴㅁ)=(90°−60°)÷2=15°이므로
(각 ㅁㄱㄴ)=180°−45°−15°=120°입니다.
사각형의 네 각의 크기의 합은 360°이므로 사각형 ㄱㄴㄷㅁ에서
㉠=360°−120°−90°−90°=60°입니다.

4-2 100°

예) 오각형 ㄱㄴㄷㄹㅁ의 대칭축을 직선 ㄱㅂ이라 하면
(각 ㄴㄷㅂ)=(각 ㅁㄹㅂ)=180°−75°=105°이고,
(각 ㄴㄱㅁ)=180°−50°=130°이므로
(각 ㄴㄱㅂ)=130°÷2=65°입니다. 사각형의 네 각의 크기의 합은 360°이므로 사각형 ㄱㄴㄷㅂ에서 ㉠=360°−65°−90°−105°=100°입니다.

채점 기준	배점
각 ㄴㄷㅂ의 크기를 구했나요?	2점
각 ㄴㄱㅂ의 크기를 구했나요?	2점
㉠의 크기를 구했나요?	1점

4-3 35°

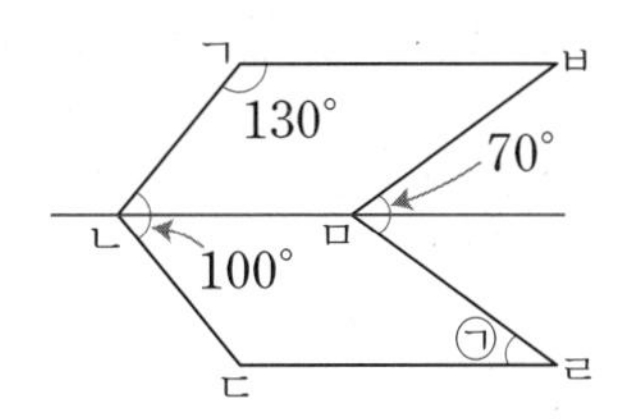

도형의 대칭축을 직선 ㄴㅁ이라 하면 (각 ㄴㄷㄹ)=(각 ㄴㄱㅂ)=130°,
(각 ㅁㄴㄷ)=100°÷2=50°, (각 ㄴㅁㄹ)=(360°−70°)÷2=145°입니다.
사각형의 네 각의 크기의 합은 360°이므로
사각형 ㄴㄷㄹㅁ에서 ㉠=360°−50°−130°−145°=35°입니다.

4-4 40°

삼각형 ㄱㄴㄹ은 선분 ㄱㄷ을 대칭축으로 하는 선대칭도형이므로
(각 ㄱㄹㄷ)=(각 ㄱㄴㄷ)=50°입니다.
삼각형 ㄱㄴㄹ에서 (각 ㄴㄱㄹ)=180°−50°−50°=80°이므로
(각 ㄷㄱㄹ)=80°÷2=40°입니다.
사각형 ㄱㄷㄹㅁ은 선분 ㄱㄹ을 대칭축으로 하는 선대칭도형이므로
(각 ㅁㄱㄹ)=(각 ㄷㄱㄹ)=40°입니다.

72~73쪽

점 ㅇ을 대칭의 중심으로 180° 돌려서 점대칭도형을 그리면 다음과 같습니다.

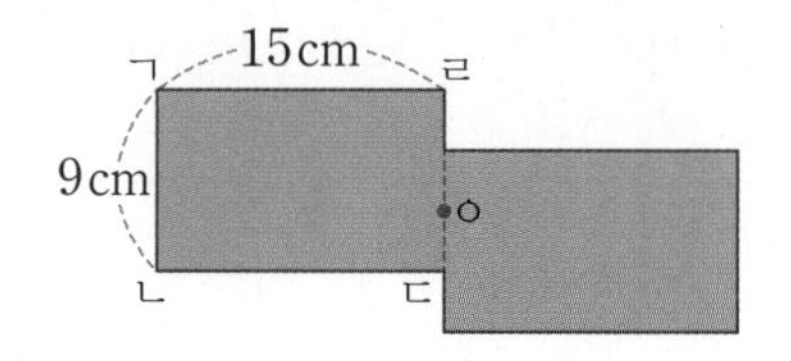

선분 ㅇㄷ의 길이를 ■ cm라 하면
(전체 도형의 둘레)=(직사각형 ㄱㄴㄷㄹ의 둘레)×2−(선분 ㅇㄷ)×4
84=(15+9+15+9)×2−■×4
84=48×2−■×4, ■×4=96−84=12, ■=3
따라서 선분 ㅇㄷ은 3 cm입니다.

5-1 6 cm

선분 ㄴㅈ의 길이를 □cm라 하면
(전체 도형의 둘레)=(사각형 ㄱㄴㅅㅇ의 둘레)×2−(선분 ㄴㅈ)×4이므로
60=(9+12+5+16)×2−□×4, 60=42×2−□×4, □×4=24, □=6입니다.

5-2 4 cm

선분 ㅇㄷ의 길이를 □cm라 하면
(전체 도형의 둘레)
=(삼각형 ㄱㄴㄷ의 둘레)×2−(선분 ㅇㄷ)×4이므로
46=(7+11+13)×2−□×4, 46=31×2−□×4, 46=62−□×4,
□×4=16, □=4입니다.

5-3 6 cm

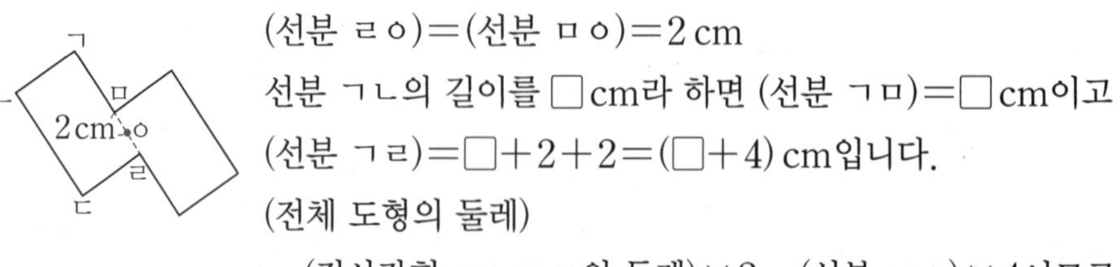

(선분 ㄹㅇ)=(선분 ㅁㅇ)=2 cm
선분 ㄱㄴ의 길이를 □cm라 하면 (선분 ㄱㅁ)=□cm이고
(선분 ㄱㄹ)=□+2+2=(□+4) cm입니다.
(전체 도형의 둘레)
=(직사각형 ㄱㄴㄷㄹ의 둘레)×2−(선분 ㅁㅇ)×4이므로
56=(□+4+□+□+4+□)×2−2×4, 56=(□×4+8)×2−8,
56=□×8+16−8, 56=□×8+8, 48=□×8, □=6입니다.
(□×4+8)+(□×4+8)
=□×8+16

5-4 9 cm

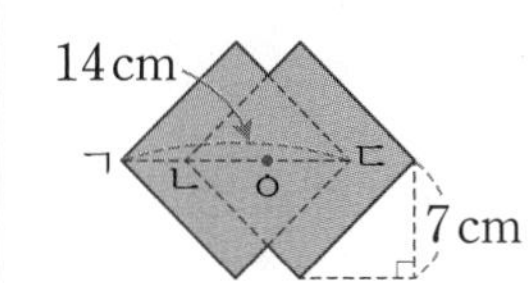

정사각형은 두 대각선이 $7 \times 2 = 14$(cm)인 마름모이고,
정사각형 2개의 넓이가 $(14 \times 14 \div 2) \times 2 = 196$(cm^2)이므로
겹쳐진 부분의 넓이는 $196 - 146 = 50$(cm^2)입니다.
겹쳐진 부분도 정사각형이면서 마름모이므로 선분 ㄴㄷ의 길이를 □cm라 하면
$\square \times \square \div 2 = 50$, $\square \times \square = 100$, $\square = 10$입니다. 점대칭도형에서 대응점에서 대칭의 중심까지의 거리는 같으므로 (선분 ㄴㅇ)$= 10 \div 2 = 5$(cm)입니다.
➡ (선분 ㄱㅇ)=(선분 ㄱㄷ)−(선분 ㅇㄷ)$= 14 - 5 = 9$(cm)

삼각형 ㄱㅁㄷ은 삼각형 ㄱㄹㄷ을 접은 것이므로 두 삼각형은 합동입니다.
삼각형 ㄱㄹㄷ과 삼각형 ㄱㄴㄷ이 합동이므로 삼각형 ㄱㅁㄷ과 삼각형 ㄱㄴㄷ이 합동이고,
삼각형 ㄱㄴㄷ과 삼각형 ㄱㅁㄷ에서 삼각형 ㄱㅂㄷ은 공통이므로
삼각형 ㄱㄴㅂ과 삼각형 ㄷㅁㅂ이 합동입니다.
(변 ㄱㄴ)=(변 ㄷㅁ)=12 cm, (변 ㄴㅂ)=(변 ㅁㅂ)=9 cm이므로
(변 ㄴㄷ)=(변 ㄴㅂ)+(변 ㅂㄷ)$= 9 + 15 = 24$(cm)입니다.
➡ (처음 종이의 넓이)=(직사각형 ㄱㄴㄷㄹ의 넓이)$= 24 \times 12 = 288$(cm^2)

6-1 6 cm^2

삼각형 ㄱㅁㅂ과 삼각형 ㄱㄹㅂ은 합동이므로
(변 ㄹㅂ)=(변 ㅁㅂ)=5 cm이고, (변 ㅂㄷ)$= 8 - 5 = 3$(cm)입니다.
➡ (삼각형 ㅂㅁㄷ의 넓이)$= 4 \times 3 \div 2 = 6$(cm^2)

6-2 864 cm^2

삼각형 ㄱㄴㅂ과 삼각형 ㄷㅁㅂ이 합동이므로
(변 ㄱㄴ)=(변 ㄷㅁ)=24 cm, (변 ㄷㅂ)=(변 ㄱㅂ)=26 cm입니다.
➡ (처음 종이의 넓이)=(직사각형 ㄱㄴㄷㄹ의 넓이)
$= (10 + 26) \times 24 = 36 \times 24 = 864$(cm^2)

6-3 128 cm^2

예 삼각형 ㄹㄷㅂ과 삼각형 ㄴㅁㅂ이 합동이므로
(변 ㄷㅂ)=(변 ㅁㅂ)=6 cm, (변 ㄹㄷ)=(변 ㄴㅁ)=8 cm입니다.
선분 ㄴㅂ의 길이를 □cm라 하면
(삼각형 ㄴㅂㄹ의 넓이)$= \square \times 8 \div 2 = \square \times 4 = 40$, $\square = 10$이므로
(변 ㄴㄷ)$= 10 + 6 = 16$(cm)입니다.
➡ (처음 종이의 넓이)=(직사각형 ㄱㄴㄷㄹ의 넓이)$= 16 \times 8 = 128$(cm^2)

채점 기준	배점
선분 ㄴㅂ의 길이를 구했나요?	3점
처음 종이의 넓이를 구했나요?	2점

6-4 13 cm

삼각형 ㄱㄴㅂ과 삼각형 ㅁㄹㅂ이 합동이므로
(변 ㄱㅂ)=(변 ㅁㅂ)=5 cm, (변 ㄱㄴ)=(변 ㅁㄹ)=12 cm입니다.
선분 ㅂㄹ의 길이를 □cm라 하면
(처음 종이의 넓이)=(직사각형 ㄱㄴㄷㄹ의 넓이)=(5+□)×12=216,
5+□=18, □=13입니다.

먼저 선대칭도형을 그릴 수 있는 대칭축을 찾아봅니다.

① 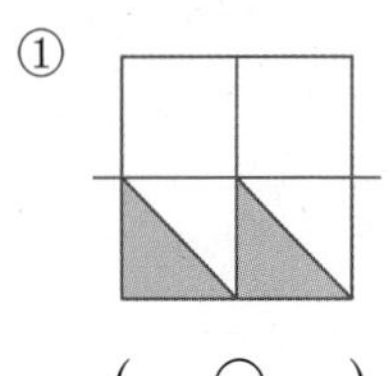 ② 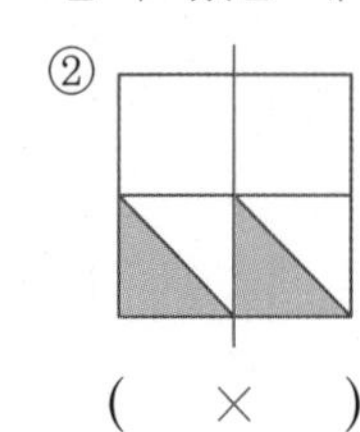 ③ 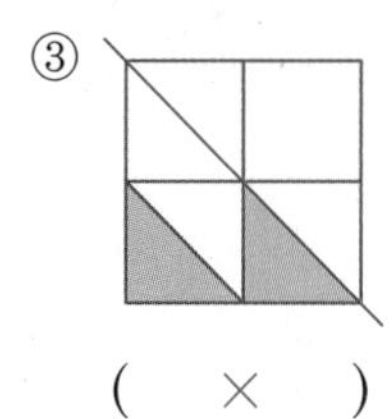 ④ 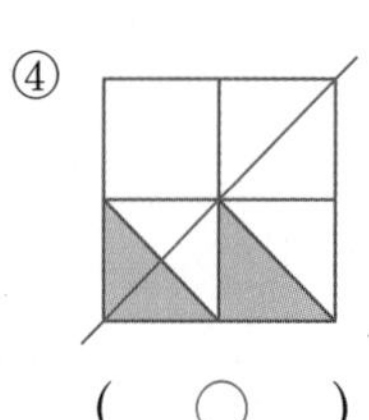

(○) (×) (×) (○)

선대칭도형을 그릴 수 있는 경우마다 나머지 2개의 타일을 돌리거나 이어 붙여 선대칭 도형을 만들어 봅니다.

① 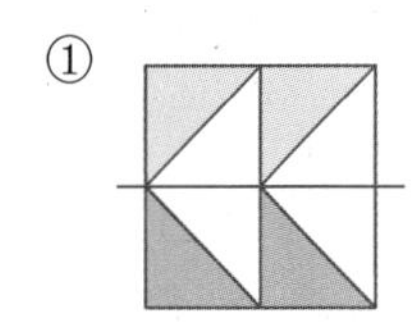 ④ 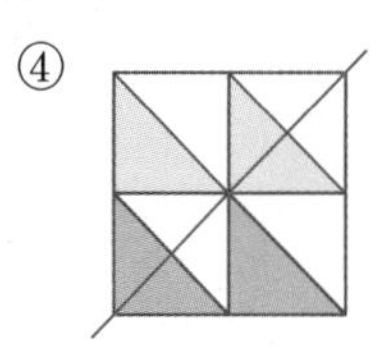 또는 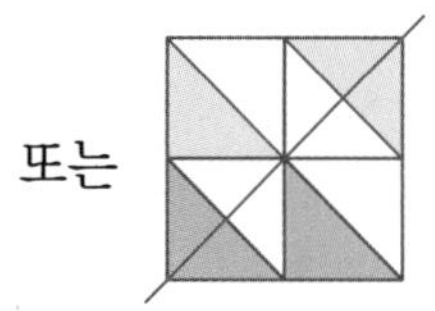

7-1

한 직선을 따라 접어서 완전히 겹치는 도형을 선대칭도형이라 하고,
어떤 점을 중심으로 180° 돌렸을 때 완전히 겹치는 도형을 점대칭도형이라고 합니다.

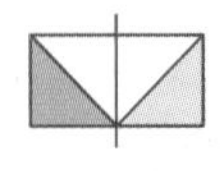 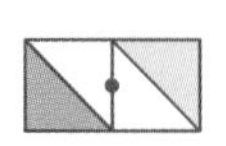

7-2 예

예 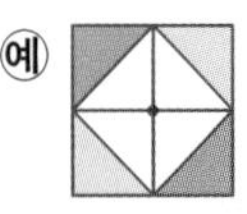 이외에도 여러 가지 방법이 있습니다.

7-3 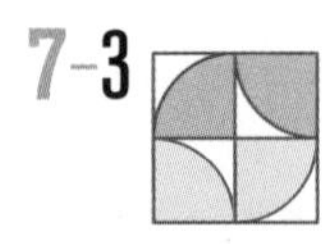

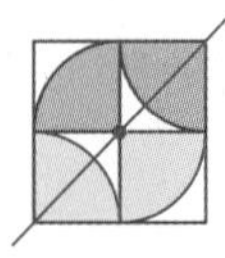

7-4

점대칭도형, 선대칭도형이 반복되는 규칙이므로 다섯 번째에는 점대칭도형이 오면 됩니다.

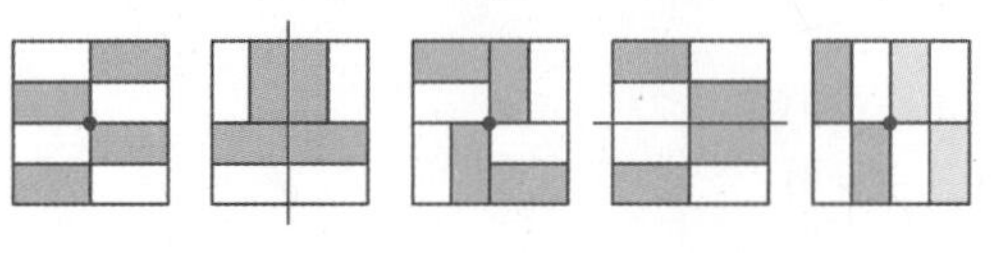

대표문제 8

선대칭도형을 그리면 다음과 같습니다.

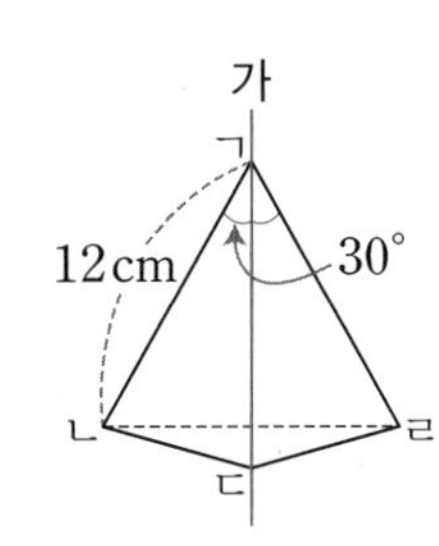

(각 ㄴㄱㄹ)=(각 ㄴㄱㄷ)+(각 ㄹㄱㄷ)=30°+30°=60°,
(변 ㄱㄴ)=(변 ㄱㄹ)이므로
(각 ㄱㄴㄹ)=(각 ㄱㄹㄴ)=(180°−60°)÷2=60°
➡ 삼각형 ㄱㄴㄹ은 정삼각형이므로 (선분 ㄴㄹ)=12 cm입니다.
삼각형 ㄱㄴㄷ에서 선분 ㄱㄷ을 밑변으로 하면 높이는 선분 ㄴㄹ의 반이므로 12÷2=6(cm)입니다.
➡ (삼각형 ㄱㄴㄷ의 넓이)=12×6÷2=36(cm^2)

8-1 84 cm^2

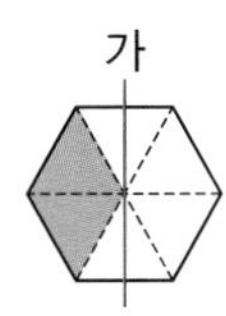

선대칭도형을 그리면 왼쪽과 같은 정육각형이 되고 작은 직각삼각형 12개로 나눌 수 있습니다.
(직각삼각형 한 개의 넓이)=28÷4=7(cm^2)
➡ (완성한 선대칭도형의 넓이)=7×12=84(cm^2)

8-2 98 cm^2

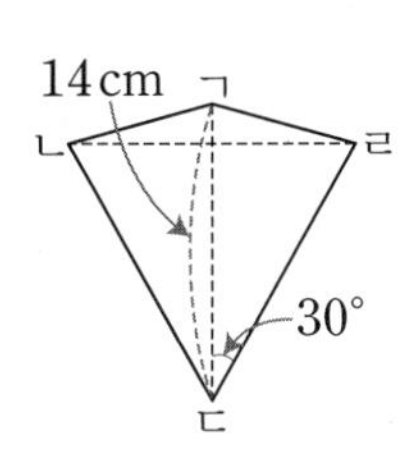

선분 ㄱㄷ이 대칭축일 때 (변 ㄹㄷ)=(변 ㄴㄷ)이고,
(각 ㄴㄷㄱ)=(각 ㄹㄷㄱ)=30°이므로 (각 ㄴㄷㄹ)=60°입니다.
삼각형 ㄴㄷㄹ은 정삼각형이고 (선분 ㄴㄹ)=14 cm입니다.
삼각형 ㄴㄷㄱ에서 밑변을 선분 ㄱㄷ으로 하면 높이는 선분 ㄴㄹ의 반이므로 7 cm입니다.
(삼각형 ㄴㄷㄱ의 넓이)=14×7÷2=49(cm^2)
➡ (선대칭도형의 넓이)=49×2=98(cm^2)

8-3 32 cm^2

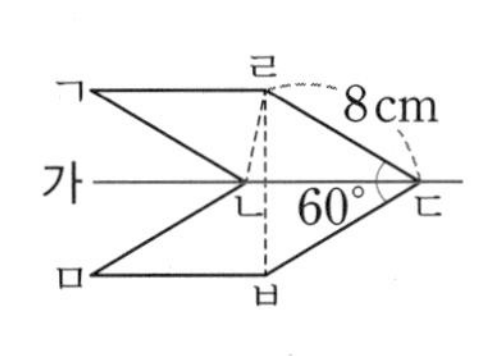

(변 ㄹㄷ)=(변 ㅂㄷ), (각 ㄹㄷㅂ)=60°이므로 삼각형 ㄹㄷㅂ은 정삼각형이고 (선분 ㄹㅂ)=8 cm입니다.
삼각형 ㄹㄴㄷ에서 밑변을 선분 ㄴㄷ으로 하면
사각형 ㄱㄴㄷㄹ은 마름모이므로 (선분 ㄴㄷ)=8 cm이고,
높이는 선분 ㄹㅂ의 반이므로 4 cm입니다.
(삼각형 ㄹㄴㄷ의 넓이)=8×4÷2=16(cm^2)
➡ (마름모 ㄱㄴㄷㄹ의 넓이)=(삼각형 ㄹㄴㄷ의 넓이)×2=16×2=32(cm^2)

8-4 144 cm^2

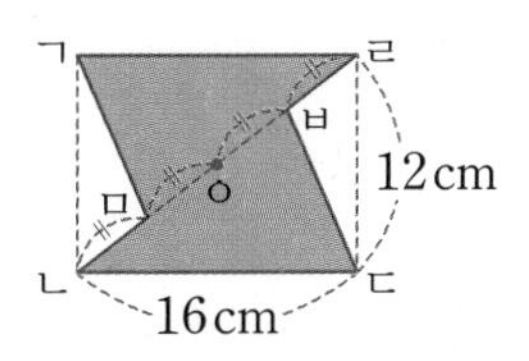

대응점에서 대칭의 중심까지의 거리는 같으므로
(선분 ㄴㅁ)=(선분 ㅁㅇ)=(선분 ㅂㅇ)=(선분 ㄹㅂ)입니다.
삼각형 ㄴㄷㄹ의 밑변을 선분 ㄴㄹ이라 하면
삼각형 ㄴㄷㅂ과 삼각형 ㄴㄷㄹ의 높이는 같고
삼각형 ㄴㄷㅂ의 밑변이 삼각형 ㄴㄷㄹ의 밑변의 $\frac{3}{4}$이므로
삼각형 ㄴㄷㅂ의 넓이는 삼각형 ㄴㄷㄹ의 넓이의 $\frac{3}{4}$이 됩니다.

(삼각형 ㄴㄷㄹ의 넓이)$=16\times12\div2=96(cm^2)$이므로

(삼각형 ㄴㄷㅂ의 넓이)$=96\times\frac{3}{4}=72(cm^2)$입니다.

➡ (점대칭도형의 넓이)$=72\times2=144(cm^2)$

MATH MASTER

80~83쪽

1 4쌍

삼각형 ㄱㄴㄹ과 삼각형 ㄱㄷㅂ, 삼각형 ㄱㄹㅁ과 삼각형 ㄱㅂㅁ, 삼각형 ㄱㄴㅁ과 삼각형 ㄱㄷㅁ, 삼각형 ㄱㄴㅂ과 삼각형 ㄱㄷㄹ이 합동이므로 합동인 삼각형은 모두 4쌍입니다.

서술형 **2** 55°

예 삼각형 ㄱㄴㄷ과 삼각형 ㄹㄷㄴ은 합동이므로 (각 ㄱㄴㄷ)=(각 ㄹㄷㄴ)$=80^\circ$이고,
(각 ㄱㄷㄴ)=(각 ㄹㄴㄷ)$=80^\circ-35^\circ=45^\circ$입니다.
따라서 (각 ㄴㄱㄷ)$=180^\circ-80^\circ-45^\circ=55^\circ$입니다.

채점 기준	배점
각 ㄱㄴㄷ의 크기를 구했나요?	1점
각 ㄱㄷㄴ의 크기를 구했나요?	2점
각 ㄴㄱㄷ의 크기를 구했나요?	2점

3 $108\ cm^2$

선대칭도형에서 대칭축에 의해 나누어진 두 도형은 합동이고 선대칭도형의 넓이는 대칭축의 한쪽에 있는 도형의 넓이의 2배입니다.
대칭축은 대응점을 잇는 선분을 수직이등분하므로 삼각형 ㄱㄴㄷ에서 선분 ㄱㄷ을 밑변으로 할 때 높이는 선분 ㄴㄹ의 반인 $12\div2=6(cm)$가 됩니다.
➡ (사각형 ㄱㄴㄷㄹ의 넓이)=(삼각형 ㄱㄴㄷ의 넓이)$\times2$
$=18\times6\div2\times2=108(cm^2)$

4 5개

십의 자리에 올 수 있는 숫자는 0, 1, 2, 5, 8이므로 101, 111, 121, 151, 181로 모두 5개입니다.

5 61°

(각 ㄱㅇㄴ)=(각 ㄷㅇㄹ)$=58^\circ$
선분 ㄱㅇ과 선분 ㄴㅇ은 원의 반지름으로 길이가 같으므로 삼각형 ㅇㄱㄴ은 이등변삼각형입니다.
➡ (각 ㅇㄱㄴ)=(각 ㅇㄴㄱ)$=(180^\circ-58^\circ)\div2=61^\circ$

보충 개념
한 원에서 반지름의 길이는 모두 같습니다.

6 56°

삼각형 ㄱㄴㄷ과 삼각형 ㅂㄱㄴ은 이등변삼각형이므로
(각 ㅂㄱㅁ)=(각 ㅂㄴㅁ)=□°라 하면 (각 ㄱㄴㄹ)=(각 ㄱㄷㄹ)=□°+48°이고
삼각형 ㄱㄴㄷ에서 □°+(□°+48°)+(□°+48°)=180°,
□°+□°+□°+96°=180°, □°+□°+□°=84°, □°=84°÷3=28°입니다.
따라서 (각 ㄱㄷㄹ)=(각 ㄱㄴㄹ)=28°+48°=76°이므로
삼각형 ㄴㄷㅂ에서 (각 ㄴㅂㄷ)=180°−48°−76°=56°입니다.

서술형 **7** 180 cm

예 삼각형 ㄱㄴㅂ과 삼각형 ㄷㅁㅂ이 합동이므로 (변 ㄷㅂ)=(변 ㄱㅂ)=39 cm,
(변 ㄴㄷ)=(변 ㄴㅂ)+(변 ㅂㄷ)=15+39=54(cm)입니다.
변 ㄱㄴ의 길이를 □ cm라 하면 54×□=1944, □=1944÷54, □=36입니다.
따라서 (직사각형 ㄱㄴㄷㄹ의 둘레)=(36+54)×2=180(cm)입니다.

채점 기준	배점
변 ㄷㅂ과 변 ㄴㄷ의 길이를 각각 구했나요?	2점
변 ㄱㄴ의 길이를 구했나요?	2점
직사각형 ㄱㄴㄷㄹ의 둘레를 구했나요?	1점

8 16 cm^2

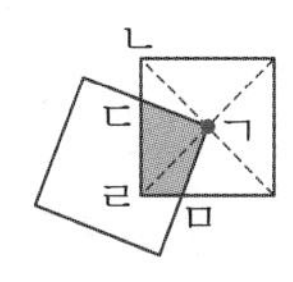

삼각형 ㄴㄱㄷ과 삼각형 ㄹㄱㅁ이 합동이므로 겹쳐진 부분의 넓이는 삼각형 ㄱㄴㄹ의 넓이와 같습니다.
삼각형 ㄱㄴㄹ의 넓이는 정사각형 넓이의 $\frac{1}{4}$이므로
(겹쳐진 부분의 넓이)=$8\times8\times\frac{1}{4}=16(cm^2)$입니다.

9 60 cm^2

삼각형 ㄷㅁㅅ에서 (각 ㄷㅅㅁ)=180°−45°−90°=45°이므로 삼각형 ㄷㅁㅅ은 이등변삼각형이고 (선분 ㄷㅁ)=(선분 ㅁㅅ)=11 cm입니다.
삼각형 ㄱㄴㄷ과 삼각형 ㄹㅁㅂ은 합동이므로
(변 ㄱㄴ)=(변 ㄴㄷ)=(변 ㅁㅂ)=(선분 ㅁㄷ)+(선분 ㄷㅂ)=11+4=15(cm)입니다.
(선분 ㄴㅁ)=(변 ㄴㄷ)−(변 ㅁㄷ)=15−11=4(cm)
➡ (직사각형 ㄱㄴㅁㄹ의 넓이)=$4\times15=60(cm^2)$

10 18 cm^2

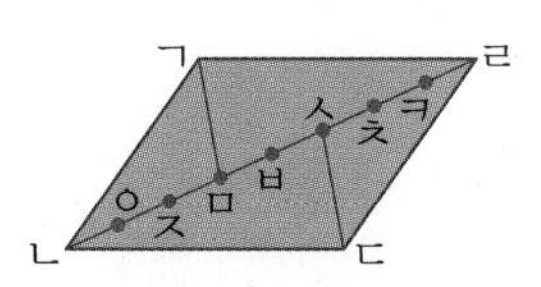

선분 ㄹㅅ의 길이가 선분 ㅅㅂ의 길이의 3배이고, 대칭의 중심에서 대응점까지 길이가 같으므로 선분 ㄴㄹ을 왼쪽과 같이 8등분할 수 있습니다.
➡ (선분 ㄴㅇ)=(선분 ㅇㅈ)=(선분 ㅈㅁ)=(선분 ㅁㅂ)
=(선분 ㅂㅅ)=(선분 ㅅㅊ)=(선분 ㅊㅋ)=(선분 ㅋㄹ)
따라서 삼각형 ㅅㄷㄹ의 밑변의 길이는 삼각형 ㄹㄴㄷ의 밑변의 길이의 $\frac{3}{8}$이고, 높이는 같으므로 삼각형 ㅅㄷㄹ의 넓이도 삼각형 ㄹㄴㄷ의 넓이의 $\frac{3}{8}$ 입니다.
삼각형 ㄹㄴㄷ의 넓이는 평행사변형의 넓이의 반이므로
(삼각형 ㅅㄷㄹ의 넓이)=$(96\div2)\times\frac{3}{8}=48\times\frac{3}{8}=18(cm^2)$입니다.

4 소수의 곱셈

1 (소수)×(자연수), (자연수)×(소수)

86~87쪽

1 ㉢

㉠ $1.83\times2=3.66$

㉡ $(183\times2$의 $\frac{1}{100}$배$)=(366$의 $\frac{1}{100}$배$)=3.66$

㉢ $(18.3\times2$의 10배$)=(36.6$의 10배$)=366$

㉣ $1\frac{83}{100}=1.83$이므로 $2\times1\frac{83}{100}=2\times1.83=3.66$

따라서 계산 결과가 다른 것은 ㉢입니다.

2 49 kg

형의 몸무게는 영재의 몸무게의 1.4배이므로

(형의 몸무게)$=35\times1.4=49$(kg)입니다.

3 8.75 km

일주일은 7일이므로 (승현이가 1주일 동안 달린 거리)$=1.25\times7=8.75$(km)입니다.

4 ㉡, ㉢

18에 1보다 큰 수를 곱하면 계산 결과가 18보다 커집니다.

따라서 계산 결과가 18보다 큰 것은 ㉡ 18×1.01, ㉢ 1.3×18입니다.

다른 풀이

㉠ $18\times0.7=12.6$ ㉡ $18\times1.01=18.18$ ㉢ $1.3\times18=23.4$ ㉣ $0.95\times18=17.1$

따라서 계산 결과가 18보다 큰 것은 ㉡, ㉢입니다.

5 (1) 5, 8.5
(2) 2.59, 7.77

곱해지는 수와 곱하는 수의 순서가 바뀌어도 곱의 결과는 같습니다.

(1) $1.7\times5=5\times1.7=8.5$

(2) $2.59\times3=3\times2.59=7.77$

2 (소수)×(소수)

88~89쪽

1 풀이 참조

예 곱해지는 수와 곱하는 수가 모두 소수 한 자리 수이므로 계산 결과는 소수 두 자리 수가 되어야 하는데 소수점을 잘못 찍어 틀렸습니다.

```
    2 5.8
 ×    6.2
─────────
    5 1 6
1 5 4 8
─────────
1 5 9.9 6
```

2 420, 42, 4.2

• 56×7.5는 56×75의 $\frac{1}{10}$배입니다.

➡ $56 \times 7.5 = 420$

• 5.6×7.5는 56×75의 $\frac{1}{100}$배입니다.

➡ $5.6 \times 7.5 = 42$

• 5.6×0.75는 56×75의 $\frac{1}{1000}$배입니다.

➡ $5.6 \times 0.75 = 4.2$

3 =, 3.6

$1.5 \times 3.7 = 5.55$이므로 ㉠에는 3.7보다 작은 소수 한 자리 수가 들어갈 수 있고 그중 가장 큰 수는 3.6입니다.

4 0.855 kg

(막대 0.45 m의 무게)$=1.9 \times 0.45 = 0.855$(kg)

5 정사각형, 0.349 cm^2

(직사각형의 넓이)=(가로)×(세로)$=1.21 \times 2.1 = 2.541(cm^2)$
(정사각형의 넓이)=(한 변)×(한 변)$=1.7 \times 1.7 = 2.89(cm^2)$
$2.89 > 2.541$이므로 정사각형이 직사각형보다 $2.89-2.541=0.349(cm^2)$ 더 넓습니다.

6 (위에서부터)
0.49, 0.98, 0.49 /
0.49, 0.7, 0.49

세 수의 곱에서 어느 두 수를 먼저 곱해도 결과는 같습니다.

보충 개념

$0.7 \times 1.4 \times 0.5$의 계산에서 1.4×0.5를 먼저 계산하면 소수점 아래 끝자리 숫자가 0이 되어 계산하기 쉽습니다.

3 곱의 소수점의 위치

90~91쪽

1 ㉢

㉠ $3.58 \times 1000 = 3580$
㉡ $35.8 \times 100 = 3580$
㉢ $0.358 \times 10 = 3.58$
따라서 계산 결과가 다른 것은 ㉢입니다.

2 ③

① 소수 한 자리 수 ② 소수 한 자리 수 ③ 소수 두 자리 수
④ 소수 세 자리 수 ⑤ 소수 네 자리 수

3 758 g

10 m=1000 cm이고 1000 cm는 10 cm의 100배입니다.
➡ (파란색 리본 10 m의 무게)$=7.58 \times 100 = 758$(g)

4 ㉣

㉠ $621\times\square=6.21$ ➡ $\square=0.01$
㉡ $14\times\square=0.014$ ➡ $\square=0.001$
㉢ $\square\times170=170\times\square=1.7$ ➡ $\square=0.01$
㉣ $\square\times122=122\times\square=12.2$ ➡ $\square=0.1$
따라서 □ 안에 알맞은 수가 가장 큰 것은 ㉣입니다.

5 6800

어떤 수를 □라 하면 $\square\times0.01=6.8\times10$, $\square\times0.01=68$입니다.
소수점을 왼쪽으로 2칸 옮겨서 68이 되었으므로 $\square=6800$입니다.

6 ㉠

수의 배열이 같고 소수점의 위치만 다르므로 곱의 소수점의 위치를 보고 크기를 비교합니다.
㉠은 소수 세 자리 수, ㉡은 소수 네 자리 수이므로 ㉠이 더 큽니다.

다른 풀이
㉠ $25.8\times0.46=11.868$, ㉡ $0.258\times4.6=1.1868$이므로 ㉠이 더 큽니다.

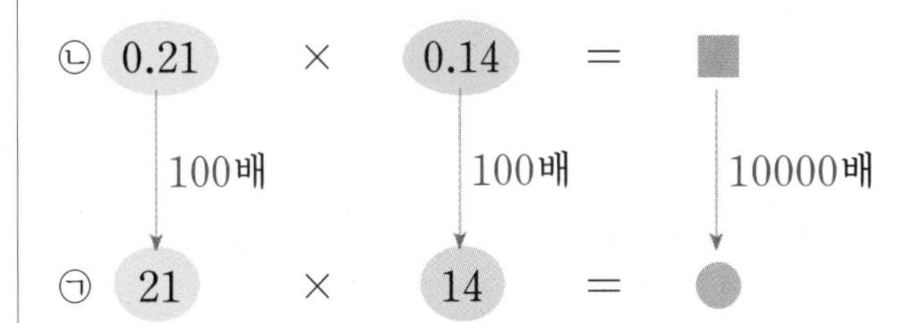

➡ ㉠은 ㉡의 10000 배입니다.

1-1 1000배

1.28은 소수점을 오른쪽으로 1칸 옮기면 12.8이므로 ㉠=10입니다.
364.8은 소수점을 왼쪽으로 2칸 옮기면 3.648이므로 ㉡=0.01입니다.
0.01은 소수점을 오른쪽으로 3칸 옮기면 10이므로 ㉠은 ㉡의 1000배입니다.

1-2 100배

5.4는 0.54의 10배이고, 1.07은 0.107의 10배이므로
5.4×1.07은 0.54×0.107의 $10\times10=100$(배)입니다.

서술형 **1-3** 0.001

예 가$\times21.075\times$나$=21.075\times$(가$\times$나)$=0.021075$
21.075의 소수점을 왼쪽으로 3칸 옮기면 0.021075이므로 (가$\times$나)$=0.001$입니다.
따라서 가와 나의 곱은 0.001입니다.

채점 기준	배점
21.075의 소수점을 어떻게 옮겨야 0.021075가 되는지 구했나요?	2점
가와 나의 곱을 구했나요?	3점

1-4 0.28

16492의 소수점을 왼쪽으로 4칸 옮기면 1.6492이므로 $19 \times 2.8 \times 310$에 0.0001을 곱해야 합니다.
0.19는 19의 0.01배이고, 31은 310의 0.1배이므로 $\square = 2.8 \times 0.1 = 0.28$입니다.

(나미가 걸은 거리)$=1.9$ km
(영호가 걸은 거리)$=$(나미가 걸은 거리)$\times 0.7-0.2$
$=1.9 \times 0.7-0.2=1.13$(km)
(재우가 걸은 거리)$=$(영호가 걸은 거리)$\times 1.8$
$=1.13 \times 1.8=2.034$(km)
세 사람이 걸은 거리를 비교하면 $2.034>1.9>1.13$이므로
한 시간 동안 가장 많이 걸은 사람은 재우입니다.

2-1 1.485 L

(소리가 마신 물의 양)$=1.5$ L
(경수가 마신 물의 양)$=1.5 \times 0.9=1.35$(L)
➡ (유주가 마신 물의 양)$=1.35 \times 1.1=1.485$(L)

서술형 **2-2** 56.28 kg

예 아버지의 몸무게는 72 kg이므로
한솔이의 몸무게는 $72 \times 0.6-3=43.2-3=40.2$(kg)입니다.
따라서 어머니의 몸무게는 $40.2 \times 1.4=56.28$(kg)입니다.

채점 기준	배점
한솔이의 몸무게를 구했나요?	2점
어머니의 몸무게를 구했나요?	3점

2-3 630대

(작년 판매량)$=1400$대
(올해 목표 판매량)$=$(작년 판매량)$\times 1.15=1400 \times 1.15=1610$(대)
(지금까지의 판매량)$=$(작년 판매량)$\times 0.7=1400 \times 0.7=980$(대)
➡ (더 판매해야 하는 자전거의 수)$=1610-980=630$(대)

2-4 88명

(여학생 수)$=275$명, (남학생 수)$=275 \times 1.08=297$(명)
➡ (전체 학생 수)$=275+297=572$(명)
(수학을 좋아하는 학생 수)$=$(전체 학생 수)$\times 0.25=572 \times 0.25=143$(명)
(수학을 좋아하는 여학생 수)$=$(여학생 수)$\times 0.2=275 \times 0.2=55$(명)
➡ (수학을 좋아하는 남학생 수)$=143-55=88$(명)

대표문제 3

색 테이프 10장을 이어 붙이면 겹치는 부분은 10－1＝9(군데)입니다.
(색 테이프 10장의 길이의 합)＝9.5×10＝95(cm)
(겹치는 부분의 길이의 합)＝1.5×9＝13.5(cm)
➡ (이어 붙인 색 테이프의 길이)
＝(색 테이프 10장의 길이의 합)－(겹치는 부분의 길이의 합)
＝95－13.5＝81.5(cm)
따라서 이어 붙인 색 테이프의 길이는 81.5 cm입니다.

3-1 39 cm

색 테이프 5장을 원 모양으로 이어 붙이면 겹치는 부분은 5군데입니다.
(원 모양으로 이어 붙인 색 테이프의 길이)
＝(색 테이프 5장의 길이의 합)－(겹치는 부분의 길이의 합)
＝8.3×5－0.5×5＝41.5－2.5＝39(cm)

3-2 93.3 cm

색 테이프 12장을 이어 붙이면 겹치는 부분은 11군데입니다.
(이어 붙인 색 테이프의 길이)＝(색 테이프 12장의 길이의 합)－(겹치는 부분의 길이의 합)
＝8.6×12－0.9×11＝103.2－9.9＝93.3(cm)

3-3 4.21 m

테이프 30장을 이어 붙이면 겹치는 부분은 29군데입니다.
(이어 붙인 색 테이프의 길이)＝(색 테이프 30장의 길이의 합)－(겹치는 부분의 길이의 합)
＝0.15×30－0.01×29＝4.5－0.29＝4.21(m)

3-4 2 cm

색 테이프 9장을 이어 붙이면 겹치는 부분은 8군데입니다.
색 테이프를 □cm씩 겹치게 이어 붙였다고 하면 12.5×9－□×8＝96.5입니다.
➡ 12.5×9－□×8＝96.5, 112.5－□×8＝96.5,
□×8＝112.5－96.5 □×8＝16, □＝2
따라서 색 테이프를 2 cm씩 겹치게 이어 붙였습니다.

2시간 24분＝$2\frac{24}{60}$ 시간＝$2\frac{4}{10}$ 시간＝2.4시간
(2시간 24분 동안 달리는 거리)＝(한 시간 동안 달리는 거리)×(달린 시간)
＝83.5×2.4
＝200.4(km)
➡ (2시간 24분 동안 달리는 데 필요한 휘발유의 양)＝200.4×0.08＝16.032(L)

4-1 6.88 cm

3시간 12분$=3\frac{12}{60}$시간$=3\frac{2}{10}$시간$=3.2$시간

➡ (3시간 12분 동안 줄어드는 길이)$=2.15\times3.2=6.88$(cm)

4-2 12.95 L

1시간 15분$=1\frac{15}{60}$시간$=1\frac{1}{4}$시간$=1\frac{25}{100}$시간$=1.25$시간

(1시간 15분 동안 달리는 거리)$=74\times1.25=92.5$(km)

➡ (1시간 15분 동안 달리는 데 필요한 경유의 양)$=92.5\times0.14=12.95$(L)

4-3 52.2 L

(1분 동안 받을 수 있는 물의 양)$=15.8-1.3=14.5$(L)

3분 36초$=3\frac{36}{60}$분$=3\frac{6}{10}$분$=3.6$분

➡ (3분 36초 동안 물탱크에 받을 수 있는 물의 양)$=14.5\times3.6=52.2$(L)

4-4 23.69 km

(준우가 한 시간 동안 걷는 거리)$=1.8\times3=5.4$(km)

(1시간 동안 걸은 두 사람 사이의 거리)$=4.9+5.4=10.3$(km)

2시간 18분$=2\frac{18}{60}$시간$=2\frac{3}{10}$시간$=2.3$시간

➡ (2시간 18분 동안 걸은 두 사람 사이의 거리)$=10.3\times2.3=23.69$(km)

보충 개념

- 두 사람이 서로 반대 방향으로 움직이면 두 사람 사이의 거리는 두 사람이 움직인 거리의 합과 같습니다.
- 두 사람이 같은 방향으로 움직이면 두 사람 사이의 거리는 두 사람이 움직인 거리의 차와 같습니다.

100~101쪽

도형을 두 부분으로 나누어 넓이를 구합니다.

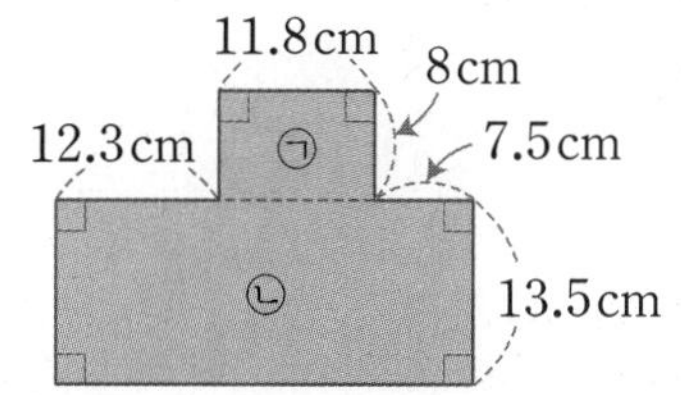

- (㉠의 넓이)$=11.8\times8=94.4(\text{cm}^2)$
- (㉡의 넓이)$=(12.3+11.8+7.5)\times13.5$
$=31.6\times13.5$
$=426.6(\text{cm}^2)$

➡ (도형의 넓이)=(㉠의 넓이)+(㉡의 넓이)
$=94.4+426.6=521(\text{cm}^2)$

5-1 71.19 cm^2

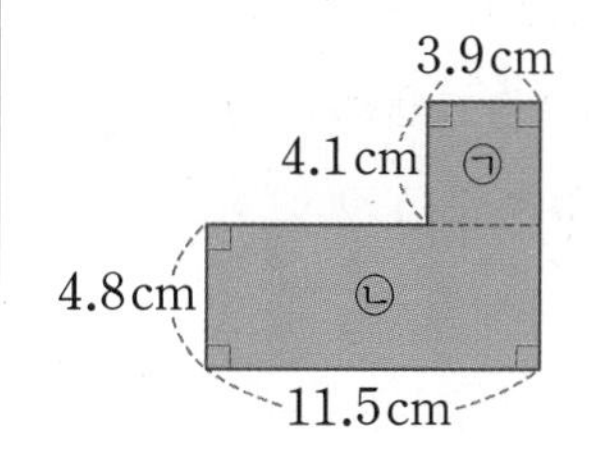

도형을 두 부분으로 나누어 넓이를 구합니다.

(㉠의 넓이)$=3.9\times4.1=15.99(\text{cm}^2)$

(㉡의 넓이)$=11.5\times4.8=55.2(\text{cm}^2)$

➡ (도형의 넓이)$=15.99+55.2=71.19(\text{cm}^2)$

5-2 $207.05\,cm^2$

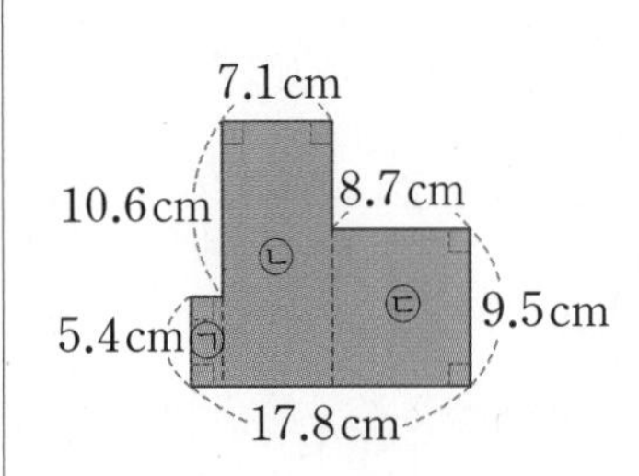

도형을 세 부분으로 나누어 넓이를 구합니다.

(㉠의 넓이)
$=(17.8-7.1-8.7)\times5.4=2\times5.4=10.8(cm^2)$

(㉡의 넓이)
$=7.1\times(10.6+5.4)=7.1\times16=113.6(cm^2)$

(㉢의 넓이)$=8.7\times9.5=82.65(cm^2)$

➡ (도형의 넓이)$=10.8+113.6+82.65$
$=207.05(cm^2)$

5-3 $20\,cm^2$

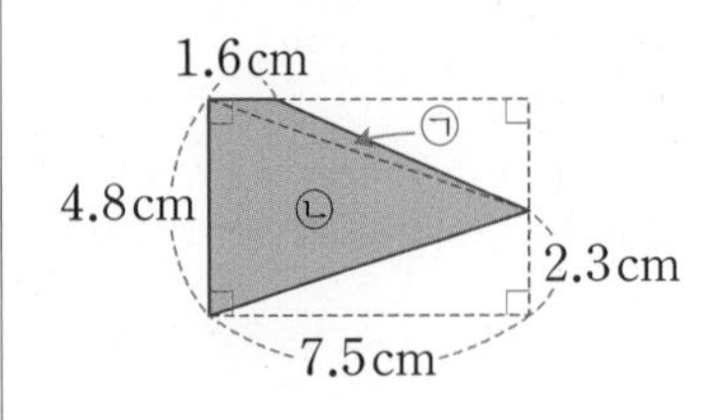

색칠한 부분을 두 부분으로 나누어 넓이를 구합니다.

(㉠의 넓이)$=1.6\times(4.8-2.3)\div2=1.6\times2.5\div2$
$=4\div2=2(cm^2)$

(㉡의 넓이)$=4.8\times7.5\div2=36\div2=18(cm^2)$

➡ (색칠한 부분의 넓이)$=2+18=20(cm^2)$

5-4 $78.33\,m^2$

색칠한 부분을 모으면 아래와 같은 평행사변형이 됩니다.

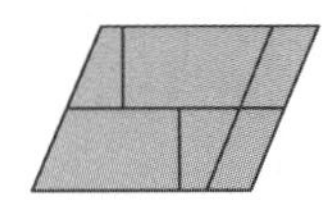

• (밑변)$=21.8-5.1-6.2=10.5(m)$

• (높이)$=13.5-6.04=7.46(m)$

➡ (색칠한 부분의 넓이)$=10.5\times7.46=78.33(m^2)$

102~103쪽

곱이 가장 큰 곱셈식을 만들려면
일의 자리에 가장 큰 수와 두 번째로 큰 수를 놓아야 하므로
$8>7>5>1$에서 8과 7을 각각 일의 자리에 놓아야 합니다.
$8.5\times7.1=60.35$, $8.1\times7.5=60.75$
➡ $60.75>60.35$이므로 곱이 가장 클 때의 곱은 60.75입니다.

6-1 31.2

곱이 가장 큰 곱셈식을 만들려면 일의 자리에 가장 큰 수와 두 번째로 큰 수를 놓아야 하므로 $6>5>2$에서 6과 5를 각각 일의 자리에 놓아야 합니다.
$6\times5.2=31.2$, $5\times6.2=31$
➡ $31.2>31$이므로 곱이 가장 클 때의 곱은 31.2입니다.

6-2 20.88

곱이 가장 작은 곱셈식을 만들려면 일의 자리에 가장 작은 수와 두 번째로 작은 수를 놓아야 하므로 $3<5<6<8$에서 3과 5를 각각 일의 자리에 놓아야 합니다.
$3.6\times5.8=20.88$, $3.8\times5.6=21.28$
➡ $20.88<21.28$이므로 곱이 가장 작을 때의 곱은 20.88입니다.

서술형 **6-3** 0.3348

예 곱이 가장 큰 곱셈식을 만들려면 소수 첫째 자리에 가장 큰 수와 두 번째로 큰 수를 놓아야 하므로 $6>5>4>2$에서 6과 5를 각각 소수 첫째 자리에 놓아야 합니다.
$0.64\times0.52=0.3328$, $0.62\times0.54=0.3348$이고 $0.3348>0.3328$이므로 곱이 가장 클 때의 곱은 0.3348입니다.

채점 기준	배점
곱이 가장 큰 곱셈식을 만들었나요?	3점
곱이 가장 클 때의 곱을 구했나요?	2점

6-4 9.2

곱이 가장 작은 곱셈식을 만들려면 일의 자리에 가장 작은 수와 두 번째로 작은 수를 놓아야 하므로 $2<3<5<6<8$에서 2와 3을 일의 자리에 놓아야 하고 5와 6을 소수 첫째 자리에 놓아야 합니다.
$2.58\times3.6=9.288$, $2.68\times3.5=9.38$, $3.58\times2.6=9.308$, $3.68\times2.5=9.2$
➡ $9.2<9.288<9.308<9.38$이므로 곱이 가장 작을 때의 곱은 9.2입니다.

$423.4\times9+42.34\times8+4.234\times20$

$=423.4\times9+423.4\times0.1\times8+423.4\times0.01\times20$

$=423.4\times9+423.4\times0.8+423.4\times0.2$

$=423.4\times(9+0.8+0.2)$

$=423.4\times10$

$=4234$

학부모 지도 가이드
분배법칙은 두 수의 합에 어떤 수를 곱한 것은 두 수에 각각 어떤 수를 곱하여 더한 것과 같다는 것입니다. 분배법칙은 중등의 '정수와 유리수의 계산'에서 본격적으로 학습을 하게 되지만 같은 수가 있는 복잡한 식은 분배법칙을 이용하면 간단한 식으로 나타낼 수 있기 때문에 초등 과정에서도 유용하게 사용될 수 있습니다.

7-1 0.84, 0.36, 1.2 / 0.3, 1, 1.2

$1.2\times0.7+1.2\times0.3=1.2\times(0.7+0.3)=1.2\times1=1.2$

참고
$1.2\times0.7+1.2\times0.3=0.84+0.36=1.2$

학부모 지도 가이드
그림을 통해 분배법칙의 원리를 이해하여 분배법칙의 유용성을 알 수 있도록 지도해 주세요.

7-2 621

모든 곱을 0.621과 어떤 수의 곱으로 나타내어 봅니다.

$0.621\times10+6.21\times9+62.1\times9$
$=0.621\times10+(0.621\times10)\times9+(0.621\times100)\times9$
$=0.621\times10+0.621\times90+0.621\times900$
$=0.621\times(10+90+900)$
$=0.621\times1000=621$

참고

$0.621\times10+6.21\times9+62.1\times9=6.21+55.89+558.9=621$

7-3 914

모든 곱을 9.14와 어떤 수의 곱으로 나타내어 봅니다.

$9.14\times48+91.4\times6-91.4\times0.8$
$=9.14\times48+(9.14\times10)\times6-(9.14\times10)\times0.8$
$=9.14\times48+9.14\times60-9.14\times8$
$=9.14\times(48+60-8)$
$=9.14\times100=914$

참고

$9.14\times48+91.4\times6-91.4\times0.8=438.72+548.4-73.12=914$

7-4 13

곱셈에서는 곱하는 두 수의 순서를 바꾸어도 결과는 같으므로 식을 다음과 같이 바꿀 수 있습니다.

$18.6\times1.3-145\times0.13+0.59\times13=1.3\times18.6-0.13\times145+13\times0.59$

모든 곱을 0.13과 어떤 수의 곱으로 나타내어 봅니다.

$1.3\times18.6-0.13\times145+13\times0.59$
$=0.13\times10)\times18.6-0.13\times145+(0.13\times100)\times0.59$
$=0.13\times186-0.13\times145+0.13\times59$
$=0.13\times(186-145+59)$
$=0.13\times100=13$

참고

$18.6\times1.3-145\times0.13+0.59\times13=24.18-18.85+7.67=13$

MATH MASTER

106~108쪽

1 68.45

(어떤 수)$\div3.7=5$이므로 (어떤 수)$=5\times3.7=18.5$입니다.

따라서 바르게 계산하면 $18.5\times3.7=68.45$입니다.

서술형 **2** 10050

㉠ $26.8 \times 3.75 = 100.5$
어떤 수를 □라 하면 $□ \times 0.01 = 100.5$이므로 $□ = 10050$입니다.

채점 기준	배점
26.8과 3.75의 곱을 구했나요?	2점
어떤 수를 구했나요?	3점

3 513명

(남학생 수)=(전체 학생 수)$\times 0.57 = 1500 \times 0.57 = 855$(명)
(안경을 쓴 남학생 수)=(남학생 수)$\times 0.4 = 855 \times 0.4 = 342$(명)
➡ (안경을 쓰지 않은 남학생 수)$= 855 - 342 = 513$(명)

다른 풀이
(남학생 수)$= 1500 \times 0.57 = 855$(명)
➡ (안경을 쓰지 않은 남학생 수)$= 855 \times (1 - 0.4) = 513$(명)

4 28.8 m

도로의 양쪽에 나무를 20그루 심었으므로
도로의 한쪽에 심은 나무는 $20 \div 2 = 10$(그루)입니다.
(나무 사이의 간격 수)$= 10 - 1 = 9$(군데)
➡ (도로의 길이)$= 3.2 \times 9 = 28.8$(m)

5 45.09 L

3시간 36분$= 3\frac{36}{60}$시간$= 3\frac{6}{10}$시간$= 3.6$시간
(3시간 36분 동안 달린 거리)$= 83.5 \times 3.6 = 300.6$(km)
➡ (사용한 휘발유의 양)$= 300.6 \times 0.15 = 45.09$(L)

6 135.6 cm

(고리의 바깥쪽 지름과 안쪽 지름의 차)$= 8.1 - 7.5 = 0.6$(cm)
$0.3 \times 2 = 0.6$이므로 고리의 두께는 0.3 cm입니다.
고리는 아래와 같이 안쪽의 지름끼리 연속으로 연결된 모습이 됩니다.

0.3 cm 7.5 cm 0.3 cm

➡ (연결한 18개의 고리 전체의 길이)$= 0.3 \times 2 + 7.5 \times 18 = 0.6 + 135 = 135.6$(cm)

서술형 **7** 31.8 m

㉠ 첫 번째로 튀어 오른 높이는 $15 \times 0.4 = 6$(m)이고,
두 번째로 튀어 오른 높이는 $6 \times 0.4 = 2.4$(m)입니다.
따라서 공이 세 번째로 땅에 닿을 때까지 움직인 거리는
$15 + 6 \times 2 + 2.4 \times 2 = 15 + 12 + 4.8 = 31.8$(m)입니다.

채점 기준	배점
첫 번째, 두 번째로 튀어 오른 높이를 각각 구했나요?	2점
공이 세 번째로 땅에 닿을 때까지 움직인 거리를 구했나요?	3점

주의
공은 튀어 올랐다가 같은 높이만큼 내려갑니다.

8 1

$$0.7=0.7$$
$$0.7\times0.7=0.49$$
$$0.7\times0.7\times0.7=0.343$$
$$0.7\times0.7\times0.7\times0.7=0.2401$$
$$0.7\times0.7\times0.7\times0.7\times0.7=0.16807$$
$$\vdots$$

0.7을 96번 곱하면 곱은 소수 96자리 수가 되므로 소수 96째 자리 숫자는 소수점 아래 끝자리 숫자입니다.

0.7을 계속 곱하면 곱의 소수점 아래 끝자리 숫자는 7, 9, 3, 1이 반복됩니다.

➡ $96\div4=24$이므로 0.7을 96번 곱했을 때 곱의 소수 96째 자리 숫자는 0.7을 4번 곱했을 때의 소수점 아래 끝자리 숫자와 같은 1입니다.

9 0.625 kg

주스 200 mL의 무게는 $5-4.75=0.25$(kg)이고

$200\times5=1000$(mL) ➡ 1 L이므로 주스 1 L의 무게는 $0.25\times5=1.25$(kg)입니다.

(주스 3.5 L의 무게)$=1.25\times3.5=4.375$(kg)이므로

(빈 병의 무게)$=5-4.375=0.625$(kg)입니다.

10 0.108 km

24초$=\frac{24}{60}$분$=\frac{4}{10}$분$=0.4$분

(기차가 터널을 완전히 통과할 때까지 움직인 거리)$=0.72\times0.4=0.288$(km)

(기차가 터널을 완전히 통과할 때까지 움직인 거리)=(터널의 길이)+(기차의 길이)이고,

기차의 길이는 180 m$=$0.18 km이므로

(터널의 길이)$=0.288-0.18=0.108$(km)입니다.

5 직육면체

1 직육면체, 정육면체

110~111쪽

1 두 번째, 네 번째 그림에 ○표

직육면체는 직사각형 6개로 둘러싸인 도형입니다.

2 ④, ⑤

정육면체의 면은 6개, 모서리는 12개, 꼭짓점은 8개입니다.

3 20 cm

정육면체는 모든 모서리의 길이가 같습니다.

➡ (색칠한 면의 둘레)$=$(한 모서리의 길이)$\times 4=5\times 4=20$ (cm)

4 (1) × (2) × (3) ○

(1) (직육면체의 면의 수)$=$(한 면의 변의 수)$+2$

(2) (직육면체의 꼭짓점의 수)$=$(한 면의 변의 수)$\times 2$

(3) (직육면체의 모서리의 수)$=$(한 면의 변의 수)$\times 3$

➡ (한 면의 변의 수)$=$(직육면체의 모서리의 수)$\div 3$

5 (1) × (2) ○ (3) × (4) ×

(1) 직육면체는 평행한 모서리끼리 길이가 같습니다.

(3) 정육면체와 직육면체의 면, 모서리, 꼭짓점의 수는 각각 같습니다.

➡ 면: 6개, 모서리: 12개, 꼭짓점: 8개

(4) 직육면체의 면은 모두 직사각형입니다.

6 ㉡

직육면체와 정육면체의 면, 모서리, 꼭짓점의 수는 각각 같습니다.
직육면체는 평행한 모서리끼리 길이가 같고, 정육면체는 모든 모서리의 길이가 같습니다.

2 직육면체의 성질, 직육면체의 겨냥도

112~113쪽

1 (1) 면 ㄱㅁㅇㄹ (2) 4개

(1) 직육면체에서 서로 마주 보는 면은 평행하므로 면 ㄴㅂㅅㄷ과 평행한 면은 면 ㄱㅁㅇㄹ입니다.

(2) 직육면체에서 한 면과 만나는 면은 모두 수직이므로 면 ㄱㄴㄷㄹ과 수직인 면은 면 ㄱㄴㅂㅁ, 면 ㄴㅂㅅㄷ, 면 ㄷㅅㅇㄹ, 면 ㄱㅁㅇㄹ로 모두 4개입니다.

2 면 ㄱㄴㅂㅁ

직육면체에서 서로 평행한 두 면이 밑면이므로 면 ㄹㄷㅅㅇ과 평행한 면인 면 ㄱㄴㅂㅁ이 다른 밑면입니다.

3 예 보이지 않는 모서리를 점선으로 그려야 하는데 실선으로 그렸습니다.

직육면체의 겨냥도를 그릴 때 보이는 모서리는 실선으로, 보이지 않는 모서리는 점선으로 그려야 합니다.

4 풀이 참조

(1)
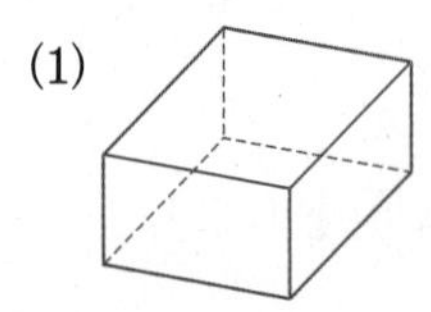
(2)
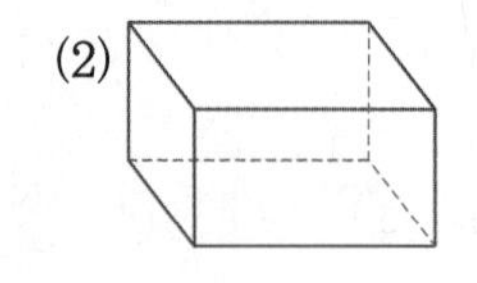

5 3, 3

직육면체에서 보이지 않는 면은 3개, 보이는 면은 3개입니다.

6 2가지

한 변이 5 cm인 정사각형 2개와 가로가 5 cm, 세로가 8 cm인 직사각형 4개로 이루어진 직육면체입니다.
따라서 2가지 모양의 면이 있으므로 2가지 색이 필요합니다.

3 직육면체의 전개도

114~115쪽

1 ㉣, ㉤

직육면체의 전개도에서는 모양과 크기가 같은 면이 3쌍입니다.
따라서 색칠한 부분과 모양과 크기가 같은 면을 ㉣이나 ㉤에 더 그려 넣어야 합니다.

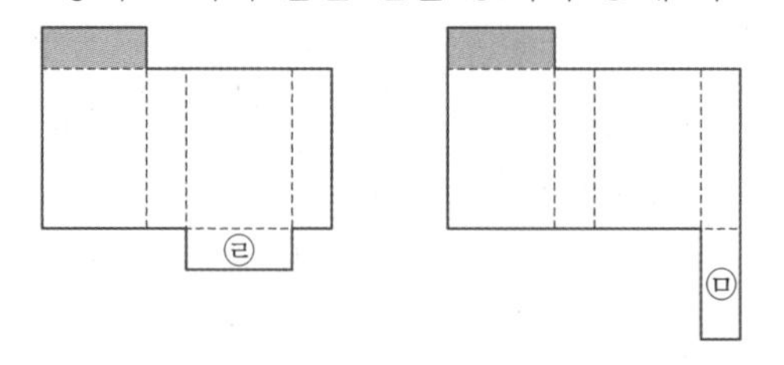

2 선분 ㅌㅍ

전개도를 접었을 때 점 ㅊ과 만나는 점은 점 ㅌ이고, 점 ㅈ과 만나는 점은 점 ㅍ입니다.
따라서 선분 ㅊㅈ과 만나는 선분은 선분 ㅌㅍ입니다.

3 풀이 참조

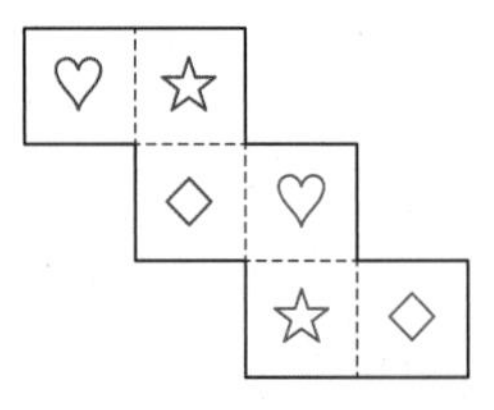

전개도를 접었을 때 서로 마주 보는 면에 같은 모양을 그려 넣습니다.

4 (위에서부터) 3, 5

(선분 ㅇㅈ)=(선분 ㅊㅋ)=8 cm, (선분 ㅁㅇ)=(선분 ㅈㅊ)=□cm라고 하면
□+8+□+8=22, □+□=6, □=3입니다.
따라서 직육면체의 세 모서리가 8 cm, 5 cm, 3 cm가 되도록 겨냥도의 □ 안에 알맞은 수를 써넣습니다.

5 ㉡, ㉣

㉡ 접었을 때 만나는 선분의 길이가 같지 않습니다.

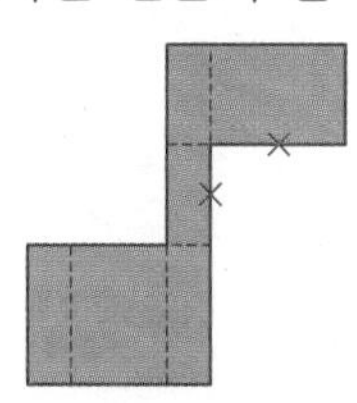

㉣ 직사각형 8개로 되어 있으므로 직육면체를 만들 수 없습니다.

116~117쪽

직육면체의 겨냥도에서 보이는 모서리는 실선으로, 보이지 않는 모서리는 점선으로 그립니다.

	㉠ cm인 모서리	4 cm인 모서리	7 cm인 모서리
실선	3개	3개	3개
점선	1개	1개	1개

보이지 않는 모서리의 길이의 합이 16 cm이므로 ㉠$+4+7=16$, ㉠$=5$입니다.

1-1 10 cm

보이지 않는 모서리는 3개이고 길이가 각각 5 cm, 3 cm, 2 cm입니다.
➡ $5+3+2=10$ (cm)

1-2 6

보이지 않는 모서리는 3개이고 길이가 각각 ㉠ cm, 4 cm, 3 cm입니다.
➡ ㉠$+4+3=13$, ㉠$+7=13$, ㉠$=6$

1-3 72 cm

정육면체는 12개의 모서리의 길이가 모두 같습니다.
보이지 않는 모서리는 3개이므로 한 모서리를 □cm라고 하면
□$\times 3=18$, □$=6$입니다.
따라서 정육면체의 모든 모서리의 길이의 합은 $6\times 12=72$(cm)입니다.

1-4 68 cm

보이는 모서리의 길이의 합은 ㉠, ㉡, ㉢의 길이의 합의 3배입니다.
(㉠+㉡+㉢)$\times 3=51$, ㉠+㉡+㉢$=51\div 3$,
㉠+㉡+㉢$=17$(cm)
직육면체의 모든 모서리의 길이의 합은 ㉠, ㉡, ㉢의 길이의 합의 4배이므로 $17\times 4=68$(cm)입니다.

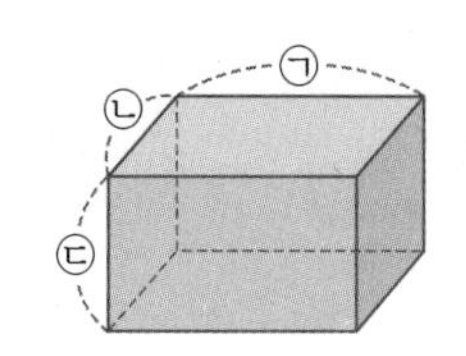

다른 풀이

보이는 모서리의 길이의 합은 보이지 않는 모서리의 길이의 합의 3배입니다.

(보이지 않는 모서리의 길이의 합)=(보이는 모서리의 길이의 합)$\div 3 = 51 \div 3 = 17$ (cm)

(모든 모서리의 길이의 합)=(보이는 모서리의 길이의 합)+(보이지 않는 모서리의 길이의 합)

$= 51 + 17 = 68$ (cm)

정육면체의 전개도의 둘레는 정육면체의 모서리의 길이의 14배입니다.

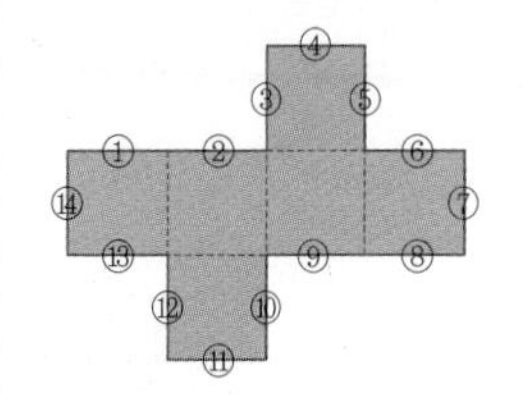

(정육면체의 전개도의 둘레)

=(정육면체의 한 모서리의 길이)$\times 14$

(정육면체의 한 모서리의 길이)

=(정육면체의 전개도의 둘레)$\div 14$

$= 210 \div 14 = 15$ (cm)

2-1 8 cm

(정육면체의 한 모서리의 길이)=(정육면체의 전개도의 둘레)$\div 14$

$= 112 \div 14 = 8$ (cm)

서술형 **2-2** 144 cm

예 (정육면체의 한 모서리의 길이)=(정육면체의 전개도의 둘레)$\div 14$

$= 168 \div 14 = 12$ (cm)

(정육면체의 모든 모서리의 길이의 합)=(한 모서리의 길이)$\times 12$

$= 12 \times 12 = 144$ (cm)

채점 기준	배점
정육면체의 한 모서리의 길이를 구했나요?	3점
정육면체의 모든 모서리의 길이의 합을 구했나요?	2점

2-3 3

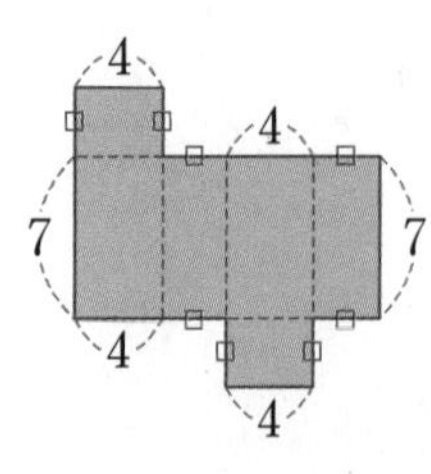

전개도에서 실선으로 그려진 선분의 길이의 합이 직육면체의 전개도의 둘레입니다.

(4 cm인 실선의 길이의 합)$= 4 \times 4 = 16$ (cm)

(7 cm인 실선의 길이의 합)$= 7 \times 2 = 14$ (cm)

(□ cm인 실선의 길이의 합)=(□$\times 8$) cm

(4 cm인 실선의 길이의 합)+(7 cm인 실선의 길이의 합)+(□ cm인 실선의 길이의 합)

=(직육면체의 전개도의 둘레)

➡ $16 + 14 + □ \times 8 = 54$, $30 + □ \times 8 = 54$, $□ \times 8 = 24$, $□ = 3$

(8 cm인 부분의 길이의 합)$=8\times2=16$(cm)
(12 cm인 부분의 길이의 합)$=12\times2=24$(cm)
(15 cm인 부분의 길이의 합)$=15\times4=60$(cm)
➡ (상자를 둘러싼 리본의 길이)
$=16+24+60=100$(cm)
매듭을 묶는 데 30 cm를 사용했으므로
(사용한 리본의 길이)$=100+30=130$(cm)입니다.

3-1 64 cm

5 cm인 부분의 길이의 합은 $5\times2=10$(cm),
8 cm인 부분의 길이의 합은 $8\times4=32$(cm),
6 cm인 부분의 길이의 합은 $6\times2=12$(cm),
매듭을 묶는 데 사용한 길이는 10 cm입니다.
따라서 상자를 묶는 데 사용한 리본은 $10+32+12+10=64$(cm)입니다.

3-2 154 cm

정육면체는 모서리의 길이가 모두 같습니다.

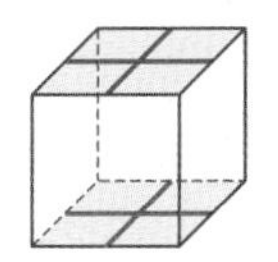 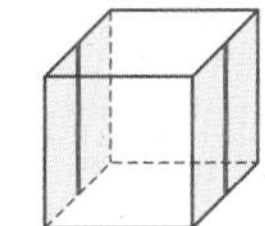 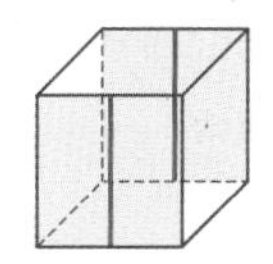

위의 그림과 같이 각 면을 둘러싼 리본을 선으로 그어 보면 선은 모두 8개입니다.
➡ (상자를 둘러싼 리본의 길이)$=16\times8=128$(cm)
매듭을 묶는 데 26 cm를 사용했으므로
상자를 묶는 데 사용한 리본은 $128+26=154$(cm)입니다.

3-3 80 cm

15 cm인 부분의 길이의 합은 $15\times2=30$(cm),
30 cm인 부분의 길이의 합은 $30\times2=60$(cm),
20 cm인 부분의 길이의 합은 $20\times4=80$(cm)이므로
(상자를 둘러싼 리본의 길이)$=30+60+80=170$(cm)
(사용한 리본의 길이)$=2.5$ m$=250$ cm
➡ (매듭을 묶는 데 사용한 리본의 길이)
=(사용한 리본의 길이)−(상자를 둘러싼 리본의 길이)
$=250-170=80$(cm)

3-4 0.44 m

상자를 둘러싼 리본의 길이는 한 모서리의 길이의 8배이므로
(상자를 둘러싼 리본의 길이)$=22\times8=176$(cm) ➡ 1.76 m
➡ (매듭을 묶는 데 사용한 리본의 길이)
=(사용한 리본의 길이)−(상자를 둘러싼 리본의 길이)
$=2.2-1.76=0.44$(m)

대표문제 4

(㉠과 서로 평행한 면의 눈의 수)$=1$ ➡ ㉠$=7-1=6$
(㉡과 서로 평행한 면의 눈의 수)$=2$ ➡ ㉡$=7-2=5$
(㉢과 서로 평행한 면의 눈의 수)$=3$ ➡ ㉢$=7-3=4$
따라서 가장 작은 눈의 수가 들어가는 곳은 ㉢입니다.

4-1 4, 1, 2

㉠과 평행한 면의 눈의 수는 3입니다. ➡ ㉠$=7-3=4$
㉡과 평행한 면의 눈의 수는 6입니다. ➡ ㉡$=7-6=1$
㉢과 평행한 면의 눈의 수는 5입니다. ➡ ㉢$=7-5=2$

4-2 ㉣

㉢과 평행한 면의 눈의 수는 2이므로 ㉢$=7-2=5$입니다.
㉣과 평행한 면의 눈의 수는 1이므로 ㉣$=7-1=6$입니다.
㉠과 평행한 면은 ㉡이고, 남은 눈의 수는 3과 4이므로 ㉠과 ㉡에는 3 또는 4가 들어갑니다. 따라서 눈의 수가 가장 큰 곳은 ㉣입니다.

4-3 2, 6

㉠과 평행한 면의 눈의 수는 5이므로 ㉠$=7-5=2$입니다.
㉣과 평행한 면의 눈의 수는 3이므로 ㉣$=7-3=4$입니다.
㉡과 평행한 면은 ㉢이고, 남은 눈의 수는 1과 6이므로 ㉡은 1 또는 6입니다.

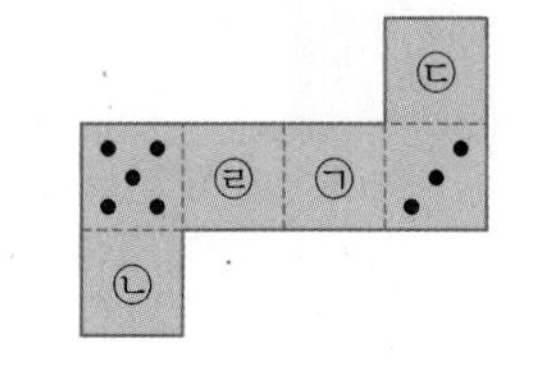

㉡이 1일 경우 ㉠$-$㉡$=2-1=1$이고, ㉡이 6일 경우 ㉡$-$㉠$=6-2=4$입니다.
따라서 ㉠과 ㉡의 차가 가장 클 경우는 ㉠이 2, ㉡이 6일 경우입니다.

대표문제 5

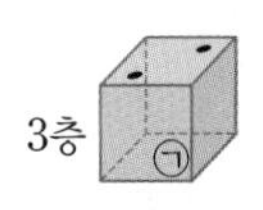

3층－㉠은 눈의 수가 2인 면과 마주 보는 면 ➡ ㉠$+2=7$ ➡ ㉠$=5$

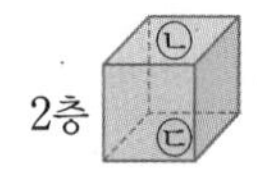

2층
- ㉡은 ㉠과 맞닿는 면 ➡ ㉡$+5=8$ ➡ ㉡$=3$
- ㉢은 ㉡과 마주 보는 면 ➡ ㉢$+3=7$ ➡ ㉢$=4$

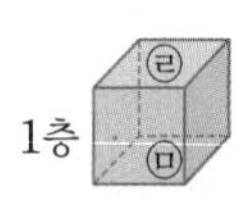

1층
- ㉣은 ㉢과 맞닿는 면 ➡ ㉣$+4=8$ ➡ ㉣$=4$
- ㉤은 ㉣과 마주 보는 면 ➡ ㉤$+4=7$ ➡ ㉤$=3$

따라서 바닥과 맞닿는 면의 주사위의 눈의 수는 3입니다.

5-1 3

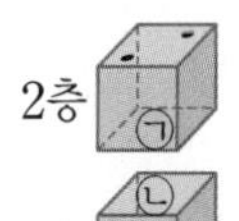

2층에서
㉠은 2와 마주 보는 면이므로 ㉠$=7-2=5$입니다.
1층에서
㉡은 ㉠과 맞닿는 면이므로 ㉡$=9-$㉠$=9-5=4$입니다.
㉢은 ㉡과 마주 보는 면이므로 ㉢$=7-$㉡$=7-4=3$입니다.

서술형 **5-2** 4

예
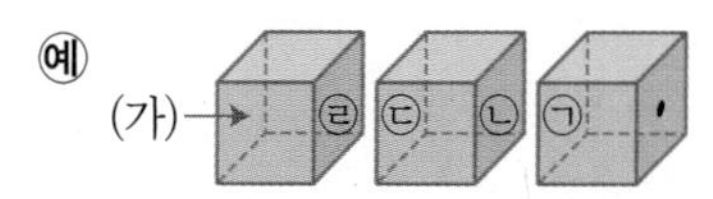

㉠은 1과 마주 보는 면이므로 ㉠$=7-1=6$입니다.
㉡은 ㉠과 맞닿는 면이므로 ㉡$=8-$㉠$=8-6=2$입니다.
㉢은 ㉡과 마주 보는 면이므로 ㉢$=7-$㉡$=7-2=5$입니다.
㉣은 ㉢과 맞닿는 면이므로 ㉣$=8-$㉢$=8-5=3$입니다.
따라서 (가)는 ㉣과 마주 보는 면이므로 (가)$=7-$㉣$=7-3=4$입니다.

채점 기준	배점
㉠, ㉡에 알맞은 눈의 수를 구했나요?	2점
㉢, ㉣에 알맞은 눈의 수를 구했나요?	2점
(가) 면에 놓이는 눈의 수를 구했나요?	1점

5-3 1, 6

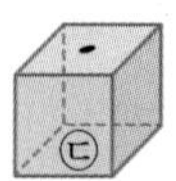

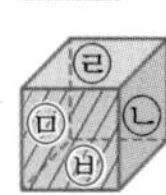

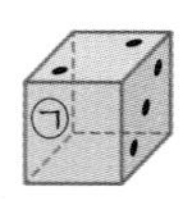

㉠은 3과 평행한 면이므로 ㉠$=7-3=4$입니다.
㉡은 ㉠$=4$와 맞닿는 면이므로 ㉡$=9-4=5$입니다.
㉢은 1과 평행한 면이므로 ㉢$=7-1=6$입니다.
㉣은 ㉢$=6$과 맞닿는 면이므로 ㉣$=9-6=3$입니다.
㉤은 ㉡$=5$와 평행한 면이므로 ㉤$=7-5=2$입니다.
㉥은 ㉣$=3$과 평행한 면이므로 ㉥$=7-3=4$입니다.
➡ 빗금친 면에 수직인 네 면 ㉡, ㉣, ㉤, ㉥에 알맞은 눈의 수가 각각 5, 3, 2, 4이므로 빗금친 면에 들어갈 수 있는 눈의 수는 1 또는 6입니다.

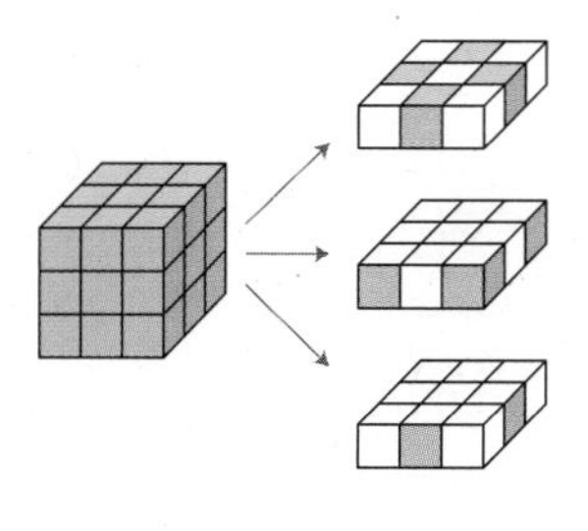

3층에서 두 면만 색칠된 정육면체: 4개

2층에서 두 면만 색칠된 정육면체: 4개

1층에서 두 면만 색칠된 정육면체: 4개

따라서 두 면만 색칠되어 있는 정육면체는 모두 $4+4+4=12$(개)입니다.

6-1 3개씩

큰 정육면체의 꼭짓점을 포함하는 정육면체는 면이 3개씩 색칠됩니다.

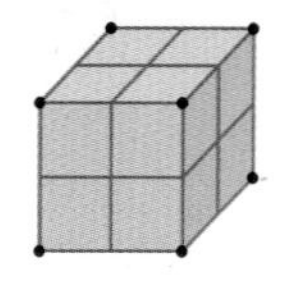

6-2 14개

• 한 면이 색칠되어 있는 정육면체

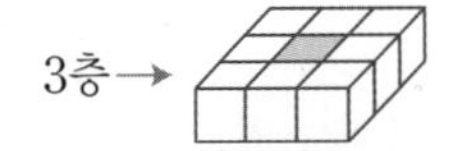

3층: 1개

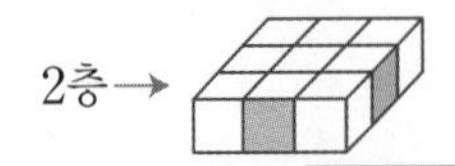

2층: 4개

1층: 1층에서 한 면이 색칠되어 있는 것은 바닥면이 색칠되어 있는 한가운데 정육면체로 1개입니다.

➡ $1+4+1=6$(개)

• 세 면이 색칠되어 있는 정육면체

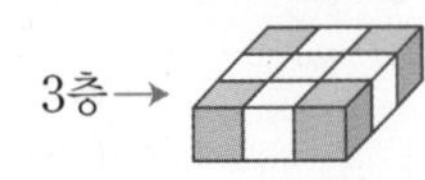

3층: 큰 정육면체의 꼭짓점을 포함하는 정육면체는 세 면이 색칠되어 있으므로 4개입니다.

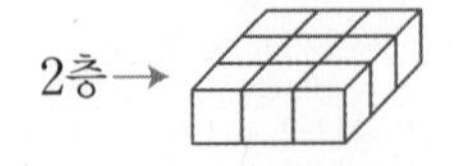

2층: 0개

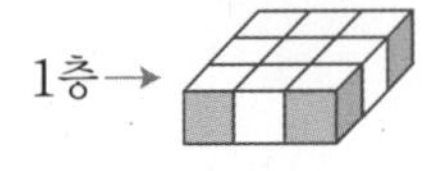

1층: 4개

➡ $4+0+4=8$(개)

따라서 한 면 또는 세 면이 색칠되어 있는 정육면체는 $6+8=14$(개)입니다.

6-3 8개

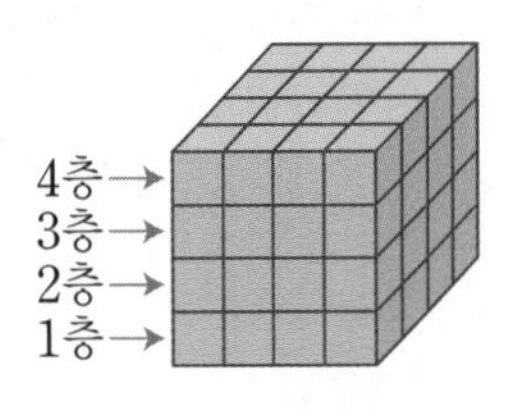

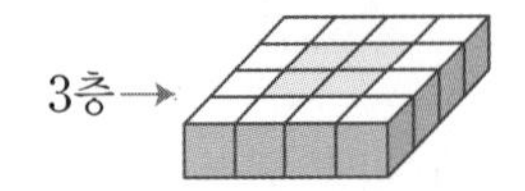

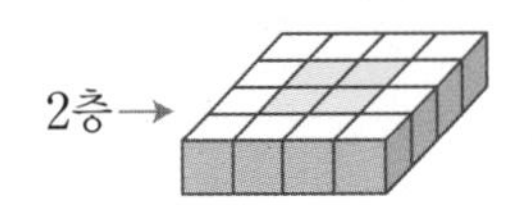

한 모서리가 12 cm인 정육면체를 한 모서리가 3 cm인 정육면체로 잘랐으므로 한 층에는 $4\times4=16$(개)의 정육면체가 놓입니다. 모든 겉면을 색칠하였으므로 1층과 4층에는 한 면도 색칠되지 않은 정육면체가 없습니다.

2층과 3층에서 한 면도 색칠되지 않은 정육면체는 한가운데 있는 정육면체로 각각 4개씩입니다.

따라서 64개의 정육면체로 잘랐을 때 한 면도 색칠되지 않은 정육면체는 모두 $4\times2=8$(개)입니다.

128~129쪽

겨냥도의 각 부분에 기호 써넣기 ➡ 전개도의 각 부분에 기호 써넣기 ➡ 물이 닿은 부분의 점을 잇고 색칠하기

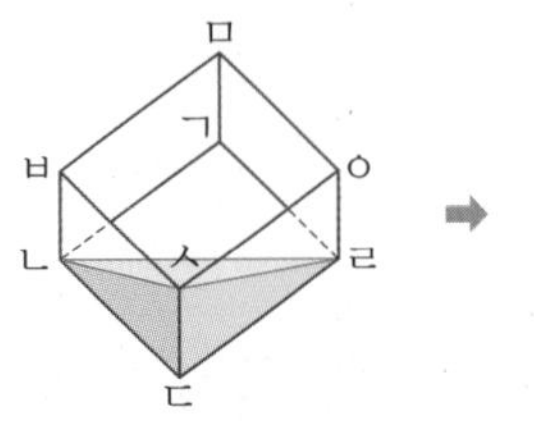

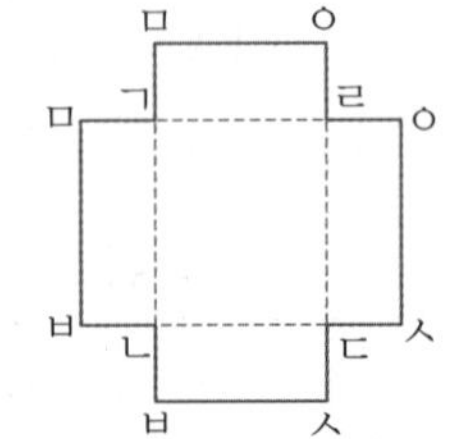

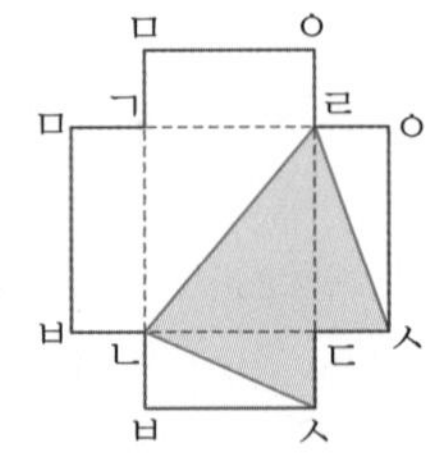

ㄴ ➡ ㄹ ➡ ㅅ ➡ ㄷ ➡ ㅅ ➡ ㄴ

7-1 풀이 참조

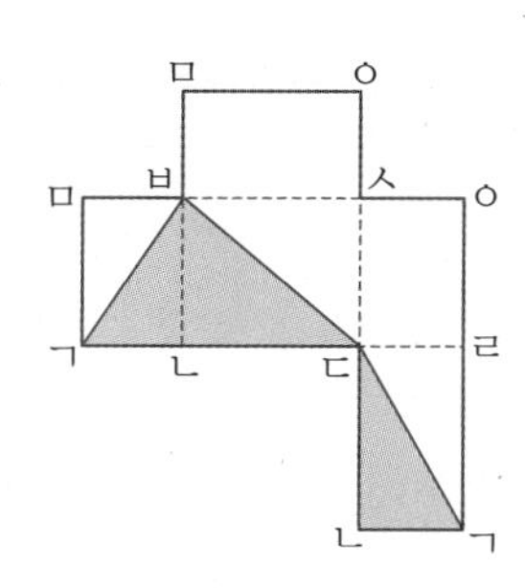

7-2 풀이 참조

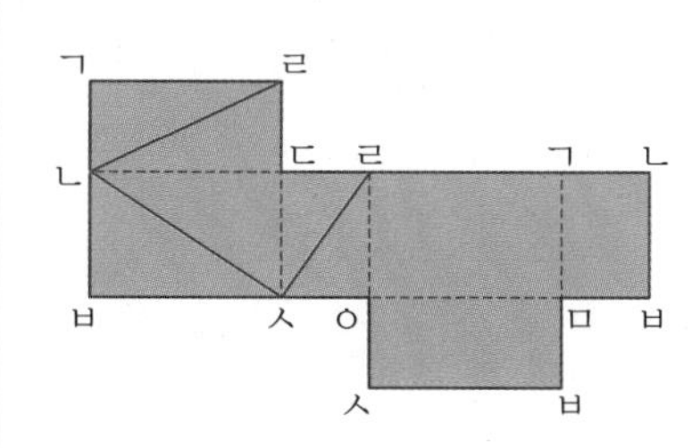

겨냥도에 쓰인 기호를 전개도에 알맞게 써넣은 후 종이 테이프가 지나간 자리의 점을 이어 보면 ㄹ → ㄴ → ㅅ → ㄹ입니다.

130~131쪽

A가 쓰인 면과 수직인 면에 쓰인 알파벳: E, F, B, D
정육면체에서 한 면과 평행한 면은 1개이고, 수직인 면은 4개입니다.
따라서 A가 쓰인 면과 평행한 면에 쓰인 알파벳은 C입니다.

8-1 노란색, 빨간색, 초록색, 주황색 / 흰색

큐브 퍼즐의 6개의 면에 칠해진 색은 빨간색, 노란색, 파란색, 주황색, 흰색, 초록색입니다.
파란색 면과 수직인 면은 노란색, 빨간색, 초록색, 주황색입니다.
따라서 파란색 면과 평행한 면은 흰색입니다.

8-2 4

6이 쓰인 면과 수직인 면에 쓰인 숫자는 1, 2, 3, 5입니다.
따라서 6이 쓰인 면과 평행한 면에 쓰인 숫자는 4입니다.

서술형 **8-3** 28

예 정육면체에 쓰인 6개의 숫자는 3, 4, 5, 6, 7, 8입니다.
3이 쓰인 면과 수직인 면에 쓰인 숫자는 4, 5, 6, 8이므로 3이 쓰인 면과 평행한 면에 쓰인 숫자는 7입니다.
따라서 7이 쓰인 면의 숫자를 모두 더하면 $7 \times 4 = 28$입니다.

채점 기준	배점
3이 쓰인 면과 평행한 면에 쓰인 숫자를 구했나요?	3점
3이 쓰인 면과 평행한 면에 쓰인 숫자를 모두 더한 값을 구했나요?	2점

1 면 ㉯, 면 ㉱

전개도를 접었을 때의 모양은 오른쪽 그림과 같습니다.
따라서 변 ㄱㄴ과 수직으로 만나는 면은 면 ㉯, 면 ㉱입니다.

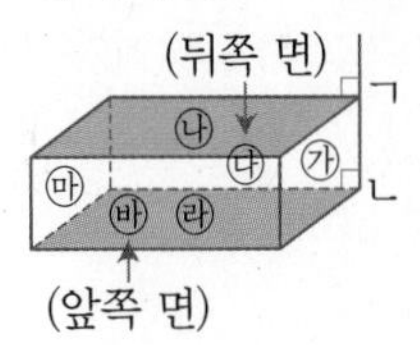

2 (위에서부터) 6, 4

앞에서 본 모양과 옆에서 본 모양을 바탕으로 직육면체의 겨냥도를 그리면 오른쪽 그림과 같습니다.
따라서 위에서 본 모양은 가로가 6 cm, 세로가 4 cm인 직사각형입니다.

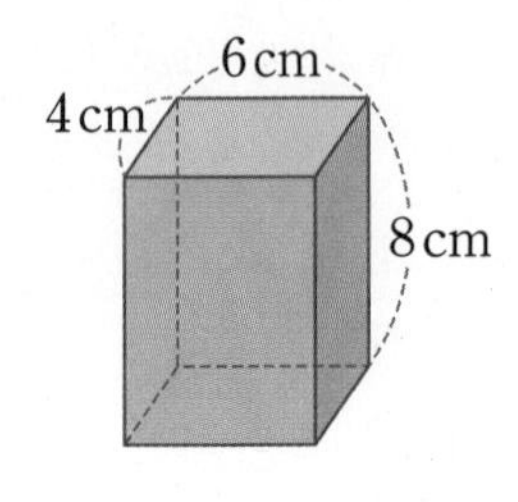

3 $8\ \text{cm}^2$

(선분 ㅎㅍ)=(선분 ㅁㅂ)=8 cm
(선분 ㄱㅎ)=(선분 ㄱㅍ)−(선분 ㅎㅍ)=12−8=4(cm)
(선분 ㅅㅇ)=(선분 ㄷㄹ)=4 cm
(선분 ㅂㅅ)=(선분 ㅂㅇ)−(선분 ㅅㅇ)=6−4=2(cm)
(선분 ㄱㄴ)=(선분 ㅂㅅ)=2 cm
따라서 면 ㄱㄴㄷㅎ의 넓이는 $4\times2=8(\text{cm}^2)$입니다.

4 30 cm

면 ㉮와 수직인 모서리는 4개이고 그 길이는 모두 10 cm입니다.
이 중에서 보이는 모서리는 3개이므로
면 ㉮와 수직인 모서리 중에서 보이는 모서리의 길이의 합은 $10\times3=30$ (cm)입니다.

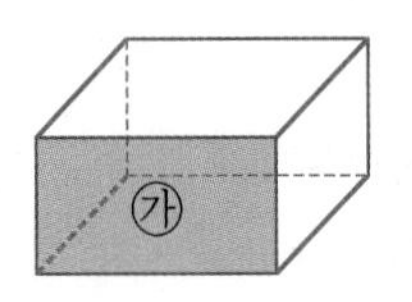

잘 틀리는 이유
㉮와 수직인 모서리는 4개이므로 $10\times4=40$ (cm)라고 하면 틀립니다.

서술형 **5** 96 cm

예 정육면체의 전개도의 둘레는 정육면체의 한 모서리의 길이의 14배입니다.
(정육면체의 한 모서리의 길이)=(정육면체의 전개도의 둘레)÷14
=112÷14=8 (cm)
따라서 만든 정육면체의 모든 모서리의 길이의 합은 $8\times12=96$ (cm)입니다.

채점 기준	배점
정육면체의 한 모서리의 길이를 구했나요?	2점
정육면체의 모든 모서리의 길이의 합을 구했나요?	3점

6 12

주어진 전개도로 정육면체를 만들었을 때 1, 3, 5, 6이 쓰인 면과 평행한 면에 쓰인 수의 합을 구합니다.
1이 쓰인 면과 평행한 면에 쓰인 수: 5
3이 쓰인 면과 평행한 면에 쓰인 수: 4
5가 쓰인 면과 평행한 면에 쓰인 수: 1
6이 쓰인 면과 평행한 면에 쓰인 수: 2
따라서 붙여서 만든 모양에서 바닥에 닿는 면에 쓰인 수의 합은
$5+4+1+2=12$입니다.

7 80 cm

이어 붙이는 직사각형의 변끼리 길이가 같아야 하므로 ㉯를 2개, ㉰를 2개, ㉱를 2개씩 이어 붙여 직육면체를 만들 수 있습니다.
만든 직육면체에는 6 cm, 10 cm, 4 cm인 모서리가 각각 4개씩 있으므로
모든 모서리의 길이의 합은 $(6+10+4)\times4=80$(cm)입니다.

8 24

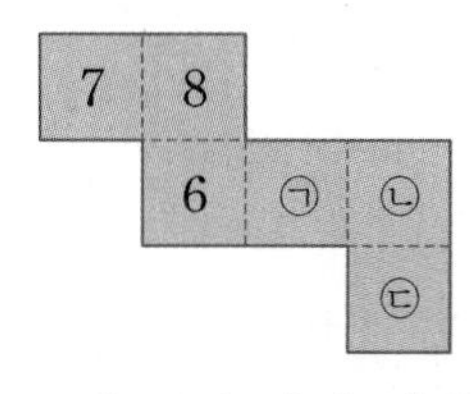

7이 쓰인 면과 평행한 면은 ㉠이므로 ㉠$=15-7=8$입니다.
8이 쓰인 면과 평행한 면은 ㉢이므로 ㉢$=15-8=7$입니다.
6이 쓰인 면과 평행한 면은 ㉡이므로 ㉡$=15-6=9$입니다.
따라서 전개도의 빈 곳에 들어갈 수들의 합은 $8+7+9=24$입니다.

9 ㉡

전개도를 보고 서로 평행한 면끼리 짝을 지어 보면 다음과 같습니다.

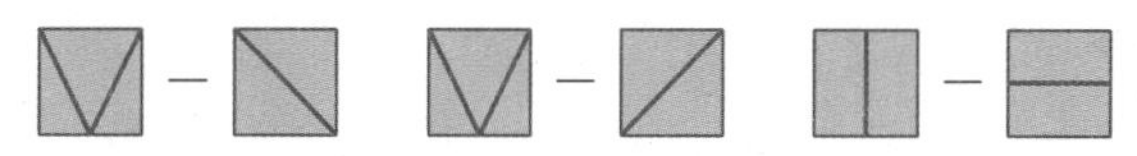

서로 평행한 면은 만나지 않으므로 주어진 전개도를 접어서 만든 정육면체는 ㉡입니다.

10 4, 5, 3

점 ㅂ은 점 ㄹ에서 가 방향으로 4, 나 방향으로 5, 다 방향으로 3만큼 떨어진 위치에 있으므로 (4, 5, 3)으로 나타낼 수 있습니다.

Brain

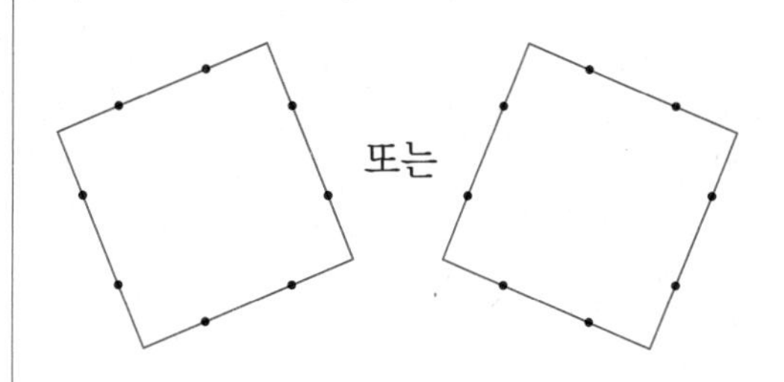

6 평균과 가능성

1 평균

138~139쪽

1 30명

(평균)$=(32+29+30+31+28)\div5=150\div5=30$(명)

2 8월, 11월, 12월

(6개월 동안 저금한 금액의 평균)
$=(4500+8000+5500+6000+7000+6500)\div6$
$=37500\div6=6250$(원)
따라서 6250원보다 더 많이 저금한 달은 8월, 11월, 12월입니다.

3 23권

(영아와 서진이가 가지고 있는 위인전 수의 합)$=20\times2=40$(권)
(서진이가 가지고 있는 위인전 수)$=(40-6)\div2=34\div2=17$(권)
➡ (영아가 가지고 있는 위인전 수)$=17+6=23$(권)

4 지후네 모둠, 3 m

(지후네 모둠의 공 던지기 평균)
$=(18+16+25+17)\div4=76\div4=19$(m)
(유주네 모둠의 공 던지기 평균)
$=(23+11+30+2+14)\div5=80\div5=16$(m)
$19>16$이므로 지후네 모둠이 평균 $19-16=3$(m)를 더 던졌습니다.

주의
자료의 수가 다르므로 각 모둠의 전체 기록의 합으로 비교하면 안됩니다.

5 24명

방문객 수의 평균이 16명이라면 5일 동안 방문객 수의 합은 $16\times5=80$(명)입니다.
금요일의 방문객 수를 □명이라 하면 $5+15+20+16+\square=80$, $56+\square=80$,
$\square=80-56=24$입니다.
따라서 금요일의 방문객은 24명과 같거나 더 많아야 하므로 적어도 24명이어야 합니다.

6 20, 18, 12

- (평균)$=(12+18+48+18+12+12+20)\div7=140\div7=20$
- 자료를 크기 순서대로 쓰면 12, 12, 12, ⑱, 18, 20, 48이므로 (중앙값)$=18$
- 12가 3번, 18이 2번, 20과 48이 각각 1번씩 있으므로 (최빈값)$=12$

2 일이 일어날 가능성

1 ㉢

㉠ 동전은 숫자 면 또는 그림 면으로 이루어져 있으므로 숫자 면이 나올 가능성은 반반이다입니다.
㉡ 1부터 4까지의 수가 있으므로 5보다 큰 수를 고를 가능성은 불가능하다입니다.
㉢ 일 년은 12달이기 때문에 학생이 13명이면 그중에서 적어도 두 명은 같은 달의 생일이 있으므로 가능성은 확실하다입니다.

2 풀이 참조

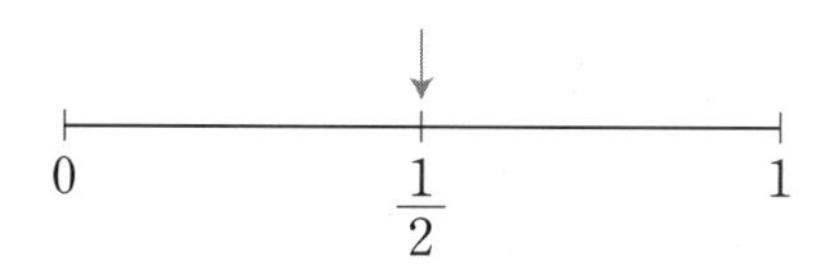

공 8개 중 4개가 검은색이므로 검은색 공을 꺼낼 가능성은 반반이다입니다.

3 ㉡

㉠ 수 카드를 사용하여 만들 수 있는 두 자리 수는 16, 61로 2가지이고, 이 중 61이 홀수이므로 만든 두 자리 수가 홀수일 가능성은 반반이다입니다.
㉡ 주사위를 굴렸을 때 나오는 눈은 1부터 6까지이므로 주사위를 굴렸을 때 6 이하의 눈이 나올 가능성은 확실하다입니다.
따라서 가능성이 더 큰 것은 ㉡입니다.

4 3장

당첨될 가능성은 $\frac{1}{2}$이므로 처음 복권 6장 중에서 당첨 복권은 3장입니다.
당첨이 될 가능성이 1이 되려면 모두 당첨 복권이어야 합니다.
따라서 당첨 복권이 아닌 $6-3=3$(장)을 빼면 당첨이 될 가능성이 1이 됩니다.

5 ①

모든 경우의 수는 10입니다.
① 숫자 0이 적힌 카드는 없으므로 숫자 0이 나올 확률은 0입니다.
② 숫자 1이 적힌 카드는 수 카드 10장 중 1장이므로 숫자 1이 나올 확률은 $\frac{1}{10}$입니다.
③ 숫자 7이 적힌 카드는 수 카드 10장 중 1장이므로 숫자 7이 나올 확률은 $\frac{1}{10}$입니다.
④ 10 이상의 수가 적힌 카드는 수 카드 10장 중 1장이므로 10 이상의 수가 나올 확률은 $\frac{1}{10}$입니다.
⑤ 10의 약수는 1, 2, 5, 10이고 수 카드 10장 중 4장이므로 10의 약수가 나올 확률은 $\frac{4}{10}=\frac{2}{5}$입니다.

주사위를 굴려서 나올 수 있는 눈의 수는 1, 2, 3, 4, 5, 6으로 6가지입니다.

㉠ 주사위를 굴려서 나올 수 있는 짝수는 2, 4, 6으로 3가지이므로
짝수가 나올 확률은 $\frac{3}{6}$입니다.

㉡ 주사위를 굴려서 나올 수 있는 3의 배수는 3, 6으로 2가지이므로
3의 배수가 나올 확률은 $\frac{2}{6}$입니다.

㉢ 주사위를 굴려서 나올 수 있는 6 이상인 수는 6으로 1가지이므로
6 이상인 수가 나올 확률은 $\frac{1}{6}$입니다.

따라서 확률이 가장 낮은 것은 ㉢입니다.

1-1 $\frac{7}{50}$

50장의 제비 중 당첨 제비는 $1+2+4=7$(장)이므로
당첨 제비를 뽑을 확률은 $\frac{7}{50}$입니다.

1-2 ㉡

㉠ 나올 수 있는 3의 배수는 3, 6, 9로 3가지이므로
3의 배수가 적힌 카드가 나올 확률은 $\frac{3}{10}$입니다.

㉡ 나올 수 있는 8의 약수는 1, 2, 4, 8로 4가지이므로
8의 약수가 적힌 카드가 나올 확률은 $\frac{4}{10}$입니다.

따라서 확률이 더 높은 것은 ㉡입니다.

1-3 ㉡

㉠ 전체 공 $3+2=5$(개) 중 노란색 공은 3개이므로 꺼낸 공이 노란색일 확률은 $\frac{3}{5}$입니다.

㉡ 전체 공 $3+4+3=10$(개) 중 노란색 공은 4개이므로
꺼낸 공이 노란색일 확률은 $\frac{4}{10}=\frac{2}{5}$입니다.

따라서 확률이 더 낮은 것은 ㉡입니다.

1-4 영호

영호: 주사위를 굴려서 나올 수 있는 4의 약수는 1, 2, 4로 3가지이므로
4의 약수가 나올 확률은 $\frac{3}{6}$입니다.

지민: 주사위를 굴려서 나올 수 있는 3의 배수는 3, 6으로 2가지이므로
3의 배수가 나올 확률은 $\frac{2}{6}$입니다.

따라서 이 놀이는 확률이 높은 영호에게 유리합니다.

(180 km를 가는 데 걸린 시간)＝180÷90＝2(시간)
(255 km를 가는 데 걸린 시간)＝255÷85＝3(시간)
(전체 달린 거리)＝180＋255＝435(km)
(전체 걸린 시간)＝2＋3＝5(시간)
➡ (한 시간 동안 달린 평균 거리)＝(전체 달린 거리)÷(전체 걸린 시간)
＝435÷5＝87(km)

2-1 12 km

(전체 달린 거리)＝20＋16＝36(km)
(전체 걸린 시간)＝1시간＋2시간＝3시간
➡ (한 시간 동안 달린 평균 거리)＝36÷3＝12(km)

2-2 84 km

(276 km를 가는 데 걸린 시간)＝276÷92＝3(시간)
(144 km를 가는 데 걸린 시간)＝144÷72＝2(시간)
➡ (한 시간 동안 달린 평균 거리)＝(276＋144)÷(3＋2)
＝420÷5＝84(km)

2-3 30분

(전체 걸린 시간)＝1시간 10분＋1시간 50분＝3시간
(전체 걸은 거리)＝2＋4＝6(km)
➡ (한 시간 동안 걷는 평균 거리)＝6÷3＝2(km)
따라서 2 km를 걷는 데 평균 1시간＝60분이 걸리므로
1 km를 걷는 데 평균 60÷2＝30(분)이 걸립니다.

2-4 50 m^2

(첫째 날 당근을 캔 시간의 합)＝42×5＝210(분)
(둘째 날 당근을 캔 시간의 합)＝45×6＝270(분)
(당근을 모두 캐는 데 전체 걸린 시간)＝210＋270＝480(분) → 8시간
➡ (한 사람이 한 시간 동안 당근을 캔 밭의 평균 넓이)＝400÷8＝50(m^2)

(예진이와 시후가 가지고 있는 구슬 수의 합)
＝38×2＝76(개)
(시후와 효린이가 가지고 있는 구슬 수의 합)
＝39×2＝78(개)
(세 사람이 가지고 있는 구슬 수의 합)
＝38×3＝114(개)

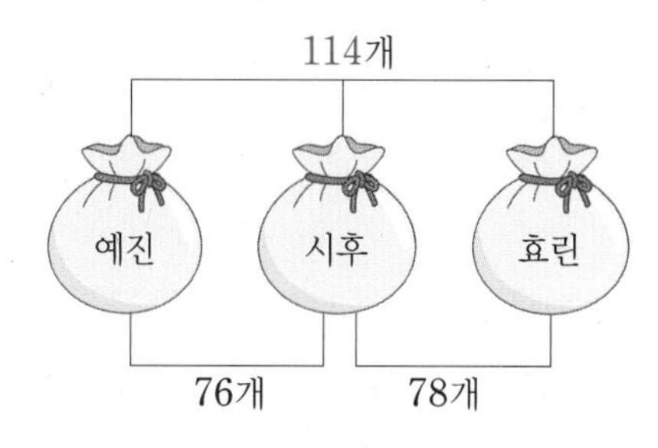

➡ (예진이가 가지고 있는 구슬 수)＝114－78＝36(개)
(시후가 가지고 있는 구슬 수)＝76－36＝40(개)
(효린이가 가지고 있는 구슬 수)＝78－40＝38(개)

3-1 75번

(두 모둠의 줄넘기 기록의 합)$=71\times6+78\times8=426+624=1050$(번)
(두 모둠의 전체 학생 수)$=6+8=14$(명)
➡ (두 모둠의 줄넘기 평균 기록)$=1050\div14=75$(번)

서술형 **3-2** 한수

예 (진이와 서우의 키의 합)$=138\times2=276$(cm),
(서우와 한수의 키의 합)$=138.5\times2=277$(cm),
(세 사람의 키의 합)$=139\times3=417$(cm)입니다.
따라서 (진이의 키)$=417-277=140$(cm),
(서우의 키)$=276-140=136$(cm), (한수의 키)$=277-136=141$(cm)이고
$141>140>136$이므로 키가 가장 큰 사람은 한수입니다.

채점 기준	배점
세 사람의 키를 각각 구했나요?	4점
키가 가장 큰 사람을 찾았나요?	1점

3-3 32

7개의 자연수를 작은 순서대로 ㉮, ㉯, ㉰, ㉱, ㉲, ㉳, ㉴라고 하면
㉮+㉯+㉰+㉱$=20.5\times4=82$, ㉱+㉲+㉳+㉴$=40\times4=160$,
㉮+㉯+㉰+㉱+㉲+㉳+㉴$=30\times7=210$
➡ ㉱=(㉮+㉯+㉰+㉱)+(㉱+㉲+㉳+㉴)−(㉮+㉯+㉰+㉱+㉲+㉳+㉴)
$=82+160-210=32$

3-4 46

㉮+㉯$=52\times2=104$, ㉯+㉰$=40\times2=80$
㉯는 세 수의 평균과 같으므로 (㉮+㉯+㉰)÷3=㉯, ㉮+㉯+㉰=㉯×3입니다.
(㉮+㉯)+(㉯+㉰)=(㉮+㉯)+(㉰+㉯)=(㉮+㉯+㉰)+㉯
=㉯×3+㉯=㉯×4
㉯=((㉮+㉯)+(㉯+㉰))÷4이므로
㉯$=(104+80)\div4=184\div4=46$입니다.
➡ ㉮$=104-46=58$, ㉰$=80-46=34$이므로
(㉮와 ㉰의 평균)$=(58+34)\div2=92\div2=46$

148~149쪽

(새로 들어온 수강생을 제외한 나머지 수강생들의 나이의 합)$=34\times54=1836$(살)
(전체 수강생의 나이의 합)$=33\times(54+6)=1980$(살)
(새로 들어온 수강생 6명의 나이의 합)$=1980-1836=144$(살)
➡ (새로 들어온 수강생 6명의 평균 나이)$=144\div6=24$(살)

4-1 24살

(신입 사원을 제외한 나머지 직원들의 나이의 합) $=42\times8=336$(살)
(전체 직원의 나이의 합) $=40\times(8+1)=40\times9=360$(살)
➡ (신입 사원의 나이) $=360-336=24$(살)

4-2 35살

(새로 들어온 회원을 제외한 나머지 회원들의 나이의 합) $=28\times36=1008$(살)
(전체 회원의 나이의 합) $=29\times(36+6)=29\times42=1218$(살)
➡ (새로 들어온 회원 6명의 평균 나이) $=(1218-1008)\div6=210\div6=35$(살)

서술형 **4-3** 32살

예 (새로 들어온 회원을 제외한 나머지 회원들의 올해 나이의 합)
$=(21+1)\times28=22\times28=616$(살)
(전체 회원의 올해 나이의 합) $=24\times(28+7)=24\times35=840$(살)
따라서 (새로 들어온 회원 7명의 올해 나이의 합) $=840-616=224$(살)이므로
(새로 들어온 회원 7명의 올해 평균 나이) $=224\div7=32$(살)입니다.

채점 기준	배점
새로 들어온 회원 7명의 올해 나이의 합을 구했나요?	2점
새로 들어온 회원 7명의 올해 평균 나이를 구했나요?	3점

주의
지난해 평균 나이는 올해 평균 나이보다 1살 적음에 주의합니다.

4-4 64점

(6명의 점수의 합) $=68\times6=408$(점)
(태성이와 민석이의 점수의 합) $=408-(55+53+48+92)$
$=408-248=160$(점)
태성이의 점수가 다른 사람 점수의 2배인 때는 하진이의 점수의 2배일 때인
$48\times2=96$(점)입니다.
따라서 민석이의 점수는 $160-96=64$(점)입니다.

150~151쪽

대표문제 **5**

(네 분기의 휴대전화 판매 수의 합) $=395\times4=1580$(대)
(2분기와 4분기의 휴대전화 판매 수의 합)
=(네 분기의 휴대전화 판매 수의 합) − (1분기와 3분기의 휴대전화 판매 수의 합)
$=1580-(450+410)=720$(대)
4분기의 휴대전화 판매 수를 ■대라 하면 2분기의 휴대전화 판매 수는 (■ − 80)대이므로
(■ − 80) + ■ = 720, ■ × 2 − 80 = 720, ■ × 2 = 800, ■ = 400입니다.
따라서 4분기의 휴대전화 판매 수는 400대입니다.

5-1 220그루

(네 마을의 은행나무 수의 합)$=270\times4=1080$(그루)
(나 마을의 은행나무 수)$=1080-(350+230+280)=220$(그루)

5-2 47마리

(네 농장의 황소 수의 합)$=65\times4=260$(마리)
(가와 라 농장의 황소 수의 합)$=260-(83+71)=106$(마리)
라 농장의 황소 수를 □마리라 하면 가 농장의 황소 수는 (□$+12$)마리이므로
□$+12+$□$=106$, □$\times2+12=106$, □$\times2=94$, □$=94\div2=47$입니다.

5-3 2625가마니

(네 가구의 쌀 수확량의 합)$=465000\times4=1860000$(kg)
(나와 다 가구의 쌀 수확량의 합)$=1860000-(670000+350000)=840000$(kg)
다 가구의 쌀 수확량을 □kg이라 하면 나 가구의 쌀 수확량은 (□$\times3$)kg이므로
□$\times3+$□$=840000$, □$\times4=840000$, □$=840000\div4=210000$입니다.
따라서 다 가구의 쌀 수확량은 $210000\div80=2625$(가마니)입니다.

(6월, 7월, 9월의 평균 관광객 수)$=(258+316+167)\div3$
$=741\div3=247$(명)
(8월의 관광객 수)$=247+168=415$(명)
➡ (4개월 동안의 평균 관광객 수)$=(258+316+415+167)\div4$
$=289$(명)

6-1 19권

(하경이와 단희가 방학 동안 읽은 책 수의 평균)$=(18+26)\div2=44\div2=22$(권)
(승우가 방학 동안 읽은 책 수)$=22-9=13$(권)
➡ (세 사람이 방학 동안 읽은 책 수의 평균)$=(18+26+13)\div3=57\div3=19$(권)

서술형 **6-2** 3 kg

예 (1반, 3반, 4반에서 모은 헌 옷의 평균 무게)$=(37+26+45)\div3$
$=108\div3=36$(kg)
(2반에서 모은 헌 옷의 무게)$=36+4=40$(kg)
(4개 반에서 모은 헌 옷의 평균 무게)$=(37+40+26+45)\div4$
$=148\div4=37$(kg)
따라서 2반에서 모은 헌 옷의 무게와 4개 반에서 모은 헌 옷의 평균 무게의 차는
$40-37=3$(kg)입니다.

채점 기준	배점
2반에서 모은 헌 옷의 무게와 4개 반에서 모은 헌 옷의 평균 무게를 각각 구했나요?	4점
2반에서 모은 헌 옷의 무게와 4개 반에서 모은 헌 옷의 평균 무게의 차를 구했나요?	1점

6-3 18 m

(30명의 원반던지기 기록의 합)$=13\times30=390$(m)
상위권 5명의 원반던지기 기록의 평균을 □m라 하면
나머지 $30-5=25$(명)의 원반던지기 기록의 평균은 (□-6) m이므로
□$\times5+$(□$-6)\times25=390$, □$\times5+$□$\times25-150=390$, □$\times30=540$,
□$=540\div30=18$입니다.
따라서 상위권 5명의 원반던지기 기록의 평균은 18 m입니다.

대표문제 7

오른쪽 그림과 같이 평균 점수를 세로에, 학생 수를 가로에 나타냅니다.
(ㄱㄴㄷㅇ의 넓이)+(ㅅㄷㄹㅂ의 넓이)
=(ㅈㄴㄹㅋ의 넓이)
(ㄱㄴㄹㅁ의 넓이)+(ㅅㅇㅁㅂ의 넓이)
=(ㄱㄴㄹㅁ의 넓이)+(ㅈㄱㅁㅋ의 넓이)
➡ (ㅅㅇㅁㅂ의 넓이)=(ㅈㄱㅁㅋ의 넓이)
여학생 수를 ■명이라 하면 $50\times0.8=$■$\times(0.8+1.2)$, $40=$■$\times2$, ■$=20$
따라서 수학 경시대회에 참가한 여학생은 20명입니다.

7-1 60명

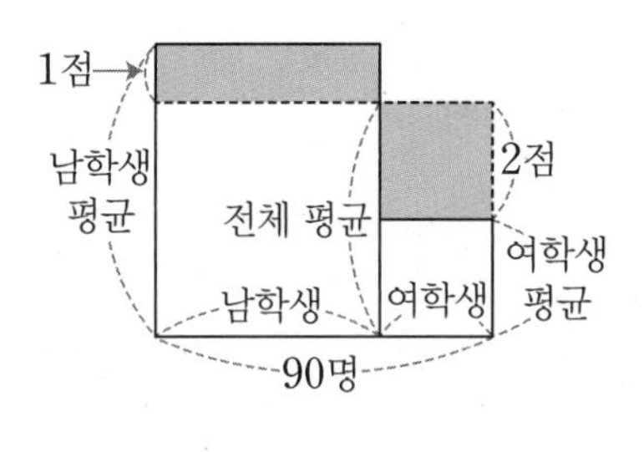

색칠한 부분의 넓이는 같으므로
(남학생 수)$\times1=$(여학생 수)$\times2$에서
남학생 수는 여학생 수의 2배입니다.
따라서 남학생은 $90\times\frac{2}{3}=60$(명)입니다.

7-2 12명

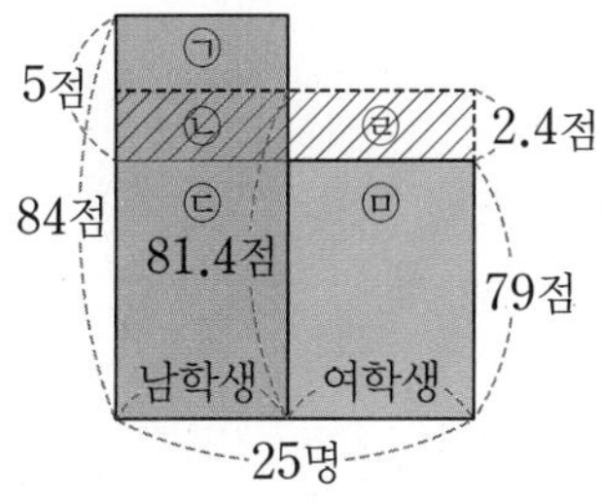

(남학생 점수의 합)+(여학생 점수의 합)=(전체 학생 점수의 합)이므로
(㉠+㉡+㉢의 넓이)+(㉤의 넓이)=(㉡+㉢+㉤+㉣의 넓이),
(㉠+㉡의 넓이)=(㉡+㉣의 넓이)입니다.
남학생 수를 □명이라 하면 □$\times5=25\times2.4$, □$\times5=60$, □$=60\div5=12$입니다.
따라서 남학생은 12명입니다.

7-3 33명

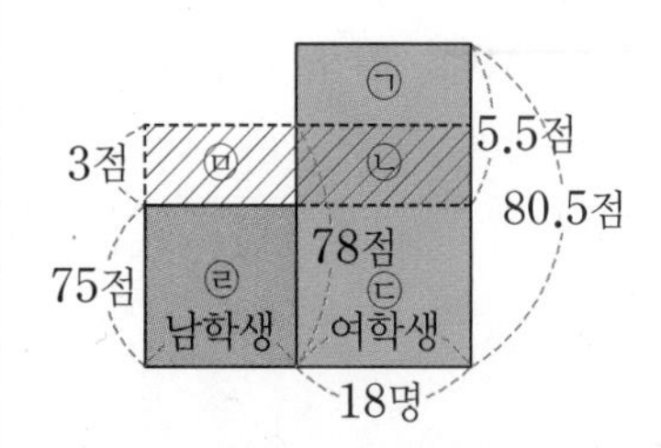

(남학생 점수의 합)+(여학생 점수의 합)=(전체 학생 점수의 합)이므로
(㉣의 넓이)+(㉠+㉡+㉢의 넓이)=(㉤+㉣+㉢+㉡의 넓이),
(㉠+㉡의 넓이)=(㉡+㉤의 넓이)입니다.
미정이네 반의 학생 수를 □명이라 하면 $18\times5.5=\square\times3$, $99=\square\times3$이고,
$\square=33$입니다.
따라서 미정이네 반 학생은 모두 33명입니다.

7-4 6명

65점과 80점의 평균 점수는
$(65\times2+80\times4)\div6=(130+320)\div6=450\div6=75$(점)입니다.

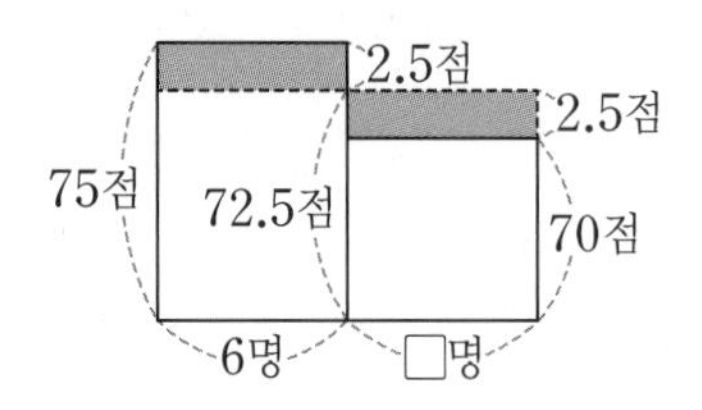

70점을 받은 학생 수를 □명이라 하면 위의 그림과 같이 색칠한 부분의 넓이는 같으므로
$6\times(75-72.5)=\square\times(72.5-70)$, $6\times2.5=\square\times2.5$, $\square=6$입니다.
따라서 70점을 받은 학생은 6명입니다.

MATH MASTER

156~158쪽

서술형 **1** $\frac{3}{7}$

예 세 번째로 꺼낼 때 남아 있는 쌓기나무는 노란색 쌓기나무 1개, 분홍색 쌓기나무 4개, 흰색 쌓기나무 2개이므로 전체 쌓기나무는 $1+4+2=7$(개)입니다.
따라서 세 번째로 꺼낼 때 노란색 쌓기나무 또는 흰색 쌓기나무가 나올 확률은
$\frac{1+2}{7}=\frac{3}{7}$입니다.

채점 기준	배점
세 번째로 꺼낼 때 남아 있는 쌓기나무의 수를 구했나요?	2점
노란색 또는 흰색 쌓기나무가 나올 확률을 구했나요?	3점

2 $\frac{5}{36}$

서로 다른 주사위 2개를 굴려서 나올 수 있는 눈의 수는
(1, 1), (1, 2), (1, 3), (1, 4), (1, 5), (1, 6) ……
(6, 1), (6, 2), (6, 3), (6, 4), (6, 5), (6, 6)으로 모두 $6\times6=36$(가지)입니다.

합이 6이 되는 두 주사위 눈의 수는 (1, 5), (2, 4), (3, 3), (4, 2), (5, 1)로 5가지입니다.
따라서 두 주사위 눈의 수의 합이 6이 될 확률은 $\frac{5}{36}$입니다.

3 115500원

22명이 1400원씩 추가로 더 내야 하므로 갈 수 없게 된 8명이 내야 했던 돈의 합은
$1400 \times 22 = 30800$(원)입니다.
따라서 30명이었을 때 한 명당 내야 할 돈은 $30800 \div 8 = 3850$(원)이므로
버스 한 대를 빌리는 값은 $3850 \times 30 = 115500$(원)입니다.

4 32

1부터 63까지 연속하는 자연수는 63개이고,
합이 같도록 두 수씩 짝지어 1부터 63까지 연속하는 자연수의 합을 구하면
$64 \times 31 + 32 = 2016$입니다.

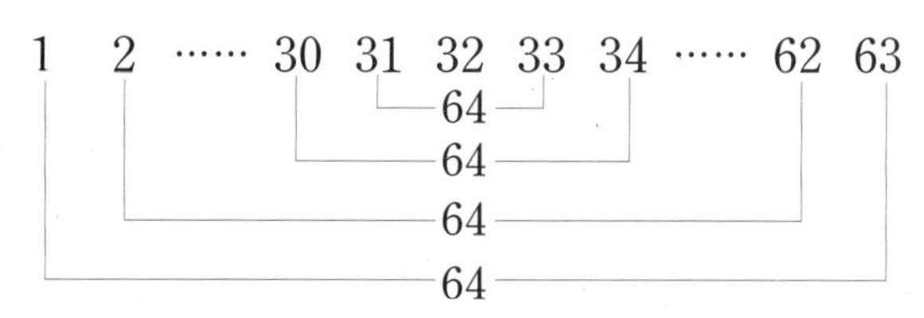

따라서 1부터 63까지 연속하는 자연수의 평균은 $2016 \div 63 = 32$입니다.

5 34번

(4회까지의 평균 기록)$=(28 \times 3 + 32) \div 4 = (84 + 32) \div 4 = 116 \div 4 = 29$(번)
5회까지 평균 기록을 1번 높인다고 할 때 5회에 해야 하는 윗몸 말아 올리기 기록을 □번이라고 하면
$(116 + \square) \div 5 = 29 + 1$, $(116 + \square) \div 5 = 30$, $116 + \square = 30 \times 5$,
$116 + \square = 150$, $\square = 150 - 116 = 34$
따라서 5회에는 윗몸 말아 올리기를 적어도 34번 해야 합니다.

6 16 kg, 18 kg, 21 kg

(지아와 희수가 주운 밤의 무게의 합)$=17 \times 2 = 34$(kg)
(희수와 준서가 주운 밤의 무게의 합)$=19.5 \times 2 = 39$(kg)
(지아와 준서가 주운 밤의 무게의 합)$=18.5 \times 2 = 37$(kg)
(세 명의 학생이 주운 밤의 무게의 합)$=(34 + 39 + 37) \div 2 = 110 \div 2 = 55$(kg)
➡ (지아가 주운 밤의 무게)$=55 - 39 = 16$(kg)
(희수가 주운 밤의 무게)$=55 - 37 = 18$(kg)
(준서가 주운 밤의 무게)$=55 - 34 = 21$(kg)

7 3개

한 과목의 점수인 89점을 98점으로 잘못 보고 계산하였으므로
잘못 본 점수의 합은 실제 점수의 합보다 $98 - 89 = 9$(점)만큼 높습니다.
시험의 과목 수를 □개라 하면
$91.5 \times \square = 88.5 \times \square + 9$, $91.5 \times \square - 88.5 \times \square = 9$,
$3 \times \square = 9$, $\square = 9 \div 3 = 3$
따라서 혜주가 본 시험의 과목은 3개입니다.

8 3명

심사 위원의 수를 $(\square+1)$명이라 하면
(전체 받은 점수의 합)$=16.1\times(\square+1)=15.7\times\square+16.9$,
$16.1\times\square+16.1=15.7\times\square+16.9$, $16.1\times\square-15.7\times\square=16.9-16.1$,
$0.4\times\square=0.8$, $\square=2$
따라서 심사 위원은 모두 $2+1=3$(명)입니다.

9 72점

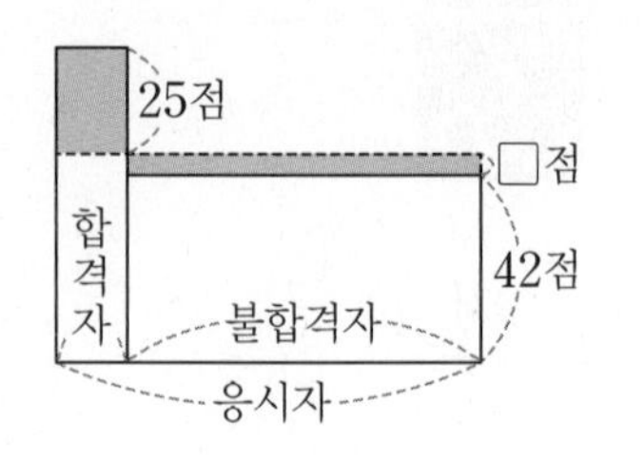

전체 평균 점수와 불합격자의 평균 점수의 차를 □점이라 하면 색칠한 부분의 넓이는 같으므로
(합격자 수)$\times 25=$(불합격자 수)$\times\square$입니다.
응시자 수는 합격자 수의 6배이므로 불합격자 수는 합격자 수의 5배입니다.
합격자 수를 △명이라 하면 불합격자 수는 $(\triangle\times5)$명이므로
$\triangle\times25=\triangle\times5\times\square$, $25=5\times\square$, $\square=5$
따라서 합격자의 평균 점수는 $42+5+25=72$(점)입니다.

10 14명

(30점과 70점을 받은 학생 수의 합)$=40-(3+3+10+8+1)=40-25=15$(명),
40명의 총점은 $37\times40=1480$(점)이므로
30점과 70점을 받은 학생의 점수의 합은
$1480-(0\times3+10\times3+40\times10+50\times8+80\times1)=1480-910=570$(점)입니다.
15명이 모두 30점을 받았다고 하면 $30\times15=450$(점)이므로
70점을 받은 학생은 $(570-450)\div(70-30)=120\div40=3$(명),
30점을 받은 학생은 $15-3=12$(명)입니다.

점수(점)	0	10	30	40	50	70	80
학생 수(명)	3	3	12	10	8	3	1
맞힌 문제(번)		1	2	1, 2 또는 3	1, 3	2, 3	1, 2, 3

1번 문제를 맞힌 학생은 10점을 받은 학생 3명, 40점을 받은 학생 10명 중 몇 명, 50점을 받은 학생 8명, 80점을 받은 학생 1명인데 문제별 맞힌 학생수 표에서 1번 문제를 맞힌 학생이 20명이므로 40점을 받은 학생 중 1번과 2번 문제를 맞혀서 40점을 받은 학생은 $20-(3+8+1)=20-12=8$(명)입니다.
따라서 3번 문제를 맞힌 학생은 40점을 받은 학생 10명 중 $10-8=2$(명), 50점을 받은 8명, 70점을 받은 3명, 80점을 받은 1명이므로 $2+8+3+1=14$(명)입니다.

1 수의 범위와 어림하기

다시 푸는 최상위 S

1 9개

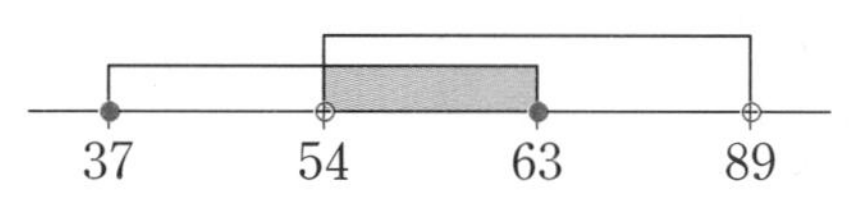

두 수의 범위의 공통 범위는 54 초과 63 이하인 수입니다.
따라서 54 초과 63 이하인 자연수는 55, 56, 57, 58, 59, 60, 61, 62, 63으로 모두 9개입니다.

2 481명 이상 560명 이하

유람선을 6번 운행하는 동안 80명씩 타고, 1번 운행하는 동안 1명이 타면
$80\times6+1=481$(명)이고
유람선을 7번 운행하는 동안 80명씩 타면 $80\times7=560$(명)입니다.
따라서 줄을 선 사람은 481명 이상 560명 이하입니다.

3 6개

일의 자리 숫자가 될 수 있는 수: 6 초과 8 이하인 수 → 7, 8
소수 첫째 자리 숫자가 될 수 있는 수: 4 이상 7 미만인 수 → 4, 5, 6
소수 둘째 자리 숫자가 될 수 있는 수: 2 미만인 수 → 0, 1
따라서 만들 수 있는 소수 두 자리 수는 7.41, 7.51, 7.61, 8.41, 8.51, 8.61로 모두 6개입니다.

4 0, 1, 2, 3, 4

59□0을 버림하여 백의 자리까지 나타내면 5900이므로 반올림하여 백의 자리까지 나타낸 수도 5900입니다.
59□0을 반올림하여 백의 자리까지 나타낸 수가 5900이 되려면 □ 안에 들어갈 수 있는 수는 0, 1, 2, 3, 4입니다.

5 70

수직선에 나타낸 수의 범위는 63 이상 ㉠ 미만입니다.
63 이상인 수에는 63이 포함되고, ㉠ 미만인 수에는 ㉠이 포함되지 않습니다.
63 이상인 자연수를 작은 수부터 차례로 7개 써 보면 63, 64, 65, 66, 67, 68, 69이므로 ㉠에 알맞은 자연수는 70입니다.

6 5180000원

$743\div5=148\cdots3$이므로 딸기는 148상자가 되고 3 kg이 남습니다.
상자에 담은 딸기만 팔 수 있으므로 버림으로 나타내야 합니다.
따라서 딸기는 최대 148상자를 팔 수 있고, 딸기를 팔아서 받을 수 있는 돈은 최대
$148\times35000=5180000$(원)입니다.

7 40400

• 40000보다 크고 40000에 가장 가까운 다섯 자리 수를 만들면 40378이고, 40000과의 차는 $40378-40000=378$입니다.
• 40000보다 작고 40000에 가장 가까운 다섯 자리 수를 만들면 38740이고, 40000과의 차는 $40000-38740=1260$입니다.
따라서 40000에 가장 가까운 수는 40378이고, 이 수를 반올림하여 백의 자리까지 나타내면 40400입니다.

8 8999원

연준이가 저금한 돈의 범위는 33500원 이상 34499원 이하이고,
민서가 저금한 돈의 범위는 41500원 이상 42499원 이하입니다.
따라서 두 사람이 저금한 돈의 차가 가장 클 때의 차는 $42499-33500=8999$(원)입니다.

다시푸는 MATH MASTER

5~7쪽

1 풀이 참조

(수직선: 350, 360, 370 — 354 이상 364 미만 표시)

버림하여 십의 자리까지 나타내면 370이므로
(어떤 수)$+16$의 범위는 370 이상 380 미만인 수입니다.
따라서 어떤 수의 범위는 354 이상 364 미만인 수입니다.

2 2850원

(5 g인 편지 4통의 요금)$=300\times4=1200$(원)
(15 g인 편지 2통의 요금)$=330\times2=660$(원)
(25 g인 편지 3통의 요금)$=330\times3=990$(원)
➡ (내야 하는 금액)$=1200+660+990=2850$(원)

3 56996

• 50000 이상 60000 미만인 수이므로 만의 자리 숫자는 5입니다. ➡ 5□□□□
• 천의 자리 숫자는 5 초과 6 이하인 수이므로 6입니다. ➡ 56□□□
• 백의 자리 숫자는 가장 큰 수이므로 9입니다. ➡ 569□□
• 4의 배수 중 가장 큰 수이므로 십의 자리 숫자는 9, 일의 자리 숫자는 6입니다.
➡ 56996
따라서 조건을 모두 만족하는 수는 56996입니다.

4 14649

가의 범위는 27350 이상 27449 이하이고,
나의 범위는 41900 이상 41999 이하입니다.
가와 나의 차가 가장 클 때는 나가 가장 클 때와 가가 가장 작을 때의 차이므로
$41999-27350=14649$입니다.

5 929원

$3\,\text{km}\ 820\,\text{m} = 2\,\text{km} + 1\,\text{km}\ 820\,\text{m} = 2\,\text{km} + 1820\,\text{m}$
(인상 전 택시 요금)$=2800+1820\div140\times100=4100$(원)
(인상 후 택시 요금)$=3300+1820\div140\times133=5029$(원)
따라서 인상 후 요금은 인상 전 요금보다 $5029-4100=929$(원) 더 많습니다.

6 257명 이상 264명 이하

$12\times21=252$이고 $12\times22=264$이므로
5학년 학생 수의 범위는 252명 초과 264명 이하입니다.
$16\times16=256$이고 $16\times17=272$이므로
5학년 학생 수의 범위는 256명 초과 272명 이하입니다.
따라서 두 학생 수의 범위의 공통 범위는 256명 초과 264명 이하이므로
5학년 학생 수의 범위를 이상과 이하를 사용하여 나타내면 257명 이상 264명 이하입니다.

7 5개

㉠ 올림하여 십의 자리까지 나타내면 500이 되는 자연수의 범위: 491 이상 500 이하
㉡ 버림하여 십의 자리까지 나타내면 490이 되는 자연수의 범위: 490 이상 499 이하
㉢ 반올림하여 십의 자리까지 나타내면 500이 되는 자연수의 범위: 495 이상 504 이하
따라서 조건을 모두 만족하는 자연수는 495 이상 499 이하이므로 495, 496, 497, 498, 499로 5개입니다.

8 6개

반올림하여 천의 자리까지 나타내면 7000이 되는 수의 범위는 6500 이상 7500 미만입니다.
천의 자리에 올 수 있는 수는 6, 7이고, 천의 자리 숫자가 6일 때 백의 자리에 올 수 있는 수는 7, 9, 천의 자리 숫자가 7일 때 백의 자리에 올 수 있는 수는 1입니다.
따라서 반올림하여 천의 자리까지 나타내면 7000이 되는 수는 6719, 6791, 6917, 6971, 7169, 7196으로 모두 6개입니다.

9 124상자

가람 초등학교 학생 수의 범위는 1300명 이상 1399명 이하입니다.
도원 초등학교 학생 수의 범위는 1301명 이상 1400명 이하입니다.
아주 초등학교 학생 수의 범위는 1550명 이상 1649명 이하입니다.
세 초등학교의 학생 수가 가장 많을 때는 $1399+1400+1649=4448$(명)이고
$4448\div36=123\cdots20$이므로 수건을 최소 124상자 준비해야 합니다.

10 6239, 6235

- 서진이가 어림하여 나타낸 수가 가장 크므로 올림을 이용하여 나타낸 것이고, 어떤 수의 범위는 6231 이상 6240 이하입니다.
- 도연이가 어림하여 나타낸 수가 가장 작으므로 버림을 이용하여 나타낸 것이고, 어떤 수의 범위는 6230 이상 6239 이하입니다.
- 하은이는 반올림을 이용하여 나타낸 것이므로 어떤 수의 범위는 6235 이상 6244 이하입니다.

따라서 어떤 수의 범위의 공통 범위는 6235 이상 6239 이하이므로
어떤 수가 될 수 있는 가장 큰 수는 6239이고 가장 작은 수는 6235입니다.

2 분수의 곱셈

1 9, 2

$\frac{1}{8}\times\frac{1}{5}=\frac{1}{40}$, $\frac{1}{3}\times\frac{1}{2}=\frac{1}{6}$

$\frac{1}{40}<\frac{1}{\square}\times\frac{1}{4}<\frac{1}{6}$이므로 $6<\square\times4<40$입니다.

$6\div4=1\cdots2$, $40\div4=10$이므로 □ 안에 들어갈 수 있는 1보다 크고 10보다 작은 자연수입니다.

따라서 □ 안에 들어갈 수 있는 자연수 중에서 가장 큰 수는 9, 가장 작은 수는 2입니다.

2 15 kg

(6월의 쌀 소비량)=(5월의 쌀 소비량)+(6월에 늘어난 쌀 소비량)

$=18+18\times\frac{1}{3}=24$(kg)

(7월의 쌀 소비량)=(6월의 쌀 소비량)−(7월에 줄어든 쌀 소비량)

$=24-24\times\frac{3}{8}=15$(kg)

3 3 cm

2시간 30분=150분

(자동차가 2시간 30분 동안 달린 거리)$=1\frac{2}{5}\times150=210$(km)

210 km=210000 m=21000000 cm

➡ (지도에 나타낸 길이)$=21000000\times\frac{1}{7000000}=3$(cm)

4 48쪽

(어제 읽은 쪽수)$=80\times\frac{1}{5}=16$(쪽)

(어제 읽고 남은 쪽수)$=80-16=64$(쪽)

(오늘 읽은 쪽수)$=64\times\frac{1}{4}=16$(쪽)

(오늘 읽고 남은 쪽수)$=64-16=48$(쪽)

따라서 남은 쪽수는 48쪽입니다.

5 270명

전체 학생 수를 ■명이라 하면

(동생이 있는 학생 수)=■$\times\frac{4}{9}$

(동생이 없는 학생 수)=■$\times(1-\frac{4}{9})$

(동생이 없는 여학생 수)=■$\times(1-\frac{4}{9})\times\frac{2}{5}$

(동생이 없는 남학생 수)=■$\times(1-\frac{4}{9})\times(1-\frac{2}{5})$

➡ ■$\times(1-\frac{4}{9})\times(1-\frac{2}{5})=90$, ■$\times\frac{5}{9}\times\frac{3}{5}=90$, ■$\times\frac{1}{3}=90$, ■$=270$

따라서 전체 학생은 270명입니다.

6 $121\frac{2}{3}$ m

① (떨어뜨린 높이)$=30$ m

② (첫 번째 튀어 오르는 높이)$=30\times\frac{5}{6}=25$(m)

③ (두 번째 튀어 오르는 높이)$=25\times\frac{5}{6}=20\frac{5}{6}$(m)

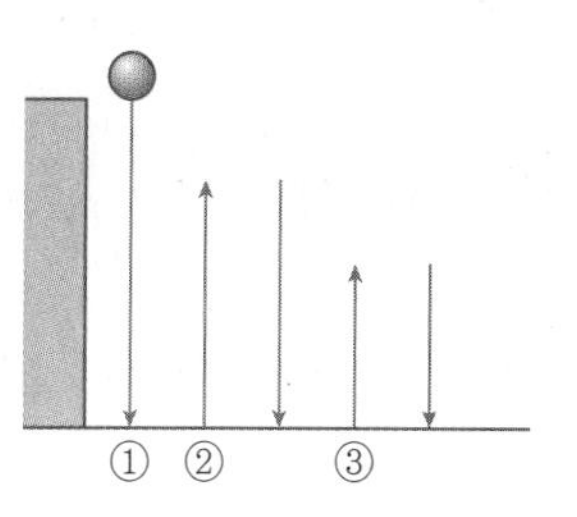

➡ (공이 세 번째 땅에 닿을 때까지 움직인 거리)

$=30+25\times2+20\frac{5}{6}\times2=121\frac{2}{3}$(m)

7 $\frac{2}{9}$

전체 일의 양을 1이라 하면

한 시간 동안 정현이와 효진이가 하는 일의 양은 각각 $\frac{1}{3}$, $\frac{1}{4}$이므로

한 시간 동안 두 사람이 함께 하는 일의 양은 $\frac{1}{3}+\frac{1}{4}=\frac{7}{12}$입니다.

1시간 20분$=$1시간$+\frac{20}{60}$시간$=1\frac{1}{3}$시간

(두 사람이 1시간 20분 동안 하는 일의 양)$=\frac{7}{12}\times1\frac{1}{3}=\frac{7}{9}$

따라서 남은 일의 양은 전체의 $1-\frac{7}{9}=\frac{2}{9}$입니다.

8 $1\frac{1}{10}$배

파란색 리본의 길이를 1이라 하면

(노란색 리본의 길이)$=1-1\times\frac{1}{5}=\frac{4}{5}$

(초록색 리본의 길이)$=$(노란색 리본의 길이)$\times(1+\frac{3}{8})=\frac{4}{5}\times1\frac{3}{8}=1\frac{1}{10}$

따라서 초록색 리본의 길이는 파란색 리본의 $1\frac{1}{10}$배입니다.

다시푸는 MATH MASTER

11~13쪽

1 $3\frac{2}{5}$ km

(집~소방서~학교)$=\frac{1}{5}+\frac{3}{4}=\frac{19}{20}$(km)

(집~병원~학교)$=\frac{3}{5}+\frac{1}{4}=\frac{17}{20}$(km)

집에서 병원을 거쳐 학교까지 가는 길이 더 가깝습니다.

➡ $\frac{17}{20}\times4=3\frac{2}{5}$(km)

2 흰색, $\frac{25}{96}$

(초록색)$=\frac{1}{2}\times(\frac{1}{4}+\frac{1}{4})=\frac{1}{4}$

(빨간색)$=\frac{1}{4}\times\frac{1}{4}+\frac{1}{8}\times(\frac{1}{4}+\frac{1}{4})+\frac{1}{3}\times\frac{1}{3}=\frac{17}{72}$

(흰색)$=(\frac{1}{4}+\frac{1}{8})\times\frac{1}{4}+\frac{1}{3}\times\frac{1}{3}+\frac{1}{3}\times\frac{1}{6}=\frac{25}{96}$

(노란색)$=\frac{1}{8}\times\frac{1}{4}+\frac{1}{3}\times\frac{1}{3}+(\frac{1}{3}+\frac{1}{3})\times\frac{1}{6}=\frac{73}{288}$

네 분수를 통분하여 크기를 비교하면

$(\frac{1}{4}, \frac{17}{72}, \frac{25}{96}, \frac{73}{288}) \Rightarrow (\frac{72}{288}, \frac{68}{288}, \frac{75}{288}, \frac{73}{288})$이므로

가장 넓은 부분을 차지하는 색은 흰색이고, 그 넓이는 $\frac{25}{96}$입니다.

3 48

자연수를 ■라 할 때

$\frac{7}{16}\times$■, $\frac{11}{24}\times$■가 모두 자연수가 되려면 ■는 16과 24의 공배수이어야 하고,

가장 작은 자연수가 되려면 ■는 16과 24의 최소공배수이어야 합니다.

따라서 ■$=48$입니다.

4 $2\frac{2}{11}$

$1\frac{5}{11}$와 □ 사이의 거리는 $1\frac{5}{11}$와 $4\frac{4}{11}$ 사이의 거리의 $\frac{1}{4}$입니다.

$(4\frac{4}{11}-1\frac{5}{11})\times\frac{1}{4}=2\frac{10}{11}\times\frac{1}{4}=\frac{8}{11}$

따라서 □ 안에 알맞은 수는 $1\frac{5}{11}+\frac{8}{11}=2\frac{2}{11}$입니다.

5 $\frac{9}{20}$

$$\frac{1}{2\times3}+\frac{1}{3\times4}+\frac{1}{4\times5}+\cdots\cdots+\frac{1}{19\times20}$$

$$=(\frac{1}{2}-\frac{1}{3})+(\frac{1}{3}-\frac{1}{4})+(\frac{1}{4}-\frac{1}{5})+\cdots\cdots+(\frac{1}{18}-\frac{1}{19})+(\frac{1}{19}-\frac{1}{20})$$

$$=\frac{1}{2}-\frac{1}{20}=\frac{10}{20}-\frac{1}{20}=\frac{9}{20}$$

6 $12\frac{1}{2}$ km

(1분 후에 두 자동차 사이의 거리)$=1\frac{5}{6}-1\frac{3}{4}=\frac{1}{12}$(km)

2시간 30분$=$2시간$+$30분$=$120분$+$30분$=$150분

➡ (2시간 30분 후에 두 자동차 사이의 거리)$=\frac{1}{12}\times150=12\frac{1}{2}$(km)

7 오후 1시 28분 30초

오늘 오후 7시부터 다음 날 오후 1시까지는 18시간입니다.

한 시간에 $1\frac{7}{12}$분씩 빨라지므로 18시간 동안에는 $1\frac{7}{12}\times18=28\frac{1}{2}$(분) 빨라집니다.

$28\frac{1}{2}$분$=$28분$+\frac{1}{2}$분$=$28분 30초

따라서 다음 날 오후 1시에 이 시계가 가리키는 시각은 오후 1시보다 28분 30초 빨라진 오후 1시 28분 30초입니다.

8 $\frac{1}{1281}$

분자는 1부터 2씩 커지고, 분모는 분자보다 4 큰 수인 규칙이 있습니다.
첫 번째 분수의 분자: 1
두 번째 분수의 분자: $3=1+1\times2$
세 번째 분수의 분자: $5=1+2\times2$
네 번째 분수의 분자: $7=1+3\times2$
다섯 번째 분수의 분자 : $9=1+4\times2$

⋮

(□번째 분수의 분자)$=1+$(□-1)$\times2$
30번째 분수의 분자는 $1+29\times2=59$, 분모는 $59+4=63$입니다.

➡ (30번째 분수까지 곱한 값)$=\frac{1}{5}\times\frac{3}{7}\times\frac{5}{9}\times\frac{7}{11}\times\cdots\cdots\times\frac{55}{59}\times\frac{57}{61}\times\frac{59}{63}=\frac{1}{1281}$

9 $11\frac{2}{3}$ km

1시간은 60분이므로 한 시간에 300 km를 가는 것은 1분 동안 $300\div60=5$(km)를 가는 것과 같습니다.

($2\frac{2}{5}$분 동안 기차가 움직인 거리)$=$(1분 동안 기차가 움직인 거리)$\times2\frac{2}{5}$

$=5\times2\frac{2}{5}=12$(km)

(터널의 길이)$+$(기차의 길이)$=12$

(터널의 길이)$+\frac{1}{3}=12$

(터널의 길이)$=11\frac{2}{3}$ km

10 60개

사탕 한 봉지에 들어 있던 사탕 수를 □개라 하면

(민수가 가진 사탕 수)$=$□$\times\frac{5}{12}+4$, (희주가 가진 사탕 수)$=$□$\times\frac{3}{5}-5$

(민수가 가진 사탕 수)$+$(희주가 가진 사탕 수)$=$(전체 사탕 수)이므로

□$\times\frac{5}{12}+4+$□$\times\frac{3}{5}-5=$□

□$\times\frac{5}{12}+$□$\times\frac{3}{5}-1=$□

□$\times\frac{25}{60}+$□$\times\frac{36}{60}-1=$□

□$\times\frac{61}{60}-1=$□

□$\times\frac{1}{60}=1$

□$=60$

따라서 사탕 한 봉지에 들어 있던 사탕은 60개입니다.

3 합동과 대칭

다시 푸는 최상위 S

14~16쪽

1 40 cm

합동인 두 삼각형에서 대응변의 길이는 같으므로 (변 ㄱㄷ)=(변 ㄹㅁ)=17 cm,
(변 ㄴㄷ)=(변 ㄷㅁ)=15 cm이고, (변 ㄱㄴ)=(변 ㄹㄷ)=15−7=8(cm)입니다.
➡ (삼각형 ㄱㄴㄷ의 둘레)=8+15+17=40(cm)

2 8개

마주 보는 꼭짓점끼리 연결한 대칭축과 마주 보는 변의 가운데 점끼리 연결한 대칭축을 각각 찾습니다.

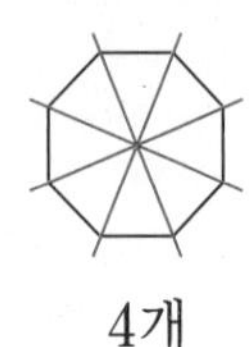
4개

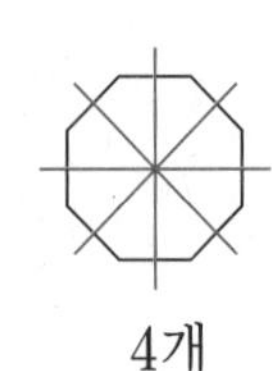
4개

➡ (정팔각형의 대칭축의 수)=4+4=8(개)

3 84 cm^2

삼각형 ㄱㄴㄷ과 삼각형 ㄹㅁㅂ은 두 변이 10 cm인 이등변삼각형이고, 겹친 부분도 두 변이 4 cm인 이등변삼각형입니다.
➡ (색칠한 부분의 넓이)
=(삼각형 ㄱㄴㄷ의 넓이)+(삼각형 ㄹㅁㅂ의 넓이)−(삼각형 ㅅㅁㄷ의 넓이)×2
=(10×10÷2)×2−(4×4÷2)×2=100−16=84(cm^2)

4 55°

삼각형 ㄱㄴㄹ이 선대칭도형이므로 (각 ㄱㄹㄷ)=(각 ㄱㄴㄷ)=35°입니다.
삼각형 ㄱㄴㄹ에서 (각 ㄴㄱㄹ)=180°−35°−35°=110°이므로
(각 ㄷㄱㄹ)=110°÷2=55°입니다.
사각형 ㄱㄷㄹㅁ은 선대칭도형이므로 (각 ㅁㄱㄹ)=(각 ㄷㄱㄹ)=55°입니다.

5 76 cm

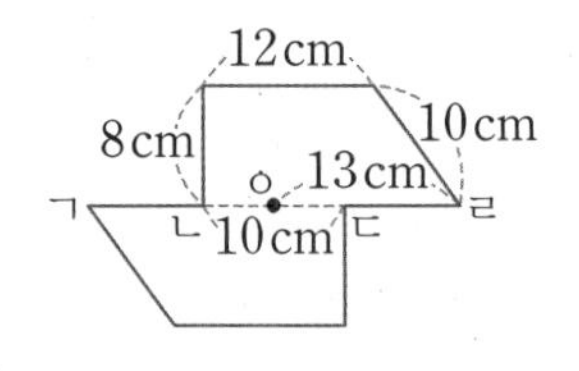

점대칭도형에서 대응점에서 대칭의 중심까지의 거리는 같으므로
(선분 ㄴㅇ)=(선분 ㄷㅇ)=10÷2=5(cm)
(변 ㄱㄴ)=(변 ㄹㄷ)=13−5=8(cm)
➡ (점대칭도형의 둘레)=(8+12+10+8)×2=76(cm)

6 800 cm^2

삼각형 ㄱㄴㅁ과 삼각형 ㄷㅂㅁ이 합동이므로 (변 ㄱㄴ)=(변 ㄷㅂ)=20 cm,
(변 ㄴㅁ)=(변 ㅂㅁ)=15 cm입니다.
➡ (처음 종이의 넓이)=(15+25)×20=40×20=800(cm^2)

7

점대칭도형, 선대칭도형이 반복되는 규칙이므로 다섯 번째에는 점대칭도형이 오면 됩니다.

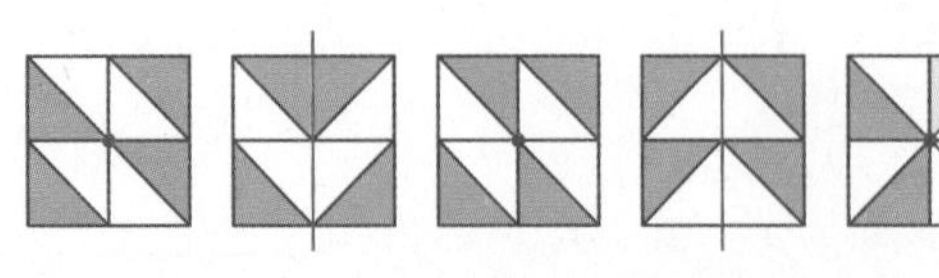

8 108 cm²

점대칭도형에서 삼각형 ㄱㄴㄷ과 삼각형 ㄹㅁㅂ은 합동이므로
(변 ㄹㅁ)=(변 ㄱㄴ)=12 cm, (선분 ㄱㅇ)=(선분 ㄹㅇ)=6 cm,
(변 ㄷㄹ)=(변 ㅂㄱ)=9−6=3(cm)
점대칭도형의 둘레가 48 cm이므로
(변 ㄴㄷ)=(변 ㅁㅂ)=(48−(12+3+12+3))÷2=9(cm)
➡ (점대칭도형의 넓이)=(9×12÷2)×2=108(cm²)

다시푸는 MATH MASTER

17~20쪽

1 4쌍

삼각형 ㄱㄴㅁ과 삼각형 ㄷㄹㅁ, 삼각형 ㄱㅁㄹ과 삼각형 ㄷㅁㄴ, 삼각형 ㄱㄴㄹ과 삼각형 ㄷㄹㄴ, 삼각형 ㄱㄴㄷ과 삼각형 ㄷㄹㄱ이 합동이므로 합동인 삼각형은 모두 4쌍입니다.

2 30°

삼각형 ㄱㄴㄷ과 삼각형 ㄹㄷㄴ은 합동이므로 (각 ㄹㄴㄷ)=(각 ㄱㄷㄴ)=40°이고,
(각 ㄱㄴㄷ)=180°−70°−40°=70°입니다.
➡ (각 ㄱㄴㅁ)=70°−40°=30°

3 80 cm²

선대칭도형에서 대칭축에 의해 나누어진 두 도형은 합동이고, 선대칭도형의 넓이는 대칭축의 한쪽에 있는 도형의 넓이의 2배입니다. 대칭축은 대응점을 이은 선분을 수직이등분하므로 삼각형 ㄱㄴㄷ에서 선분 ㄱㄷ을 밑변으로 할 때 높이는 선분 ㄴㄹ의 반인 10÷2=5(cm)가 됩니다.
➡ (사각형 ㄱㄴㄷㄹ의 넓이)=(삼각형 ㄱㄴㄷ의 넓이)×2
=(16×5÷2)×2=80(cm²)

4 7개

천의 자리와 일의 자리에 올 수 있는 숫자는 2이고, 백의 자리와 십의 자리에 올 수 있는 숫자는 00, 11, 22, 55, 69, 88, 96이므로 2002, 2112, 2222, 2552, 2692, 2882, 2962로 모두 7개입니다.

5 30°

선분 ㄱㅇ과 선분 ㄴㅇ은 원의 반지름으로 길이가 같으므로 삼각형 ㅇㄱㄴ은 이등변삼각형이고, 삼각형 ㅇㄱㄴ과 삼각형 ㅇㄷㄹ은 합동입니다.
➡ (각 ㅇㄴㄱ)=(각 ㅇㄱㄴ)=75°, (각 ㄱㅇㄴ)=180°−75°−75°=30°
따라서 (각 ㄷㅇㄹ)=(각 ㄱㅇㄴ)=30°입니다.

보충 개념
한 원에서 반지름의 길이는 모두 같습니다.

6 100°

삼각형 ㄱㄴㄷ과 삼각형 ㅂㄱㄴ은 이등변삼각형이므로
(각 ㅂㄱㅁ)=(각 ㅂㄴㅁ)=□°라 하면 (각 ㄱㄴㄹ)=(각 ㄱㄷㄹ)=□°+15°이고,
삼각형 ㄱㄴㄷ에서 □°+(□°+15°)+(□°+15°)=180°,
□°+□°+□°+30°=180°, □°+□°+□°=150°, □°=150°÷3=50°입니다.
따라서 (각 ㄱㄷㄹ)=(각 ㄱㄴㄹ)=50°+15°=65°이므로
삼각형 ㄴㄷㅂ에서 (각 ㄴㅂㄷ)=180°−15°−65°=100°입니다.

7 120 cm

삼각형 ㄱㅂㄴ과 삼각형 ㄷㅂㅁ이 합동이므로 (변 ㄷㅂ)=(변 ㄱㅂ)=26 cm이고,
(변 ㄴㄷ)=(변 ㄴㅂ)+(변 ㅂㄷ)=10+26=36(cm)입니다.
변 ㄱㄴ의 길이를 □cm라 하면 36×□=864, □=864÷36, □=24입니다.
따라서 직사각형 ㄱㄴㄷㄹ의 둘레는 (36+24)×2=120(cm)입니다.

8 6 cm

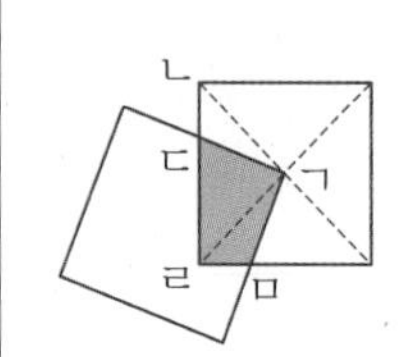

삼각형 ㄴㄱㄷ과 삼각형 ㄹㄱㅁ이 합동이므로 겹쳐진 부분의 넓이는 삼각형 ㄱㄴㄹ의 넓이와 같습니다.
삼각형 ㄱㄴㄹ의 넓이는 9 cm^2이고 정사각형의 넓이의 $\frac{1}{4}$이므로
정사각형의 넓이를 □cm^2라 하면 □×$\frac{1}{4}$=9, □=36입니다.
따라서 36=6×6이므로 정사각형의 한 변의 길이는 6 cm입니다.

9 52 cm^2

삼각형 ㅅㅁㄷ에서 (각 ㄷㅅㅁ)=180°−45°−90°=45°이므로
삼각형 ㅅㅁㄷ은 이등변삼각형이고 (선분 ㄷㅁ)=(선분 ㅁㅅ)=9 cm입니다.
삼각형 ㄱㄴㄷ과 삼각형 ㄹㅁㅂ은 합동이므로
(변 ㅁㅂ)=(변 ㄴㄷ)=(선분 ㄴㅁ)+(선분 ㅁㄷ)=4+9=13(cm)입니다.
삼각형 ㄱㄴㄷ에서 (각 ㄴㄱㄷ)=180°−45°−90°=45°이므로
삼각형 ㄱㄴㄷ은 이등변삼각형이고 (선분 ㄱㄴ)=(선분 ㄴㄷ)=13 cm입니다.
➡ (평행사변형 ㄱㄷㅂㄹ의 넓이)=4×13=52(cm^2)

10 240 cm^2

(선분 ㅇㅁ)=(선분 ㅇㅂ)이므로 선분 ㅁㅂ의 길이는 선분 ㄴㄹ의 길이의 $\frac{1}{2}$배입니다.
따라서 삼각형 ㄱㅁㅂ의 넓이는 삼각형 ㄱㄴㄹ의 넓이는 $\frac{1}{2}$이고
삼각형 ㅂㅁㄷ의 넓이는 삼각형 ㅁㅂㄱ의 넓이와 같으므로
색칠한 도형의 넓이는 직사각형 ㄱㄴㄷㄹ의 넓이의 $\frac{1}{2}$입니다.
➡ (색칠한 도형의 넓이)=(16×30)×$\frac{1}{2}$=240(cm^2)

4 소수의 곱셈

다시 푸는 최상위 S

1 0.18

10557의 소수점을 왼쪽으로 4칸 옮기면 1.0557이므로 $23\times1.8\times255$에 0.0001을 곱해야 합니다.
0.23은 23의 0.01배이고, 25.5는 255의 0.1배이므로 $\square=1.8\times0.1=0.18$입니다.

2 540개

(작년 판매량)$=1200$개
(올해 목표 판매량)$=$(작년 판매량)$\times1.25=1200\times1.25=1500$(개)
(지금까지의 판매량)$=$(작년 판매량)$\times0.8=1200\times0.8=960$(개)
➡ (더 판매해야 하는 장난감의 수)$=1500-960=540$(개)

3 11.01m

색 테이프 50장을 이어 붙이면 겹치는 부분은 49군데입니다.
(이어 붙인 색 테이프의 길이)
$=$(색 테이프 50장의 길이의 합)$-$(겹치는 부분의 길이의 합)
$=0.23\times50-0.01\times49$
$=11.5-0.49=11.01$(m)

4 24.48 km

(정우가 한 시간 동안 걷는 거리)$=1.4\times4=5.6$(km)
(1시간 동안 걸은 두 사람 사이의 거리)$=4.6+5.6=10.2$(km)
2시간 24분$=2\frac{24}{60}$시간$=2\frac{4}{10}$시간$=2.4$시간
➡ (2시간 24분 동안 걸은 두 사람 사이의 거리)$=10.2\times2.4=24.48$(km)

5 21 cm^2

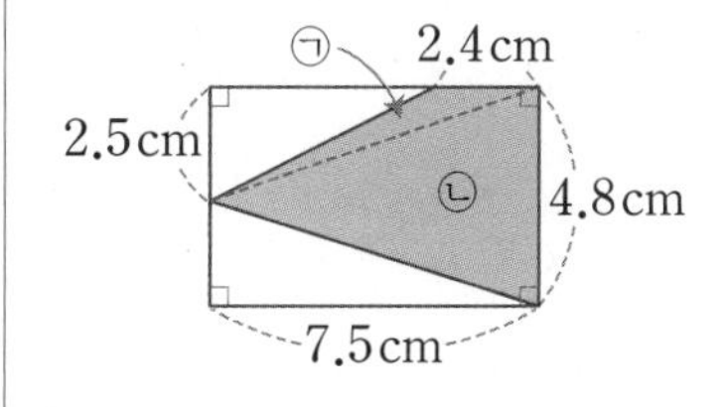

색칠한 부분을 두 부분으로 나누어 넓이를 구합니다.
(㉠의 넓이)$=2.4\times2.5\div2=6\div2=3$($cm^2$)
(㉡의 넓이)$=4.8\times7.5\div2=36\div2=18$($cm^2$)
➡ (색칠한 부분의 넓이)$=3+18=21$(cm^2)

6 5.138

곱이 가장 작은 곱셈식을 만들려면 일의 자리에 가장 작은 수와 두 번째로 작은 수를 놓아야 하므로 $1<3<4<6<7$에서 1과 3을 일의 자리에 놓아야 하고 4와 6을 소수 첫째 자리에 놓아야 합니다.
$1.47\times3.6=5.292$, $1.67\times3.4=5.678$, $3.47\times1.6=5.552$, $3.67\times1.4=5.138$
➡ $5.138<5.292<5.552<5.678$이므로 곱이 가장 작을 때의 곱은 5.138입니다.

7 649

모든 곱을 6.49와 어떤 수의 곱으로 나타내어 봅니다.

$6.49\times27+64.9\times8-649\times0.07$
$=6.49\times27+(6.49\times10)\times8-(6.49\times100)\times0.07$
$=6.49\times27+6.49\times80-6.49\times7$
$=6.49\times(27+80-7)$
$=6.49\times100=649$

참고
$6.49\times27+64.9\times8-649\times0.07=175.23+519.2-45.43=649$

다시 푸는 MATH MASTER

24~26쪽

1 11.25

(어떤 수)$\div2.5=1.8$이므로 (어떤 수)$=1.8\times2.5=4.5$입니다.
따라서 바르게 계산하면 $4.5\times2.5=11.25$입니다.

2 11715

$42.6\times2.75=117.15$
어떤 수를 □라 하면 □$\times0.01=117.15$이므로 □$=11715$입니다.

3 396명

(남학생 수)=(전체 학생 수)$\times0.55=1200\times0.55=660$(명)
(동생이 있는 남학생 수)=(남학생 수)$\times0.4=660\times0.4=264$(명)
➡ (동생이 없는 남학생 수)$=660-264=396$(명)

다른 풀이
(남학생 수)$=1200\times0.55=660$(명)
➡ (동생이 없는 남학생 수)$=660\times(1-0.4)=396$(명)

4 85.5 m

도로의 양쪽에 나무를 40그루 심었으므로
도로의 한쪽에 심은 나무는 $40\div2=20$(그루)입니다.
(나무 사이 간격의 수)$=20-1=19$(군데)
➡ (도로의 길이)$=4.5\times19=85.5$(m)

5 50.49 L

4시간 24분$=4\frac{24}{60}$시간$=4\frac{4}{10}$시간$=4.4$시간
(4시간 24분 동안 달린 거리)$=76.5\times4.4=336.6$(km)
➡ (사용한 휘발유의 양)$=336.6\times0.15=50.49$(L)

6 90.4 cm

(고리의 바깥쪽 지름과 안쪽 지름의 차) $=7.2-6.4=0.8$(cm)
$0.4\times2=0.8$이므로 고리의 두께는 0.4 cm입니다.
고리는 아래와 같이 안쪽의 지름끼리 연속으로 연결된 모습이 됩니다.

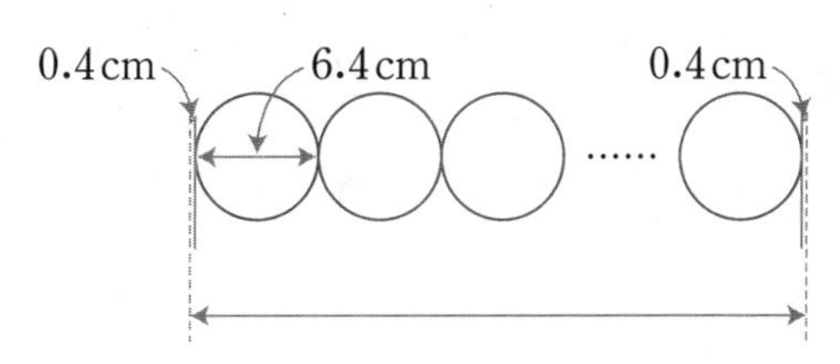

➡ (연결한 14개의 고리 전체의 길이) $=0.4\times2+6.4\times14$
$=0.8+89.6=90.4$(cm)

7 21.36 m

첫 번째로 튀어 오른 높이는 $12\times0.3=3.6$(m)
두 번째로 튀어 오른 높이는 $3.6\times0.3=1.08$(m)입니다.
따라서 공이 세 번째로 땅에 닿을 때까지 움직인 거리는
$12+3.6\times2+1.08\times2=12+7.2+2.16=21.36$(m)입니다.

8 9

$$0.3 = 0.3$$
$$0.3\times0.3 = 0.09$$
$$0.3\times0.3\times0.3 = 0.027$$
$$0.3\times0.3\times0.3\times0.3 = 0.0081$$
$$0.3\times0.3\times0.3\times0.3\times0.3 = 0.00243$$
⋮

0.3을 50번 곱하면 곱은 소수 50자리 수가 되므로 소수 50째 자리 숫자는 소수점 아래 끝자리 숫자입니다.
0.3을 계속 곱하면 곱의 소수점 아래 끝자리 숫자는 3, 9, 7, 1이 반복됩니다.
➡ $50\div4=12\cdots2$이므로 0.3을 50번 곱했을 때 곱의 소수 50째 자리 숫자는 0.3을 2번 곱했을 때의 소수점 아래 끝자리 숫자와 같은 9입니다.

9 1.44 kg

우유 250 mL의 무게는 $4-3.8=0.2$(kg)이고
$250\times4=1000$(mL) ➡ 1 L이므로 우유 1 L의 무게는 $0.2\times4=0.8$(kg)입니다.
(우유 3.2 L의 무게) $=0.8\times3.2=2.56$(kg)이므로
(빈 병의 무게) $=4-2.56=1.44$(kg)입니다.

10 3.12 km

36초 $=\frac{36}{60}$분 $=\frac{6}{10}$분 $=0.6$분
(기차가 터널을 완전히 통과할 때까지 움직인 거리) $=5.4\times0.6=3.24$(km)
(기차가 터널을 완전히 통과할 때까지 움직인 거리) $=$ (터널의 길이) $+$ (기차의 길이)이고,
기차의 길이는 120 m $=0.12$ km이므로
(터널의 길이) $=3.24-0.12=3.12$(km)입니다.

5 직육면체

다시 푸는

27~29쪽

1 96 cm

정육면체는 12개의 모서리의 길이가 모두 같습니다.
보이는 모서리는 9개이므로 한 모서리를 □cm라고 하면 □×9=72, □=8입니다.
따라서 정육면체의 모든 모서리의 길이의 합은 8×12=96(cm)입니다.

2 3

전개도에서 실선인 선분의 길이의 합이 직육면체의 전개도의 둘레입니다.
(5 cm인 실선의 길이의 합)=5×6=30(cm)
(9 cm인 실선의 길이의 합)=9×2=18(cm)
(□cm인 실선의 길이의 합)=(□×6) cm
(5 cm인 실선의 길이의 합)+(9 cm인 실선의 길이의 합)+(□cm인 실선의 길이의 합)
=(직육면체의 전개도의 둘레)
➡ 30+18+□×6=66, 48+□×6=66, □×6=18, □=3

3 62 cm

8 cm인 부분의 길이의 합은 8×2=16(cm), 6 cm인 부분의 길이의 합은
6×2=12(cm), 10 cm인 부분의 길이의 합은 10×4=40(cm)입니다.
(상자를 둘러싼 리본의 길이)=16+12+40=68(cm)
(사용한 리본의 길이)=1.3 m=130 cm
➡ (매듭을 묶는 데 사용한 리본의 길이)
=(사용한 리본의 길이)−(상자를 둘러싼 리본의 길이)
=130−68=62(cm)

4 4, 1

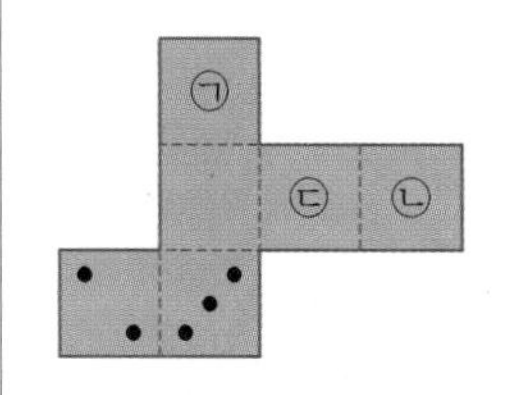

㉠과 평행한 면의 눈의 수는 3이므로 ㉠=7−3=4입니다.
㉢과 평행한 면의 눈의 수는 2이므로 ㉢=7−2=5입니다.
남은 눈의 수는 1과 6이므로 ㉡은 1 또는 6입니다.
㉡이 1일 경우 ㉠−㉡=4−1=3이고,
㉡이 6일 경우 ㉡−㉠=6−4=2입니다.
따라서 ㉠과 ㉡의 차가 가장 클 경우는 ㉠이 4, ㉡이 1일 경우입니다.

5 2, 5

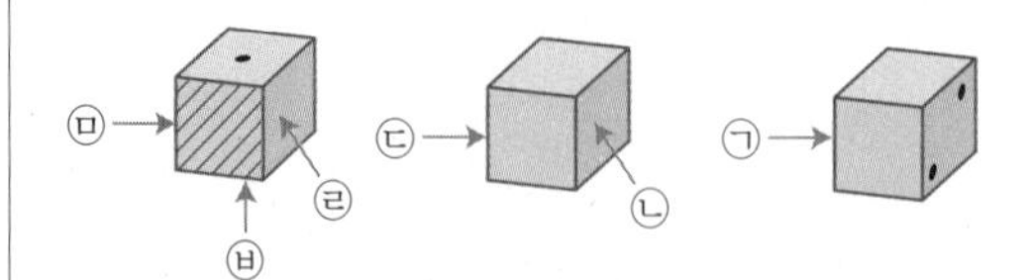

㉠=7−2=5(2와 평행한 면)
㉡=8−5=3(5와 맞닿는 면)
㉢=7−3=4(3과 평행한 면)
㉣=8−4=4(4와 맞닿는 면)
㉤=7−4=3(4와 평행한 면)
㉥=7−1=6(1과 평행한 면)
➡ 빗금친 면에 수직인 네 면에 알맞은 눈의 수가 각각 1, 4, 3, 6이므로 빗금친 면에 들어갈 수 있는 눈의 수는 2 또는 5입니다.

6 24개

한 면이 색칠되어 있는 정육면체를 층별로 세어 봅니다.

4층 : 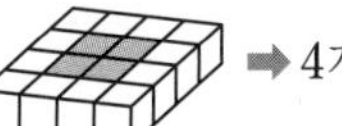 ➡ 4개 3층 : ➡ 8개

2층 :  ➡ 8개 1층 : → 4개

➡ $4+8+8+4=24$(개)

7 풀이 참조

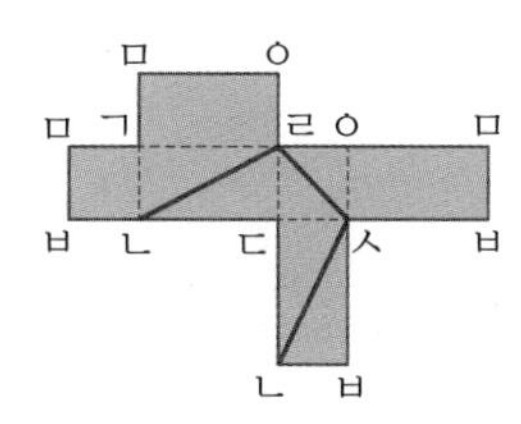

겨냥도에 쓰인 기호를 전개도에 알맞게 써넣은 후 종이테이프가 지나간 자리의 점을 이어 보면 ㄴ → ㄹ → ㅅ → ㄴ 입니다.

8 20

정육면체에 쓰인 6개의 숫자는 1, 3, 5, 7, 9, 11입니다.
1이 쓰인 면과 수직인 면에 쓰인 숫자는 3, 7, 9, 11이므로 1이 쓰인 면과 평행한 면에 쓰인 수는 5입니다.
따라서 5가 쓰인 면의 숫자를 모두 더하면 $5\times4=20$입니다.

다시푸는 MATH MASTER

30~33쪽

1 면 ㉮, 면 ㉱

전개도를 접었을 때의 모양은 오른쪽과 같습니다.
따라서 변 ㄱㄴ과 수직으로 만나는 면은 면 ㉮, 면 ㉱입니다.

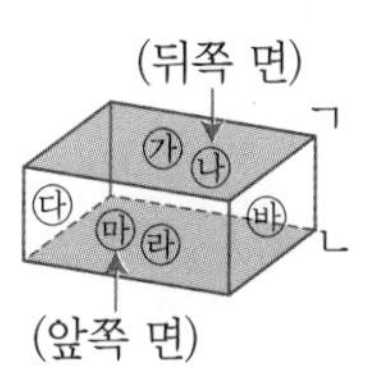

2 (위에서부터) 7, 10

위에서 본 모양과 앞에서 본 모양을 바탕으로 직육면체의 겨냥도를 그리면 오른쪽 그림과 같습니다.
따라서 옆에서 본 모양은 가로가 7 cm, 세로가 10 cm인 직사각형입니다.

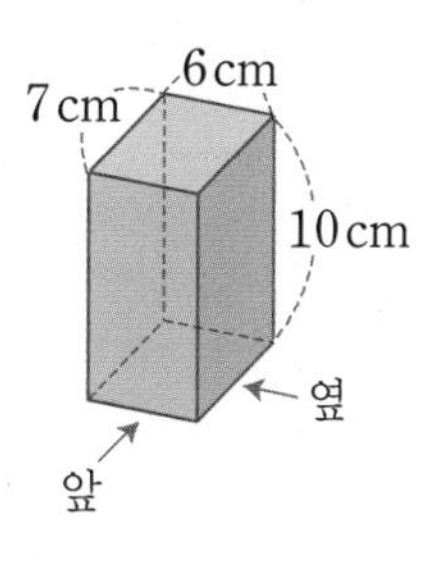

3 30 cm²

(선분 ㄱㄴ)=(선분 ㅇㅈ)=3 cm
(선분 ㄴㄷ)=(선분 ㄱㄷ)−(선분 ㄱㄴ)=9−3=6(cm)
(선분 ㅍㅌ)=(선분 ㅇㅈ)=3 cm
(선분 ㅌㅋ)=(선분 ㅍㅋ)−(선분 ㅍㅌ)=8−3=5(cm)
(선분 ㄴㅍ)=(선분 ㅌㅋ)=5 cm
따라서 면 ㄴㄷㄹㅍ의 넓이는 $5\times6=30(cm^2)$입니다.

4 33 cm

면 ㉮와 수직인 모서리는 길이가 11 cm이고 4개입니다. 이 중에서 보이는 모서리는 3개이므로 면 ㉮와 수직인 모서리 중 보이는 모서리의 길이의 합은 $11\times3=33$(cm)입니다.

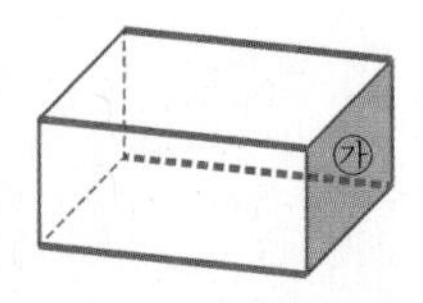

5 84 cm

정육면체의 전개도의 둘레는 정육면체의 한 모서리의 길이의 14배입니다.
(정육면체의 한 모서리의 길이)=(정육면체의 전개도의 둘레)$\div14=98\div14=7$(cm)
따라서 만든 정육면체의 모든 모서리의 길이의 합은 $7\times12=84$(cm)입니다.

6 13

주어진 전개도로 정육면체를 만들었을 때 1, 2, 5, 6이 쓰인 면과 평행한 면에 쓰인 수의 합을 구합니다.
1이 쓰인 면과 평행한 면에 쓰인 수: 5
2가 쓰인 면과 평행한 면에 쓰인 수: 4
5가 쓰인 면과 평행한 면에 쓰인 수: 1
6이 쓰인 면과 평행한 면에 쓰인 수: 3
따라서 붙인 정육면체에서 바닥에 닿은 면에 쓰인 수의 합은 $5+4+1+3=13$입니다.

7 80 cm

이어 붙이는 직사각형의 변끼리 길이가 같아야 하므로 ㉯를 2개, ㉰를 2개, ㉱를 2개씩 이어 붙여 직육면체를 만들 수 있습니다.
만든 직육면체는 길이가 6 cm, 11 cm, 3 cm인 모서리가 각각 4개씩 있으므로
모든 모서리의 길이의 합은 $(6+11+3)\times4=80$(cm)입니다.

8 14

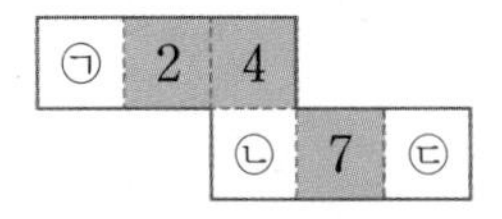

2와 7이 쓰인 면은 평행하므로 평행한 두 면에 쓰인 수의 합은 $2+7=9$입니다.
4가 쓰인 면과 평행한 면은 ㉠이므로 ㉠$=9-4=5$입니다.
㉡과 ㉢이 쓰인 면은 평행하므로 ㉡$+$㉢$=9$입니다.
따라서 전개도의 빈 곳에 들어갈 수들의 합은 $5+9=14$입니다.

9 ㉡, ㉢

전개도를 보고 서로 평행한 면끼리 짝을 지어 보면 A와 B, C와 D, D와 E입니다.
서로 평행한 면은 수직으로 만나지 않습니다.
㉠ A, B는 평행한 면이므로 수직으로 만나지 않습니다.
㉣ C는 D 2개 중 하나와 평행한 면이므로 2개 모두 수직으로 만나지 않습니다.
㉤ D는 C 또는 E와 평행한 면이므로 C와 E 모두 수직으로 만나지 않습니다.
따라서 주어진 전개도를 접어서 만든 정육면체는 ㉡, ㉢입니다.

10 5, 3, 8

점 ㅂ은 점 ㄹ에서 가 방향으로 5, 나 방향으로 3, 다 방향으로 8만큼 떨어진 위치에 있으므로 (5, 3, 8)로 나타낼 수 있습니다.

다시 푸는 최상위 S

1 영주

승훈: 나올 수 있는 9의 약수는 1, 3, 9이므로 9의 약수가 나올 확률은 $\frac{3}{10}$입니다.

영주: 나올 수 있는 2의 배수는 2, 4, 6, 8, 10이므로 2의 배수가 나올 확률은 $\frac{5}{10}$입니다.

따라서 이 놀이는 확률이 높은 영주에게 더 유리합니다.

2 20분

(전체 걸린 시간)=1시간 15분+1시간 45분=3시간

(전체 걸은 거리)=4+5=9(km)

➡ (한 시간 동안 걷는 평균 거리)=9÷3=3(km)

따라서 3 km를 걷는 데 평균 1시간=60분이 걸리므로

1 km를 걷는 데 평균 60÷3=20(분)이 걸립니다.

다른 풀이

(전체 걸린 시간)=1시간 15분+1시간 45분=3시간=180분

(전체 걸은 거리)=4+5=9(km)

따라서 1 km를 걷는 데 평균 180÷9=20(분)이 걸립니다.

3 30

7개의 자연수를 작은 순서대로 ㉮, ㉯, ㉰, ㉱, ㉲, ㉳, ㉴라 하면

㉮+㉯+㉰+㉱=22×4=88

㉱+㉲+㉳+㉴=45×4=180

㉮+㉯+㉰+㉱+㉲+㉳+㉴=34×7=238

➡ ㉱=(㉮+㉯+㉰+㉱)+(㉱+㉲+㉳+㉴)−(㉮+㉯+㉰+㉱+㉲+㉳+㉴)

=88+180−238=30

4 23살

(지난해의 회원 전체의 올해 나이의 합)=(31+1)×22=32×22=704(살)

(탈퇴한 회원을 제외한 회원들의 올해 나이의 합)

=34×(22−4)=34×18=612(살)

따라서 (탈퇴한 회원 4명의 올해 나이의 합)=704−612=92(살)이므로

(탈퇴한 회원 4명의 올해 평균 나이)=92÷4=23(살)입니다.

5 40마리

(네 농장의 돼지 수의 합)=45×4=180(마리)

(나와 라 농장의 돼지 수의 합)=180−(37+51)=92(마리)

나 농장의 돼지 수를 □마리라 하면 라 농장의 돼지 수는 (□+12)마리이므로

□+□+12=92, □×2+12=92, □×2=80, □=80÷2=40입니다.

6 2 m

(40명의 제자리멀리뛰기 기록의 합)$=1.7\times40=68$(m)
상위권 10명의 제자리멀리뛰기 기록의 평균을 □m라 하면
나머지 $40-10=30$(명)의 제자리멀리뛰기 기록의 평균은 $(\square-0.4)$ m이므로
$\square\times10+(\square-0.4)\times30=68$, $\square\times10+\square\times30-12=68$, $\square\times40=80$,
$\square=2$
따라서 상위권 10명의 제자리멀리뛰기 기록의 평균은 2 m입니다.

7 29명

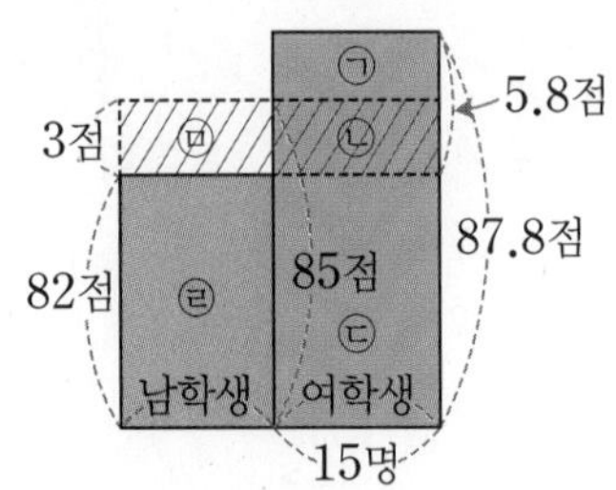

(남학생 점수의 합)+(여학생 점수의 합)=(전체 학생 점수의 합)이므로
(㉣의 넓이)+(㉠+㉡+㉢의 넓이)=(㉤+㉣+㉢+㉡의 넓이),
(㉠+㉡의 넓이)=(㉡+㉤의 넓이)입니다.
도현이네 반 학생 수를 □명이라 하면 $15\times5.8=\square\times3$, $87=\square\times3$,
$\square=87\div3=29$입니다.
따라서 도현이네 반 학생은 모두 29명입니다.

다시푸는 MATH MASTER

1 $\frac{5}{6}$

세 번째로 꺼낼 때 남아 있는 공은 빨간색 공 3개, 파란색 공 2개, 초록색 공 1개이므로
전체 공은 $3+2+1=6$(개)입니다.
따라서 세 번째로 꺼낼 때 빨간색 공 또는 파란색 공이 나올 확률은
$\frac{3+2}{6}=\frac{5}{6}$입니다.

2 $\frac{5}{36}$

서로 다른 주사위 2개를 굴려서 나올 수 있는 눈의 수는
(1, 1), (1, 2), (1, 3), (1, 4), (1, 5), (1, 6) ……
(6, 1), (6, 2), (6, 3), (6, 4), (6, 5), (6, 6)으로 모두 $6\times6=36$(가지)입니다.
합이 8이 되는 두 주사위 눈의 수는 (2, 6), (3, 5), (4, 4), (5, 3), (6, 2)로 5가지입니다.
따라서 두 주사위 눈의 수의 합이 8이 될 확률은 $\frac{5}{36}$입니다.

3 104000원

13명이 2800원씩 추가로 더 내야 하므로 갈 수 없게 된 7명이 내야 했던 돈의 합은
$2800\times13=36400$(원)입니다.
따라서 20명이었을 때 한 명당 내야 할 돈은 $36400\div7=5200$(원)이므로
버스 한 대를 빌리는 값은 $5200\times20=104000$(원)입니다.

4 25

1부터 49까지 연속하는 자연수는 49개이고,
합이 같도록 두 수씩 짝지어 1부터 49까지 연속하는 자연수의 합을 구하면
$50\times24+25=1225$입니다.

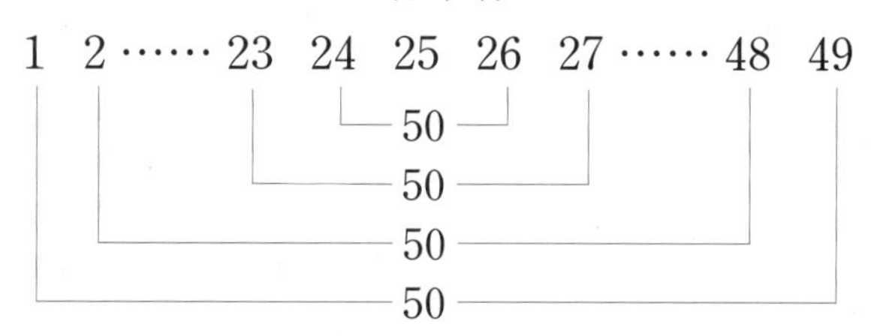

따라서 1부터 49까지 연속하는 자연수의 평균은 $1225\div49=25$입니다.

5 38번

(4회까지의 평균 기록)$=(32\times3+36)\div4=(96+36)\div4=132\div4=33$(번)
5회까지 평균 기록을 1번 높인다고 할 때 5회에 해야 하는 팔굽혀펴기 기록을 □번이라 하면
$(132+\square)\div5=33+1$, $(132+\square)\div5=34$, $132+\square=34\times5$,
$132+\square=170$, $\square=170-132=38$
따라서 5회에는 팔굽혀펴기를 적어도 38번 해야 합니다.

6 23 kg, 21 kg, 18 kg

(정현이와 진수가 수확한 고구마의 무게의 합)$=22\times2=44$(kg)
(진수와 승주가 수확한 고구마의 무게의 합)$=19.5\times2=39$(kg)
(정현이와 승주가 수확한 고구마의 무게의 합)$=20.5\times2=41$(kg)
(세 명의 학생이 수확한 고구마의 무게의 합)$=(44+39+41)\div2=124\div2=62$(kg)
➡ (정현이가 수확한 고구마의 무게)$=62-39=23$(kg)
(진수가 수확한 고구마의 무게)$=62-41=21$(kg)
(승주가 수확한 고구마의 무게)$=62-44=18$(kg)

7 3개

한 과목의 점수인 87점을 81점으로 잘못 보고 계산하였으므로
실제 점수의 합은 잘못 본 점수의 합보다 $87-81=6$(점)만큼 높습니다.
시험 과목 수를 □개라 하면
$84\times\square=82\times\square+6$, $84\times\square-82\times\square=6$, $2\times\square=6$, $\square=3$
따라서 민서가 본 시험 과목은 3개입니다.

8 5명

심사 위원의 수를 $(\square+1)$명이라 하면
(전체 받은 점수의 합)$=15.3\times(\square+1)=14.4\times\square+18.9$,
$15.3\times\square+15.3=14.4\times\square+18.9$, $15.3\times\square-14.4\times\square=18.9-15.3$,
$0.9\times\square=3.6$, $\square=4$
따라서 심사 위원은 모두 $4+1=5$(명)입니다.

9 61점

전체 평균 점수와 불합격자의 평균 점수의 차를 □점이라 하면 색칠한 부분의 넓이는 같으므로

(합격자 수) $\times$ 12 = (불합격자 수) $\times$ □입니다.

응시자 수는 합격자 수의 5배이므로 불합격자 수는 합격자 수의 4배입니다.

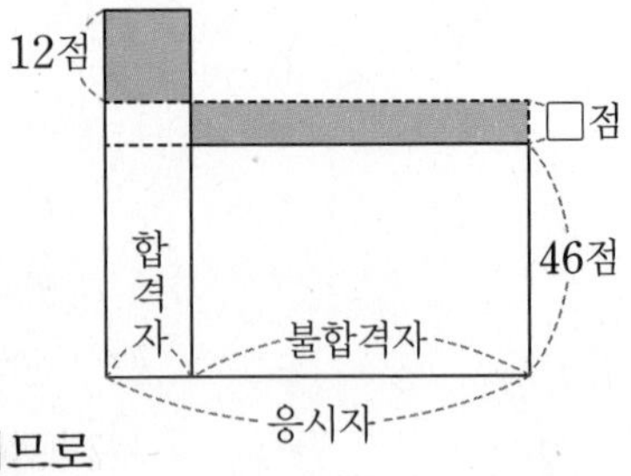

합격자 수를 △명이라 하면 불합격자 수는 (△ $\times$ 4)명이므로

△ $\times$ 12 = △ $\times$ 4 $\times$ □, 12 = 4 $\times$ □, □ = 3

따라서 합격자의 평균 점수는 46 + 3 + 12 = 61(점)입니다.

10 14명

(20점과 80점을 받은 학생 수의 합) = 25 − (1 + 4 + 6 + 5 + 2) = 25 − 18 = 7(명),

25명의 총점은 54 $\times$ 25 = 1350(점)이므로

20점과 80점을 받은 학생의 점수의 합은

1350 − (0 $\times$ 1 + 30 $\times$ 4 + 50 $\times$ 6 + 70 $\times$ 5 + 100 $\times$ 2) = 1350 − 970 = 380(점)입니다.

7명이 모두 20점을 받았다고 하면 20 $\times$ 7 = 140(점)이므로

80점을 받은 학생은 (380 − 140) ÷ (80 − 20) = 240 ÷ 60 = 4(명),

20점을 받은 학생은 7 − 4 = 3(명)입니다.

점수(점)	0	20	30	50	70	80	100
학생 수(명)	1	3	4	6	5	4	2
맞힌 문제 (번)		1	2	1, 2 또는 3	1, 3	2, 3	1, 2, 3

3번 문제를 맞힌 학생은 50점을 받은 학생 6명 중 몇 명, 70점을 받은 학생 5명, 80점을 받은 학생 4명, 100점을 받은 학생 2명인데 문제별 맞힌 학생 수 표에서 3번 문제를 맞힌 학생이 13명이므로 50점을 받은 학생 중 3번 문제를 맞혀서 50점을 받은 학생은

13 − (5 + 4 + 2) = 13 − 11 = 2(명)입니다.

따라서 1번 문제를 맞힌 학생은 20점을 받은 3명, 50점을 받은 학생 6명 중

6 − 2 = 4(명), 70점을 받은 5명, 100점을 받은 2명이므로 3 + 4 + 5 + 2 = 14(명)입니다.

최상위를 위한

심화 학습 서비스 제공!

문제풀이 동영상 + 상위권 학습 자료

(QR 코드 스캔 혹은 디딤돌 홈페이지 참고)

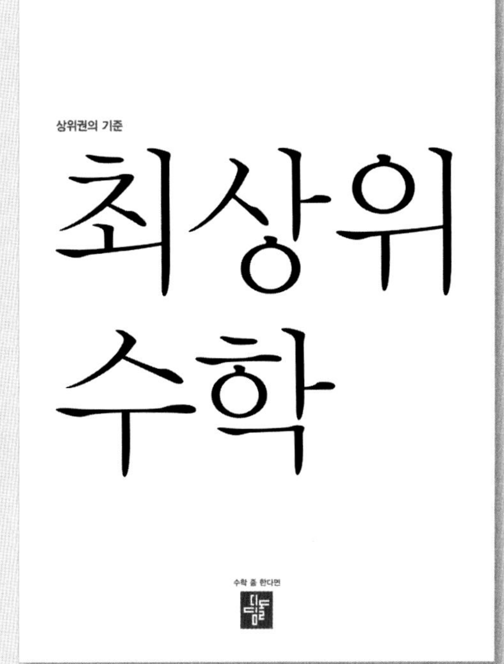

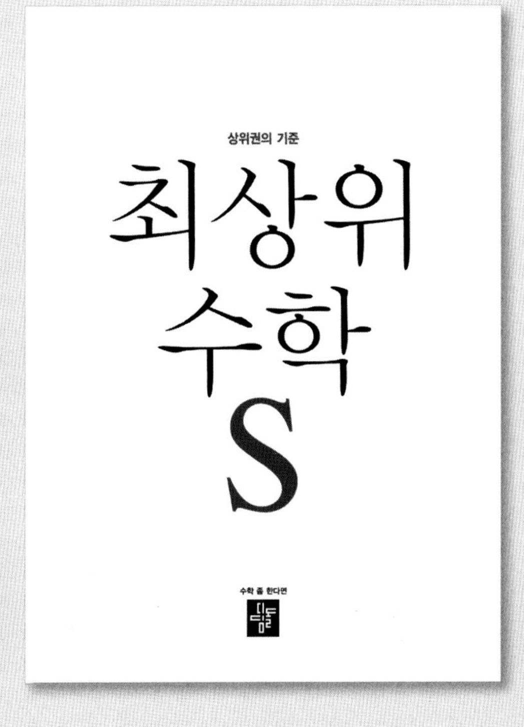